Gernot Minke

Handbuch Lehmbau

Baustoffkunde · Techniken · Lehmarchitektur

ökobuch

Die Anwendungsempfehlungen und Konstruktionsbeispiele in diesem Buch wurden nach bestem Wissen zusammengestellt. Für die praktische Umsetzung lassen sich daraus jedoch keine Haftungsansprüche gegenüber Autor oder Verlag ableiten.

Bibliografische Information der Deutschen Nationalbibliothek

Die Deutsche Nationalbibliothek verzeichnet diese Publikation in der Deutschen Nationalbibliografie; detaillierte bibliografische Angaben sind im Internet unter http://dnb.d-nb.de abrufbar.

FSC
www.fsc.org
MIX
Papier aus verantwortungsvollen Quellen
FSC® C043106

ISBN 978-3-936896-41-1

10. überarbeitete und erweiterte Auflage 2022

Königstr. 43, 26180 Rastede
E-Mail: verlag@oekobuch.de
http://www.oekobuch.de

Druck: Grafisches Centrum Cuno, Calbe

Unsere Bücher werden nach höchsten Ansprüchen an Nachhaltigkeit und Ökologie produziert und wir optimieren ständig weiter:

- Papiere und Pappen sind FSC® oder PEFC™ zertifiziert
- Druckfarben auf Pflanzenölbasis
- Klebstoffe lösungsmittelfrei
- Müllvermeidung und Recycling bei der Produktion
- kurze Wege, gedruckt in Deutschland

Inhalt

Vorbemerkungen

Aufgabe und Ziel

Dieses Buch soll allen Lernenden, Lehrenden und im Lehmbau Tätigen sowie allen am Lehmbau interessierten Bauherren einen Überblick über Einsatzmöglichkeiten und Verarbeitungstechniken des Baustoffs Lehm geben, die wissenswerten materialspezifischen Eigenschaften erläutern und anhand von Beispielen die vielfältigen Gestaltungsmöglichkeiten von Lehmbauten zeigen.
Auch wenn der Versuch gemacht wurde, Richtlinien für die Lehmbautechniken aufzustellen, ist die eigene Erfahrung beim Umgang mit dem Baustoff Lehm durch kein Lehrbuch zu ersetzen. Lehm kommt in tausendfach unterschiedlicher Zusammensetzung vor und muss dementsprechend immer wieder anders verarbeitet werden. Die zusammengetragenen Daten, Erkenntnisse und Erfahrungen können den am Bauprozess Beteiligten dabei als Ausgangspunkt und Richtlinie für eigene Tests unter den jeweiligen Bedingungen vor Ort dienen.
In diesem Handbuch werden die bislang zum Thema Lehmbau veröffentlichten Daten und Erfahrungen zusammengefasst. Sie werden ergänzt durch die Ergebnisse der seit 1978 am Forschungslabor für Experimentelles Bauen der Universität Kassel auf dem Gebiet des Lehmbaus durchgeführten 40 Forschungs- und Entwicklungsprojekte sowie durch die über 40-jährige Erfahrung des Autors bei der Planung und Realisierung von über 100 Lehmbauten im In- und Ausland.

Zum Inhalt des Buches

Der Inhalt des Buches basiert auf dem Buch „Das Lehmbau-Handbuch", das 1994 als 1. Auflage und 2009 als 7. erweiterte Auflage mit dem Titel „Handbuch Lehmbau" erschien. Da inzwischen neue Forschungsergebnisse auf dem Gebiet des Lehmbaus vorliegen, neue Produkte auf dem Markt erschienen sind und viele neue interessante Bauten realisiert wurden, wurde es für notwendig erachtet, anstelle einer weiteren Neuauflage ein überarbeitetes und neu gestaltetes Buch herauszubringen. Das Thema „Erdbebensicheres Bauen mit Lehm" wurde nicht mit aufgenommen, dazu gibt es Abhandlungen, die im Internet unter www.gernotminke.de bei Publikationen heruntergeladen werden können.

Danksagung

Mein Dank gilt allen, die an der Planung, Durchführung und Auswertung der Forschungs- und Entwicklungsprojekte im In- und Ausland mitgewirkt haben und somit indirekt zum Entstehen dieses Buches beitrugen. Davon können hier nur einige genannt werden:
Mein Dank gilt vor allem meinen Mitarbeiterinnen und Mitarbeitern an der Universität Kassel: H.G. Merz, Ulrich Merz, Klaus Eckart, Ulla Lustig-Rössler, Kiran Mukerji, Ulrich Boemans, Uwe Jaensch, Dittmar Hecken, Alexander Fischer, Arno Reich-Siggemann und Friedemann Mahlke, die mich durch ihre Mitarbeit, durch Kritik und Anregungen immer wieder unterstützt haben, und Frank Millies, der durch sein kreatives Knobeln und sein tatkräftiges Zupacken viele Testvorrichtungen, Prüfgeräte, Lehren, Schalungen und Baugeräte mitentwickelt und hergestellt hat. Danken möchte ich aber auch den vielen studentischen Mitarbeiterinnen und Mitarbeitern, die als studentische Hilfskraft bei den Forschungsprojekten oder als Praktikantin bzw. Praktikant am Forschungslabor und in meinem Planungsbüro mitgewirkt haben, danken auch den Kolleginnen und Kollegen, die bei der Realisation der Lehmbauten in Guatemala, Kolumbien, Ecuador, Bolivien, Chile, Argentinien, Brasilien, Uruguay, Paraguay, Ungarn und Indien mithalfen.
Bei der Realisierung dieses Buches unterstützten mich Hiltrud Lüders und Petra Zinke, die die Texte schrieben, Pawan Kumar und Anke Lubenow, die mir halfen, den größten Teil der Zeichnungen herzustellen, Ulrich Boemans, Uwe Jaensch, Sigrid Köster und Friedemann Mahlke, die die Computergraphiken anfertigten.

Kassel, im Mai 2022 Gernot Minke

38 m hohes Minarett aus handgefertigten Lehmsteinen erbaut, Tarim, Südjemen

1 Einführung

1.1 Lehm, das Baumaterial der Vergangenheit und der Zukunft

In fast allen heiß-trockenen und gemäßigten Klimazonen der Erde war Lehm das vorherrschende Baumaterial. Noch heute lebt etwa ein Drittel der Menschheit in Lehmhäusern, in Entwicklungsländern ist es mehr als die Hälfte. In Anbetracht der Wohnungsnot in den Entwicklungsländern, wird es nicht möglich sein, den immensen Bedarf an Wohnraum mit industrialisierten Baustoffen, wie z.B. Ziegel, Beton oder Stahl und mit industrialisierten Fertigungsverfahren zu befriedigen. Dafür sind weltweit weder die Produktionskapazität noch das Kapital vorhanden. Die Wohnungsnot in diesen Ländern kann nur durch die Verwendung lokaler Baumaterialien und durch Aktivierung der Selbsthilfe behoben werden. Lehm als das wichtigste natürliche Baumaterial ist in den meisten Gegenden der Welt vorhanden und fällt häufig direkt auf der Baustelle beim Aushub der Fundamente und des Kellers an.

Auch in den Industrieländern, in denen sorglos mit den Ressourcen der Erde umgegangen wird, und durch eine zentralisierte, kapital- und energieintensive Produktion Energie vergeudet, die Umwelt verschmutzt und Arbeitsplätze vernichtet werden, wird Lehm als Baustoff eine Renaissance erleben. Immer mehr Bauherrinnen und Bauherren fordern ein energie- und kostensparendes Bauen, legen Wert auf ein gesundes ausgeglichenes Raumklima und begreifen, dass der natürliche Baustoff Lehm den industriellen Baumaterialien wie Beton, Ziegel, Kalksandstein und Porenbeton überlegen ist. Neue wissenschaftliche Erkenntnisse haben die subjektive Wahrnehmung bestätigt: Lehm kann in wesentlich stärkerem Maße zur Verbesserung des Wohnklimas beitragen als andere Baustoffe.

Die Erfahrungen mit neuen und verbesserten Lehmbautechniken zeigen, dass diese nicht nur für den Selbstbau, sondern auch für gewerblich ausgeführte Bauten wirtschaftlich sein können. Von diesen Möglichkeiten, und von den theoretischen Grundlagen und praktischen Kenntnissen, die notwendig sind, um sie zu realisieren, wird im folgenden berichtet.

1.2-1 Vorratsräume des Totentempels Ramses II, Gourna, Ägypten, ca. 3200 Jahre alt

1.2-2 Große Moschee, Mopti, Mali, 1935 fertiggestellt

1.2-3 Moschee, Kashan, Iran

1.2-4 Basar, Sedjan, Iran

1.2-5 Stampflehmhäuser der Hakkas in der Provinz Yonding, Südchina

1.2 Geschichte des Lehmbaus

Lehmbautechniken sind seit mehr als 9000 Jahren bekannt: Im russischen Turkestan wurden rechteckige Lehmsteinhäuser aus der Periode von 8000 - 6000 v.Chr. entdeckt (Pumpelly 1908), in Assyrien sind Stampflehmfundamente aus der Zeit um 5000 v.Chr. nachgewiesen. Lehm wurde in allen alten Kulturen als Baustoff nicht nur für Wohnbauten, sondern auch für Befestigungsanlagen und Kultbauten verwendet. So war beispielsweise die vor ca. 4000 Jahren errichtete Chinesische Mauer ursprünglich fast ausschließlich aus Stampflehm gebaut, erst später wurde sie durch das Verblenden mit Natursteinen und Ziegelsteinen zur „steinernen Mauer". Der Kern der Sonnenpyramide in Teotihuacan, Mexiko, in den Jahren 300 bis 900 n.Chr. errichtet, besteht aus etwa 2 Millionen Tonnen Stampflehm. Abb. 1.2-1 zeigt Gewölbe aus dem Totentempel Ramses II bei Gourna in Ägypten, die vor etwa 3200 Jahren aus ungebrannten Lehmsteinen gebaut wurden, Moscheen aus Mali und dem Iran zeigen die Abb. 1.2-2 und 1.2-3.
In trockenen Klimazonen, in denen Holz als Baumaterial fehlt, entstanden im Laufe von Jahrhunderten Mauertechniken für Gewölbekonstruktionen, mit denen es möglich ist, aus ungebrannten Lehmsteinen Gebäude zu überdecken, ohne Holzbalken zu verwenden. Interessant ist, dass mit der Mehrzahl dieser Techniken Gewölbe ohne Schalung erstellt werden können. Abb. 1.2-4 zeigt den Basar in Sedjan, Iran, dessen Kuppeln mit einer dieser Techniken (siehe Kap. 14.7) errichtet wurde.
In China wohnen mindestens 20 Millionen Menschen in unterirdischen „Lehmhäusern", in Höhlen, die in Lößlehm gegraben sind. Auch in Spanien, Nordafrika und der Türkei gibt es ähnliche Höhlenwohnungen, dort meist in weichem, vulkanischen Gestein, wie Tuff oder weichem, sandigen Sedimentgestein.

In der Provinz Yonding im Süden Chinas gibt es heute noch viele Stampflehmhäuser, die über 300 Jahre alt sind. Sie sind kreisförmig oder quadratisch um einen Innenhof errichtet, 3 - 4 geschossig und beherbergen bis zu 600 Personen des Minderheiten-Volksstammes der Hakkas (vgl. Abb. 1.2-5).

Dass in Deutschland vor vielen tausend Jahren Lehm als Füllmaterial von Palisaden- und Flechtwerkwänden üblich war, ist aus mehreren Funden seit der Bronzezeit nachgewiesen. Belegt ist auch, dass im 6. Jahrhundert v.Chr. bei den Befestigungsmauern der Heuneburg im Kreis Sigmaringen, vermutlich unter der Mitwirkung griechischer Baumeister, Lehmsteine vermauert wurden (Dehn 1964). Abb. 1.2-6 zeigt die Rekonstruktion eines Teiles dieser Mauer mit ungebrannten Lehmsteinen.

Aus den Schilderungen Plinius des Älteren wissen wir, dass der Stampflehmbau spätestens am Ende des 1. Jahrhunderts v.Chr. in Spanien für Festungsanlagen eingesetzt wurde. Tacitus schreibt über die Häuser der Sachsen, dass sie nicht aus Stein oder Ziegeln, sondern aus Erde gewesen seien (Raw 1597).

Aus dem 9. oder 10. Jahrhundert n.Chr. soll ein kleines Steinfundamenthaus mit Lehmstampfwänden in Weimar stammen (Donat 1980, S.184). Allerdings ist nicht nachweisbar, ob es sich hier um einen echten Stampflehmbau oder um einen „Wellerbau" handelt. (Der Wellerbau ist eine dem Stampflehmbau ähnliche Massivbauweise aus Strohlehm, bei der die Mauern jedoch ohne Schalung errichtet werden, vgl. Kap. 8.2). Aus der gleichen Periode stammt eine Stampflehmmauer der Altenburg bei Merseburg (Behm-Blanke 1954, S.115 f.). Im Mittelalter wurde Lehm in Deutschland überwiegend für die Ausfachung und das Verputzen von Fachwerkhäusern sowie als Brandschutz für Strohdächer verwendet. Abb. 1.2-7 zeigt ein Speicherhaus aus dem Anfang des 16. Jahrhunderts, das im Freilichtmuseum Cloppenburg steht. Das Interessante bei diesem Gebäude ist, dass sich unter dem Strohdach ein zweites Dach aus Lehmschlag befindet, das als Brandschutz für den Innenraum dient. Die Strohabdeckung ist also der Wetterschutz für das Lehmdach.

In Schlesien, Sachsen, Thüringen und Böhmen war seit dem Mittelalter der Wellerbau weit verbreitet. Aufgrund des Holzmangels wurde in Sachsen schon sehr früh auf die Möglichkeit, mit Lehm zu bauen, hingewiesen, z.B. in der Forst- und Holzverordnung vom 8. September 1560 und in der „General-Bestallung vor die Forst-Bedienten vom 20. May Anno 1575". Im Jahr 1736 erschien der vermutlich erste Aufruf eines Privatmannes, Häuser massiv aus Lehm zu bauen. Der nicht genannte Verfasser schlug ein nach oben durch Gewölbe abgeschlossenes, völlig feuerfestes Haus vor und empfahl, die Gewölbe mit Erde zu decken, um die Dachfläche als Garten nutzen zu können (Güntzel 1986, S.44 ff.).

1.2-6 Rekonstruktion einer Lehmziegelwand aus dem 6. Jahrhundert v.Chr. in Heuneburg, Deutschland

1.2-7 Speicherhaus, Freilichtmuseum Cloppenburg, ca. 1525

1.2-8 Wohnhaus in Gottscheina, 1768, Lehmwellerbau

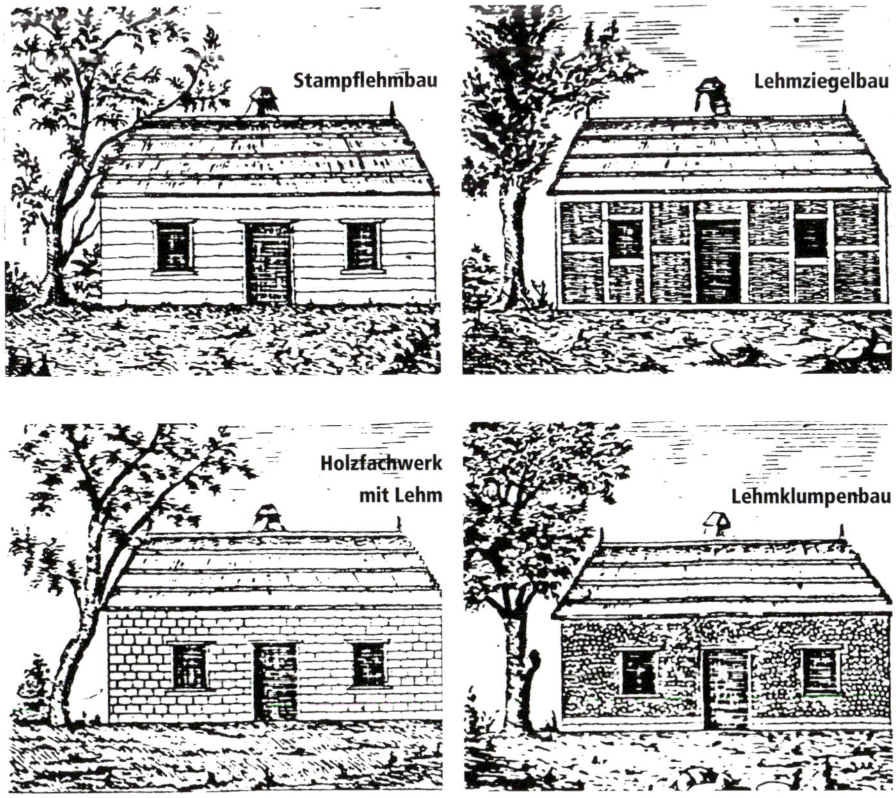

1.2-9 Ungarische Lehmbautechniken aus dem 18. Jahrhundert, (Griselini 1780)

1.2-10

1.2-11

1.2-10 Stampflehmhaus Norderstr. 1, Meldorf, 1795

1.2-11 Stampflehmhaus Hainallee 1, Weilburg, 1828

1.2-12 Stampflehmhausfassaden Bahnhofstraße, Weilburg, um 1830

1.2-13 „Lehmhaus-Siedlung", Lübeck-Schlutup

1.2-12

Aus dem Jahr 1592 stammte ein als Wellerbau errichtetes Bauernhaus des Hofes Metze in Dothen, Thüringen, das 1959, nach mehr als 350 Jahren, abgerissen wurde (Güntzel 1986, S. 50). In Sachsen gibt es heute noch viele bewohnte Lehmhäuser mit Wellerwänden. Eines der ältesten steht in Großgrimma, Sachsen-Anhalt, Dorfstr. 12; es wurde dendrochronologisch auf 1658 datiert (Ziegert 2000). Abb. 1.2-8 zeigt eines der ältesten noch bewohnten zweigeschossigen Lehmwellerhäuser, das 1768 in Gottscheina (nordwestlich von Leipzig) errichtet wurde.

Der wichtigste Impuls für den Lehmbau in Westdeutschland kam Ende des 18. Jahrhunderts, als der französische Stampflehmbau in Deutschland durch die Schriften von Cointeraux bekannt wurde. Francois Cointeraux verfasste 1790 und 1791 vier Hefte unter dem Titel „L´ecole d'Architecture rurale, ou leçons, par lesquelles on apprenda soi-même à bâtir solidement les maisons de plusieurs étages avec la terre seule", die bereits 1793 in deutscher Sprache publiziert wurden (Cointeraux, 1793). Cointeraux beschrieb in erster Linie die in der Gegend von Lyon seit Jahrhunderten übliche Stampflehmtechnik („terre pisé"). Er kannte Bauten, die noch vor dem Jahr 1600 entstanden waren (Lasius 1797, S.169).

In Frankreich ist diese Stampflehm-Bauweise sehr verbreitet gewesen (Raulin 1984). Noch heute existieren seit über 300 Jahren bewohnte Stampflehm-Bauten, wie z.B. das Schloss der Grafen von Montbriant im Saône-Tal bei Lyon (Schneider 1985, S.17f). In Dolomieux bei Lyon sind über 90% aller heute bestehenden Häuser in der traditionellen Stampflehmtechnik errichtet.

David Gilly, der 1787 noch die Wellerbauweise propagierte (Gilly 1787), beschreibt 1797 in seinem Werk „Handbuch der Landbaukunst" den Stampflehmbau als die vorteilhafteste Lehmbautechnik und trägt damit wesentlich zu deren Verbreitung bei, zumal sein Werk zwischen 1797 und 1836 sechsmal aufgelegt wurde und eine weite Verbreitung auch in anderen europäischen Ländern fand.

1.2-13

Cointereaux und Gilly wussten vermutlich nicht, dass der Stampflehmbau in Ungarn schon sehr viel früher bekannt war und wahrscheinlich auch in Sachsen und Thüringen früher angewendet wurde (Griselini 1780, Schimscha 1939, Güntzel 1986, S.377 ff.). Bei den Bauten in Sachsen und Thüringen ist jedoch nicht eindeutig nachgewiesen, ob es sich um Stampflehmbauten oder um Wellerbauten handelt, da einigen Forschern die Unterschiede dieser Techniken nicht geläufig waren. In Abb. 1.2-9 sind die vier von Griselini dokumentierten ungarischen Lehmbautechniken des 18. Jahrhunderts abgebildet: Stampflehmbau, Holzfachwerk mit Lehmbewurf, Lehmziegelbau und Lehmklumpenbau.

Das älteste noch bewohnte Stampflehmhaus Deutschlands entstand 1795 und steht in Meldorf, Schleswig-Holstein, in der Norderstraße 1 (Abb. 1.2-10). Der Bauherr, der Branddirektor Boeckmann, konnte mit diesem Wohnhaus beweisen, dass man mit Lehm feuersicherer und ökonomischer bauen konnte als mit der bis dahin üblichen Fachwerkbauweise.

Das höchste massive Lehmhaus Mitteleuropas steht in der Hainallee Nr. 1 in Weilburg an der Lahn. Es wurde 1825 begonnen und 1828 fertiggestellt (Abb. 1.2-11). Die fünfgeschossige massive Stampflehmwand an der Talseite des Gebäudes wurde über einer eingeschossigen Bruchsteinwand (Kellergeschoss) errichtet. Sie ist unten ca. 75 cm dick und verjüngt sich je Geschoss um 5-10 cm, so dass das oberste Geschoss eine Wandstärke von ca. 40 cm aufweist. In Weilburg sind in den letzten Jahren zweiundvierzig noch bewohnte Stampflehmhäuser auf Grund intensiver Nachforschungen entdeckt worden (Striedter 1982, Minke 1985, Schick 1987). Viele Bewohner wussten gar nicht, dass sie in einem Lehmhaus wohnten. Das älteste Stampflehmhaus entstand 1796, die jüngsten um 1830. Abb. 1.2-12 zeigt einen Blick auf die Bahnhofstraße in Weilburg mit Stampflehmhausfassaden aus dieser Zeit.

Nach dem ersten und dem zweiten Weltkrieg, als Baumaterial und Baugeld knapp waren, griff man wieder auf Lehm als Baustoff zurück, und öffentliche Lehmgruben, die im letzten Jahrhundert in den meisten Gemeinden vorhanden waren, wurden wie-

der benutzt. In den Jahren 1919 bis 1922 entstanden in Deutschland nicht nur mehrere tausend Lehmhäuser (Güntzel 1986, S.156), sondern auch eine ganze Reihe von „Lehmhaus-Siedlungen", wie z.B. die heute noch vorhandenen Siedlungen in Badenermoor bei Achim, Lübeck-Schlutup (Abb. 1.2-13) und Lübeck-Moisling. Diese Nachkriegsbauten mit ihrem „ärmlichen" Charakter waren nicht gerade vorteilhaft für das Image und die Verbreitung des Baustoffs Lehm.
1950 gab es siebzehn anerkannte Lehmprüfstellen in der Bundesrepublik (vgl. DIN 18951, Bl. 2). Nach 1950 wurde dort jedoch fast dreißig Jahre lang kein Lehmhaus mehr errichtet. Die DIN 18951 vom Januar 1951, die bereits als „Lehmbauordnung" seit 1944 in Kraft war, wurde 1971 ohne Ersatz zurückgezogen, ebenso die übrigen Normen und Vornormen, die sich mit Lehm und dessen Verarbeitung befassten (vgl. Kapitel 15.2). (Weitere Angaben über die Geschichte des Lehmbaus in Deutschland siehe Güntzel 1986).
Während im 18. und im 19. Jahrhundert der Lehmbau in Deutschland vor allem propagiert wurde, um den weiteren Raubbau an den Wäldern zu verringern, wurde er nach dem ersten Weltkrieg gefördert, um den Verbrauch des Energieträgers Kohle zu reduzieren. Nach dem zweiten Weltkrieg sah man im Lehmbau vor allem eine Lösung, Baumaterial und Baukosten zu sparen. Seit etwa 1980 gibt es auf Grund des erwachten ökologischen Bewusstseins in Deutschland einen neuen Auftrieb für den Lehmbau: nun als Möglichkeit, die Umweltverschmutzung beim Bauen zu verringern und ein gesundes Wohnklima in Gebäuden zu schaffen.

1.3 Wissenswertes über den Baustoff Lehm

Im Vergleich zu den üblichen industriell gefertigten Baustoffen hat Lehm drei Nachteile:

• *Lehm ist kein genormter Baustoff*
Lehm ist eine Mischung aus Ton, Schluff (Feinstsand) und Sand, die auch gröbere Bestandteile wie Kies, Schotter oder Steine enthalten kann. Lehm weist je nach Fundort unterschiedliche Eigenschaften auf und muss deshalb je nach Verarbeitungstechnik unterschiedlich zusammengesetzt sein. Es ist also notwendig, seine Zusammensetzung zu kennen, um deren Eigenschaften beurteilen und gegebenenfalls durch Zusätze verändern zu können.

• *Lehm schwindet beim Austrocknen*
Durch die Verdunstung des Anmachwassers, das notwendig ist, um Lehm verarbeiten zu können und seine Bindekraft zu aktivieren, reduziert sich sein Volumen, es entstehen „Trocken-" bzw. „Schwindrisse". Das lineare Trockenschwindmaß, das Maß, das die Verkürzung eines prismatischen Probekörpers beim Austrocknen angibt, beträgt bei Nasslehmverfahren etwa 3-12% und bei Stampflehm 0,4-2%. Das Schwinden kann jedoch durch Reduzierung des Wasser- sowie des Tonanteils und durch Optimierung der Kornzusammensetzung wesentlich verringert werden.

• *Lehm ist nicht wasserfest*
Lehm muss deshalb insbesondere im feuchten Zustand vor Regen und vor Frost geschützt werden. Ein dauerhafter Schutz von Lehmwänden vor Nässeeinwirkung kann durch konstruktive Maßnahmen (Dachüberstand, Spritzwassersockel, horizontale Isolierung gegen „aufsteigende Nässe") und durch entsprechende Oberflächenbehandlungen (Anstriche, Hydrophobierung, Putze) erreicht werden (vgl. Kapitel 4.3 und 12).

Diesen drei Nachteilen stehen allerdings erhebliche Vorteile gegenüber:

• *Lehm reguliert die Luftfeuchtigkeit*
Lehm kann relativ schnell Luftfeuchtigkeit aufnehmen und diese bei Bedarf wieder abgeben. Dadurch reguliert er die Feuchtigkeit der Raumluft und trägt somit zu einem gesunden Raumklima bei. Untersuchungen des Forschungslabors für Experimentelles Bauen, Universität Kassel (FEB), ergaben, dass ungebrannte Lehmsteine (sogenannte Grünlinge) innerhalb von zwei Tagen etwa 30mal soviel Feuchtigkeit aufnehmen wie gebrannte Ziegel, wenn die relative Feuchte der Raumluft von 50% auf 80% steigt. Die Lehmsteine erreichen bei einer Raumluftfeuchte von ca. 95% nach 30 bis 60 Tagen eine maximale Feuchtigkeit, die 5 bis 7% beträgt („Gleichgewichtsfeuchte"). Auch nach 6-monatiger Lagerung bei 95% relativer Luftfeuchte in einer Klimakammer wurden sie nicht weich (dies wäre erst bei ca. 11 - 15% Wassergehalt möglich). Messungen über einen Zeitraum von 5 Jahren in einem Wohnhaus in Kassel mit Wänden aus Lehmsteinen, Lehmsträngen bzw. Leichtlehm, ergaben, dass die relative Luftfeuchtigkeit in den Wohnräumen das ganze Jahr über nahezu konstant war. Sie betrug im Mittel 50% und schwankte lediglich um 5%. Diese konstante Luftfeuchtigkeit erzeugt ein äußerst angenehmes und gesundes Wohnklima. Sie verhindert ein Austrocknen der Schleimhäute, reduziert die Feinstaubbildung und wirkt somit vorbeugend gegen Erkältungskrankheiten (Näheres hierzu in Kap. 1.4).

• *Lehm speichert Wärme*
Lehm speichert, ähnlich wie andere schwere Baustoffe, Wärme und kann somit zur Verbesserung des Wohnklimas und bei passiver Sonnenenergienutzung zur Energieeinsparung beitragen.

• *Lehm spart Energie und verringert die Umweltverschmutzung*
Lehm benötigt bei der Aufbereitung und Verarbeitung im Gegensatz zu anderen Baustoffen sehr wenig Energie und trägt somit kaum zur Umweltverschmutzung bei, er braucht nur etwa 1% der Energie, die für die Herstellung von Mauerziegeln oder Stahlbeton notwendig ist (vgl. Kap. 2.10).

• *Lehm ist stets wiederverwendbar*
Der ungebrannte Lehm ist jederzeit und unbegrenzt wiederverwendbar. Trockener Lehm braucht nur zerkleinert und mit Wasser angefeuchtet zu werden und schon lässt er sich wieder verarbeiten. Lehm kann im Gegensatz zu anderen Baustoffen niemals als Bauschutt die Umwelt belasten.

• *Lehm spart Baumaterial- und Transportkosten*
Auf den meisten Baustellen in Mitteleuropa fällt Lehm beim Aushub der Keller und/oder der Fundamente an. Enthält er nicht zuviel Ton und keine zu großen Gesteinspartikel, so kann er im erdfeuchten Zustand mit den meisten Lehmbautechniken direkt eingesetzt werden. Enthält er zu viel Ton, so

muss er „gemagert", das heißt z.B. mit Sand vermischt werden. Da bei Verwendung des Bodenaushubs der Abtransport entfällt, entsteht eine nicht unwesentliche Einsparung an Transportkosten und Umweltverschmutzung. Ist kein Lehm auf der Baustelle vorhanden, so kann er häufig preiswert von einer nahegelegenen Ziegelei geholt werden. Bei Sand- und Kiesgruben entsteht Lehm als „Abfallprodukt" beim Auswaschen. Allerdings hat dieser Lehm in der Regel einen extrem hohen Schluffanteil.

• *Lehm eignet sich für den Selbstbau*
Mit Hilfe einer fachkundigen Person können Lehmbauarbeiten in der Regel von angeleiteten Laien ausgeführt werden.
Da für traditionelle Lehmbautechniken einerseits nur ein minimaler Geräteaufwand notwendig ist, andererseits diese Techniken aber arbeitsaufwendig sind, eignen sie sich besonders für den Selbstbau.

• *Lehm konserviert Holz*
Bedingt durch die geringe Gleichgewichtsfeuchte von Lehm von 0,4 bis 6 Gewichtsprozenten (je nach Tongehalt, Tonart und Feuchtegehalt der Luft) werden Holz und andere organische Stoffe, die von Lehm umgeben sind, entfeuchtet bzw. trockengehalten, so dass diese nicht von Pilzen oder Insekten befallen werden. (Holz hat eine Gleichgewichtsfeuchte von 8-12%. Tierische Schädlinge brauchen in der Regel eine Mindestfeuchte von 14 bis 18%, Pilze eine Feuchtigkeit von mehr als 20% (Möhler 1978, S.18). Insofern kann man von einer Konservierung durch Lehm sprechen. Da Stroh aber eine besonders hohe Kapillarkraft aufweist, kann es bei Strohleichtlehm mit Rohdichten unter 500 kg/m³ vorkommen, dass die konservierende Wirkung des Lehms nicht ausreicht und das Stroh bei zu langsamer Austrocknung verrottet, vgl. Kap. 10.3.

• *Lehm bindet Schadstoffe*
Dass Lehm Schadstoffe aus der Raumluft absorbiert, wird häufig erwähnt. Dieses Phänomen ist aber noch wenig untersucht. Nach Ziegert wurden bei der Analyse eines historischen Lehmputzes in einem ofenbeheizten Raum eines Wellerbaus aus dem 17. Jahrhundert im Lehmoberputz 3,5% mehr Schwefel nachgewiesen als in den nahezu schwefelfreien Putzen der anderen Räume (Ziegert 2000).
Die Fähigkeit der Tonminerale, Fremdstoffe bzw. Schadstoffe zu binden, wird auch von der Industrie benutzt: Am Kernforschungszentrum Karlsruhe wurde ein Verfahren zur Rückgewinnung des Phosphats aus häuslichen Abwässern mit Hilfe von stark tonhaltigem Lehm entwickelt. Die Phosphate lagern sich dabei an die Tonminerale an und werden somit dem Abwasser entzogen. Der Vorteil des Verfahrens liegt vor allem darin, dass dem Wasser keine Fremdstoffe zugesetzt werden müssen, die im Wasser verbleiben, und dass der Phosphor als trockenes Calciumphosphat zurückgewonnen und für die Düngemittelherstellung wiederverwendet werden kann. In Berlin-Ruhleben wurde eine Demonstrationsanlage in Betrieb genommen, in der täglich 600 m³ Abwasser nach diesem Verfahren von Phosphaten gereinigt werden.

• *Lehm schirmt hochfrequente Strahlung ab*
Lehm schirmt Räume gegen hochfrequente Strahlung von Mobilfunknetzen, schnurlosen Telefonen, UMTS und GPS wesentlich besser ab als andere massive Wandbaustoffe. Während übliche Dachdeckungen mit Ton- oder Beton-Dachziegeln nur eine minimale Dämpfung ergeben, dämpfen 24 cm dicke Lehmsteingewölbe diese Strahlung zu 99,9 bis 99,9999% ab (vgl. Kap. 2.9).

1.4 Verbesserung des Raumklimas durch Lehm

1.4.1 Allgemeines

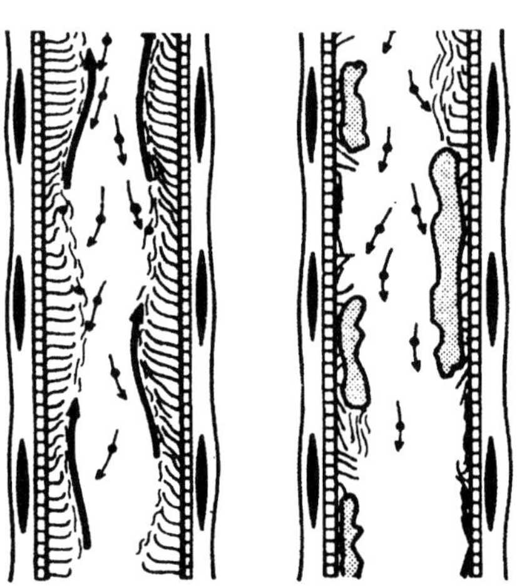

1.4-1 Schnitt durch Luftröhre mit intakter und ausgetrockneter, verkrusteter Schleimschicht (Beckert 1986)

Da wir uns zu mehr als 90% der Zeit in Gebäuden aufhalten, beeinflusst das Raumklima in unseren Wohn-, Schlaf- und Arbeitsräumen entscheidend unser Wohlbefinden und unsere Gesundheit. Das Wohlbefinden in Räumen wird vor allem durch folgende physikalische Größen beeinflusst:

- Raumlufttemperatur
- Temperatur der Raumumschließungsflächen
- Raumluftbewegung
- Feuchtegehalt der Luft
- Gas- und staubförmige Verunreinigungen

Jeder Bewohner spürt sofort, wenn die Temperatur im Raum zu hoch oder zu niedrig, oder die Luftbewegung zu groß ist und wird bemüht sein, diese so zu beeinflussen, dass er sich wieder wohl fühlt. Die negativen Folgen einer zu hohen und einer zu niedrigen Feuchtigkeit der Raumluft sind jedoch in der Regel ebenso wenig bekannt wie einfache Mittel, die Luftfeuchte zu regulieren.
Da die Luftfeuchte in Innenräumen einen wesentlichen Einfluss auf die Gesundheit der Bewohner ausübt und Lehm wie kein anderes Baumaterial die Fähigkeit hat, zur Luftfeuchteregulierung des Innenraumklimas beizutragen, soll auf diese beiden Aspekte im folgenden ausführlich eingegangen werden.

1.4.2 Einfluss der Luftfeuchte auf die Gesundheit

Es ist bekannt, dass eine relative Luftfeuchte von weniger als 40% zu einer Austrocknung der Schleimhäute und somit zu einer erhöhten Anfälligkeit für Erkältungskrankheiten führen kann, denn trockene Luft beeinträchtigt die Reinigungsfunktion der Luftröhrenoberfläche: Dort sorgen die haarförmigen Fortsätze der Flimmerepithelzellen durch ihre wellenförmige Bewegung dafür, dass der von den Drüsenzellen abgesonderte zähflüssige Schleim, auf dem sich Staubpartikel und Krankheitskeime absetzen, in die Mundhöhle befördert wird. Bei einer „ausgetrockneten" Luftröhre verkrustet der Schleim, so dass er seine Klebewirkung verliert. Außerdem wird die geschlossene Schleimoberfläche unterbrochen, so dass das Flimmerepithel nicht mehr in der Lage ist, die Schadstoffe abzutransportieren, vgl. Abb. 1.4-1 (Grandjean 1972, Beckert 1986).

Eine hohe relative Luftfeuchte hat viele positive Einflüsse auf die Behaglichkeit des Raumklimas: Sie verringert den Feinstaubgehalt der Luft, aktiviert die Abwehrfähigkeit der Haut gegenüber Mikroben, verringert die Lebensdauer vieler Bakterien und Viren, reduziert Geruchsbelästigungen und vermeidet eine störende elektrostatische Aufladung im Raum.

Eine Luftfeuchtigkeit von mehr als 70% wird jedoch in der Regel als unangenehm empfunden, was vermutlich daran liegt, dass bei feuchtwarmer Luft die Sauerstoffaufnahme im Blut reduziert ist. Bei feuchtkalter Luft wird eine Zunahme rheumatischer Beschwerden beobachtet. Das Gefährlichste ist, dass Luftfeuchten von mehr als 70% zu einer starken Schimmelpilzbildung in geschlossenen Räumen führen können. In größeren Mengen eingeatmete Schimmelpilzporen können eine ganze Reihe von Beschwerden und allergische Reaktionen hervorrufen.

Aus diesen Gründen sollte der Feuchtegehalt in Räumen möglichst 50%, mindestens aber 40% und nicht mehr als 70% betragen.

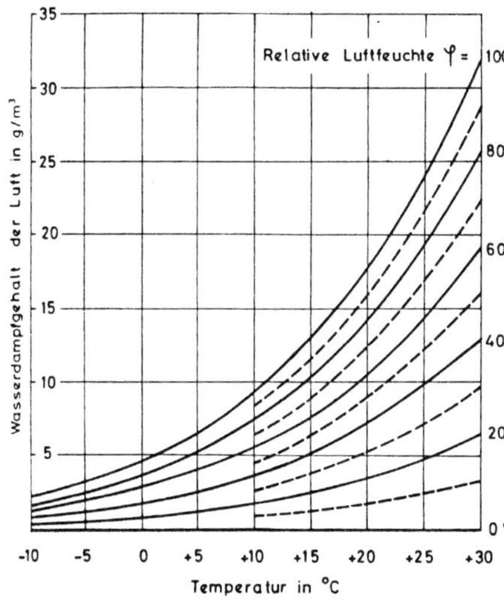

1.4-2 Carrier-Diagramm: Wasserdampfgehalt der Luft in Abhängigkeit von der Temperatur (Lutz et al. 1985)

1.4.3 Einfluss des Lüftens auf die Raumluftfeuchte

Da im Winter eine als zu trocken empfundene Raumluft nicht, wie häufig irrtümlich angenommen wird, durch die Art der Heizung, sondern durch das Lüftungsverhalten bedingt ist, soll hier kurz auf den Einfluss der Lüftung eingegangen werden.

Insbesondere bei Hochdruckwetterlagen im Winter, wenn die Außentemperatur niedrig, und die Außenluft trocken ist, besteht die Gefahr, dass durch langes Lüften eine extrem trockene Raumluft entsteht. Die durchschnittliche relative Feuchte der Außenluft beträgt in Deutschland bei einer Temperatur von 10°C ca. 80% und bei einer Temperatur von +20°C ca. 75%. Die niedrigsten Werte liegen im Winter bei einer Temperatur von 10°C bei ca. 60%. Da die relative Luftfeuchte bei Erwärmung der Luft abnimmt und im Winter beim Lüften eines Raumes kalte Luft von außen in den Raum gelangt und erwärmt wird, nimmt die relative Feuchte dieser Luft stark ab. Das in Abb. 1.4-2 gezeigte Diagramm stellt den Zusammenhang zwischen Temperatur und relativer Feuchte dar: Wird beispielsweise eine Außenluft von 0°C und 60% relativer Feuchte oder eine Außenluft von -5°C und 80% relativer Feuchte auf +20°C erwärmt, so sinkt die relative Feuchte auf weniger als 20% ab. In diesem Fall ist es für ein gesundes Wohnklima unbedingt notwendig, den Feuchtegehalt der Raumluft schnell wieder zu erhöhen, was durch Feuchtigkeitsabgabe von den Raumoberflächen, den Benutzern und den Raumausstattungsgegenständen erfolgen kann.

1.4.4 Feuchteregulierende Wirkung von Lehm, positive Auswirkung auf die Gesundheit

Poröse Baustoffe haben die Fähigkeit, Feuchtigkeit aus der Luft aufzunehmen bzw. an diese abzugeben und somit zum Feuchteausgleich des Raumklimas beizutragen. Die maximale Feuchte, die ein Baustoff aus der Luft aufnehmen kann, wird als „Gleichgewichtsfeuchte" bezeichnet. Sie hängt von der relativen Feuchte und der Temperatur der Umgebungsluft ab. (Die Gleichgewichtsfeuchten verschiedener Materialien bei unterschiedlicher Luftfeuchte und konstanter Temperatur von 21°C sind in Abb. 2.4-3 dargestellt). Die für das Wohnklima wichtige feuchteregulierende Wirkung des Baustoffes hängt aber nicht nur von der maximal aufnehmbaren Feuchte ab, sondern vor allem von der Geschwindigkeit, in welcher der Baustoff die Feuchtigkeit aufnehmen bzw. abgeben kann. Am Forschungslabor für Experimentelles Bauen an der Universität Kassel (FEB) durchgeführte Untersuchungen zeigen z.B., dass bei einem plötzlichen Anstieg der Raumluftfeuchte von 50 auf 80% die erste 1,5 cm dicke Schicht einer Lehmsteinwand in 48 Stunden ca. 300 Gramm Wasser pro m² Wandfläche aufnimmt, während Kalksandstein und Fichtenholzschalung gleicher Dicke nur etwa 100 g/m², Putze 26 bis 76 g/m² und gebrannte Ziegel nur 10 bis 30 g/m² in dem gleichen Zeitraum absorbieren (vgl. Abb. 1.4-3). Die entsprechende beidseitige Feuchteaufnahme bei 11,5 cm dicken unverputzten Wänden aus unterschiedlichen Materialien über einen Zeitraum von 16 Tagen gemessen, ist in Abb. 1.4-4 dargestellt. Die Ergebnisse zeigen beispielsweise, dass bei einer Zunahme der Raumluftfeuchte von 50% auf 80% Lehmsteine nach 16 Tagen 8,3mal soviel Feuchtigkeit aufnehmen wie Hochlochziegel und etwa 30mal soviel wie Vollziegel.

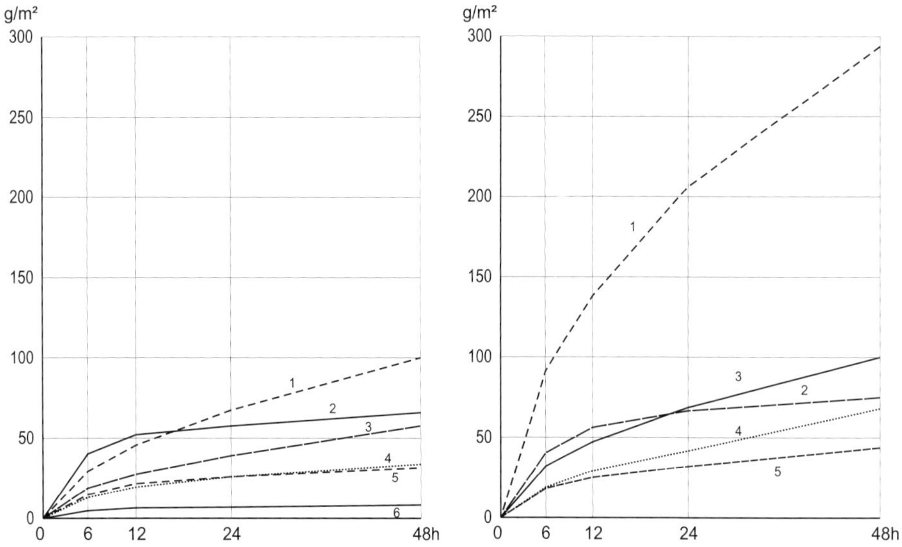

1 Kalksandstein
2 Porenbeton
3 Beton B25
4 Mauerziegel
5 Leichtziegel
6 Vormauerziegel

1 Lehm, tonig
2 Lehmputz
3 Fichte, gehobelt
4 Kalkzementputz
5 Gipsputz

1.4-3 Sorptionskurven von 15 mm dicken Baustoffproben bei einer Temperatur von 21°C und einer Zunahme der Raumluftfeuchte von 50% auf 80% in Abhängigkeit von der Zeit

Die entsprechenden Absorptionswerte bei einer Raumluftfeuchteänderung von 30% auf 70% sind aus Abb. 1.4-5 erkennbar. Abb. 1.4-6 zeigt, dass bei der Luftfeuchtesteigerung von 50% auf 80% die Feuchteaufnahme einer 2 cm dicken Lehmputzschicht in dem Zeitraum von 24 Stunden genauso groß ist wie die einer 4 cm oder 8 cm dicken Schicht. Das heißt, innerhalb der ersten 24 Stunden nehmen nur die obersten 2 cm und in einem Zeitraum von 4 Tagen nur die ersten 4 cm dieser Lehmwand zusätzlich Feuchte auf.

Aus dem Diagramm der Abb. 1.4-7 wird deutlich, dass Kalkfarben-, Leimfarben- und Kaseinanstriche die Feuchteaufnahme des getesteten extrem mageren Lehmputzes nur geringfügig verzögern. Eine Kunstharzdispersionsfarbe verringerte die Feuchteaufnahme nach 2 Tagen um ca. 13%, ein zweifacher Latexanstrich diese um 38% und ein einfacher Leinölanstrich diese sogar um 50%. Abb. 1.4-8 zeigt, dass Zusätze zum Lehmputz dessen Sorptionsfähigkeit sowohl positiv wie auch negativ verändern können.

Die unverputzten Lehmwände eines Raumes mit einer Grundfläche von 3 m x 4 m, einer lichten Höhe von 2,5 m und einer Wandfläche von 30 m² (ohne Fenster- und Türflächen) würden demnach bei einer

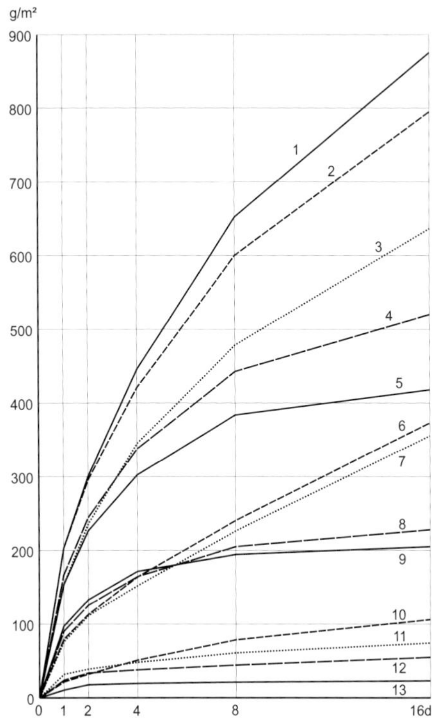

1 Lehm schluffig, ρ=1800
2 Lehm, tonig, ρ=1900
3 Strohlehm, ρ=1400
4 Strohleichtlehm, ρ=700
5 Strohleichtlehm, ρ=550
6 Kiefer, ρ=450
7 Kalksandstein, ρ=2000
8 Porenbeton, ρ=400
9 Blähtonleichtlehm, ρ=750
10 Hochlochziegel, ρ=1500
11 Beton B15, ρ=2200
12 Leichtziegel, ρ=800
13 Vollziegel, ρ=1800

1.4-4 Sorptionskurven von 11,5 cm dicken Innenwänden bei 21°C und einer beidseitigen Zunahme der Raumluftfeuchte von 50% auf 80%

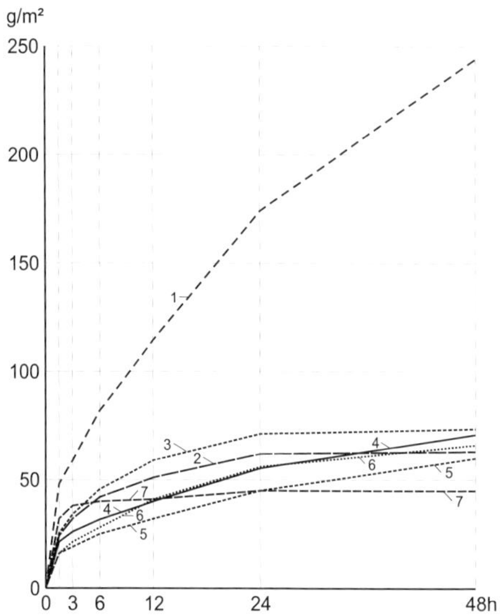

1 Lehm, tonig
2 Lehmputz
3 Lehm mit Kokosfaser
4 Fichte, gehobelt
5 Limba, gehobelt
6 Kalkzementputz
7 Gipsputz

1.4-5 Sorptionskurven von 15 mm dicken Bau stoffproben bei einer Temperatur von 21°C und einer Raumluftfeuchteerhöhung von 30 auf 70%

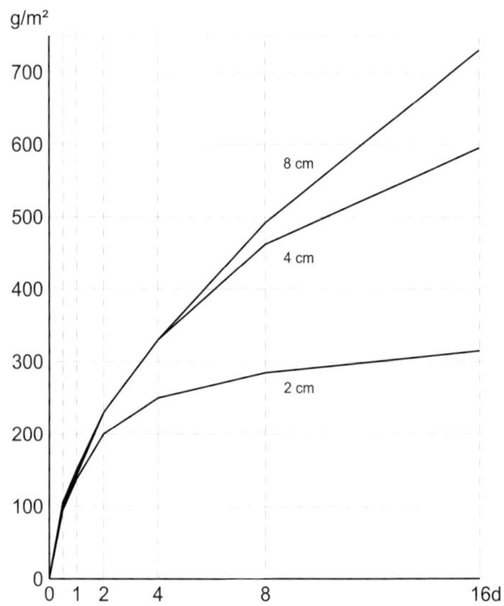

1.4-6 Einfluss der Dicke bei der Feuchteaufnahme einer Lehmwand bei Erhöhung der Raumluftfeuchte von 50% auf 80%

plötzlichen Raumluftfeuchtezunahme von 50% auf 80% innerhalb von 48 Stunden ca. 9 Liter Wasser aus der Luft aufnehmen – ohne dass sie sich feucht anfühlen – und diese Menge beim Absinken der Raumluftfeuchte auf 50% entsprechend wieder abgeben. Die gleichen Wände aus gebrannten Mauerziegeln, seien es Vollziegel, Hochlochziegel oder Leichtziegel, könnten dagegen im gleichen Zeitraum nur etwa 0,9 Liter Wasser aufnehmen bzw. abgeben. Wenn auch in der Praxis ein solcher Anstieg der Luftfeuchte im allgemeinen nicht so lange aufrechterhalten bleibt, so veranschaulicht diese Rechnung doch die enorme feuchteregulierende Fähigkeit des Lehms. Dass es möglich ist, mit Hilfe von Lehmwänden die Luftfeuchtigkeit in einer Wohnung so zu regulieren, dass das ganze Jahr über eine für die Gesundheit der Bewohner optimale Raumluftfeuchte von 50% konstant gehalten wird, zeigen die Messwerte aus einem 1985 in Kassel errichteten Wohnhaus, dessen Wände alle aus Lehm bestehen. Die über einen Zeitraum von 5 Jahren durchgeführten Messungen ergaben in den Wohnräumen eine durchschnittliche relative Luftfeuchte von ca. 50%, mit einer Schwankung um 5%. Im kühleren Schlafzimmer wurde bei Raumlufttemperaturen zwischen +18°C und +12°C in der Regel eine relative Feuchte zwischen 55% und 65% gemessen. Diese im Vergleich zu den Wohnräumen etwas höhere relative Luftfeuchte wurde subjektiv für das Schlafzimmer als optimal empfunden und wirkte offensichtlich vorbeugend gegen Erkältungskrankheiten. Sank die Feuchtigkeit unter 60%, wurden durch Öffnen der Badezimmertür nach dem Duschen die Wände im Schlafzimmer wieder mit Feuchtigkeit „aufgeladen", die diese bei Bedarf dann abgeben konnten.
Nach Howieson (2005) besteht bei Asthma eine eindeutige Abhängigkeit von zu trockener Innenraumluft.
In einem Kindergarten mit Lehmgewölben wurde beobachtet, dass ein Kind, das unter Asthma litt, nach einem dreimonatigen Besuch dieses Kindergartens keine Probleme mehr mit Asthma hatte.

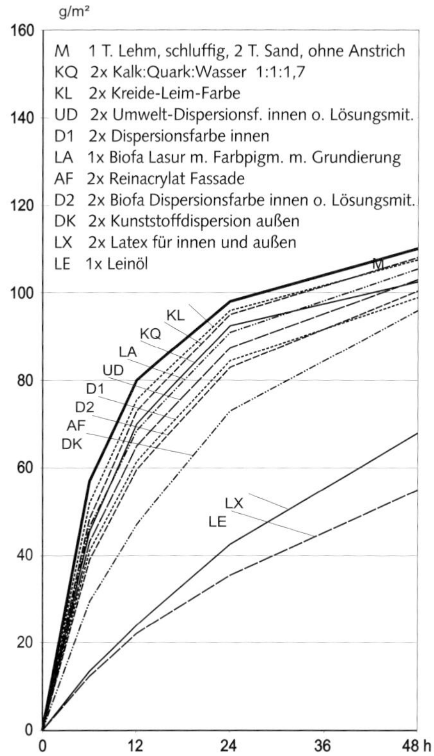

1.4-7 Einfluss von Anstrichen auf die Feuchteaufnahme von 1,5 cm dicken 5-seitig versiegelten Lehmputzproben bei einer Raumluftfeuchteerhöhung von 50% auf 80%. Anstrichausführung nach DIN 53778, Anstrichdicke 100±10 µm

1.5 Vorurteile gegen Lehm

Vorurteile gegen Lehm als Baustoff sind immer noch weit verbreitet und beruhen in der Regel auf Unwissenheit. Es ist für viele Menschen schwer vorstellbar, dass uns die Natur einen Baustoff liefert, der nicht „veredelt" zu werden braucht, und dass z.B. der Aushub von Fundamenten und Kellern nicht abtransportiert werden muss, sondern sich als Baumaterial verwenden lässt.
Bezeichnend ist die Aussage eines Maurers, der bei einem Wohnhaus ungebrannte Lehmziegel vermauern sollte: „Das ist ja wie im Mittelalter, jetzt müssen wir uns auch noch die Hände mit so'nem Schitt dreckig machen". Derselbe Maurer zeigte, nachdem er eine Woche mit Lehmsteinen gemauert hatte, strahlend seine Hände vor und sagte: „Schauen Sie sich mal diese Hände an, haben Sie schon mal so glatte Maurerhände gesehen? Da macht das Zupacken richtig Spaß, da gibt's keine scharfen Kanten."
Die Aussage, dass Lehm als Baumaterial unhygienisch sei, weil Mäuse oder Ungeziefer darin nisten, ist falsch, sofern es sich um massive Lehmbauteile handelt. Die in Südamerika verbreitete Chagas-Krankheit, die zur Erblindung führen kann, wird allerdings durch Insekten verbreitet, die in den Ritzen der dort üblichen „bahareque"-Lehmwände wohnen. Würden diese geflochtenen und mit Lehmbewurf versehenen Wände dort aber aus Stampflehm oder aus Lehmsteinen mit geschlossenen Fugen erbaut, so hätten die Insekten keine Möglichkeit, in den Wänden zu nisten. Des weiteren führt Stroh-Leichtlehm mit hohem Strohanteil während der Bauphase zu lästigen Schimmelpilzbildungen, die erst aufhören, wenn das Material ausgetrocknet ist und trocken bleibt. Bei Rohdichten unter 700 kg/m³ können auch Bücherläuse auftreten, die das Stroh auffressen. Bei massivem Lehm (Lehmsteine, Stampflehm, Stranglehm) oder bei Leichtlehm mit mineralischen Zuschlägen (Blähton, Blähglas, Bims, Lava) sind diese Gefahren jedoch ausgeschlossen.
Lehmoberflächen werden durch Kasein-, Kalk-Kasein- oder andere Anstriche wischfest, so dass sie sich feucht reinigen lassen, was bei Küchen und Bädern wünschenswert sein kann.
Im Vergleich zu gefliesten Badezimmer sind Bäder mit Lehmwänden sogar hygienischer, da sie die hohe Luftfeuchtigkeit nach dem Duschen bzw. Baden schnell reduzieren und sich deshalb keine Schimmelpilze bilden können (vgl. Kap. 14.9).

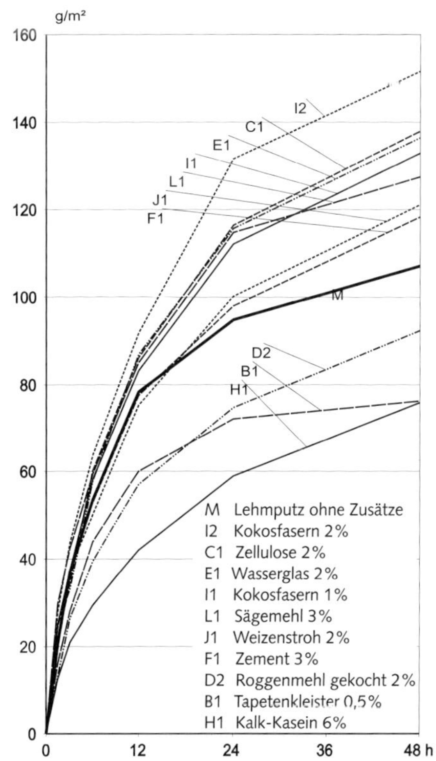

1.4-8 Veränderung der Feuchteaufnahme von Lehmputz durch unterschiedliche Beimengungen – Versuchsaufbau wie in 1.4-7

2 Der Baustoff Lehm und seine Eigenschaften

2.1 Zusammensetzung

2.1.1 Allgemeines

Lehm ist ein Verwitterungsprodukt aus der Gesteinsschicht unserer Erde. Die Verwitterung erfolgte überwiegend durch die mechanische Zerstörung des Gesteins durch Bewegung von Gletschern, Wasserläufen und Wind, durch Ausdehnen und Zusammenziehen des Materials infolge von Temperaturdifferenzen oder durch die sprengende Wirkung gefrierenden Wassers. Auch chemische Reaktionen, bedingt durch organische Säuren der Pflanzen, durch Wasser und Sauerstoff, können zur Verwitterung beitragen. Je nach Fundort zeigen Lehme unterschiedliche Zusammensetzungen und somit auch unterschiedliche Eigenschaften.

Berglehm oder *Gehängelehm* entsteht an Berghängen aus der Verwitterung des dort befindlichen Gesteins. Berglehme sind mit kleineren und größeren Gesteinsbrocken durchsetzt und bei ausreichendem Tongehalt besonders für den Stampflehmbau geeignet, da sie meist eine hohe Bindekraft, eine hohe Druckfestigkeit und, wenn sie nicht zu tonig sind, ein geringes Trockenschwindmaß aufweisen.

Lehme, die aus den Ablagerungen der Eiszeiten im europäischen Flachland entstanden, werden als *Geschiebelehme* bezeichnet. Sie sind meist kalkhaltig. Ist Kalk im Übermaß vorhanden, so spricht man von *Mergel* bzw. *Tonmergel*, der aufgrund seiner geringen Bindekraft für den Lehmbau wenig geeignet ist.

Schwemmlehme sind Geschiebelehme, die von ihren ursprünglichen Lagerstätten durch Wasser umgelagert (abgeschwemmt) worden sind.

Lößlehm, ein stark schluffhaltiger, feinkörniger Lehm mit geringem Tongehalt und geringer Bindekraft, entstand in den Sandstürmen der letzten Eiszeit. Er hat eine gelbliche bis bräunliche Färbung und ist kalkfrei.

Auelehm, auch *Schlicklehm* genannt, bildete sich in Flusstälern durch Ablagerungen aus dem Wasser. Er ist häufig mit organischen Stoffen gemischt.

Lehm ist ein Gemisch aus Ton, Schluff (Feinstsand) und Sand, das Beimengungen von größeren Gesteinspartikeln (Kies, Gestein) sowie von organischem Material enthalten kann.

Im Bauwesen werden die Bestandteile des Lehms entsprechend ihrem Korndurchmesser eingeteilt. Als *Ton* werden Bestandteile bezeichnet, die einen Durchmesser von weniger als 0,002 mm aufweisen, als *Schluff* Bestandteile mit einem Durchmesser von 0,002 bis 0,06 mm, als *Sand* Bestandteile mit einem Durchmesser von 0,06 bis 2 mm und als *Kies* Bestandteile mit einem Durchmesser von 2 bis 60 mm. Die Kornverteilung eines tonigen, eines stark schluffigen und eines stark sandigen Lehms ist in Abb. 2.1-1 zu sehen.

Im Lehm wirkt der Ton als Bindemittel, das die übrigen gröberen Partikel miteinander verbindet. Schluff, Sand und Kies sind also nur „Füllstoffe". Je nachdem welcher der 3 Hauptbestandteile beim Lehm überwiegt, spricht man von einem tonigen, schluffigen oder sandigen Lehm. In der Bodenkunde verwendet man bei einem Anteil von weniger als 15 Gewichtsprozenten das Beiwort „schwach" und bei mehr als 30% das Beiwort „stark". Anteile von weniger als 5%

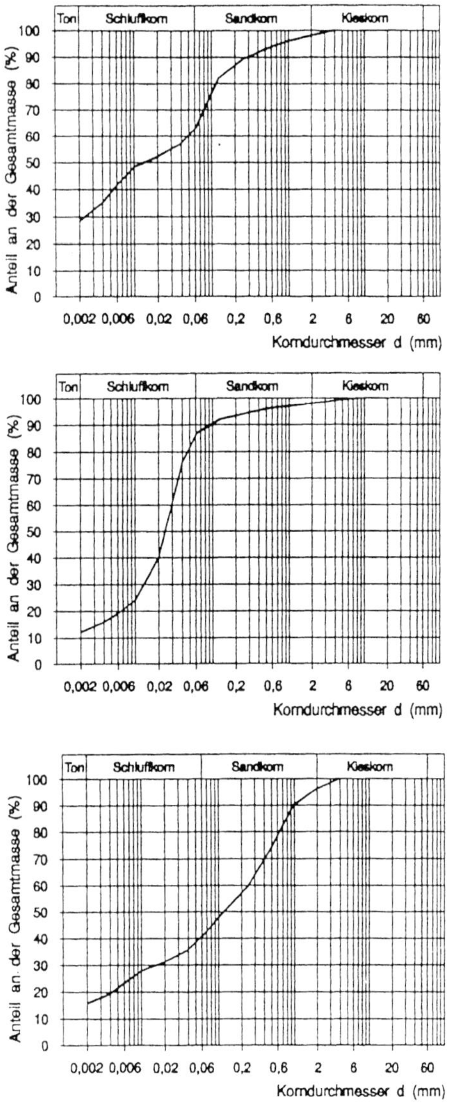

2.1-1 Kornverteilungskurve eines tonigen Lehms (oben), eines stark schluffigen Lehms (Mitte) und eines stark sandigen Lehms (unten)

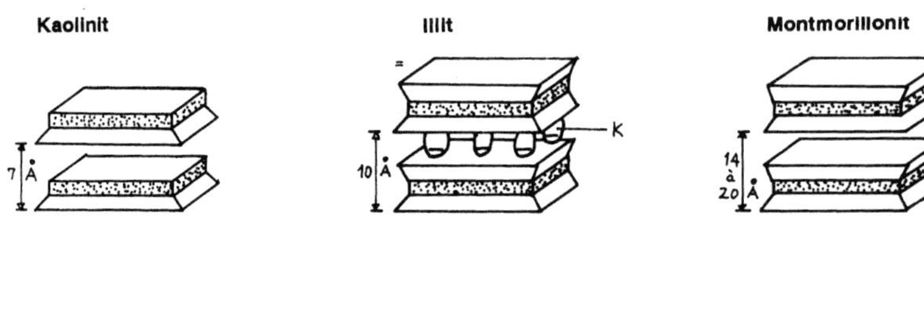

2.1-2 Struktur der drei häufigsten Tonminerale und ihr intralamellarer Abstand (nach Houben, Guillaud 1984)

tauchen bei der Bezeichnung nicht auf. Danach hätte ein stark schluffiger, sandiger, schwach toniger Lehm über 30% Schluff, 15-30% Sand, weniger als 15% Ton und weniger als 5% Kies. Diese Bezeichnung ist im Lehmbau jedoch nicht üblich, da beispielsweise ein Lehm mit 14% Ton, der in der Bodenkunde als „schwach" lehmig bezeichnet wird, für viele Lehmbautechniken bereits zu „fett", also zu tonig ist.

2.1.2 Ton

Ton ist ein Verwitterungsprodukt aus Feldspat und anderen Mineralien der Urgesteine. Feldspate bestehen aus Aluminiumoxid, einem zweiten Metalloxid und Kieselsäure. Der weit verbreitete Kalifeldspat, ein Aluminium-Kalium-Silikat hat die Formel $Al_2O_3 \cdot K_2O \cdot 6SiO_2$. Lösen sich durch Verwitterung die leichter löslichen Kaliumverbindungen heraus, so entsteht die „kieselsaure Tonerde", ein Aluminiumoxid mit chemisch gebundenem Wasser ($Al_2O_3 \cdot 2\ SiO_2 \cdot 2\ H_2O$), das in der Mineralogie als *Kaolinit* bezeichnet wird. Ein ebenfalls häufig vorkommendes Tonmineral ist das *Montmorillonit* ($Al_2O_3 \cdot 4\ SiO_2 \cdot 2\ H_2O$). Ein weiteres, jedoch seltener auftauchendes Tonmineral, ist das *Illit*, vgl. Abb. 2.1-2.

Neben den genannten drei Tonmineralen, die die bekanntesten sind, gibt es noch eine Reihe anderer Tone, die häufig nach ihrem Fundort benannt sind. Alle Tonminerale kommen selten in reiner Form vor. Sie haben sich häufig mit anderen chemischen Verbindungen vermischt, insbesondere mit Eisenoxidhydraten ($Fe_2O_3 \cdot H_2O$) und anderen Eisenverbindungen, die dem Ton die gelbliche bis rötliche Färbung geben. Manganverbindungen ergeben eine braune, Kalk- und Magnesiumverbindungen eine weißliche, organische Beimengungen eine bräunliche bis schwarze Färbung.

Das chemisch gebundene Wasser der Tonminerale, das sogenannte „Kristallwasser", entweicht bei Temperaturen von 400 bis 900°C.

Tonminerale haben in der Regel eine hexagonale kristalline plättchenförmige Struktur. Die Plättchen bestehen aus mehreren „Lamellen" (Lagen). Diese Lamellen bestehen aus Schichten, die in der Regel entweder aus Siliziumkernen oder aus Aluminiumkernen gebildet werden, und im ersten Fall von Sauerstoffatomen, im zweiten Fall von Hydroxid (OH)-Gruppen umgeben sind. Die Schichten aus Siliziumoxid zeigen die stärkste negative Ladung und somit die stärkste Ionenbindungsfähigkeit (Abb. 2.1-3).

Beim Zweischichtmineral Kaolinit ist die Ionenbindungskapazität relativ gering, da jeweils eine Schicht aus Aluminiumhydroxid mit einer Schicht aus Siliziumoxid verbunden ist, während beim Dreischichtmineral Montmorillonit jeweils eine Aluminiumhydroxidschicht von zwei Siliziumoxidschichten begrenzt wird und somit eine stärkere Ionenbindungskapazität vorhanden ist (vgl. Abb. 2.1-2).

Illit ist wie Montmorillonit ein Dreischichtmineral, wobei die Al-Ionen auch durch Mg- oder Fe-Ionen sowie die Si-Ionen durch Al-Ionen ersetzt sein können. Die negativen Ladungen sind häufig durch K-Ionen ausgeglichen, die eine Bindung der Lamellen untereinander bewirken (vgl. Abb. 2.1-2).

Die meisten Tonminerale besitzen austauschbare Kationen. Art und Menge dieser Kationen haben einen entscheidenden Einfluss auf die Bindekraft und damit auch auf die Trockenbiegezugfestigkeit und die Trockendruckfestigkeit (vgl. Kapitel 2.6). Allgemein kann gesagt werden, je dünner die Kristallplättchen und somit je größer die spezifische Oberfläche ist, umso größer sind Kationenaustauschvermögen und Trockenbiegezugfestigkeit.

2.1.3 Schluff, Sand, Kies

Schluff, Sand und Kies unterscheiden sich sehr wesentlich von Ton, sie können keine andere Teilchen an sich binden und sind Zuschlagstoffe für den als Bindemittel wirkenden Ton. Entstanden sie aus gebrochenem Gestein, sind sie scharfkantig, haben sie sich in bewegten Gewässern gegenseitig abgeschliffen, ist ihre Form abgerundet. Die Definition erfolgt nach DIN 4022 aufgrund der Korngrößen, wobei jeweils in eine grobe, mittlere und feine Fraktion unterschieden wird, vgl. Abb. 2.1-1.

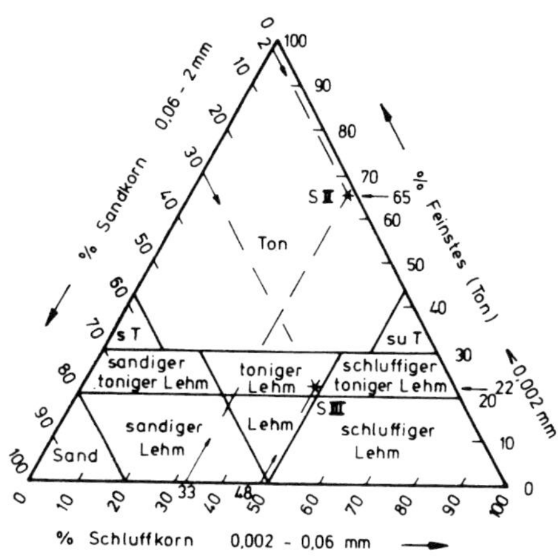

2.1-4 Darstellung des Ton-, Schluff- und Sandgehaltes von Lehm mit Hilfe eines Dreiecknetzes (Voth 1978)

2.1.4 Kornverteilung

Ein Lehm lässt sich aufgrund seiner Bestandteile Ton, Schluff, Sand und Kies charakterisieren. Eine übliche Darstellung der unterschiedlichen Bestandteile erfolgt in der sogenannten Körnungslinie nach DIN 18123, auch Kornverteilungskurve genannt, siehe Abb. 2.1-1. Dabei wird der Anteil des jeweiligen Korns bezogen auf die Gesamtmasse des Lehms in Prozent angegeben. Die Korndurchmesser sind auf einer logarithmischen Skala angegeben. Die obere der in Abb. 2.1-1 dargestellten Kornverteilungskurven stammt von einer tonigen Lehmmischung mit einem relativ hohen Tonanteil von 28%, die für gebrannte Ziegel verwendet wird. Die mittlere Kurve charakterisiert einen stark schluffigen Lehm (Schluffanteil ca. 70%), einen typischen Lößlehm, wie er in den meisten Flusstälern und Senken Nord- und Mitteldeutschlands vorkommt.

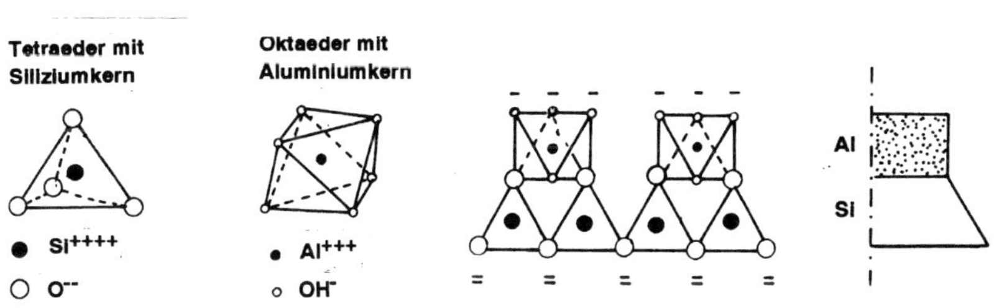

2.1-3 Aufbau der Tonmineral-Lamellen aus Siliciumoxid-Molekülen (nach Houben, Guillaud 1984)

Die untere Kurve stammt von einem sandigen Lehm mit einem Sandgehalt von ca. 60%, der als Lehmputz verwendet werden kann.
Zur Klassifizierung von Lehm wird häufig auch ein „Dreiecknetz" verwendet, in dem der jeweilige Anteil von Ton, Schluff und Sand an einer Seite des Dreiecks angegeben ist, vgl. Abb. 2.1-4. Der als Beispiel in diesem Dreieck mit S III bezeichnete Lehm hat danach 22% Ton, 48% Schluff und 30% Sand.
Die Ermittlung der Kornverteilung wird in Kapitel 2.2.2 erläutert.

2.1.5 Organische Bestandteile

Lehmige Böden bis zu einer Tiefe von 40 cm enthalten in der Regel Pflanzenbestandteile und Humus. Humus ist ein Verwitterungsprodukt aus Pflanzenteilen, hat überwiegend koloidale Bestandteile und ist sauer (pH-Wert < 6). Baulehm sollte frei von Humus und Pflanzenteilen sein.

2.1.6 Wasser

Lehm bindet Wasser. Die Art und die Menge des Wassers im Lehm bestimmt wesentlich seine Eigenschaft. Folgende Arten werden unterschieden: *Kristallwasser* („strukturelles Wasser"), *Absorptionswasser* („absorbiertes Wasser") und *Porenwasser* („Kapillarwasser"). Kristallwasser ist chemisch gebunden und entweicht erst beim Brennprozess bei 400 - 900°C. Absorptionswasser wird durch das elektrisch bedingte Sorptionsvermögen der Tonminerale gebunden. Als Porenwasser wird Wasser bezeichnet, das in die luftgefüllten Poren des Lehms durch Kapillarkräfte eindringt.
Kommt Ton mit Wasser in Berührung, dringt das Wasser in das blättrige Kristallgefüge ein, was eine Volumenzunahme, ein „Quellen" bewirkt. Die Kristallplättchen sind dann von einem dünnen Wasserfilm umhüllt und gleiten deshalb beim Kneten aneinander vorbei, dadurch ist der Lehm plastisch verformbar.
Eine vollständige molekulare Lösung in Wasser erfolgt beim Ton nicht. Die Tonminerale bleiben im Wasser als größere Molekülhaufen („Kolloide") zusammen, was durch eine Trübung des Wassers sichtbar wird. Trocknet Lehm aus, so verdunstet das Anmachwasser und die Kristallplättchen des Tons lagern sich dicht aneinander. Es entstehen Kohäsionskräfte, welche die Zugfestigkeit des Lehms im plastischen Zustand (= „Bindekraft") und die Druckfestigkeit und Biegezugfestigkeit im trockenen Zustand bewirken.
Der Wassergehalt des Lehms wird durch sein Poren- und sein Absorptionswasser bestimmt, das beim Erhitzen auf 105 (bzw. 110)°C entweicht.

2.1.7 Porosität

Die Porosität eines Lehms wird durch das Porenvolumen definiert. Als Porosität bzw. als Porenanteil n wird das Volumen der Poren zwischen den festen Partikeln des Lehms (V_p) bezogen auf das Gesamtvolumen des Lehms (V) bezeichnet:

$$n = \frac{V_p}{V}$$

Bei einer völlig trockenen Masse sind die Poren luftgefüllt, sind sie vollständig mit Wasser gefüllt, wird dies als wassergesättigter Zustand bezeichnet.
Als Porenzahl e wird das Porenvolumen bezogen auf das Volumen der Feststoffe bezeichnet:

$$e = \frac{n}{1-n}$$

Bei sehr fetten Lehmen kann nach Voth das Porenvolumen zwischen 20% und 90% schwanken, wobei die einzelnen Poren sehr klein sind.
Der Porenanteil ist bei Lehmen sehr schwer bestimmbar und für die Beurteilung als Baustoff von geringer Aussagekraft. Wichtiger als das Gesamtporenvolumen sind Größe und Form der einzelnen Poren.
Wenn auch die Porenstruktur eines Lehms ausschlaggebend für den Wasserdampfdiffusionswiderstand, für die Wasserdampfsorption, die Wasseraufnahme und somit auch für die Frostsicherheit ist, so ist es nicht möglich, durch Analyse der Porenstruktur auf entsprechende Kennwerte zu schließen. Aus diesem Grunde wird hier nicht weiter auf die Porosität eingegangen.

2.1.8 Spezifische Fläche

Als spezifische Fläche wird die Summe der Oberflächen aller Bestandteile bezeichnet und in cm^2/g oder m^2/g angegeben. Grobsand hat eine spezifische Fläche von ca. 23 cm^2/g, Schluff ca. 450 cm^2/g und Ton von 10 m^2/g (Kaolinit) bis zu 1000 m^2/g (Montmorillonit).
Je größer die spezifische Fläche des Tons, umso höher ist die chemische Aktivität beim Ionenaustausch und die innere Anziehungskraft, die wiederum für die Bindekraft und die Druck-, Zug- und Biegezugfestigkeit im trockenen Zustand maßgeblich ist.

2.1.9 Rohdichte

Als Rohdichte ρ eines Körpers wird dessen Trockenmasse bezogen auf das Volumen bezeichnet, wobei eventuelle Hohlräume nicht abgezogen werden. Die Rohdichte wird in kg/m^3 angegeben. Die Bezeichnung Raumgewicht anstelle von Rohdichte ist nicht mehr gebräuchlich.
Krümeliger, erdfeuchter Lehm hat eine Rohdichte von 1000 bis 1500 kg/m^3, im verdichteten Zustand als gepresster Lehmstein oder als Stampflehm werden Rohdichten von 1700 bis 2200 kg/m^3 erreicht (bei größeren Anteilen von Kies, Schotter oder Gesteinen liegen die Werte entsprechend höher, bei Leichtzuschlägen wie z.B. Bims, Blähton oder Stroh liegen die Rohdichten entsprechend niedriger).

2.1.10 Verdichtung / Kompaktabilität

Mit Kompaktabilität wird die Fähigkeit eines Bodens bezeichnet, durch Schläge komprimiert zu werden, was durch die Reduzierung seines Porenvolumens geschieht.
Soll Lehm maximal verdichtet werden, ist ein bestimmter Feuchtigkeitsgehalt notwendig, durch den sich die einzelnen Bestandteile ohne großen Reibungswiderstand zu einer möglichst dichten Packung ordnen lassen.
Der optimale Wassergehalt, bei dem die maximale Verdichtung erreicht werden kann, wird durch den sogenannten Proctor-Test ermittelt (siehe Kap. 4.5.4).

2.2 Tests zur Ermittlung der Zusammensetzung

2.2.1 Vorbemerkung

Um die Eignung eines Lehms für bestimmte Bauteile bzw. Bautechniken beurteilen zu können, ist es wichtig, zunächst seine Zusammensetzung zu kennen, um dann daraus auf seine Eigenschaften zu schließen. Im folgenden werden zunächst genormte Tests zur Bestimmung der Zusammensetzung beschrieben, danach einige einfache, ohne Geräte durchzuführende Tests, sogenannte „Handprüfverfahren".

2.2.2 Kombinierte Sieb- und Schlämmanalyse

Der Anteil der groben Bestandteile des Lehms (Sand, Kies, Steine) lässt sich relativ einfach durch Siebung (Siebanalyse) ermitteln, die feinen Bestandteile dagegen nur durch Sedimentation (Schlämmanalyse). Die DIN 18123 (1983) schreibt dafür folgendes Verfahren vor: Das Material wird zunächst bei 105°C getrocknet und gewogen und dann durch Siebung nach dem Trocken- oder dem Nassverfahren in Korngrößen getrennt. Die Auswertung erfolgt durch Umrechnung der Masse der Siebrückstände in Prozent zur Gesamttrockenmasse. Die genormten Siebmaschenweiten betragen 16; 8; 4; 2; 1; 0,5; 0,25; 0,125 und 0,063 mm.
Die Bestimmung der Größenverteilung der Kornanteile unter 0,125 mm erfolgt durch Sedimentation aufgrund der Schlämmanalyse nach DIN 18123. Dieses Verfahren geht davon aus, dass die feinen Bestandteile in einer wässrigen Suspension je nach Korngröße unterschiedlich schnell absinken und sich somit die Dichte der Suspension laufend verringert. Diese Veränderung wird in bestimmten Zeitabständen durch die Eintauchtiefe eines genormten Schwimmkörpers (Aräometer) festgestellt. Aus den abgelesenen Werten lässt sich dann die Körnungslinie des „Schlämmkorns" (Durchmesser < 0,06 mm) ermitteln.

2.2.3 Ermittlung des Wassergehaltes

Der Anteil des nicht chemisch gebundenen Wassers im Lehm kann festgestellt werden, indem eine Lehmprobe im feuchten Zustand gewogen, dann in einem Ofen bei 105 bis 110°C solange erwärmt wird, bis keine Gewichtsabnahme mehr erfolgt, und anschließend erneut gewogen wird. Die Differenz der beiden Wägungen ergibt den Wassergehalt, der in der Regel in Masseprozenten bezogen auf das Trockengewicht angegeben wird.
Für die sofortige Bestimmung des Wassergehaltes vor Ort eignet sich die CM-Messmethode. Dabei werden eine Karbid-Ampulle und Stahlkugeln zusammen mit der zu messenden Probe in eine Stahlflasche gegeben und verschlossen. Durch kräftiges Schütteln zerbricht die Glasampulle, so dass das Karbid mit dem Wasser im Lehm reagiert und Azetylengas erzeugt. Aus dem entstehenden Gasdruck, der über ein Manometer abgelesen wird, und der Menge des Lehms, kann dann der Wassergehalt berechnet werden. Bei der CM-Methode ergeben sich jedoch häufig Ungenauigkeiten bis 15%.

2.2.4 Einfache Tests („Handprüfverfahren")

Folgende Tests sind ohne Geräte vor Ort durchführbar und lassen eine ungefähre Abschätzung der Zusammensetzung des Lehmes zu:

- **Geruchstest**

Reiner Lehm ist geruchsneutral. Riecht der Lehm modrig, so enthält er organische Bestandteile.

- **Beißtest**

Entsteht beim Beißen bzw. Zerquetschen des Lehms zwischen den Zähnen ein unangenehmes Knirschen, so deutet dies auf die Anwesenheit von Sand, ein weiches Zerquetschen und ein Kleben an der Zunge auf Ton hin.

- **Reibe- und Waschtest**

Die feuchte Lehmprobe wird zwischen Finger und Handfläche zerrieben: Fühlt sich die Masse körnig an, weist dies auf einen hohen Sandgehalt hin. Klebt der Lehm etwas an der Hand, lässt sich dieser aber nach dem Trocknen leicht abrubbeln und der Rest leicht mit Wasser abspülen, ist der Schluffanteil hoch. Klebt die Masse fest an der Hand und lassen sich die Reste nicht abreiben und mit Wasser erst nach längerer Zeit abspülen, so weist dies auf einen hohen Tongehalt hin.

- **Schneidetest**

Der feuchte Lehm wird zu einer Kugel geformt und mit dem Messer zertrennt. Ist die Schnittfläche mattglänzend, liegt ein schluffiger Lehm vor, glänzt sie stark , handelt es sich um einen tonigen Lehm. Erscheint die Schnittfläche durch groben Sand aufgeraut, so sollte mit der Messerspitze so lange kräftig auf den Lehm gedrückt werden, bis eine glatte Fläche entsteht.

- **Sedimentation**

Wird Lehm mit viel Wasser in einem Glas aufgeschlämmt, setzen sich die Kies- und Sandbestandteile sehr viel schneller als die feinen Schluff- und Tonpartikel am Boden des Glases ab. Aus der Schichtung kann abgeschätzt werden, wieviel Fein- und Grobbestandteile im Lehm vorhanden sind. In der Regel werden mehrere Schichten optisch erkennbar.
Dabei entspricht jedoch nicht die untere Schichthöhe dem Sand-, die mittlere dem Schluff- und die obere dem Tonanteil. Dass diese Annahme, von der in der internationalen Fachliteratur allgemein ausgegangen wird (z.B. bei CRATerre 1979, S.180; International Labour Office 1987, S.30; Houben, Guillaud 1984, S.49; Stulz, Mukerji 1988, S.20, United Nations Centre for Human

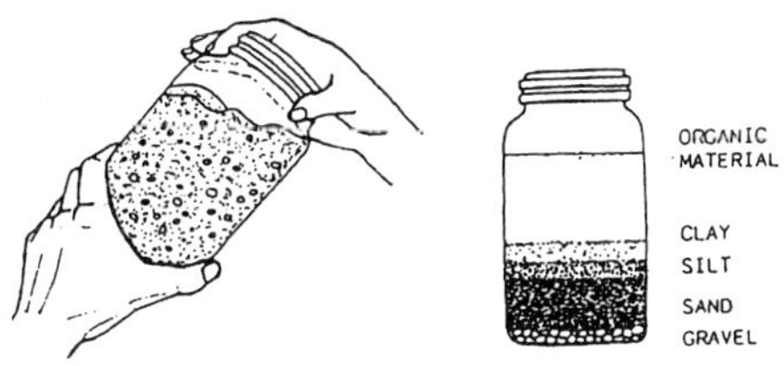

2.2-1 Sedimentationstest nach CRATerre

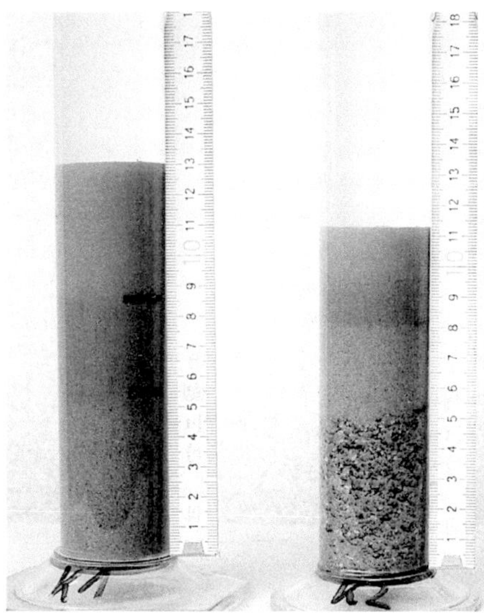

2.2-2 Sedimentationstest

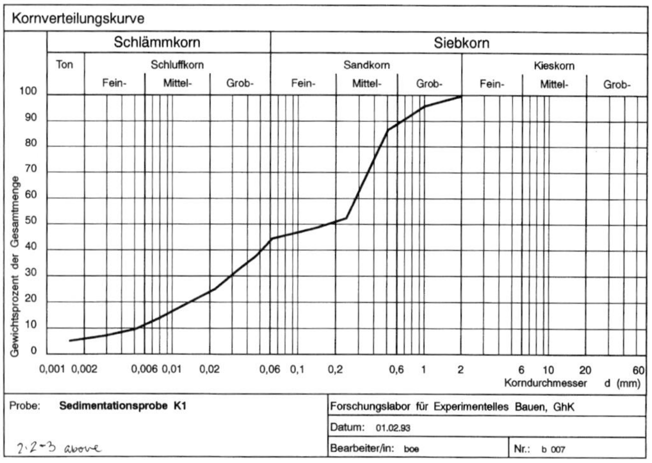

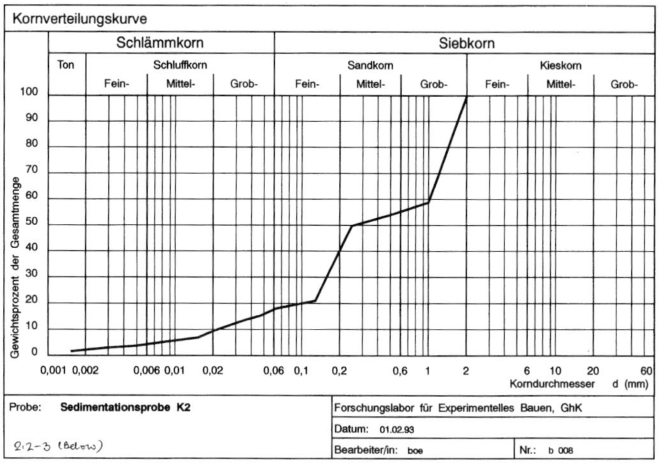

2.2-3 Kornverteilungskurven der untersuchten Lehme

Lehm-probe	Frak-tion	Optische Ermittlung		tatsächl. Verteilung
		Vol%	Masse%	Masse %
K 1	Ton	45	14	6
	Schluff	18	26	38
	Sand	37	60	56
K 2	Ton	36	17	2
	Schluff	24	19	16
	Sand	40	64	82

Tabelle 2.1: Kornverteilung von 2 Lehmen entsprechend dem Sedimentationstest

2.2-4 Lehm nach der Fallprobe

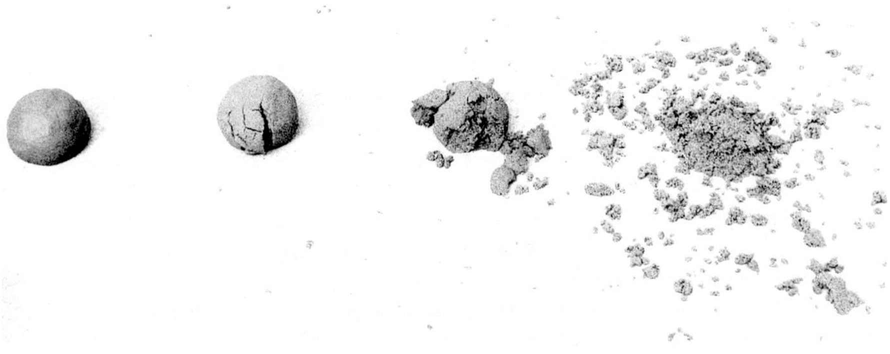

Settlement, 1992, S.7), vgl. Abb. 2.2-1, falsch ist, konnte am Forschungslabor für Experimentelles Bauen (FEB), Universität Kassel, an mehreren Tests nachgewiesen werden. Abb. 2.2-3 zeigt 2 der durchgeführten Sedimentationstests und deren Kornverteilungslinien. Aus den in Tabelle 2.1 eingetragenen Daten wird deutlich, dass weder die optisch abgelesenen Schichthöhen noch die der optischen Trennung entsprechenden Gewichtsprozente der tatsächlichen Kornverteilung entsprechen. (Zur Bestimmung der Gewichtsprozente wurden die Sedimente eingefroren, entsprechend aufgetrennt und nach dem Auftauen und Verdampfen des Restwassers gravimetrisch ermittelt).
Zwischen der „optischen" Volumenermittlung und der tatsächlichen Massenverteilung traten bei der Probe K 2 Differenzen bis zu 1800% auf. Die „Korrektur" über die Gewichtsermittlung der optisch erfassten Fraktionen ergab immer noch eine Fehlerquelle von 850%.
Die sich beim Sedimentationstest optisch abzeichnenden Schichtgrenzen entstehen, wenn die Kornverteilungskurve plötzlich flacher verläuft, es wäre eine Ausnahme, wenn diese Abflachung der Kurve ausgerechnet an den Grenzen von Ton und Schluff bzw. Schluff und Sand auftaucht.

- **Kugelfalltest**

Der zu prüfende Lehm soll so trocken sein, dass er sich gerade noch zu einer Kugel mit ca. 4 cm Durchmesser formen lässt, die aus 1,5 m Höhe fallen gelassen wird. Zerbröckelt sie am Boden völlig, wie in Abb. 2.2-4 rechts gezeigt, so handelt es sich um einen extrem sandigen (mageren) Lehm, der allenfalls als Lehmmörtel verwendet werden kann. Verformt sich die Kugel nur zu einem flachen Fladen mit kleinen oder mit gar keinen Rissen (linke Probe), so ist der Lehm sehr tonhaltig (fett), weist eine entsprechend hohe Bindekraft auf und muss, um als Baulehm brauchbar zu sein, gemagert werden. Der Lehm der dritten Probe von links hat eine relativ geringe Bindekraft, sie ist aber noch ausreichend für seine Verwendung als Stampflehm oder für die Herstellung handgeformter Lehmsteine.

- **Konsistenztest**

Ein feuchter Lehmklumpen wird zu einer Lehmkugel mit ca. 2 - 3 cm Durchmesser geformt. Diese Kugel wird so angefeuchtet, dass eine plastische Masse entsteht, aus der eine dünne „Wurst" und daraus ein 3 mm dicker „Faden" gerollt werden kann. Bricht oder reißt der Lehm dabei, ist er zu trocken und es muss tropfenweise Wasser zugeführt werden. Bricht der Faden, wenn er einen Durchmesser von 3 mm hat, wird die Masse wieder zu einer Kugel geformt und diese zwischen Daumen und Zeigefinger zerquetscht. Lässt sich die Masse nicht wieder zu einer Kugel verformen, weist dies auf einen hohen Sandgehalt und einen minimalen Tongehalt hin. Der Lehm ist dann in der Regel aufgrund seiner geringen Bindekraft als Baulehm nicht verwendbar. Ist die Kugel nur unter hohem Kraftaufwand zu zerquetschen, ohne dass sie bricht oder zerbröckelt, so deutet dies auf einen hohen Tongehalt hin. Der Lehm ist dann als Baulehm zu fett und muss gemagert werden. Zerbricht oder zerbröselt der Klumpen leicht, so enthält der Lehm wenig Ton.

- **Einfacher Kohäsionstest („Bändchentest")**

Der Lehm soll nur so feucht sein, dass er sich gerade noch zu einem Faden von 3 mm ausrollen lässt. Daraus wird dann ein etwa 6 mm dickes und 20 mm breites Band geformt, das in der flachen Hand gehalten wird und so lang wie möglich über eine Seite der Hand hinausragen soll, vgl. Abb. 2.2-5. Beträgt die freie Länge des Bandes mehr als 30 cm bevor es reißt, hat der Lehm eine hohe Bindekraft und muss in der Regel entsprechend gemagert werden. Bricht das Band nach wenigen Zentimetern Länge, enthält der Lehm wenig Ton. Dieser Test ist allerdings sehr ungenau: Ist der Lehm nicht ausreichend durchgeknetet und/oder das Band unterschiedlich dick, so führt der Test zu sehr unterschiedlichen Ergebnissen mit Abweichungen von über 200%.

- **Kohäsionstest nach FEB**

Deshalb wurde vom FEB ein etwas genauerer Test entwickelt, bei dem ein gleichmäßig 20 mm breites und 6 mm dickes Band zwischen zwei Holzleisten durch Eindrücken mit den Fingern und durch Glätten mit Hilfe einer Rolle bzw. Flasche erzeugt wird (Abb. 2.2-6). Damit sich das Band vom Untergrund löst, wird zuunterst ein dünner eingeölter Plastikstreifen gelegt. Die Abrisslänge wird ermittelt, indem das Band langsam über eine abgerundete Kante mit einem Krümmungsradius von 1 cm geschoben wird (Abb. 2.2-6 rechts). Da der Bandquerschnitt 1,2 cm² und das Gewicht des Lehms ca. 2 g/cm³ betragen, ergibt sich pro cm Abrisslänge eine Kohäsionskraft von 2 g/cm². Um zu gewährleisten, dass die Ergebnisse von Kohäsionstests unterschiedlicher Lehme miteinander vergleichbar sind, wurde von einer Konsistenz ausgegangen, die bei der Kugelfallprobe einer Lehmkugel von 200 g Gewicht aus einer Höhe von 2 m eine Abplattung von 70 mm Durchmesser ergibt. In Abb. 2.2-7 sind die Maximalwerte der Abrisslängen von jeweils 5 Tests des gleichen Lehms mit der nach DIN 18952 Blatt 2 ermittelten Bindekraft in Beziehung gesetzt. Bei der Ermittlung der Bindekraft wurde ebenfalls nur der Maximalwert aus 5 Tests berücksichtigt, da davon ausgegangen werden kann, dass die niedrigeren Werte

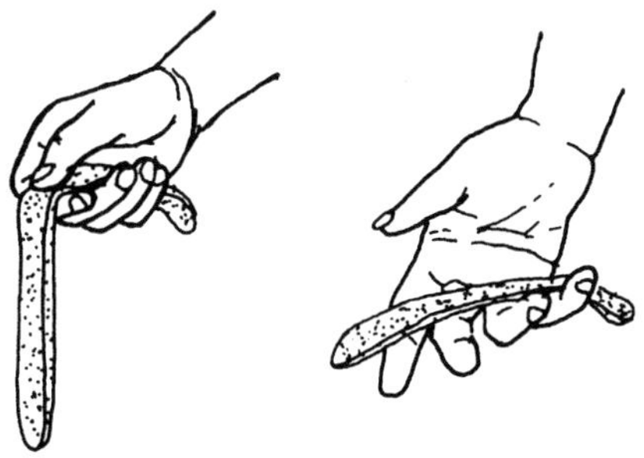

2.2-5 Kohäsionstest, übliches Handverfahren

durch ungenügendes Mischen oder durch andere Herstellungsfehler entstanden sind. Das Ergebnis zeigt , dass bedingt durch die unterschiedliche Lehmkonsistenz die Ergebnisse nach Niemeyer um den Faktor 2 größer sind als die Ergebnisse nach FEB. Die bei der Bindekraftermittlung nach Niemeyer (Kap. 2.6.1) geforderte Abplattung von 50 mm ist bei mageren Lehmen nicht ermittelbar, da die Kugeln zerplatzen.

- **Salzsäuretest**

Kalkhaltige Lehme sehen in der Regel weißlich aus, haben eine geringe Bindekraft und sind deshalb ungeeignet für den Lehmbau. Um den Kalkgehalt des Lehms zu bestimmen, gibt man mit Hilfe eines Glasstabes oder eines Holzstäbchens einen Tropfen 20%ige Salzsäure auf die Probe. Bei einem kalkigen Lehm bildet sich CO_2 nach der Formel $CaCO_3 + 2HCl = CaCl_2 + CO_2 + H_2O$. Die CO_2-Entwicklung wird durch ein „Aufschäumen" bzw. „Aufbrausen" erkennbar. Ist kein Aufbrausen feststellbar, liegt der Kalkgehalt unter 1%, bei einem schwachen, nicht anhaltenden Brausen bei 1-2%, bei einem deutlichen, nicht anhaltenden Brausen bei 3-4% und bei einem starken, anhaltenden Schäumen über 5% (Voth 1978, S.57). Zu beachten ist, dass auch dunkle, kalkfreie, stark humushaltige Lehme eine CO_2-Entwicklung zeigen können.

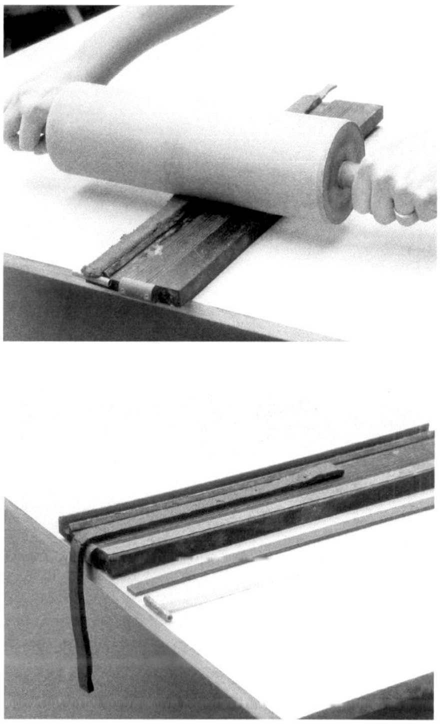

2.2-6 Kohäsionstest nach FEB

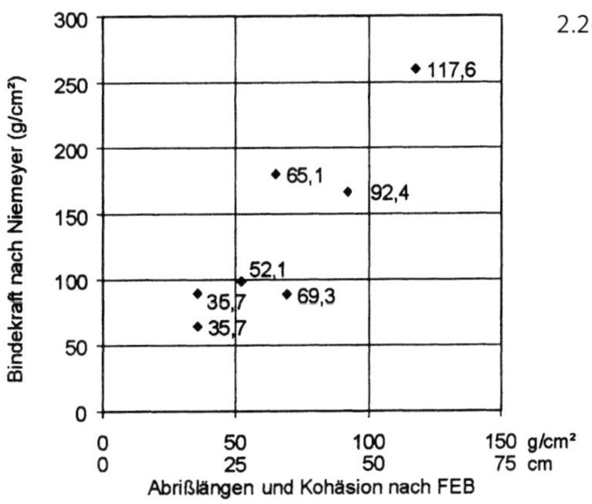

2.2-7 Korrelation zwischen Niemeyer-Test und FEB-Test

2.3 Verhalten bei Wassereinwirkung

2.3.1 Allgemeines

Kommt Lehm mit Wasser in Berührung, quillt er und wird plastisch formbar, da das Wasser in das blättrige Kristallgefüge der Tonminerale eindringt, bis die Kristallplättchen von einem Wasserfilm umhüllt sind. Aufgrund der Kapillarkraft dringt Wasser außerdem in die luftgefüllten Poren, die sich zwischen den festen Partikeln des Lehms (Schluff, Sand, Kies) befinden.

2.3.2 Quellen und Schwinden

Für das Bauen ist es eine nachteilige Eigenschaft, dass Lehm bei starker Wasseraufnahme quillt, also sein Volumen vergrößert, und beim Austrocknen schwindet, also sein Volumen verkleinert. Das Quellen tritt allerdings nur dann auf, wenn der Lehm direkt dem Wasser ausgesetzt ist und soviel Wasser aufnimmt, dass er seine feste Konsistenz verliert. Eine Absorption von Wasserdampf bewirkt dagegen kein Quellen.

Das Quell- und Schwindmaß ist von der Art und Menge des Tones abhängig. Montmorillonit quillt und schwindet im Vergleich zu Kaolinit und Illit sehr stark. Da bei Baulehmen der Tonanteil jedoch in der Regel nur 5-15% beträgt, sind die Menge des Tones und die Zusammensetzung der nichttonigen Partikel häufig einflussreicher auf das Quellen und Schwinden als die Art des Tons.

Am FEB wurden aus Lehmsteinen geschnittene 10 x 10 x 7 cm große Prüfkörper jeweils mit 80 cm³ Wasser getränkt und anschließend in einem Heißluftherd bei ca. 50°C getrocknet. Abb. 2.3-1 zeigt das Resultat: der ungebrannte, industriell gefertigte Lehmziegel im Bild oben links, mit einer Kornverteilung entsprechend der oberen Kurve in Abb. 2.1-1 quoll sehr stark auf und zeigte nach dem Austrocknen erhebliche Schwindrisse. Ein entsprechend hergestellter Lehmstein mit gleichem Tongehalt, aber „optimierter" Zusammensetzung der Schluff-, Sand- und Kiesbestandteile, quoll nur sehr wenig und zeigte demzufolge auch nur relativ geringe Schwindrisse (oben rechts in Abb. 2.3-1). Der handgefertigte Lehmstein aus einem schluffigen Lößlehm mit einer Kornverteilung entsprechend der mittleren Kurve in Abb. 2.1-1, zeigt sehr feine Schwindrisse (unten rechts in Abb. 2.3-1), während der handgefertigte Lehmstein aus einem stark sandigen Lehm, entsprechend der unteren Kurve in Abb. 2.1-1, keine Schwindrisse aufweist (unten links in Abb. 2.3-1). Durch eine Optimierung der Kornzusammensetzung lässt sich die Schwindrissbildung also verringern und unter Umständen sogar vermeiden, wie im Kapitel 4.2 näher ausgeführt wird.

2.3-1 Quell- und Schwindtest

2.3.3 Zur Ermittlung des Trockenschwindmaßes

Um das Trockenschwindverhalten von Lehmmischungen vergleichen zu können, müssen die Mischungen entweder den gleichen Wassergehalt oder die gleiche Plastizität (Formbarkeit, Steife) aufweisen. Da der zur Verarbeitung von Lehm notwendige Wassergehalt jedoch sehr stark vom Tongehalt und im geringeren Maße auch von der Tonart abhängt, erscheint es sinnvoll, von einer vergleichbaren Konsistenz des Lehms auszugehen.

Nach DIN 18952 muss dafür erst die *Normsteife* hergestellt werden. Um diese zu erreichen, sind folgende Arbeitsschritte notwendig:

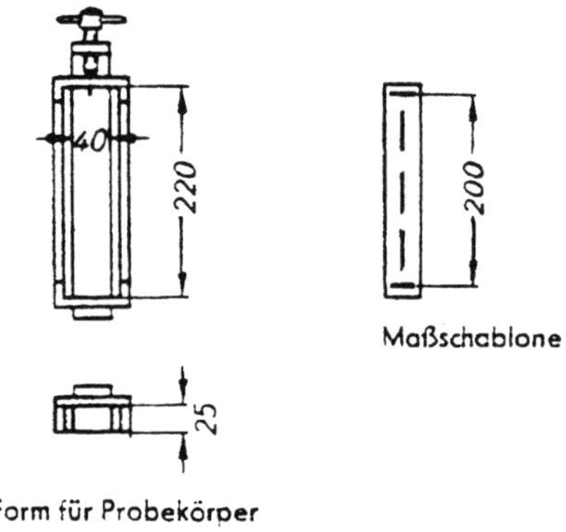

2.3-2 Form und Schablone zur Ermittlung des Trockenschwindmaßes (DIN 18952)

1. Der zu prüfende Lehm wird im trockenen Zustand zerstoßen und durch ein Sieb mit 2 mm Maschenweite gegeben, um alle Partikel mit einen Durchmesser von mehr als 2 mm zu entfernen.
2. Von dem gesiebten Lehm werden etwa 1200 cm³ unter spärlicher Wasserzugabe auf einer Platte solange mit einem Hammer flachgeschlagen, bis ein zusammenhängender Fladen entsteht.
3. Der Fladen wird mit Hilfe eines Messers von der Platte abgehoben und in ca. 2 cm breite Streifen geschnitten.
4. Die Streifen werden hochkant nebeneinander gestellt und erneut zu einem Fladen zusammengeschlagen. Dieser Vorgang wird solange wiederholt, bis auch an der Unterseite ein gleichmäßiges Gefüge erkennbar ist.
5. Um eine gleichmäßige Feuchteverteilung zu erhalten, muss magerer Lehm danach 6 Stunden, fetter Lehm 12 Stunden abgedeckt ruhen.
6. Von dem so aufbereiteten Lehm werden ca. 200 g entnommen, die durch mehrmaliges auf die Platte schlagen verdichtet und anschließend zu einer Kugel geformt werden.
7. Die Kugel wird aus 2 m Höhe auf eine Platte fallengelassen.
8. Die Normsteife ist erreicht, wenn die Abplattung einen Durchmesser von 50 mm aufweist. Bei nicht kreisrunder Abplattung darf die Abweichung zwischen dem größten und dem kleinsten Durchmesser nicht mehr als 2 mm betragen.
9. Ist die Abplattung größer als 50 mm im Durchmesser (runde Abplattung) bzw. 51 mm (ovale Abplattung) sollte der Versuch mit geringerer Wasserzugabe wiederholt werden. Bei einer Abplattung von weniger als 49 mm im Durchmesser muss etwas mehr Wasser zugegeben werden. Dabei ist zu beachten, dass die Zugabe von wenigen Tropfen Wasser die „Steife" der Mischung bereits wesentlich verändern kann.

Mit diesem „normsteifen" Lehm wird nun das Trockenschwindmaß ermittelt:

1. Der normsteife Lehm wird mit Hilfe eines im Querschnitt rechteckigen Stampfholzes (ca. 2 cm x 2 cm) in die in Abb. 2.3-2 dargestellte Form gestampft.
2. Nacheinander werden drei Probekörper hergestellt und jeweils sofort ausgeschalt.

3. Auf der flachen Seite des Probekörpers werden mit einem Messer durch die in Abb. 2.3-2 dargestellte Schablone die beiden im Abstand von 200 mm sich befindenden Messmarken und die Verbindungslinie eingeritzt.
4. Die Probekörper sollen anschließend bei einer Umgebungstemperatur von 20°C auf einer mit einem Ölfilm versehenen Glasplatte trocknen (nach Untersuchungen des FEB ist es jedoch bei einem Lehm mit ausreichender Bindekraft vorteilhafter, die Probekörper auf einer Weichfaserplatte trocknen zu lassen, da sich dann der Trockenprozess gleichmäßiger vollzieht).
5. Nach drei Tagen werden die Probekörper in einem Ofen bei 60°C solange getrocknet, bis keine Längenverkürzung mehr feststellbar ist.
6. Der Mittelwert der Verkürzungen der drei Prüfkörper ergibt das Trockenschwindmaß in mm bzw. auf die Ausgangslänge von 200 mm bezogen, das Trockenschwindmaß in %. Weicht die Trockenschwindung einer Probe um mehr als 2 mm von den übrigen beiden ab, muss der Versuch wiederholt werden.

Es muss hier angemerkt werden, dass diese Messmethode relativ ungenau ist, da einerseits das Messen mit einem angehaltenen Maßstab erfolgt und andererseits die Probekörper in der Regel an der Oberseite mehr schwinden als an der Unterseite. Am FEB wird deshalb eine genauere Messmethode angewendet: An den Stirnflächen der Probekörper werden mittig Messpunkte eingelassen, deren Abstände mit einer Messuhr auf 0,01 mm genau abgelesen werden, vgl. Abb. 2.3-3. Die beschriebene Normsteife auch bei Mörtel als Grundlage für die Ermittlung des Trockenschwindmaßes zu nehmen erscheint nicht als sinnvoll. Hier sollte von der Steife im Verarbeitungszustand ausgegangen werden. Bei Kalk- und Kalkzementputzen wird dabei nach DIN 1060 Teil 3 von einem Ausbreitmaß (vgl. Kap. 2.3.4) von 180 mm ausgegangen. Da Lehmmörtel eine höhere Bindekraft aufweist und deshalb eine etwas höhere Steifigkeit bei der Verarbeitung aufweist, wird hier von einem Ausbreitmaß von lediglich 140 mm ausgegangen. Die entsprechend ermittelten Trockenschwindmaße unterschiedlicher Mörtel sind in Kapitel 11 angegeben.

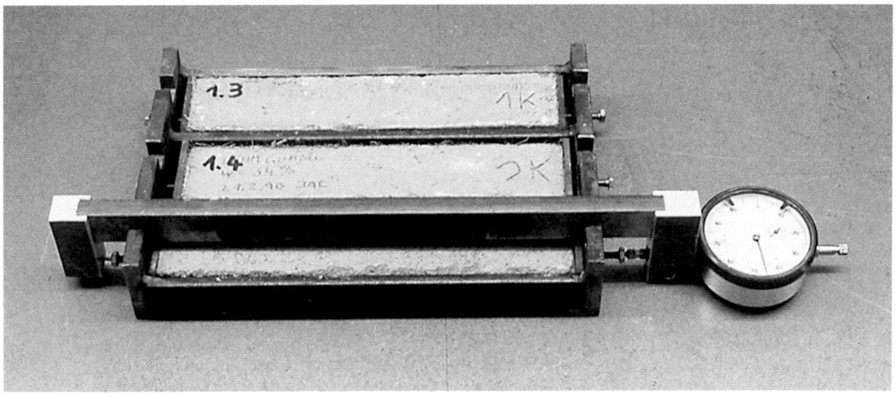

2.3-3 Ermittlung des Trockenschwindmaßes nach FEB

2.3.4 Plastizität

Lehm kann unterschiedliche Konsistenz haben: er kann flüssig, plastisch mehr oder weniger verformbar oder fest sein. Der schwedische Forscher Atterberg hat für bindige Böden, also für Lehme, die Grenzen unterschiedlicher Konsistenz definiert, vgl. Tabelle 2.2 Diese Zustandsgrenzen, die häufig als „Atterberg-Grenzen" bezeichnet werden, geben den Wassergehalt des Lehms am Übergang von einer Zustandsform zur anderen an. Die für die Beurteilung eines Lehms wichtigen Zustandsgrenzen und deren Ermittlung nach DIN 18122 Teil 1 werden im folgenden näher erläutert. Diese Grenzen dienen auch zur Einteilung der bindigen Böden nach DIN 18196 bzw. DIN 4022 Bl.1

Bei gleicher Konsistenz, kann der benötigte Wassergehalt verschiedene Lehme jedoch sehr unterschiedlich sein, so braucht ein fetter Lehm vielleicht mehr als doppelt so viel Wasser wie ein magerer Lehm um die gleiche Konsistenz zu erreichen.

- **Fließgrenze**

Die Fließgrenze W_L (in der englischsprachigen Literatur als Liquid Limit L bzw. LL bezeichnet) ist der Wassergehalt am Übergang von der flüssigen zur bildsamen (plastischen) Zustandsform. Sie wird in % angegeben und mit dem Fließgrenzengerät nach Casagrande (Abb. 2.3-4) in folgenden Schritten ermittelt:

1. Die Lehmmischung wird längere Zeit (bei fettem Lehm bis zu 4 Tagen) eingesumpft, durch ein Sieb mit 0,4 mm Maschenweite gegeben und anschließend mit einem Spachtel zu einer gleichmäßigen Paste durchgearbeitet.

2.3-4 Gerät zur Fließgrenzenbestimmung nach Casagrande

Zustandsformen	Zustandsgrenzen
flüssig (breiig)	
	Fließgrenze W_L
bildsam (plastisch)	
	Ausrollgrenze W_P
halbfest	
	Schrumpfgrenze W_S
fest	

Tabelle 2.2: Zustandsformen und Zustandsgrenzen nach Atterberg

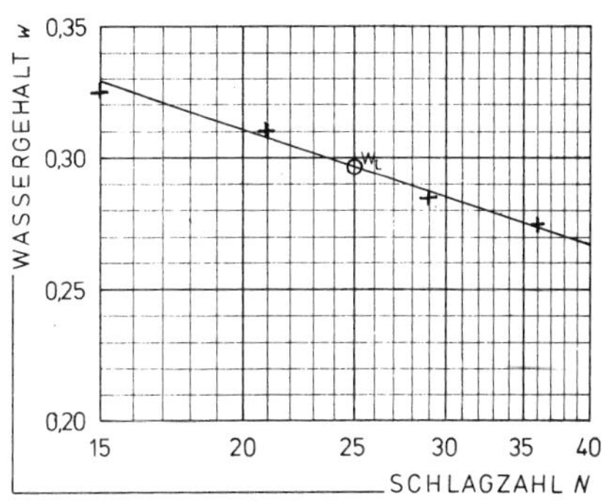

2.3-5 Ermittlung der Fließgrenze nach der Mehrpunktmethode entsprechend DIN 18122

2. 50 bis 70 Gramm der Mischung werden in dickbreiiger Konsistenz in die Schale des Fließgrenzengerätes gefüllt und die Oberfläche glattgestrichen. Die Dicke der Schicht soll maximal 1 cm betragen.
3. Mit dem genormten Furchenzieher wird senkrecht zur Nockenwelle des Gerätes eine Furche gezogen, die bis auf den Grund der Schale reichen muss. Der Furchenzieher muss dabei stets senkrecht zur Schaleninnenfläche geführt werden.
4. Durch Drehen der Handkurbel mit einer Geschwindigkeit von 2 Umdrehungen pro Sekunde wird die Schale so oft angehoben und wieder fallen gelassen, bis sich die Furche auf einer Länge von 10 mm geschlossen hat.
5. Die Anzahl der Schläge wird festgestellt. Aus der Mitte der Schale werden ca. 5 cm^3 der Probe zur Bestimmung des Wassergehaltes entnommen. Der Wassergehalt der Probe, bei dem sich die Furche nach 25 Schlägen schließt, wird als Fließgrenze W_L bezeichnet.

Da es zu langwierig ist, den Wassergehalt so lange zu ändern, bis sich die Furche bei genau 25 Schlägen schließt, beschreibt die DIN 18122 eine Mehrpunktmethode, bei der mindestens 4 Versuche mit verschiedenen Wassergehalten durchgeführt werden. Die Schlagzahlen, bei denen sich die Fuge schließt, müssen zwischen 15 und 40 liegen. Die aus diesen Versuchen ermittelten Schlagzahlen werden, wie in Abb. 2.3-5 dargestellt, in ein Diagramm eingetragen, das eine Abszisse (Schlagzahl) mit logarithmischer Teilung und eine Ordinate (Wassergehalt) mit linearer Teilung aufweist. Bei sorgfältiger Versuchsdurchführung liegen die Messpunkte annähernd auf einer Geraden, auf der für die Schlagzahl 25 der W_L-Wert abgelesen werden kann. Aus den in dieser Abbildung dargestellten Einzelversuchen ergibt sich eine Fließgrenze von 0,297, d.h., der Wassergehalt der Probe beträgt 29,7% .

- **Ausrollgrenze**

Die Ausrollgrenze W_P, in der englischen Literatur anschaulicher mit Plastizitätsgrenze (Plastic Limit P bzw. PL) bezeichnet, ist der Wassergehalt (angegeben in %) am Übergang von der bildsamen (plastischen) zur halbfesten Zustandsform. Sie wird folgendermaßen ermittelt:
Von der für die Fließgrenzbestimmung aufbereiteten Mischung wird ein Teil auf einer wasseraufsaugenden, nicht fasernden Unterlage (dicke Pappe, Holzplatte) zu 3 mm dicken Walzen mit der Hand ausgerollt. Dann wird die Probe wieder zusammengeknetet und erneut ausgerollt. Der Vorgang wird so lange wiederholt, bis die Walze bei 3 mm Dicke zu zerbröckeln beginnt. Von ca. 5 g dieser Krümel wird dann der Wassergehalt bestimmt. (Es ist darauf zu achten, dass die Krümel nicht weiter austrocknen bevor ihr Gewicht für die Wassergehaltsbestimmung ermittelt worden ist.)
Der Versuch ist mindestens dreimal durchzuführen. Der Mittelwert der Wassergehalte von mindestens 3 Proben, die nicht mehr als 2% voneinander abweichen, ergibt die Ausrollgrenze W_P.

- **Auswertung der Ergebnisse**

Da die Fließgrenze und die Ausrollgrenze an Proben mit Partikelgrößen unter 0,4 mm Durchmesser durchgeführt wurden, sind die Ergebnisse der Tests auch nur dann auf die Lehmprobe übertragbar, wenn beim Aussieben keine Körner über 0,4 mm Durchmesser zurückgeblieben sind. Ist der über 0,4 mm Durchmesser große, als Überkorn bezeichnete Siebrückstand, kleiner oder gleich 25% der Trockenmasse der Probe, so kann der Wassergehalt auf die Körner unter 0,4 mm Durchmesser rechnerisch nach folgender Formel bezogen werden:

$$W_{ü} = \frac{W}{1 - ü}$$

Dabei ist $W_{ü}$ der rechnerisch unter Berücksichtigung des Überkorns ermittelte Wassergehalt, W der vorher ermittelte Wassergehalt W_L oder W_P des durchgesiebten Lehms und ü die Überkornmasse in % der Probentrockenmasse.

- **Plastizitätszahl**

Der bildsame (plastische) Bereich zwischen Fließ- und Ausrollgrenze wird noch einmal in die Zustandsformen breiig, weich und steif unterteilt. Die Differenz, die sich aus der Fließgrenze und der Ausrollgrenze ergibt, wird als Plastizitätszahl J_P bezeichnet.

Lehmart	W_L (%)	W_P (%)	J_P (%) = W_L - W_P
stark sandiger Lehm	10 - 23	5 - 20	< 5
stark schluffiger Lehm	15 - 35	10 - 25	5 - 15
stark toniger Lehm	28 - 150	20 - 50	15 - 95
Bentonit	40	8	32

Tabelle 2.3 Plastizitätszahlen von Lehmen (nach Voth 1978)

In Tabelle 2.3 sind die Plastizitätszahlenbereiche verschiedener Lehme angegeben:

- **Konsistenzzahl**

Die Konsistenzzahl I_C lässt sich für jeden beliebigen Wassergehalt innerhalb des bildsamen (plastischen) Bereichs aus dem vorhandenen Wassergehalt W, dem Wassergehalt von der Fließgrenze W_L und dem Wassergehalt an der Ausrollgrenze W_P nach folgender Formel bestimmen:

$$I_C = \frac{W_L - W}{W_L - W_P} = \frac{W_L - W}{J_P}$$

Die Konsistenzzahl ist an der Fließgrenze = 0 und an der Ausrollgrenze = 1. Die Zustandsgrenzen mit den entsprechenden Konsistenzzahlen sind in Abb. 2.3-6 dargestellt.

- **Zur Bewertung der Plastizität**

Die Plastizität eines Lehms wird durch Menge und Art des Tongehalts beeinflusst und durch die Fließgrenze, die Ausrollgrenze und die dadurch definierte Plastizitätszahl bestimmt. Eine niedrige Fließgrenze und eine hohe Ausrollgrenze ergeben eine hohe Plastizitätszahl; liegen Fließ- und Ausrollgrenze dicht zusammen, so ergibt sich eine geringe Plastizitätszahl.

- **Aktivitätskoeffizient**

Da die Plastizitätszahl des Lehms in der Regel von der Menge des Tonanteils abhängt (je höher der Tonanteil, umso höher die Plastizitätszahl), sagt sie nichts über die Plastizität des Tones selbst aus. Diese kann jedoch ermittelt werden, wenn die Plastizitätszahl des Lehms auf den Tongehalt bezogen wird. Der als Aktivitätskoeffizient C_a bezeichnete Wert (Houben, Guillaud, 1984, S.59) ergibt sich nach folgender Formel:

$$C_a = \frac{W_L - W_P\,[\text{Masse}\%]}{\text{Tongehalt}\,[\text{Masse}\%]}$$

Werte unter 0,75 weisen auf eine sehr geringe Aktivität, Werte zwischen 0,75 und 1,25 auf eine normale und Werte über 1,25 auf eine hohe Aktivität hin.

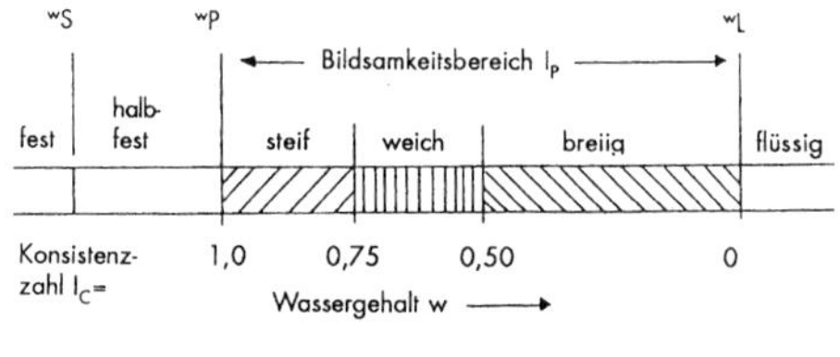

2.3-6 Zustandsgrenzen und Konsistenzzahlen (nach Voth)

- **Normsteife nach Niemeyer**

Um die Bindekraft von Lehmen zu ermitteln, ist die Bestimmung der Ausrollgrenze nach Atterberg sehr ungenau. Niemeyer hat deshalb als Vergleichsmaßstab die „Normsteife" als Maßstab gleicher Konsistenz eingeführt. Wie die Normsteife erzeugt werden kann, ist in Kapitel 2.3.3 beschrieben.

- **Ausbreitmaß**

Bei Lehm breiiger Konsistenz, z.B. bei Lehmmörtel, wird diese allgemein über das Ausbreitmaß nach DIN 1060 Teil 3 oder DIN 1048 Teil 1 bestimmt. Dabei wird der Mörtel mit einem definierten Setztrichter auf eine Platte aufgebracht und über eine festgelegte Anzahl von Hubstößen ausgebreitet. Der Durchmesser des dabei entstandenen „Lehmkuchens" ergibt das Ausbreitmaß.

- **Schrumpfgrenze**

Als Schrumpfgrenze W_S wird nach DIN 18122 Teil 2 der Wassergehalt eines feinkörnigen Bodens am Übergang vom halbfesten Zustand zum festen Zustand bezeichnet. Dabei wird angenommen, dass die Wassermenge, die eine Bodenprobe an der Schrumpfgrenze enthält, den Porenraum der völlig ausgetrockneten Probe füllen würde. Die Restschrumpfung bis zur völligen Austrocknung (Ofentrocknung), wird dabei vernachlässigt. Der Bestimmung der Schrumpfgrenze liegt die Beobachtung zugrunde, dass feinkörnige, bindige Böden an der Schrumpfgrenze ihre Farbe ändern und heller werden, die optische Bestimmung ist deshalb sehr großen Schwankungen unterlegen.

2.3.5 Kapillare Wasseraufnahme

- **Zum Feuchtetransport**

Baustoffe mit offenem porösen Gefüge wie Lehm sind in der Lage, Wasser aufzunehmen und weiterzuleiten. Das Wasser wandert dabei stets von Bereichen hoher zu Bereichen niedriger Feuchtigkeit. Die Saugfähigkeit eines Baustoffes wird als *Kapillarität*, der Vorgang der Weiterleitung als *kapillarer Feuchtetransport* bzw. *kapillarer Wassertransport* bezeichnet. Die kapillare Wasserleitfähigkeit wird durch den *Wasseraufnahmekoeffizient* w [kg/m²h^0,5] bestimmt. Dieser gibt an, wieviel kg Wasser ein Baustoff pro m² Fläche in Abhängigkeit von der Zeit aufnimmt. Die zeitabhängig kapillar aufgenommene Wassermenge W wird nach folgender Formel errechnet:

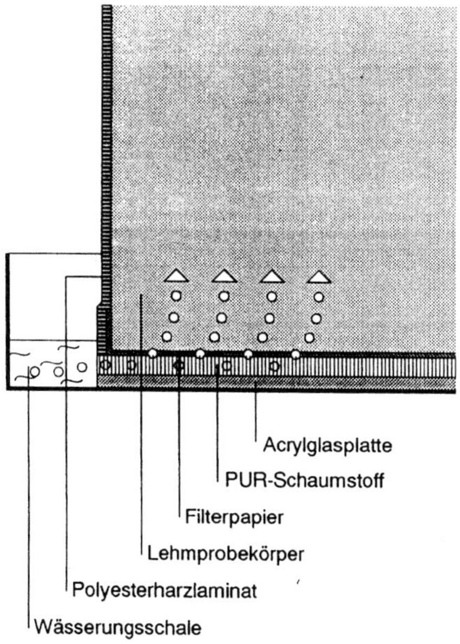

2.3-7 Versuchsanordnung zur Ermittlung des w-Wertes von Lehmproben (Boemans, 1990)

$$W = w \cdot \sqrt{t}\ \left[kg/m^2\right]$$

- **Die Ermittlung des Wasseraufnahmekoeffizienten**

Bei der Ermittlung des Wasseraufnahmekoeffizienten von Baustoffen nach DIN 52617 wird ein Probekörper mit einer ebenen Fläche in ein Wasserbad getaucht und nach einer bestimmten Zeit die Wasseraufnahme durch Feststellen der Gewichtszunahme ermittelt. Der Wasseraufnahmekoeffizient w errechnet sich daraus wie folgt:

$$w = \frac{W}{\sqrt{t}}\left[kg/m^2h^{0,5}\right]$$

Bei diesem Test muss der Probekörper ca. 3 mm tief eingetaucht werden und die Seitenflächen des Körpers müssen versiegelt sein, so dass von dort kein Wasser eindringen kann.

Lehm quillt allerdings beim Eintauchen in Wasser, verliert seine Festigkeit und es lösen sich Teile ab. Um dies zu verhindern, wurde am FEB ein modifiziertes Verfahren angewendet (Boemans 1990, S.20 ff). Dabei wird der Lehmprobekörper seitlich mit einer glasfaserverstärkten Polyesterharzbeschichtung versehen, die nicht nur zum Abdichten gegen von dort eindringendes Wasser dient, sondern gleichzeitig die Funktion hat, eine seitliche Verformung des Probekörpers beim Aufweichen zu verhindern. Um ein Ablösen von Lehmteilen an der eingetauchten Fläche zu vermeiden, wurde ein Filterpapier angebracht, das seitlich mit dem Polyesterharzmantel verklebt wurde. Um ein „Durchsacken" des aufgeweichten Lehms

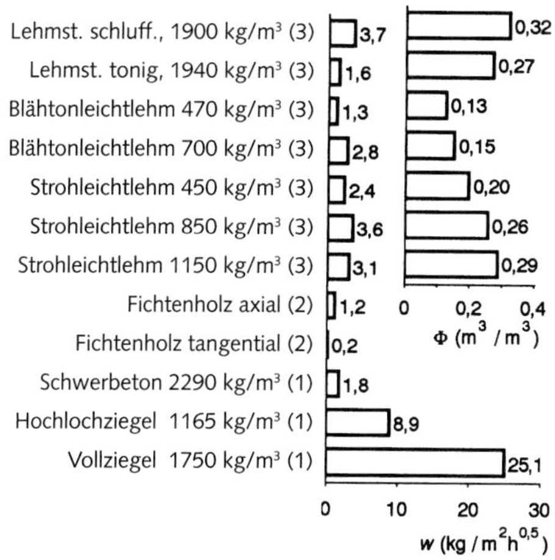

Quellen: (1) Buss 1967; (2) Breitenberger 1985; (3) Forschungslabor für experimentelles Bauen, Universität Kassel

2.3-8 Wasseraufnahmekoeffizienten im Vergleich

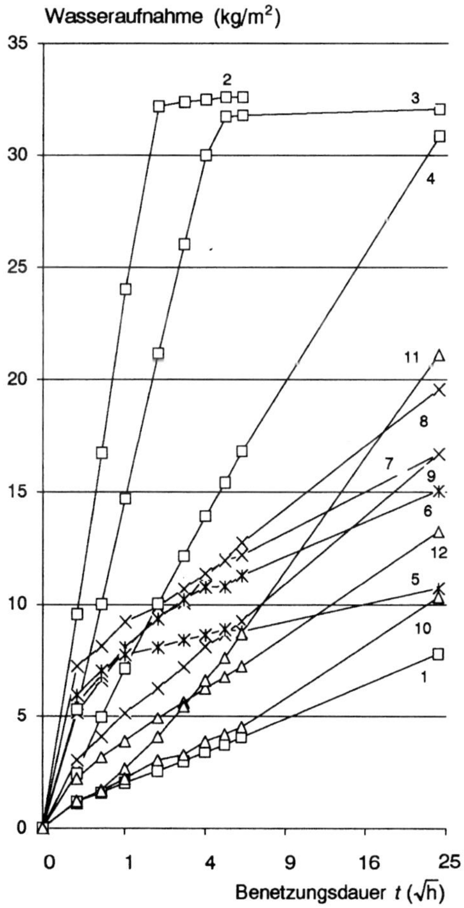

1 Lehm tonig/Sand 1:1
2 + 2% Zement
3 + 4% Zement
4 + 8% Zement
5 Blähtonleichtlehm 650
6 Blähtonleichtlehm 800
7 Strohleichtlehm 450
8 Strohleichtlehm 850
9 Strohleichtlehm 1150
10 Lehm tonig
11 Lehm schluffig
12 Lehm sandig

2.3-9 Zeitlicher Verlauf der Wasseraufnahme bei Lehmen

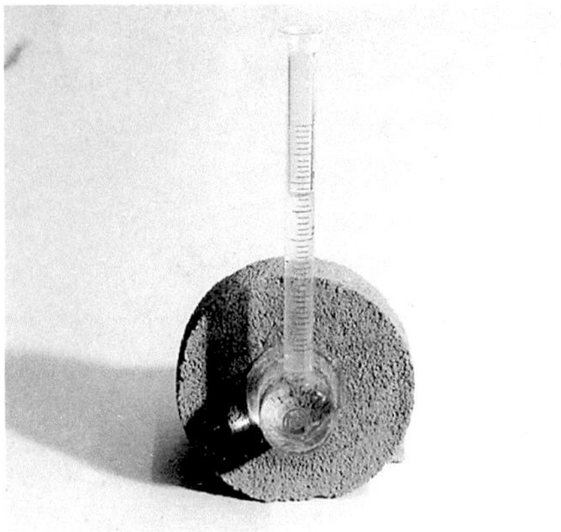

2.3-10 Wassereindringprüfung nach Karsten

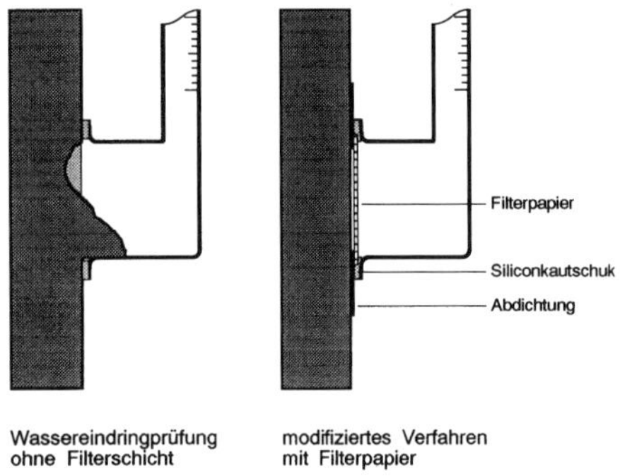

2.3-11 Normales und modifiziertes Verfahren nach Karsten

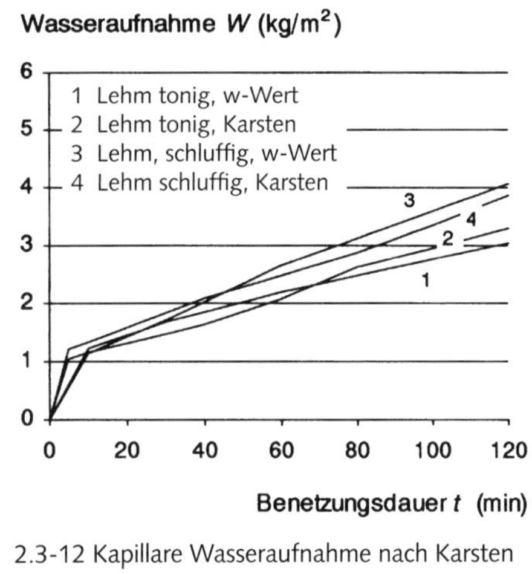

2.3-12 Kapillare Wasseraufnahme nach Karsten und nach DIN 52617

2.3-13 Gerät für einen mehrfachen Abschlämmtest, FEB

beim Wiegevorgang auszuschließen, wurde der Probekörper auf ein 4 mm dicken Haushaltsschwammtuch gelegt, das auf einer Acrylglasplatte aufliegt (Abb. 2.3-7). Ein Vergleichstest mit einem gebrannten Ziegel ergab bei dieser modifizierten Versuchsanordnung lediglich eine Verminderung der Wasseraufnahme von weniger als 2 %.
Bei den Versuchen ergaben sich die in der Abb. 2.3-8 im Vergleich zu anderen Baustoffen aufgeführten Mittelwerte.
Interessant ist, dass die Proben aus stark schluffigem Lößlehm wesentlich höhere w-Werte erbrachten als die Proben aus fettem, tonhaltigem Lehm. Dies liegt vor allem an der unterschiedlichen Porenstruktur und daran, dass toniger Lehm stärker quillt und dabei sein Porenvolumen stärker abnimmt.
Der Vergleich mit gebrannten Vollziegeln zeigt, dass die w-Werte bei Lehm etwa um den Faktor 10 niedriger sind, was bislang in der Literatur nicht bekannt war. Volhard geht z.B. davon aus, dass Lehm etwa die gleiche Kapillarleitfähigkeit wie gebrannte Ziegel aufweist (Volhard 1983, S.82).
Dass der zeitliche Verlauf der Wasseraufnahme bei Lehmen mit Zusätzen, insbesondere von Stroh, sehr unterschiedlich sein kann, zeigen die vom FEB ermittelten Werte in Abb. 2.3-9. Aus diesem Grunde reicht die Kenntnis des w-Wertes allein nicht aus, um in der Praxis die kapillaren Feuchtetransportprobleme in Bauteilen zu beurteilen.

- **Kapillare Wasserkapazität**

Die maximal aufgenommene Wassermenge bezogen auf das Volumen oder die Masse des Probekörpers wird als *kapillare Wasserkapazität* Φ [m³/m³] bzw. [kg/m³] bezeichnet. Sie ist für die Beurteilung der Feuchteprobleme in Bauteilen nicht unwesentlich, bleibt aber fälschlicherweise meist unberücksichtigt. In Abb. 2.3-8 sind die vom FEB für Lehmbaustoffe ermittelten Werte neben den w-Werten angegeben.

Wassereindringprüfung nach Karsten
Bei der Wassereindringprüfung nach Karsten wird eine kugelförmige Glasglocke mit einem lichten Durchmesser von 30 mm und einem Messrohr mit kalibrierter Volumeneinteilung mit Silikonkautschuk auf den Probekörper geklebt, wobei eine Prüffläche von ca. 3 cm² entsteht (Karsten 1983), vgl. Abb. 2.3-10. Das übliche Verfahren ergibt bei Lehmproben das Problem, dass sich der Lehm an der benetzten Fläche während des Versuchs ablöst. Deshalb wurde vom FEB ein modifiziertes Verfahren angewendet, bei dem die Öffnung des Glaskörpers mit einem Filterpapier abgedeckt wurde, vgl. Abb. 2.3-11. Die Umrechnung der nach Karsten ermittelten Werte für die Wasseraufnahme zeigt im Vergleich zu den nach DIN 52617 ermittelten Werte einen hohen Grad der Übereinstimmung, vgl. Abb. 2.3-12.

2.3.6 Aufschlämmbarkeit

Das Verhalten von Lehm im Wasser kann durch die Feststellung der *Aufschlämmbarkeit* nach DIN 18952 Blatt 2 bestimmt werden. Dabei wird ein prismatischer Prüfkörper 5 cm tief in Wasser getaucht und die Zeit gemessen, nach welcher der eingetauchte Teil weich wird und abreißt.
Gemäß DIN 18952 sind innerhalb von 45 Minuten aufschlämmbare Lehme für den Lehmbau nicht geeignet. Für die Praxis des Lehmbaus erscheint dieser Test jedoch als unwichtig, da Lehmbauteile nicht im Wasser stehen sollen. Bei mangelhafter Vorsorge auf der Baustelle kann jedoch Regenwasser oder bei einem Wasserrohrbruch Leitungswasser an einer Lehmwand herunterlaufen. Aus diesem Grund ist es wichtiger, die *Abschlämmbarkeit* des verwendeten Lehms zu kennen.

2.3.7 Abschlämmbarkeit

Bei falscher Abdeckung von Lehmbauteilen während des Bauprozesses kann es vorkommen, dass Regenwasser konzentriert an Lehmoberflächen abläuft und dabei Lehmpartikel abschwemmt. Ein ähnlicher Effekt kann bei einem Wasserrohrbruch auftreten. Um die Empfindlichkeit von Lehmoberflächen gegen ablaufendes Wasser zu testen, wurde vom FEB ein Abschlämmtest entwickelt, mit dem es möglich ist, die Widerstandsfähigkeit gegen das Abschwemmen von Lehmteilchen zu vergleichen. Die Versuchsanordnung, mit der 6 Proben gleichzeitig getestet werden können, wird in Abb. 2.3-13 gezeigt. Schlagregen wird dadurch simuliert, dass ein 4 mm dicker Wasserstrahl mit einer Geschwindigkeit von 3,24 m/s unter einem Winkel von 45° auf die Lehmproben aufprallt. Abgeschlämmte Partikel setzen sich im Auffangbehälter ab.
Beim Vergleich von Lehmproben in Bezug auf ihre Abschlämmbarkeit reicht in der Regel der optische Vergleich der Breiten und Tiefen der entstandenen Abschlämmrillen aus. Genauere Angaben lassen sich machen, wenn die abgeschlämmten Lehmpartikel in einer Filtertüte aufgefangen werden und deren Trockengewicht bestimmt wird.

2.3-14 Lehmputzproben vor (links) und nach (rechts) einer dreijährigen Bewitterung

2.3.8 Regenerosion, Frosterosion

Abb. 2.3-14 zeigt zwei unterschiedliche, unbehandelte Lehmputzproben vor und nach einer dreijährigen Bewitterung. Die Proben waren etwa 5 cm dick und seitlich und von hinten gegen Durchfeuchtung geschützt. Der Lehm des rechten Feldes ist extrem fett, er enthält ca. 40% Ton. Der Lehm des linken Feldes wurde mit Sand gemagert, so dass er nur noch ca. 16% Ton enthält. Deutlich erkennbar ist, dass der fette Lehm beim Austrocknen stark reißt: sein lineares Schwindmaß betrug 11%. Der magere Lehm wies dagegen ein lineares Schwindmaß von lediglich 3% auf. Nach der dreijährigen Bewitterung fällt auf, dass die stark tonhaltige Probe in einigen Bereichen abgeblättert ist, in anderen Bereichen aber eine unbeschädigte Oberfläche aufweist. Das Abblättern des Lehms ist ein typisches Zeichen für *Frosterosion*, das folgendermaßen erklärbar ist: Das Austrocknen des fetten Lehms hat neben dem großen Schwindriss viele feine Haarrisse erzeugt, in die Wasser eingedrungen ist. Dieses dehnte sich beim Gefrieren aus und sprengte dadurch Lehmpartikel ab. In den Bereichen, in denen keine Haarrisse aufgetreten sind, fand deshalb keine Erosion statt.
Die linke Seite der Probe zeigt nach drei Jahren Bewitterung deutliche *Regenerosionserscheinungen*: Der Lehm an der Oberfläche ist abgespült, der ursprüngliche Trockenschwindriss ist von dem abgespülten Lehm teilweise zugeschlämmt worden. Interessanterweise ist keine Frosterosion aufgetreten. Dies liegt daran, dass der Lehm keine Haarrisse aufwies.

Aus diesem Test lassen sich folgende Erkenntnisse ableiten:

- magerer Lehm zeigt wenig Widerstand gegen Regenerosion. Sofern er rissfrei ist, ist er aber frostfest.
- Fetter Lehm neigt zur Bildung von feinen Schwindrissen und ist deshalb frostgefährdet. Bei Rissfreiheit ist er nahezu regenfest.

Die Frostsicherheit von Lehmen lässt sich an Hand seiner Porosität beurteilen. Grundsätzlich gilt, je höher der Porenanteil, umso größer ist die Frostsicherheit. Gefriert das im Lehm enthaltene Wasser und sind genügend große Luftporen vorhanden, in die sich das gefrierende und sein Volumen vergrößernde Wasser ausdehnen kann, so entsteht keine Frosterosion.
Grünlinge, ungebrannte Ziegel aus der Ziegelei, sind aufgrund ihres hohen Feinkornanteils und ihrer geringen Porosität frostgefährdet und dürfen nicht in der äußeren frostgefährdeten Schicht von Außenwänden verwendet werden. Die relativ geringe Porosität der Lehmmischung ist durch den hohen Tongehalt und durch die übliche Verdichtung in dem Vakuummundstück der Strangpresse bedingt.
Handgeformte (gepatzte) Lehmsteine mit geringem Ton- und hohem Grobsandanteil haben dagegen ein ausreichend großes Luftporenvolumen und gelten deshalb als frostsicher.

2.3.9 Austrocknungsdauer

Unter der Austrocknungsdauer versteht man die Zeit, die notwendig ist, damit ein nasser bzw. durchfeuchteter Baustoff seine Gleichgewichtsfeuchte erreicht. Die Abb. 2.3-15 und 2.3-16 zeigen Untersuchungsergebnisse des FEB. Daraus geht hervor, dass ein magerer Lehmmörtel breii-

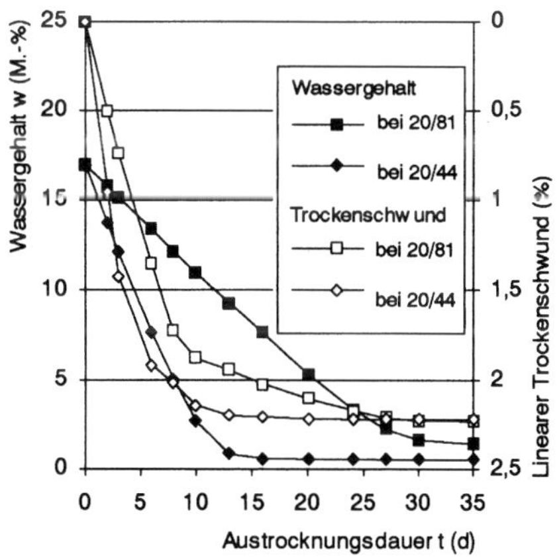

2.3-15 Trockenschwund und Austrocknungsdauer von magerem Lehmmörtel (T = 4%, U = 25%, S = 71%) bei einem Ausbreitmaß von 42 cm (entsprechend DIN 18555 Teil 2)

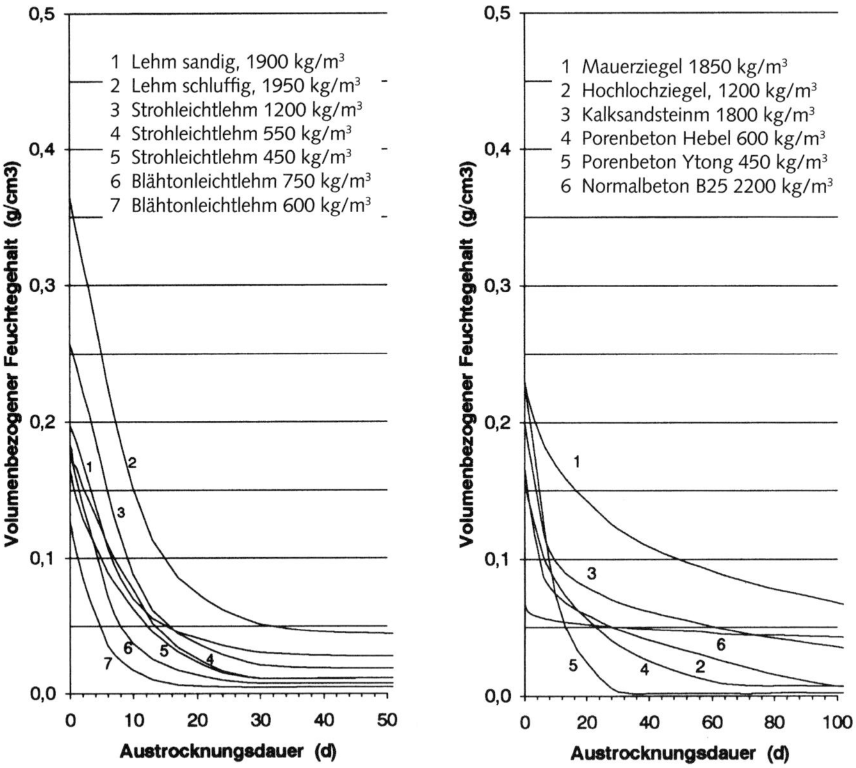

2.3-16 Austrocknungsverhalten von Lehmen im Vergleich zu anderen Baustoffen

ger Konsistenz in einem geschlossenen Raum ohne Luftbewegung bei einer Temperatur von 20°C und einer relativen Luftfeuchte (r.F.) von 44% nach ca. 14 Tagen und bei 20°C und 81% r.F. nach ca. 30 Tagen seine Gleichgewichtsfeuchte nahezu erreichte.

In Abb. 2.3-16 ist das Austrocknungsverhalten verschiedener Lehme und anderer Baustoffe dokumentiert. Dabei wurden 7,1 x 11,3 x 24 cm große, vorher bei 60°C in einer Klimakammer getrocknete Probekörper 24 Stunden lang mit ihrer größten Fläche 3 mm tief in Wasser gelagert und anschließend in einem Klimaraum bei 23°C und 50% relativer Feuchte ohne Luftbewegung gelagert. Deutlich wird daraus, dass die Lehme bereits nach 20 bis 30 Tagen praktisch keine Gewichtsabnahme mehr aufwiesen, während Mauerziegel, Hochlochziegel, Kalksandstein und Beton auch nach 100 Tagen noch immer Feuchtigkeit abgaben, also noch nicht ausgetrocknet waren. Angemerkt werden muss dabei, dass der Beton bei der 24-stündigen Waserlagerung noch nicht wie die Lehme wassergesättigt war.

2.4 Verhalten bei Wasserdampfeinwirkung

2.4.1 Allgemeines

Während Lehm bei Wassereinwirkung seine Schwäche zeigt und weich wird, zeigt er bei Wasserdampfeinwirkung seine Stärke: er nimmt Feuchtigkeit auf, ohne weich zu werden und ohne zu quellen, und gibt sie wieder ab, wenn die ihn umgebende Luft trocken wird. Er trägt somit zur Regulierung der Raumluftfeuchte bei, ist also in der Lage, ein gesundes Raumklima mit ausgeglichenem Feuchtegehalt zu schaffen (siehe auch Kap. 1.4).

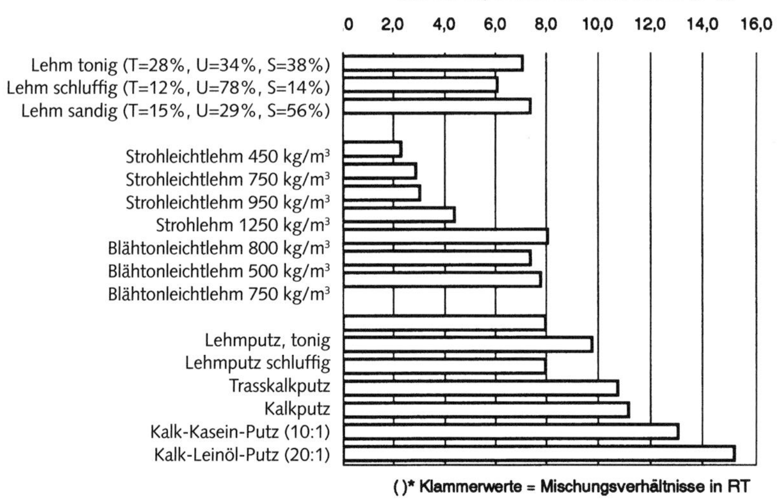

2.4-1
Wasserdampfdiffusionswiderstandszahlen verschiedener Lehmbaustoffe nach DIN 52615, Nassbereichsverfahren

2.4.2 Wasserdampfdiffusion

Das zwischen Innen- und Außenraum bestehende Dampfdruckgefälle, das bei beheizten Räumen in unserem Klima von innen nach außen verläuft, bewirkt, dass der in der Luft enthaltene Wasserdampf (nach den Gesetzen des Druckausgleichs) sich einen Weg durch das trennende Bauteil sucht. Dieser Vorgang wird mit *Diffusion* bezeichnet.

Der Widerstand, den ein Material der Diffusion des in der Luft enthaltenen Wasserdampfes, entgegensetzt, wird durch die *Dampfdiffusionswiderstandszahl* μ bestimmt. Dieser μ-Wert hängt von der Rohdichte und der Porenstruktur eines Materials ab. Für die Bestimmung der Wasserdampfdurchlässigkeit von Bau- und Dämmstoffen sind in der DIN 52615 genaue Aus-

führungen gemacht. Das Produkt aus der Diffusionswiderstandszahl μ des Baumaterials und der Schichtdicke s des Bauteiles ergibt den vorhandenen *Wasserdampfdiffusionswiderstand*, der als *diffusionsäquivalente Luftschichtdicke* s_d [m] angegeben wird. Luft hat eine Diffusionswiderstandszahl von 1; somit entspricht z.B. ein Bauteil mit s_d = 10 m dem Wasserdampfdiffusionswiderstand einer Luftschicht von 10 m.
In der Abb. 2.4-1 sind einige vom Forschungslabor für Experimentelles Bauen ermittelte μ-Werte für unterschiedliche Lehmsorten aufgeführt. Die Untersuchungen von Massivlehmen ergab, dass die μ-Werte schluffiger Lehme etwa um 20% niedriger lagen als die μ-Werte von stark sandigen und stark tonigen Lehmen. Interessant und neu ist ferner die Erkenntnis, dass Blähtonleichtlehm der Rohdichte 750 kg/m³ einen etwa 2,5 mal so hohen μ-Wert wie Strohleichtlehm der gleichen Rohdichte aufweist. (Die für Strohleichtlehm ermittelten, relativ niedrigen Werte stimmen mit den von Vanros (1981) ermittelten Daten überein). Somit stimmen die Messergebnisse des FEB nicht mit den Angaben der neuen DIN 4108 Teil 4 von 1998 überein, die für alle Lehme mit Rohdichten von 2000 bis 800 kg/m³ den Wert 5/10 angibt.
Die Wasserdampfdurchlässigkeit kann durch die Oberflächenbehandlung der Wand stark verändert werden (siehe Kap. 12.3.4).

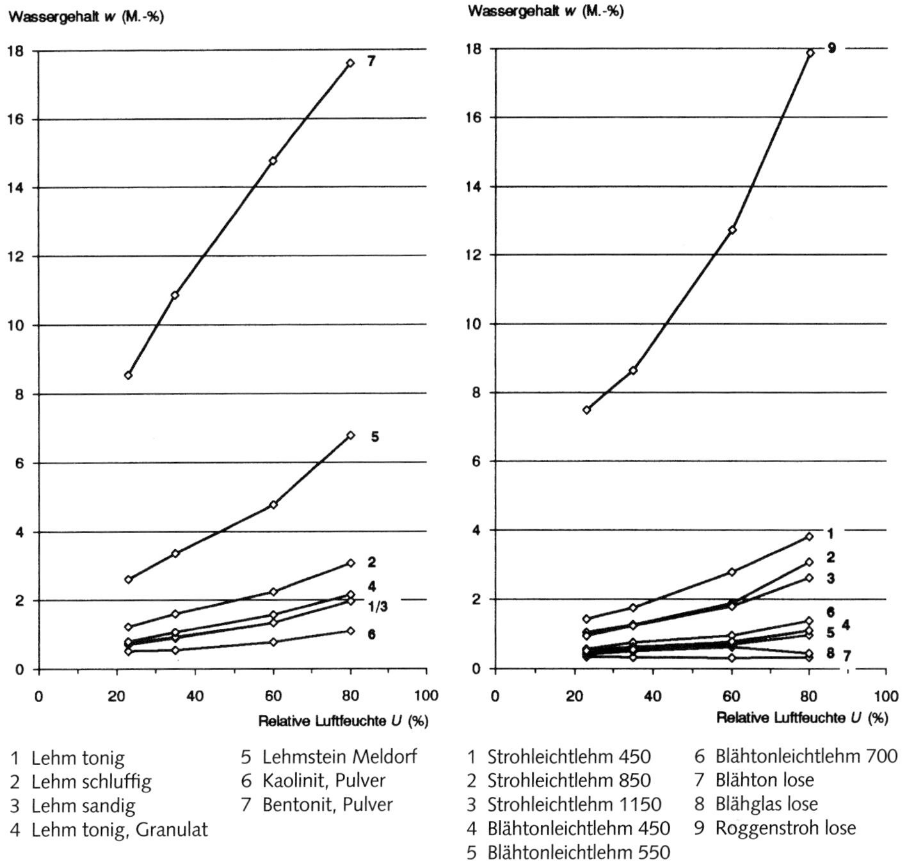

2.4-2 Wassergehalt von Lehmen, Tonen und Zuschlagstoffen in Abhängigkeit von der Luftfeuchte

2.4.3 Gleichgewichtsfeuchte

Nach den Gesetzmäßigkeiten der Diffusion müsste ein feuchtes Bauteil, das von ungesättigter Luft gleicher Temperatur umgeben ist, allmählich völlig austrocknen. Dies ist jedoch nicht der Fall. Jeder Baustoff, der als völlig „ausgetrocknet" bezeichnet werden kann, behält eine spezifische Restfeuchte, die sogenannte *Gleichgewichtsfeuchte*, die von der Temperatur und vom Feuchtegehalt der umgebenden Luft abhängt. Je höher die Luftfeuchte, um so höher ist die Gleichgewichtsfeuchte, um so mehr Feuchte nimmt der Baustoff aus der ihn umgebenden Luft auf. Dieser Vorgang wird als *Sorption* oder *Absorption* bezeichnet, für die Abgabe von Feuchtigkeit wird der Begriff *Desorption* verwendet. Der Begriff Sorption wird auch als Oberbegriff für beide Vorgänge eingesetzt. Sorption beruht auf der Fähigkeit, eindiffundierte Wassermoleküle an den Wänden der Poren anzulagern. Dieses auch als Kapillarkondensation bezeichnete Phänomen ist dadurch erklärbar, dass der Sättigungsdampfdruck in den Kapillaren geringer ist als im freien Luftraum. Je kleiner der Radius der Kapillaren, umso mehr nimmt der Sättigungsdruck ab, umso höher ist die Kapillarkondensation.
Die Gleichgewichtsfeuchte ist somit die maximale Feuchte, die ein Baustoff bei konstanter Temperatur und konstanter Luftfeuchte aufnimmt; sie wird auch als *hygroskopischer Feuchtegehalt* bezeichnet. Die in dem Baustoff vorhandene Wassermenge wird in der Regel als massebezogener Wassergehalt U_m in Prozent angegeben. Er berechnet sich nach folgender Gleichung:

$$U_m = \frac{\text{Masse des Wassers}}{\text{Masse des trockenen Baustoffs}}$$

Das Sorptionsverhalten von Baustoffen in Abhängigkeit von der relativen Luftfeuchtigkeit wird in sogenannten *Sorptionskurven* bzw. *Sorptions-Isothermen* dargestellt. (Der Begriff Isotherme kommt daher, dass die luftfeuchteabhängige aufgenommene Wassermenge bei jeweils gleicher Temperatur ermittelt wird.)
In Abb. 2.4-2 sind die vom FEB ermittelten Sorptionskurven von Massiv- und Leichtlehmen dargestellt. Die ermittelten Gleichgewichtsfeuchten von Lehmen reichen von 0,4 bis 6%. Der niedrigste Wert wurde bei einem mageren Lehmputz bei 20% relativer Luftfeuchte, und der höchste Wert bei einem sehr fetten Lehm und 97% Luftfeuchte ermittelt. Interessant ist, dass Roggenstroh bei einer Luftfeuchte von 80% eine Gleichgewichtsfeuchte von 18% aufweist, Blähton dagegen nur 0,3%.
Abb. 2.4-3 zeigt die vom Forschungslabor ermittelten Gleichgewichtsfeuchten vier verschiedener Lehmsorten im Vergleich zu anderen Baustoffen. Daraus wird deutlich, dass Lehm umso mehr Feuchtigkeit aufnimmt, je höher der Tongehalt, vor allem sein Montmorillonitgehalt ist (Bentonitpulver mit einem Montmorillonitgehalt von über 70% hat bei einer relativen Luftfeuchte von 50% eine Gleichgewichtsfeuchte von 13%, Kaolinit dagegen nur 0,7%). Der untersuchte magere Lehmputz (Nr.9 in Abb. 2.4-3) nimmt bei einer relativen Luftfeuchte von 58% nur ein Fünftel der Wassermenge auf, die der ungebrannte Lößlehmstein bei gleicher Feuchtigkeit aufnimmt.

Wichtig für die feuchteregulierende Wirkung des Lehms ist aber nicht so sehr das Maß der Gleichgewichtsfeuchte, sondern vor allem die Geschwindigkeit, mit der die Feuchtigkeit aufgenommen bzw. abgegeben wird. Dass Lehm sehr viel schneller als andere Baustoffe Feuchtigkeit aus der Raumluft aufnimmt bzw. an diese abgibt, wurde in Kapitel 1.4 ausführlich erörtert.

2.4-3 Gleichgewichtsfeuchten von Lehmen im Vergleich zu anderen Baustoffen

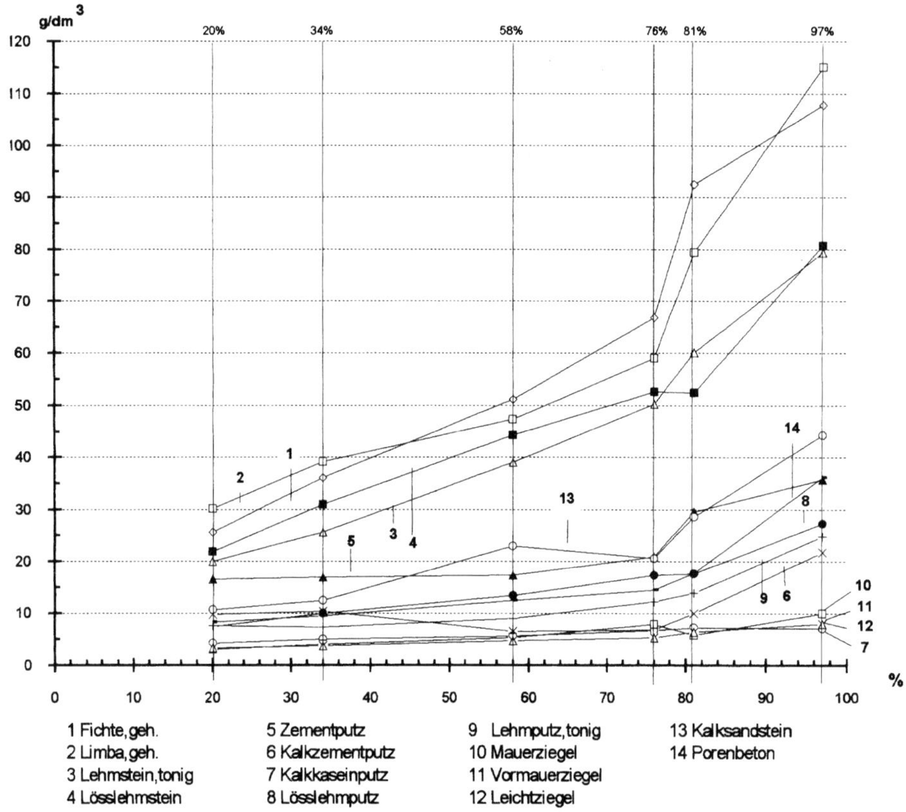

2.4.4 Tauwasserbildung

In Gebäuden der gemäßigten und kalten Klimazonen diffundiert der in der Innenraumluft enthaltene Wasserdampf bedingt durch den Dampfdruckunterschied in der Regel von innen nach außen. Erreicht die Luft durch Abkühlen innerhalb der Wand den Zustand der Wasserdampfsättigung, so kondensiert der Wasserdampf: es fällt Tauwasser an.
Diese durch Tauwasser entstandene Feuchtigkeit in der Außenwand verringert ihre Wärmedämmwirkung und kann die Bildung von Schimmelpilzen verursachen. Deshalb muss die Feuchtigkeit möglichst schnell wieder nach außen abgeführt werden können, was durch Baustoffe mit hoher kapillarer Leitfähigkeit, wie z.B. Lehm begünstigt wird.
Um die Durchfeuchtung von Außenbauteilen infolge Tauwasserbildung zu vermeiden, sollte folgendes beachtet werden:

1. Der Dampfdiffusionswiderstand μ (vgl. Kapitel 2.4.2) soll von innen nach außen abnehmen
2. Der Wärmedurchlasswiderstand $1/\Lambda = s/\lambda$ [m²K/W] (vgl. Kapitel 2.5.2) soll von innen nach außen zunehmen.

Durch das Anbringen einer inneren Dampfsperre lässt sich eine Tauwasserbildung zwar am sichersten vermeiden, diese Maßnahme hat jedoch zwei Nachteile:

1. Die Erfahrung zeigt, dass Dampfsperren in der Praxis selten vollständig dicht ausgeführt werden. Immer wieder tauchen an Fenster- und Türanschlüssen sowie bei Decken- und Fußbodenanschlüssen dampfdurchlässige Fugen auf, so dass es in diesen Bereichen zur Tauwasserbildung kommen kann.
2. Bei monolithischen Bauweisen kommt es im Winter häufig zu einer Durchfeuchtung von außen. Da die Feuchtigkeit stets vom feuchten zum trockenen Bereich wandert, also in diesem Falle nach innen, kann sie an der Innenoberfläche der Wand wegen der dort liegenden Dampfsperre nicht verdunsten. Die Wand bleibt also länger feucht.

Die wärmeschutztechnische Berechnung zur Vermeidung von Tauwasser wird in DIN 4108, Teil 5 abgehandelt.

2.5 Verhalten bei Wärmeeinwirkung

2.5.1 Allgemeines

Die landläufige Meinung, Lehm sei besonders wärmedämmend, ist nicht richtig. Eine massive Stampflehmwand oder ein Lehmsteinmauerwerk aus Lehm ohne porösen Zuschlagstoff hat eine annähernd gleiche Wärmedämmwirkung wie eine ebenso dicke Wand aus gebrannten Ziegeln.
Entscheidend für die Wärmedämmwirkung eines Baustoffes ist sein Porenvolumen und somit seine Rohdichte sowie sein Feuchtegehalt. Je mehr Luftporen er enthält, umso leichter ist er und umso größer ist seine Wärmedämmwirkung. Je feuchter er ist, umso geringer ist seine Wärmedämmwirkung.
Der Wärmefluss durch ein Bauteil wird durch den *Wärmedurchgangskoeffizienten* U [W/m²K], den sogenannten U-Wert, bestimmt. In Kapitel 15.3 wird auf die U-Wert-Berechnung im Rahmen des Wärmeschutznachweises genauer eingegangen.

2.5.2 Wärmeleitung

Die Wärmeleitung eines Stoffes wird durch die *Wärmeleitzahl* λ [W/mK] bestimmt. Diese gibt an, wieviel Wärme, in W/m² gemessen, durch eine 1 m dicke Wand bei einer Temperaturdifferenz von 1 Grad geht. In der DIN 4108 Teil 4 von 2007 sind für Lehm die in der Tabelle 2.4 enthaltenen Rechenwerte angegeben.

Rohdichte ρ kg/m³	Wärmeleitzahl λ W/mK
2000	1,10
1800	0,91
1600	0,79
1400	0,59
1200	0,47
1000	0,35
900	0,30
800	0,25
700	0,21
600	0,17
500	0,14

Tabelle 2.4: Wärmeleitzahlen für Lehmbaustoffe nach DIN 4108 Teil 4, 2007

2.5.3 Spezifische Wärme

Die Wärme, die notwendig ist, ein kg eines Baustoffes um 1°C zu erwärmen, wird als *spezifische Wärme* c bezeichnet. In der Vornorm DIN 18953 Bl. 1 wird die spezifische Wärme von Lehm mit c = 0,24 kcal/kg°C = 1,0 kJ/kgK angegeben.

2.5.4 Wärmespeicherung

Die Wärmespeicherfähigkeit eines Baustoffs wird durch die *Wärmespeicherzahl* S bestimmt, die proportional der spezifischen Wärme c und der Rohdichte ρ ist:

$$S = c \cdot \rho \ [\mathrm{kJ/m^3K}] \quad \text{bzw.} \quad [\mathrm{Wh/m^3K}]$$

Sie gibt die Wärmemenge an, die notwendig ist, um 1 m³ eines Baustoffes um 1 Grad Celcius zu erwärmen. Die Wärmespeicherfähigkeit Q_s eines Bauteils wird durch die Wärmespeicherzahl S und durch die Bauteildicke s bestimmt:

$$Q_s = c \cdot \rho \cdot s \ [\mathrm{kJ/m^2K}] \quad \text{bzw.} \quad [\mathrm{Wh/m^2K}]$$

2.5.5 Wärmeaufnahme und –abgabe in Abhängigkeit von der Zeit

Die Geschwindigkeit, bei der ein Baustoff Wärme aufnimmt bzw. abgibt, wird durch den *Wärmeeindringkoeffizienten* b bestimmt, der von der spezifischen Wärme, der Rohdichte und der Wärmeleitzahl abhängt:

$$b = \sqrt{c \cdot \rho \cdot \lambda} \ [\mathrm{kJ/K \cdot m^2 \cdot h^{0,5}}]$$

Je größer der b-Wert eines Materials ist, umso schneller dringt die Wärme in dessen Inneres und umso kühler wirkt er beim Anfassen, da die Wärme der Hand schneller abgeleitet wird.

2.5.6 Wärmedämpfung

Als Wärmedämpfung wird bei einer Außenwand die Eigenschaft bezeichnet, Schwankungen der Außentemperaturen verzögert und verringert an die Innenoberfläche weiterzugeben. Eine Wand mit großer Wärmespeicherwirkung bewirkt eine große Verzögerung des Wärmedurchgangs (Phasenverschiebung), eine gut wärmedämmende Wand dämpft die Temperaturschwankungen (Amplitudendämpfung).

In Klimazonen, in denen die Außenlufttemperatur große Tag-Nacht-Schwankungen aufweist, durchschnittlich jedoch innerhalb des Behaglichkeitsbereiches zwischen 17°C und 25°C liegt, ist für ein angenehmes Wohnklima eine Wärmedämpfung durch schwere, wärmespeichernde Wände besonders sinnvoll. Eine vorwiegend wärmedämmende Wirkung der Außenwand wird erst notwendig, wenn der Mittelwert der Außenlufttemperatur wesentlich unter dem Behaglichkeitsbereich liegt, wie beispielsweise in Europa.

In Abb. 2.5-2 ist der Einfluss von Bauform und Baumaterial auf das Innenraumklima bei zwei 1964 in Kairo errichteten Testbauten gleichen Volumens dargestellt: Ein Lehmbau mit 50 cm dicken Lehmsteinwänden und Lehmgewölben und ein Flachdachgebäude aus 10 cm dicken Betonfertigteilen. Während die Außentemperatur innerhalb von 24 Stunden um 13°C variierte, schwankte die Innentemperatur bei dem Lehmbau lediglich um 4°C, bei dem Betonbau dagegen um 16°C. Die Innentemperatur war um 16 Uhr bei dem Betonbau um 5°C höher, bei dem Lehmbau dagegen um 5°C niedriger als die Außentemperatur (Fathy 1986).

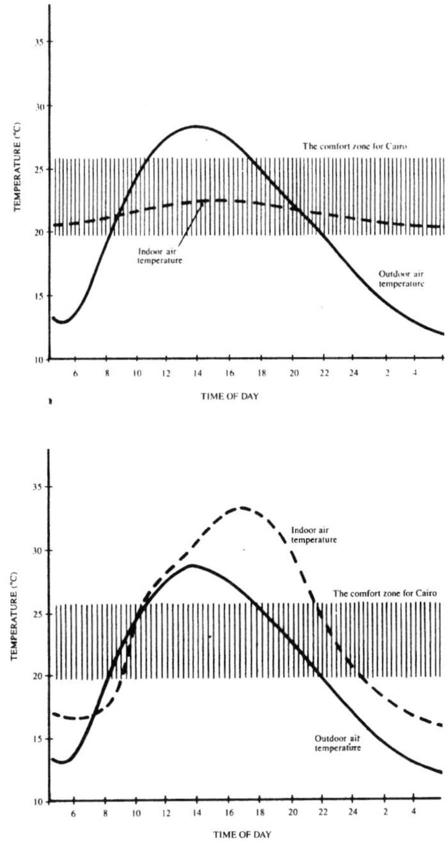

2.5-2 Vergleich der Innen- und der Außentemperaturschwankungen in einem Testgebäude mit Lehmgewölbe (oben) und einem Testgebäude (unten) aus Betonfertigteilen (Fathy 1986)

2.5.7 Wärmestrahlung / Emissionsgrad ε

Als Wärmestrahlung wird die elektromagnetische Strahlung einer Oberfläche im Bereich der Infrarotstrahlung bezeichnet. Die Emission einer Oberfläche im Verhältnis zu der einer mit Kerzenruß bedeckten Platte, die alle einfallende Energie absorbiert, wird mit dem Emissionsgrad ε bezeichnet. Metalle haben einen geringeren Emissionsgrad (kleiner als 0,2) und nichtmetallische Baustoffe einen höheren mit Werten zwischen 0,8 und 1. Dass der von Keppler und Lemke (1986) sowie Schneider et al. (1996) angegebene Emissionsgrad von Lehm nur 0,39 beträgt, woraus gefolgert wurde, dass Lehmoberflächen für Öfen und beheizte Innenwände nicht geeignet seien, konnte von Dirk Reincke (2000) in seiner Diplomarbeit widerlegt werden. Der Wert 0,39 beruhte offensichtlich auf falschen Quellen und wurde nie überprüft. Die Untersuchungen von Reincke ergaben, dass der Gesamt-Emissionsgrad ε von Lehmoberflächen für Strahlungsaustauschberechnungen mit ε > 0,93 angenommen werden kann.

2.5.8 Wärmedehnung

Die temperaturabhängige Längenänderung spielt insbesondere bei Lehm- und Kalkputzen eine Rolle. Die Ausdehnungskoeffizienten von Putz und Untergrund sollten möglichst ähnlich sein. Für Lehmbauteile wurden vom FEB folgende Werte ermittelt: Schwerlehm: 0,0043 bis 0,0052 mm/m·K, Lehmmauerwerk: 0,0062 mm/m·K, magerer Lehmmörtel: 0,007 mm/m·K. Mineralische Putze haben einen Ausdehnungskoeffizienten von 0,005 („weicher" Kalkmörtel) bis 0,010 mm/m·K (Zementmörtel). Beton und Gasbeton weisen Werte von 0,01, Kalk-Sandstein dagegen nur 0,007 mm/m·K auf. (Werte nach Knöfel 1979 und Künzel 1990). Kunstharzputze erreichen Werte von 0,013 bis 0,030, extrudierter Polystyrolschaum 0,07 mm/m·K.

2.5.9 Brandverhalten

Nach DIN 4102 Teil 4 gehört Lehm zur Baustoffklasse A1 (nicht brennbare Baustoffe). In DIN 18951 von 1951 ist Lehm als „nichtbrennbar" eingestuft, auch für den Fall, dass pflanzliche Faserstoffe beigemengt sind, soweit das Raumgewicht von 1700 kg/m³ nicht unterschritten wird. Strohleichtlehm galt danach nicht als nicht brennbar.

Bei Lehmbauteilen muss eine mögliche Beschädigung durch Löschwasser berücksichtigt werden.

An der TU Braunschweig wurde in einem Brandtest nachgewiesen, dass ein Reetdach durch einen dreilagigen Lehmputz, der von innen aufgebracht wird, einen Feuerwiderstandswert von F30 erhält.

2.6 Festigkeit

2.6.1 Bindekraft

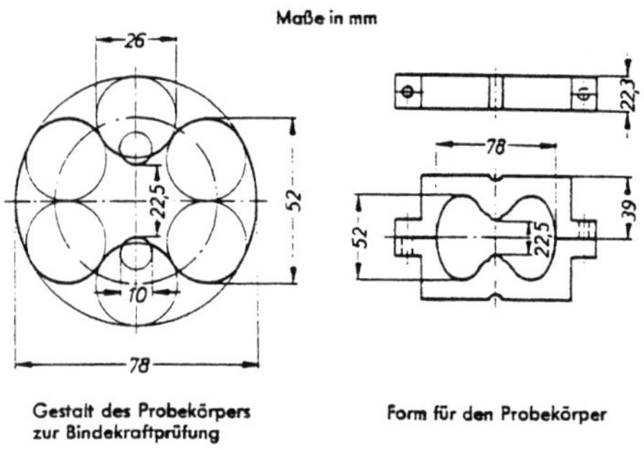

2.6-1 Geräte zur Herstellung der Prüfkörper für die Bindekraftermittlung (DIN 18952 Bl.2)

Der Widerstand, den plastische Lehme beim Zerreißversuch leisten, wird als Bindekraft bezeichnet. Die Bindekraft ist also ein Maß für die Zugfestigkeit im plastischen Zustand. Die Bindekraft hängt in erster Linie vom Tongehalt des Lehms ab, aber auch die Art der vorhandenen Tonminerale hat einen Einfluss darauf. Tone, die viel Natrium oder Kalium aufweisen, haben eine hohe, Tone, die viel Kalzium enthalten, eine geringere Bindekraft.

Da die Bindekraft auch vom Wassergehalt abhängt, kann sie zwischen unterschiedlichen Lehmen nur dann verglichen werden, wenn deren Wassergehalt oder Plastizität gleich ist. Nach DIN 18952 Blatt 2 muss der Lehm zur Bestimmung seiner Bindekraft die sogenannte „Normsteife" aufweisen.

Wie Lehm aufbereitet werden muss, um die Normsteife zu erreichen, wurde in Kapitel 2.3.3 bei der Ermittlung des Trockenschwindmaßes beschrieben.

Die zu testenden Probekörper aus normsteifem Lehm werden in einer Form entsprechend Abb. 2.6-1 in drei Lagen mit einem Stampfer gestampft.

Von jedem Lehm müssen drei Prüfkörper auf diese Art und Weise hergestellt und anschließend in einem Prüfgerät bis zum Zerreissen belastet werden. Abb. 2.6-2 zeigt das vom FEB entwickelte Gerät, bei dem die Sandzufuhr automatisch über ein Magnetventil gestoppt wird, wenn der Behälter nach dem Zerreißen des Probekörpers auf die Unterlage fällt. Das Gewicht des Behälters und des eingelaufenen Sandes geteilt durch die Querschnittsfläche des Prüfkörpers (= 5 cm²) ergibt die Bindekraft.

Die Herstellung der Probekörper und die Ermittlung der Bindekraft erfolgt in folgenden Schritten:

1. Normsteifer Lehm wird in drei Lagen mit Hilfe des Stampfers in die Form eingestampft. Das Stampfen soll so lange erfolgen, bis keine weitere Verdichtung mehr möglich ist.
2. Die Probekörper werden beidseitig mit einem Messer glattgezogen, ausgeschalt und sofort in das Prüfgerät eingehängt.
3. Durch Einlaufen des trockenen Sandes mit ca. 1 mm Korndurchmesser wird der Probekörper kontinuierlich belastet. Die Durchflussmenge des Sandes darf nicht mehr als 750 g je Minute betragen.
4. Unmittelbar beim Zerreißen des Prüfkörpers wird die Sandzufuhr gestoppt.
5. Das Gewicht des Behälters und seiner Aufhängevorrichtung zusammen mit dem Gewicht des Sandes ergibt die Bruchlast bezogen auf den Querschnitt von 5 cm².

Die Bindekraft ergibt sich aus dem Mittelwert der drei Proben, angegeben in g/cm².

Die Abweichung der Ergebnisse darf nicht mehr als 10% betragen, andernfalls müssen die Versuche wiederholt werden.
In Tabelle 2.5 sind die Benennungen der Lehme aufgrund ihrer Bindekraft entsprechend DIN 18952 Blatt 2 aufgeführt. (Diese Benennungen sind im Lehmbau jedoch nicht allgemein gebräuchlich und werden hier auch nicht übernommen). Nach dieser Norm sind Lehme mit einer Bindekraft von weniger als 50 g/cm² nicht zum Bauen geeignet. Diese Einschränkung ist jedoch nicht richtig. Stampflehm und handgeformte Lehmsteine müssen eine ausreichende Festigkeit und ein geringes Trockenschwindmaß aufweisen, enthalten dementsprechend viel grobe Zuschläge (>2 mm) und haben deshalb eine wesentlich geringere Bindekraft. Eine von der Materialprüfanstalt Eckernförde durchgeführte Untersuchung an Lehmproben aus den Wänden des ältesten deutschen 1795 in Meldorf erstellten Stampflehmhauses ergab, dass zwei von drei untersuchten Proben nur eine Bindekraft von 25 bzw. 26 g/cm² aufwiesen.

Bindekraft in g/cm²	50 bis110	111 bis 200	201 bis 280	281 bis 360
Benennung	magerer Lehm	fast fetter Lehm	fetter Lehm	sehr fetter Lehm

Tabelle 2.5: Benennung von Lehmen entsprechend ihrer Bindekraft nach DIN 18952, Bl. 2

Hier muss angemerkt werden, dass die Normsteife nach DIN 18952, Bl. 2 für sehr magere Lehme, wie sie für Lehmmörtel und Stampflehm verwendet werden, nicht ermittelbar ist, da bei der Kugelfallprobe die Kugel zerbricht. Für diese Lehme ist die "Kohäsionskraft nach FEB" (s. Kap. 2.3.3) als Maß für die Bindekraft heranzuziehen.

2.6.2 Druckfestigkeit

Die Druckfestigkeit trockener Lehmbauteile, im Gegensatz zur Nassdruckfestigkeit auch als Trockendruckfestigkeit bezeichnet, liegt im allgemeinen zwischen 3 und 6 N/mm² (30 und 60 kg/cm²). Bei extrem magerem Lehmmörtel kann sie bei 1 N/mm² liegen und bei idealer Zusammensetzung im Extremfall auch 10 N/mm² erreichen. Sie ist vor allem abhängig von der Menge und Art des Tons, aber auch von der Größe und Menge der Schluff-, Sand- und Kieskörner sowie von der Art und dem Maß der Aufbereitung und der Verdichtung. Durch welche Maßnahmen und Zusätze sich die Druckfestigkeit erhöhen lässt, wird in Kapitel 4.5 beschrieben.
Die von Niemeyer publizierte Annahme, die Druckfestigkeit verhalte sich proportional zur Bindekraft, und somit sei jedem Lehm gleicher Bindekraft eine zulässige Druckspannung zuzuordnen (vgl. Abb. 2.6-3), ist nicht haltbar. Nach Niemeyer wäre einem Lehm mit der Bindekraft 60 g/cm² eine zulässige Druckspannung von 2 kg/cm² (0,2 N/mm²) und einem Lehm mit der Bindekraft von 360 g/cm² eine zulässige Druckspannung von 5 kg/cm² (0,5 N/mm²) zuzuordnen. Untersuchungen des Forschungslabor für Experimentelles Bauen ergaben dagegen, dass beispielsweise ein sandiger Lößlehm mit der Bindekraft von 80 g/cm² eine Trockendruckfestigkeit von 6,6 N/mm² aufwies, während ein schluffiger Ton mit der Bindekraft von 390 g/cm² nur eine Trockendruckfestigkeit von 2,5 N/mm² erreichte. Gotthardt (1949) widerlegte die Annahme von Niemeyer ebenfalls durch eine Reihe von Versuchen. In Abb. 2.6-4 sind die entsprechenden Ergebnisse dargestellt.
Die zulässige Druckbeanspruchung von

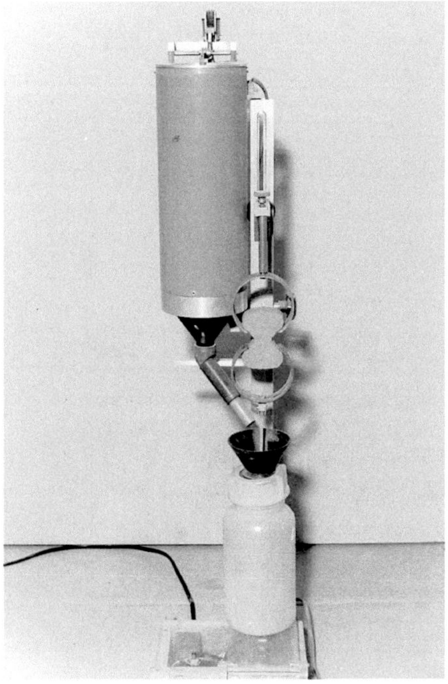

2.6-2
Prüfgerät zur Ermittlung der Bindekraft, FEB

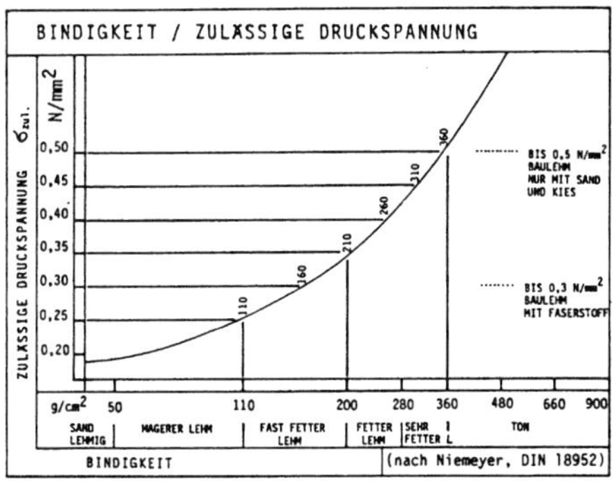

2.6-3
Von Niemeyer angenommene Beziehung zwischen Bindekraft und zulässiger Druckfestigkeit, die jedoch nicht allgemein gültig sein kann (Bezeichnungen/Einheiten nach DIN, zur Nieden 1984)

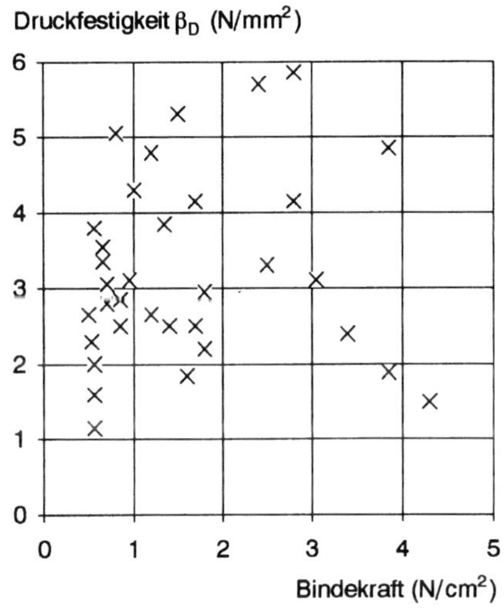

2.6-4
Beziehung zwischen Bindekraft und Druckfestigkeit untersuchter Lehme (nach Gotthardt 1949 und Untersuchungen des FEB)

Gewicht des trockenen und verdichteten Lehmbaustoffes kg/m³	Druckfestigkeit kg/cm²	Zulässige Druckspannungen in kg/cm²					
		Wände	Pfeiler mit einer Schlankheit h/d von				
			11	12	13	14	15
1600	20	3	3	2	1		
bis	30	4	4	3	2	1	
2200	40	5	5	4	3	2	1

Tabelle 2.6: Zulässige Druckspannungen von Lehmen nach DIN 18954

Lehmbauteilen nach DIN 18954 liegt zwischen 0,3 und 0,5 N/mm² (3-5 kg/cm²), je nach Rohdichte und im Labor ermittelter Trockendruckfestigkeit, vgl. Tabelle 2.6.
Bei Lehmbauteilen wurde mit einem Sicherheitsfaktor von etwa 7 gerechnet, d.h. die tatsächliche Druckfestigkeit liegt im Durchschnitt siebenmal so hoch wie die zulässige. Bei dem in Abb. 1.2-9 dargestellten Wohnhaus in der Hainallee 1 in Weilburg an der Lahn, das 1828 fertiggestellt wurde und heute noch bewohnt ist, haben die massiven, tragenden, fünfgeschossigen Stampflehmwände in der untersten Schicht nach Niemeyer (1946) eine Belastung von 7,5 kg/cm² (0,75 N/mm²) auszuhalten, was nach der DIN nicht zulässig wäre.
Im Jemen gibt es massive Lehmhäuser, deren Lehmwände sogar doppelt so hoch sind wie die des Weilburger Hauses. Obwohl es offensichtlich möglich ist, mit Lehm 10-geschossige Bauten zu errichten, war es nach den deutschen Normen nicht gestattet, mehr als 2 Geschosse hohe, statisch belastete Wände aus Lehm zu bauen (DIN 18951 Blatt 1).
Nach DIN 18952 Blatt 2 wird die Druckfestigkeit des trockenen, verdichteten Lehmbaustoffes an mindestens 5 Probewürfeln von 300 mm Kantenlänge festgestellt. Die Richtung der Fertigung soll dabei auf einer Seitenfläche durch einen eingeritzten Pfeil kenntlich gemacht werden. Die Probewürfel müssen vollständig trocken sein. Der Trockenprozess kann vom sechsten Tage an im Trockenofen bei einer Temperatur von 60°C beschleunigt werden. Die Trocknung ist beendet, wenn keine Gewichtsabnahme mehr stattfindet. Die Ober- und die Unterfläche der Würfel müssen eben und parallel mit einem Zementmörtel aus einem Raumteil Zement und drei Raumteilen gewaschenem Sand abgeglichen werden. Die Mörtelschicht soll nicht dicker als 3 mm sein. Der Würfel wird dann in Fertigungsrichtung bis zum Bruch belastet.
Der Mittelwert der Bruchlast aus drei Druckfestigkeitsprüfungen bezogen auf die Fläche von 900 cm² ergibt die Druckfestigkeit des Lehms. Die Werte der einzelnen Prüfkörper dürfen nicht mehr als 20% vom Mittelwert aller Würfel abweichen.
Zur Beschleunigung des Prüfvorganges kann das Abgleichen der Würfel auch mit einem schnell abbindenden Gips-Sand-Mörtel erfolgen, vorausgesetzt, es handelt sich um Lehme, bei denen die Druckfestigkeit eindeutig geringer als bei dem verwendeten Mörtel ist. In der Praxis wird der Test auch häufig an zylindrischen Prüfkörpern oder an Würfeln im Format 20 x 20 x 20 cm oder 15 x 15 x 15 cm durchgeführt.
Bei Lehmmörtel wird die Prismen-Druckfestigkeit wie bei üblichen Mörteln an den Prüfkörpern für Biegezugfestigkeit (16 x 4 x 4 cm) gemessen.
Bei Lehmsteinen wird die Druckfestigkeit laut DIN 18953 Blatt 2 an Probekörpern ermittelt, die aus zwei aufeinander gemauerten Steinen bestehen. Die Ober- und Unterflächen sind ebenfalls, wie vorher beschrieben, mit Zementmörtel parallel abzugleichen.
Nach den indischen Normen muss bei stabilisierten, gepressten Lehmsteinen („stabilized soil blocks“) neben der Trockendruckfestigkeit auch die *Nassdruckfestigkeit* ermittelt werden. Dafür wird der getrocknete Lehmstein 24 Stunden lang 3 mm tief in Wasser getaucht und anschließend dessen Druckfestigkeit ermittelt.

2.6-5 (oben): Prüfen der Trockenzugfestigkeit

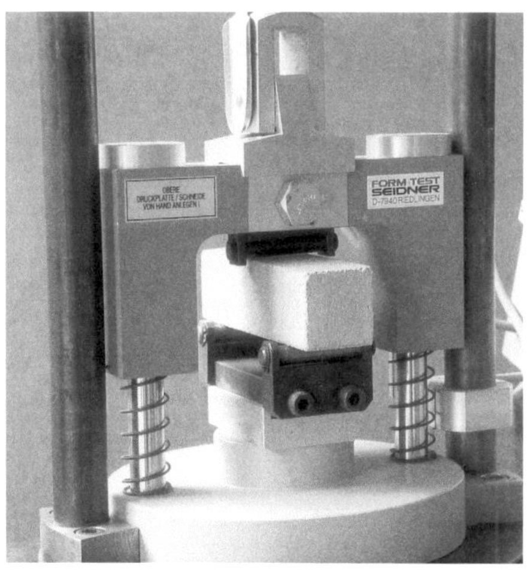

2.6-6 (rechts): Prüfen der Biegezugfestigkeit

2.6.3 Trockenzugfestigkeit

Im Gegensatz zur Bindekraft (Kapitel 2.6.1), die einer Zugfestigkeit von Lehm im plastischen Zustand entspricht, beschreibt die Trockenzugfestigkeit die Zugfestigkeit im völlig ausgetrockneten Zustand. Die vom FEB in speziellen Achterlingformen mit einem Prüfquerschnitt von ca. 24 cm² gefertigten und an der Amtlichen Baustoffprüfstelle der Universität Kassel geprüften Lehmmischungen (Abb. 2.6-5) ergaben, dass die Zugfestigkeit von Lehmsteinen ca. 10 bis 11% ihrer Druckfestigkeit entspricht, vgl. Tab. 2.8. Bei Lehmputzen ergaben sich dafür 11 bis 13%, vgl. Tab. 2.8.

2.6.4 Biegezugfestigkeit

Die Biegezugfestigkeit von trockenem Lehm, die auch als Trockenbiegefestigkeit bezeichnet wird, ist für Baulehme von geringer Bedeutung, da Lehmbauteile nicht biegebeansprucht werden sollten. Bei der Beurteilung von Lehmputzen und bei der Beurteilung der „Kantenfestigkeit“ von Lehmsteinen spielt die Biegezugfestigkeit jedoch eine Rolle. Je höher die Biegezugfestigkeit ist, um so geringer ist die Gefahr, dass Putzteile bei entsprechender mechanischer Beanspruchung zerbrechen bzw. reißen, und um so weniger werden die Kanten von Lehmsteinen durch mechanische Beanspruchung bei Transport und Montage abbrechen.
Wie bei der Bindekraft ist die Biegezugfestigkeit von Baulehmen in erster Linie vom

Tongehalt und von der Art des Tons abhängig. Die Untersuchung von Hofmann, Schembra et al. (1967) an 33 montmorillonitfreien Ziegelei-Tonen ergab, dass Tone mit geringer spezifischer Oberfläche, die also aus relativ großen und dicken Plättchen bestehen und somit ein niedriges Kationenaustauschvermögen aufweisen, eine niedrige Biegezugfestigkeit zeigen. In Tabelle 2.7 sind die ermittelten Daten einiger der untersuchten Tonsorten dargestellt. Die Biegezugfestigkeit der letzten Probe ist um das 54-fache größer als die der ersten Probe.

Material	spezifische Oberfläche (m^2/g)	Biegezugfestigkeit (N/cm^2)
Kaolin I Spezial	6	17
Salzmünder Kaolin	15,5	48
Steingut-Ton (C)	17,2	174
Großalmeroder Fett-Ton	54,0	483
Klingenberger Ton,schw.	90,7	918

Tabelle 2.7: Biegezugfestigkeit verschiedener montmorillonitfreier Ziegelei-Tone, nach Hofmann, Schembra et al (1967)

	Festigkeit in N/mm^2		
	Druck (1)	Biegezug	Zug
Ziegeleilehm G (2)	3,5	1,1	0,4
Ziegeleilehm D (2)	4,4	1,3	0,5
Ziegeleilehm G (3)	6,1	1,6	0,6
Lehmmörtel G (3)	2,02	0,69	0,21
Lehmmörtel C (3)	2,63	0,85	0,35
Prismendruckfestigkeit (4x4x4 cm) nach Boenkendorf (1995) und nach FEB (2001)			

Tabelle 2.8: Festigkeitswerte von Lehmsteinen und Lehmmörtel

Dass die Art der Kationen einen wesentlichen Einfluss auf die Biegezugfestigkeit hat, wurde eindeutig nachgewiesen: Bei Kaolinit ist diese am höchsten, wenn austauschbare Natriumionen, und am niedrigsten, wenn austauschbare Kalziumionen vorhanden sind. Der Unterschied kann über 100% betragen.

Montmorillonit weist eine höhere Biegezugfestigkeit als Kaolinit auf. Die Untersuchungen von Hofmann, Schembra et al. ergaben, dass der beste der getesteten Montmorillonit-Tone, ein Ton mit einem Montmorillonitgehalt von 80%, eine Biegezugfestigkeit von 2230 N/cm^2 aufwies, das ist 2,4 mal soviel wie der beste der 53 getesteten montmorillonitfreien Tone.

Bentonit, der als handelsübliche Sackware bezogen werden kann, ist wegen seines hohen Montmorillonitanteils als Zusatz für Lehme zur Erhöhung der Biegezugfestigkeit besonders geeignet.

Die Biegezugfestigkeit (gemessen nach DIN 1164 Teil 7 (Abb. 2.6-6) an 40 x 40 x 160 mm Prüfkörpern, Auflagerabstand 100 mm) von unterschiedlichen Ziegeleilehmen ergab Werte von 1,1 bis 1,6 N/mm^2. Diese entsprachen 25 – 31% ihrer Druckfestigkeit, bei den getesteten Lehmmörteln ergaben sich 32 – 34%, vgl. Tab. 2.8; weitere Werte siehe Kapitel 11.13.

Erwähnt werden muss, dass die Zugabe von 2% und 4% Kokosfasern bzw. zerfaserte Strohhäcksel die Biegezugfestigkeit durchschnittlich um 5 bis 10 % erhöhte. Bei nicht gleichmäßiger Faserverteilung traten aber in Einzelfällen auch Festigkeitswerte auf, die niedriger waren als die der Mischung ohne Fasern.

2.6.5 Haftzugfestigkeit

Die Haftzugfestigkeit spielt bei Lehmputzen eine Rolle. Sie ist von der Rauhigkeit des Untergrundes und der Biegezugfestigkeit des Putzes abhängig und wird nach DIN 18555 Teil 6 dadurch ermittelt, dass eine Prüffläche mit 50 mm Durchmesser freigebohrt und mit einer Prüfplatte beklebt wird. Diese Platte wird dann mittels eines Seiles rechtwinklig zum Untergrund abgezogen. Die Bruchlast geteilt durch die Fläche (1966 mm^2) ergibt die Haftzugfestigkeit in N/mm^2.

2.6.6 Abriebfestigkeit

Lehmoberflächen, wie Lehmputze oder Lehmfußböden, weisen bei mechanischer Beanspruchung einen Abrieb auf. Bei Außenwandoberflächen führen insbesondere Sandstürme, bei Fußböden die schleifende Bewegung rauher Schuhsohlen zu einem Abrieb.

Die Abriebfestigkeit eines Lehmbauteiles ist umso höher, je glatter und geschlossener dessen Oberfläche und je höher dessen Bindekraft ist.

Da es für Lehmoberflächen keine genormten Verfahren zur Bestimmung der Oberflächenfestigkeit gibt und Tests, wie sie für Anstriche und Beschichtungen vorgesehen sind, nicht anwendbar sind, wurde am Forschungslabor für Experimentelles Bauen (FEB) der Universität Kassel ein Gerät entwickelt, mit dem die Abriebfestigkeit von

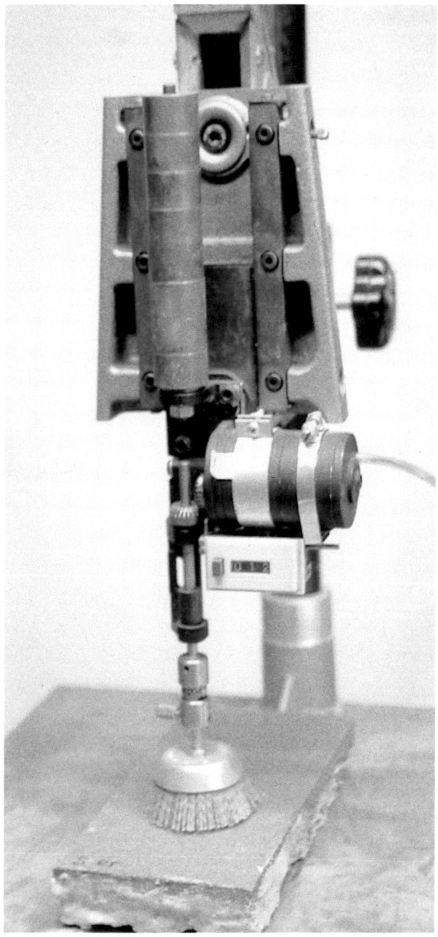

2.6-7 Vom FEB entwickelte Geräte zur Ermittlung der Abriebfestigkeit von Lehmoberflächen.

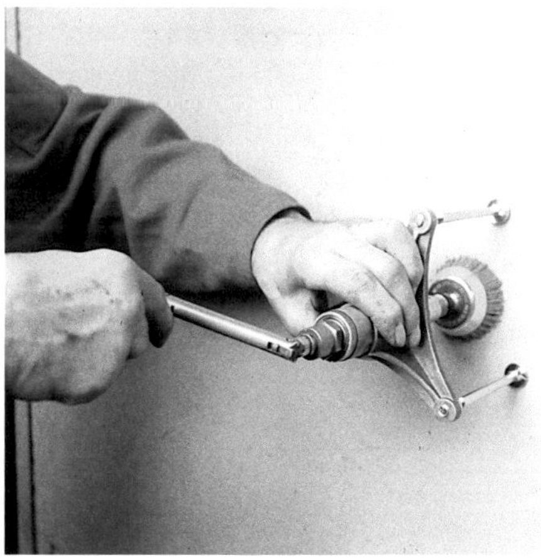

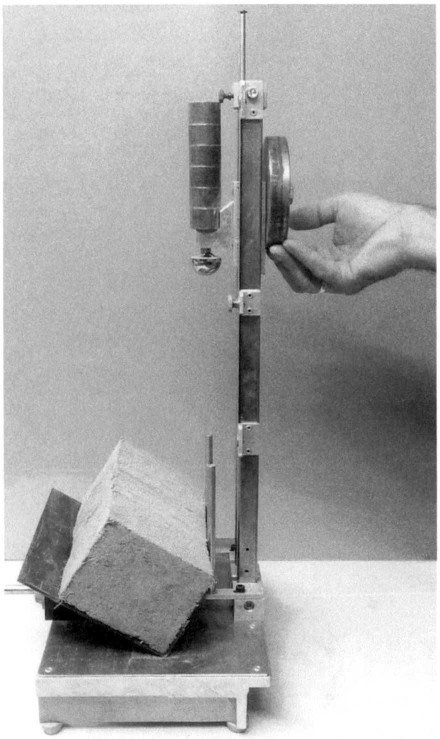

2.6-8 Gerät zur Ermittlung der Kantenfestigkeit

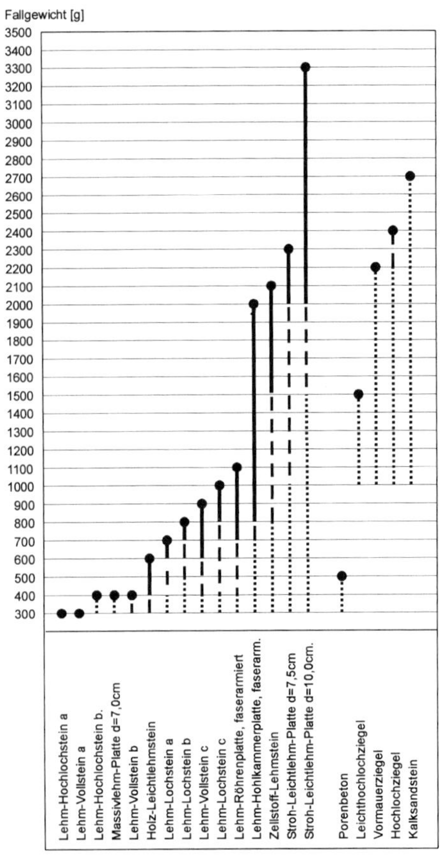

2.6-9 Kantenfestigkeit verschiedener Wandbaustoffe

Lehmoberflächen bestimmt werden kann. Dabei wird eine rotierende Bürste mit einem Durchmesser von 7 cm über ein Gewicht mit einem Pressdruck von 2 kg gegen die Lehmoberfläche gedrückt und der entstehende Abrieb nach 20 Umdrehungen gewogen.
Abb. 2.6-7 zeigt das entwickelte Gerät für Messungen im Labor sowie ein entsprechendes Handgerät, bei dem der Pressdruck von 2 kg über eine Feder erzeugt wird. Dies ermöglicht ein schnelles optisches Erfassen des Abriebs vor Ort.
Die Abriebfestigkeit korreliert teilweise bis weitgehend mit der Biegezugfestigkeit des Lehms. Entscheidend für die Abriebfestigkeit ist eine optimale Kornzusammensetzung und ein ausreichender Tongehalt. Kaolit-Tone ergeben jedoch eine geringere Festigkeit als Montmorillonit-Tone.

2.6.7 Elastizitätsmodul

Der dynamische Elastizitätsmodul E_{dyn} von tonigen Ziegeleilehmen liegt nach Messungen des Instituts für Bau- und Werkstoffchemie der Universität Siegen zwischen 8000 und 8500 N/mm². Magere Lehme, wie sie für Mörtel und Stampflehm verwendet werden, weisen entsprechend niedrigere Werte auf.

2.6.8 Kantenfestigkeit

Bei der Verwendung von Lehmsteinen und Lehmplatten ist deren geringe Kantenfestigkeit häufig ein Problem. Schon beim Abladen und Hantieren auf der Baustelle kann es passieren, dass Kanten beschädigt werden. Auch freie Kanten von Lehmmauern können bei Stößen von harten Gegenständen abplatzen und werden deshalb gerne mit einem besonderen Kantenschutz versehen oder aber abgerundet bzw. abgefast (vgl. Kap. 11.12).
Um die Kantenfestigkeit von Lehmsteinen und Lehmplatten messen zu können, wurde am Forschungslabor für Experimentelles Bauen (FEB) der Universität Kassel 2000 ein entsprechendes Testverfahren entwickelt (Abb. 2.6-8). Dabei wird der Stoß gegen die Kante durch ein Fallgewicht erzeugt, das in einer senkrechten Ebene zur Kante des waagerecht eingespannten Prüfkörpers aus einer Höhe von 250 mm herabfällt. Das Fallgewicht, dessen unteres Ende aus einer Stahlhalbkugel mit 30 mm Durchmesser besteht, trifft dabei in einem Winkel von 60° auf die Oberfläche des Prüfkörpers, in einem Abstand von 10 mm von der Kante entfernt.
Da das Fallgewicht punktförmig und schräg zur Kante hin geneigt auf den Prüfkörper auftrifft und der Stoß von einem nichtelastischen Körper ausgeführt wird, entspricht diese Versuchsanordnung einer extremen Belastung.
Das Gewicht des Fallkörpers beträgt minimal 0,3 kg und kann in Schritten von 100 g bis zu 3,5 kg gesteigert werden. Die am FEB durchgeführten Untersuchungen ergaben, dass selbst gebrannte Hochlochziegel sowie massive Kalksandsteine keine höheren Kantenfestigkeiten erreichten.
Bei der Durchführung des Kantenfestigkeitstests werden 4 Schadensfälle unterschieden. Bei weicheren Prüfkörpern treten diese nacheinander auf, bei sehr spröden jedoch nur der erstere und der letztere:

A Es entsteht am Aufschlagpunkt der Kugel lediglich eine Delle als bleibende Verformung.
B Es entsteht ein feiner Haarriss zu beiden Seiten des Aufschlagpunktes, der schräg nach außen zur Kante hin verläuft, aber auf der benachbarten Fläche nicht auftaucht.
C Es entsteht ein größerer Riss mit gleichem Verlauf wie bei B, der auch auf der benachbarten Fläche auftaucht, aber nicht vollständig durchgeht, so dass die Ecke noch nicht abplatzt, aber nur noch eine geringe Festigkeit aufweist.
D Die Ecke platzt ab.

In der Abbildung 2.6-9 sind die Testergebnisse einiger bisher am FEB durchgeführten Untersuchungen aufgeführt. Die Ergebnisse zeigen u.a., dass die getestete Stroh-Leichtlehm-Platte zwar bei einem Fallgewicht von 300 g eine Verformung in Form einer kleinen Delle erfährt, dass aber erst bei einem Fallgewicht von 3300 g ein Abplatzen auftritt. Der getestete gebrannte Hochlochziegel zeigte dagegen bereits bei einem Fallgewicht von 2400 g, und der getestete Kalksandstein bei 2700 g ein Abplatzen der Kante.
Die Untersuchungen weisen darauf hin, dass ein Lehmstein nicht grundsätzlich eine geringere Kantenfestigkeit aufweisen muss als ein üblicher Mauerziegel aus gebranntem Ton oder Kalksandstein, sondern dass es auf die Bindekraft des Lehms und auf die Art der faserförmigen Zuschlagstoffe ankommt.
Lehmsteine und Lehmplatten sollten möglichst eine Kantenfestigkeit von 1000 g er-

reichen. Bei geringerer Kantenfestigkeit muss auf der Baustelle mit entsprechendem Ausschuss gerechnet werden. Außerdem sollte dann bei ungeschützten Ecken ein entsprechender Kantenschutz eingeplant werden (vgl. Kap. 11.11).

2.7 pH-Wert

Der Lehm historischer Lehmbauteile war stets alkalisch. Er weist in der Regel einen pH-Wert auf, der zwischen 7 und 8,5 liegt, wie Untersuchungen des FEB ergaben. Wird Lehm aus oberen Erdschichten entnommen, so kann er jedoch, bedingt durch die Einwirkung von saurem Regen, auch sauer sein. Die niedrigsten ermittelten pH-Werte lagen bei 4,5. Frischer Kalkputz und Kalk-Zementputz haben Werte zwischen 12 und 13. Ein alkalisches Milieu verhindert in der Regel die Schimmelpilzbildung. Die meisten Schimmelpilze benötigen ein saures Milieu mit pH-Werten zwischen 4,5 und 6,5.
Es gibt verschiedene Methoden, um festzustellen, ob ein Lehm sauer oder alkalisch reagiert. Am einfachsten ist es, den Lehm mit destilliertem Wasser aufzurühren, so dass eine dünne Schlämme entsteht, zu warten bis er sich abgesetzt hat, und dann einen Lackmus-Indikator-Streifen in das Wasser zu tauchen und den pH-Wert an Hand der Verfärbung des Streifens zu bestimmen.

2.8 Radioaktivität

Bei der Beurteilung der radioaktiven Belastung, die von Baustoffen ausgeht, muss neben dem Maß auch die Art der Belastung berücksichtigt, und diese in Relation zur natürlichen terrestrischen und kosmischen Strahlenbelastung betrachtet werden. Die Aussage, dass Lehm mehr oder weniger Radioaktivität als andere Baustoffe aufweist, sagt nichts Relevantes aus.
Untersuchungen des Autors mit einem auf β- und γ- Strahlung reagierenden Impulszähler ergaben bei den untersuchten Lehmen keine höheren Werte als bei den geprüften Betonen und gebrannten Ziegeln, im Gegenteil: bei einigen Ziegeln zeigten sich deutlich mehr Impulse pro Zeiteinheit. (Es ist bekannt, dass Ziegel mit Zusätzen von Flugasche, Rotschlamm und Hochofenschlacke eine erhöhte radioaktive Strahlung aufweisen). In Innenräumen mit Lehmwänden wurden in Raummitte nicht mehr Impulse pro Zeiteinheit ermittelt als im Freien.
Wichtiger für die Gesundheitsgefährdung des Menschen scheint aber die von dem radioaktiven Gas Radon und seinen kurzlebigen Zerfallsprodukten ausgehende α-Strahlung zu sein. Diese „weiche" Strahlung kann zwar nicht in den Körper des Menschen eindringen (sie wird von der Haut zurückgehalten), kann aber mit der Luft eingeatmet werden und in der Lunge Krebs erzeugen.

Deshalb ist die *Exhalationsrate* von Radon eine zu beachtende Größe. Bei OECD (1979) sind für die Bundesrepublik folgende Werte für die Radon-Exhalation in Millibecquerel pro kg und Stunde angegeben:

Naturgips	25,2 mBq/kgh
Zement	57,6 mBq/kgh
Kies	64,8 mBq/kgh
Bausand	54,0 mBq/kgh
Ziegel aus Tonerde	5,0 mBq/kgh
Kalk-Sandstein	13,3 mBq/kgh
Gas-Beton	18,0 mBq/kgh

Demnach ergibt sich bei reinem Lehm (= Tonerde) von allen natürlichen mineralischen Baustoffen die geringste Radonbelastung.
Halder (1993) stellt aufgrund der Auswertung von 6.000 untersuchten Wohnungen fest: „Die Radonabgaben verschiedener Baustoffe führen nur zu geringen Innenraumkonzentrationen... Einzige Ausnahme ist bestimmter Chemiegips (Phosphorit)... Der gefundene Zusammenhang zwischen Radon und Baumaterial ist jedoch für die Praxis bedeutungslos". Dazu muss ergänzt werden, dass die Radonbelastung in Innenräumen vor allem aus dem Erdreich kommt. Näheres hierzu bei Keller und Muth (1986) und Strahlentelex (1990).

HF-Transmissionsdämpfung nach MIL-Standard 285

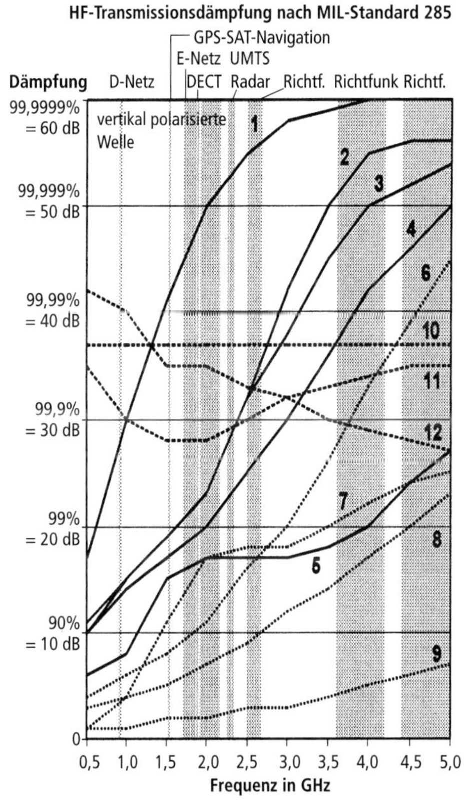

—— 1 16 cm Gründach/20 cm Wärmedämm. / 24 cm Lehmsteine/2 cm Lehmputz
—— 2 16 cm Gründach (feuchte Erde m. $^1/_3$ Blähschiefer)/20 cm Wärmedämm.
—— 3 24 cm Lehmstein 1500 kg/m³/2 cm Lehmputz
—— 4 2 cm Kalkputz/25 cm Blähton-Leichtlehm 800 kg/m³/1,5 cm Lehmputz
------- 5 10 cm Holzleichtlehmsteine, 1400 kg/m³
------- 6 17,5 cm Porenbeton 500 kg/m³
------- 7 24 cm Hochlochziegel 1200 kg/m³
------- 8 24 cm Kalksandstein 1800 kg/m³
------- 9 1,3 cm Tondachziegel
------- 10 Reflektor-Sonnenrollo
------- 11 Fliegengitter metallisch, 1 x 1 mm
------- 12 Zweischeiben-Wärmedämmglas

2.9-1 Strahlungsabschirmung von Bauteilen

Quellen: 1-4 FEB 2001; 5-12 Pauli, Moldan 2000

2.9 Abschirmung hochfrequenter elektromagnetischer Strahlung

Die am Institut für HF-, Mikrowellen- und Radartechnik der Universität der Bundeswehr, München, von Prof. Peter Pauli und Dr.-Ing. Dietrich Moldan durchgeführten Untersuchungen zur Abschirmung hochfrequenter Strahlung durch Baustoffe haben ergeben, dass eine 24 cm dicke Wand aus Lehmsteinen der Rohdichte 1600 kg/m³ und 15 Prozent Lochanteil für den Frequenzbereich 1,8 bis 1,9 GHz eine Strahlungsdämpfung von ca. 22 dB bewirkt, entsprechend einer Reduktion um 99,4%. Dagegen beträgt die Strahlungsdämpfung einer 24 cm dicken Wand aus Hohllochziegeln mit 1200 kg/m³ nur 17 dB und die einer gleich dicken Kalksandsteinwand der Rohdichte 1800 kg/m³ sogar nur 7 dB. Für höhere Frequenzen, zum Beispiel Amateurfunk 11 cm (2,32 – 2,45 GHz) und Richtfunk (4,4 – 5,0 GHz) liegen die Werte wesentlich höher, wie Abbildung 2.9-1 zu entnehmen ist.

Bei 4 GHz beträgt die Dämpfung der Lehmwand 50 dB (= 99,999 %), die der Kalksandsteinwand dagegen nur 17 dB.
Eine konventionelle Leichtbauwand, wie sie bei vielen Fertighäusern eingesetzt wird, ergab dagegen praktisch keine Dämpfung.
Eine nahezu vollständige Abschirmung von 49 dB = 99,999 % bereits im Bereich von 2 GHz ergibt ein Grasdach in Verbindung mit einem 24 cm dicken Lehmsteingewölbe, wie die Messungen, die im Auftrag des FEB durchgeführt wurden, zeigen. Ein Tonziegeldach erreicht dagegen nur eine minimale Abschirmung, während allein ein Grasdach mit 16 cm Leichtsubstrat bei 2 GHz 22 dB, also über 99,4 % Abschirmung erreicht.
Auch Fenster können eine abschirmende Wirkung haben, wenn sie eine edelmetallbedampfte Wärmeschutzverglasung oder ein metallisches Fliegengitter aufweisen, wie die Abbildung 2.9-1 zeigt.

Baustoff	Dichte	PEI		Quelle
	t/m³	kWh/t	kWh/m³	
adobes	1,7	3-6	5-10	6
Leichtlehm-ausfachung	0,8	14	11	1
Stampflehm	2,2	20	44	2
Lehmputz (industriell hergest.)	1,7	139	236	1
Grünlinge künstl. getrocknet	1,2	290	349	2
Hochlochziegel, porosiert	0,75	722	541	1
Vollziegel	1,8	750	1350	1
Betonfertigteile			800	3
Armierungsstahl	7,8	3.611	28.166	1
Aluminium-platten		72.500	195.000	3
Kalksandstein	1,8	313	564	2
Steinwolle			169	4
Blähton	0,35	857	300	7
Kantholz (techn. getrocknet)		1.306	588	1
Dreischichtholz-platte	0,43	1.691	727	2
OSB-Platte	0,62	2.058	1.276	2
Sperrholz	0,49	2.681	1.314	2
Strohballen (HD-Kleinballen)	0,11	64	7	5
Quellen: 1: Waltjen 1999; 2: Hegger et al. 2005; 3: Baier 1982; 4: Eyerer, Reinhardt 2000; 5: Krick 2008; 6: Minke 1986; 7: Marmé, Seeberger 1982				

Tabelle 2.9 Primärenergieinhalte von Baustoffen bzw. Bauteilen

2.10 Primärenergieinhalt (PEI), CO_2-Reduktion

Die Energie, die zur Herstellung eines Baustoffs oder Bauteils benötigt wird, wird als sein Primärenergieinhalt bezeichnet. Dabei werden alle Transport- und Herstellungsprozesse bis zum fertigen Produkt berücksichtigt. Natürliche Baustoffe haben einen sehr niedrigen, industrialisierte einen hohen PEI-Wert. Dieser wird meist in Kilowattstunden [kWh] oder Megajoule [MJ] pro Tonne oder Kubikmeter angegeben. 1 MJ entspricht 0,278 kWh. In Tab. 2.9 sind die PEI-Werte einiger Lehmprodukte im Vergleich zu anderen Baustoffen angegeben.
Dabei ist anzumerken, dass die in der Tabelle angegebenen Werte für Lehmputz und Grünlinge deshalb relativ hoch sind, weil dabei von einer industriellen Produktion mit künstlicher Trocknung ausgegangen wurde. Luftgetrocknete Grünlinge benötigen vermutlich weniger als 10% des Wertes; handgefertigte, luftgetrocknete Lehmsteine (adobes) noch weniger. Bei normalen Transport- und Mischvorgängen liegen die Werte dieser Lehmsteine zwischen 5 und 10 kWh/m³. Beim Stampflehm, bei dem der Energieaufwand für die Schalung und das pneumatische Stampfen berücksichtigt ist, beträgt der PEI-Wert weniger als 5% einer gleich dicken Wand aus Vollziegelsteinen.
Primärenergieeinsparung bedeutet immer auch Reduzierung der CO_2-Produktion: Nach Morton (2008) würde in England der Ersatz von lediglich 5% der in Häusern innen verwendeten Betonsteine durch Grünlinge eine Einsparung von 100.000 Tonnen CO_2 bewirken.

3 Verbesserung der Materialeigenschaften durch spezielle Behandlungen und Zusätze

3.1 Allgemeines

Eine Verbesserung der Materialeigenschaften des Lehms ist nur in besonderen Anwendungsfällen notwendig. Im folgenden werden einige Möglichkeiten beschrieben, u.a. auch, wie sich die Eigenschaften des Lehms ohne besondere Zusätze verbessern lassen, beispielsweise allein durch Optimierung der Kornzusammensetzung oder durch das Mauken.
Noch kaum erforscht ist der Einfluss der Kolloidation: Der Ingenieur und Physiker Wilfried Hacheney entwickelte Verfahren, um die Festigkeit von zementgebundenen Baustoffen zu erhöhen, indem er die Prozesse der Kolloidation, der Wirbelimplosion und der Koagulation miteinander verknüpfte. Er verwendet dabei Wasser, das durch feinststoffliche kolloidierte SiO_2-Partikel und durch die von Viktor Schauberger entdeckte Implosionsverwirbelung aktiviert ist, sogenanntes „levitiertes" Wasser. Dieses Verfahren wird bislang vor allem zur Trinkwasserverbesserung und zur Verbesserung der Zementleim- und Betonqualität eingesetzt.
Bei Zementleim konnte durch die Kolloidation, die eine wesentliche Oberflächenvergrößerung der Zementpartikel bewirkt, eine erhebliche Erhöhung der Biegezugfestigkeit nachgewiesen werden (Hacheney 1992), ob dieses auch bei Ton zutrifft, wurde bislang noch nicht geprüft. Wegen des hohen Energieaufwandes erscheint dies bei Lehm auch nicht gerechtfertigt. Tests des Forschungslabors für Experimentelles Bauen (FEB), Universität Kassel, mit einem stark tonigen und einem stark sandigen Lehm ergaben bei levitiertem Anmachwasser jedoch keine Erhöhung der Druckfestigkeit, lediglich bei einem stark schluffigen Lehm zeigte sich eine geringe Erhöhung.
Zusätze, die eine Eigenschaft des Lehms verbessern, können allerdings eine andere negativ beeinflussen, wie Abb. 3.1-1 zeigt, in welcher der Einfluss unterschiedlicher Zusätze auf die drei wichtigsten Festigkeitsarten und auf das Trockenschwindmaß dargestellt ist. So erhöhen beispielsweise Stärke und Zellulose die Biegezugfestigkeit und die Druckfestigkeit, was vorteilhaft ist, sie reduzieren jedoch die Bindekraft und erhöhen das Trockenschwindmaß, was nachteilig ist.
Wichtig bei den Untersuchungen des FEB war auch die Beobachtung, dass die Zusätze von Gelatine, Stärke und Molke zu einer Schimmelpilzentwicklung führten.

3.1-1
Einfluss von Zusätzen auf das lineare Trockenschwindmaß, Bindekraft, Biegezug- und Druckfestigkeit eines sandigen Lehmes (T = 15%, U = 29%, S = 56%)

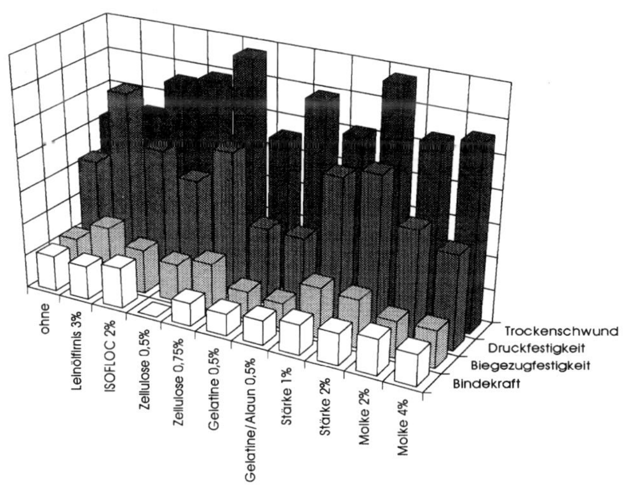

3.2 Verringern der Rissbildung beim Austrocknen

3.2.1 Allgemeines

Die Rissbildung beim Austrocknen von Lehmputzen, beim Ausbessern von Fugen mit Lehm und bei der Herstellung von Lehmsteinen sollte möglichst reduziert bzw. ganz vermieden werden. Die Abhängigkeit des Trockenschwindmaßes von Wassergehalt, Kornverteilung, Tonmenge und Tonart wurde in Kapitel 2.3.3 beschrieben. Daraus ergibt sich für die Lehmbaupraxis folgende Regel: Die Gefahr der Rissbildung beim Austrocknen lässt sich vor allem durch eine Verringerung des Wassergehaltes mindern. Da Wasser jedoch notwendig ist, um die Bindekraft des Tones zu aktivieren, und jede Lehmbautechnik eine bestimmte Konsistenz erfordert, lässt sich der Wassergehalt nicht beliebig reduzieren. Deshalb werden im folgenden andere Möglichkeiten zur Verringerung der Rissbildung beim Austrocknen beschrieben.

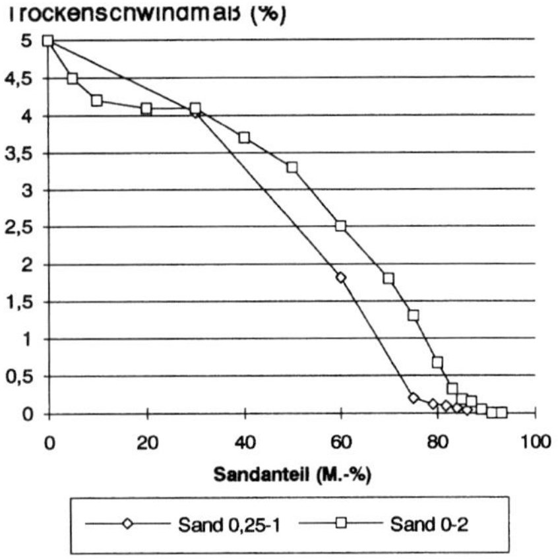

3.2-1 Reduzierung des Trockenschwindmaßes eines normsteifen Steinzeugtons mit Sand

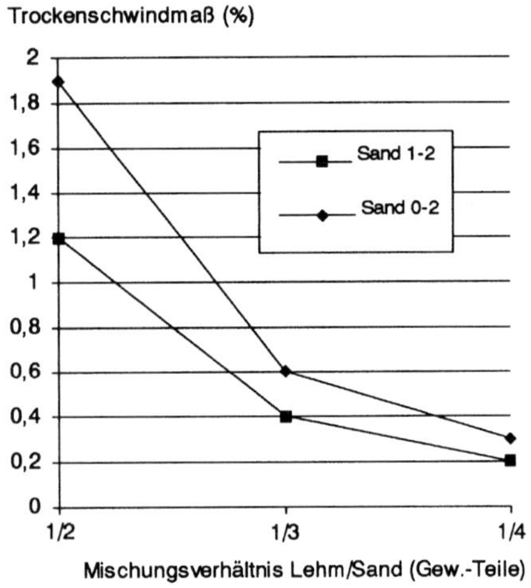

3.2-2 Reduzierung des Trockenschwindmaßes eines schluffigen Lehms mit Sand

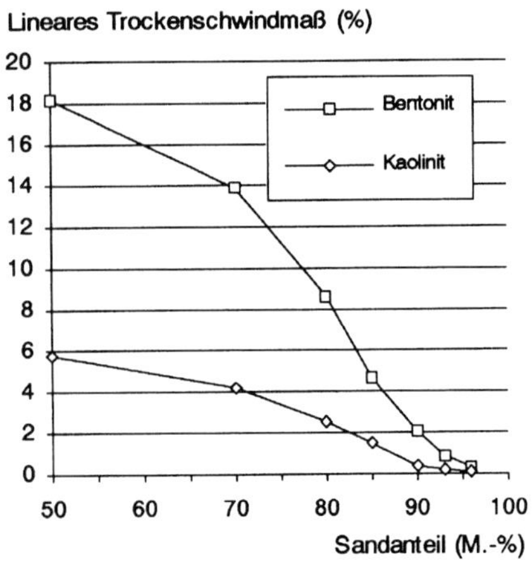

3.2-3 Einfluss der Abmagerung bei Kaolinit und bei Bentonit

3.2.2 Magern

Als Magern wird das Untermischen von groben Bestandteilen wie Sand, Kies und Schotter bezeichnet. Dadurch nimmt der Tongehalt des Lehms ab, was wiederum bewirkt, dass das Trockenschwindmaß und die Rissbildung beim Austrocknen vermindert werden. Die Kurven in den Abb. 3.2-1 und 3.2-2 zeigen Ergebnisse der vom FEB durchgeführten Untersuchungen. Dabei wurde ein handelsüblicher „Steinzeugton" mit 50% Ton- und 50% Schluffanteil mit Estrichsand der Körnung 0 bis 2 mm, bzw. 0,25 bis 1 mm so lange gemagert, bis das Trockenschwindmaß nahezu null war.
Um die Werte der einzelnen Tests vergleichen zu können, wurden die Mischungen nach der Vornorm DIN 18952 Blatt 2 „normsteif" eingestellt und mit einem Proctorhammer nach DIN 18127 maximal verdichtet. Bei dem Magern mit Estrichsand der Körnung 0 bis 2 mm zeigt sich, dass ein lineares Trockenschwindmaß von 0,1% bei einem Sandgehalt von etwa 90% erreicht wird. Bei dem Estrichsand der Körnung 0,25 bis 1 mm wird dieser Wert bereits bei einem Sandgehalt von ca. 80% erreicht. Daraus wird deutlich, dass bei der Magerung die Kornverteilung eine große Rolle spielt und dass Einkornmaterial in der Regel eine größere Verringerung des Trockenschwundes bewirkt. Dies wird auch bei dem in Abb. 3.2-2 dargestellten Versuch deutlich. Geht man von Proben breiiger Konsistenz aus, zeigen die Lehmmischungen bei niedrigem Sandgehalt ein wesentlich höheres Trockenschwindmaß, der Wert von 0,1% wird aber bei etwa dem gleichen Sandanteil erreicht.
Abb. 3.2-3 zeigt das Ergebnis der Abmagerung von Kaolinit (90 - 95% Kaolin) bzw. Bentonit (71% Montmorillonit, 16% Illit) mit Estrichsand der Körnung 0 - 2 mm. Bei einem Tonanteil von 4% werden Trockenschwindmaße von 0,3% (Bentonit) bzw. 0,1% (Kaolinit) erreicht.

3.2.3 Verflüssigungsmittel

In der keramischen Industrie werden Verflüssigungsmittel (auch „Flussmittel" genannt) insbesondere bei der Technik der Gießkeramik eingesetzt, um den Ton dünnflüssiger zu machen, ohne die Wasserzugabe und damit die Gefahr der Rissbildung zu erhöhen. Als Mittel werden beispielsweise Natrium-Wasserglas ($Na_2O \cdot 3\text{-}4\ SiO_2$), Soda ($Na_2CO_3$), Kaliumnitrat ($KNO_3$) Gülle, Humussäure oder Gerbsäure (Tannin) verwendet. Wichtig ist dabei, dass dem Anmachwasser nur sehr geringe Mengen zugeführt werden, beispielsweise 10% KNO_3-Lösung oder 10% Gülle.
Diese Mittel verändern die inneren Widerstände zwischen den Tonmineralen, so dass diese leichter übereinander gleiten können. Weiter gibt es Mittel, durch die der Lehm thixotrop, d. h. bei Erschütterung dünnflüssig wird.
Untersuchungen am FEB ergaben, dass Molke ein geeignetes Mittel ist, um die Plastizität von Lehm zu erhöhen und z.B. beim Stranglehmverfahren zur Reduzierung des Wassergehaltes eingesetzt werden kann.
Da die Wirkung aller Verflüssigungsmittel jeweils von Art und Maß der Tonbestandteile des Lehms abhängt, sollten vor der Zugabe von Verflüssigungsmitteln entsprechende Tests durchgeführt werden.

3.2.4 Zugabe von Faserstoffen

Durch Zusatz von Faserstoffen wird das lineare Trockenschwindmaß des Lehms reduziert. Dies ist darauf zurückzuführen, dass eine relative Verringerung des Tongehaltes erfolgt und gegebenenfalls durch die Fasern etwas Anmachwasser gebunden wird. Dadurch wird die Bildung von Rissen während des Trocknungsprozesses verringert. Abb. 3.2-4 zeigt einige Untersuchungsergebnisse des FEB.
Die Praxis zeigt, dass eine ausreichende Faserbeimengung vor allem das Entstehen größerer Risse verhindert, allerdings bilden sich dadurch vermehrt feine und feinste Risse. Diese können bei Lehmputzen leicht durch ein Nachreiben mit Kelle oder Filzbrett geschlossen werden. Bei Lehmsteinen und bei Lehmputz erhöht sich durch die Zugabe von Fasern die Stabilität, da sich keine durchgehenden Risse bilden.
Organische Faserstoffe, die sich als entsprechende Zuschlagstoffe für Lehm eignen, sind Tier- und Menschenhaare, Kokos-, Sisal-, Hanf-, Flachs- und Bambusfasern, Kiefern- und Lärchennadeln, Flachs- und Getreidestroh sowie Heu.
Reis- und Getreidespelzen sowie Altpapierschnitzel und Sägemehl erhöhen dagegen die Zugfestigkeit des Lehms kaum, bewirken aber wie andere Zuschläge ein „Abmagern". Sie reduzieren durch die relative Verringerung des Tongehaltes das Trockenschwindmaß und somit auch die Rissbildung.

3.2.5 Konstruktive Maßnahmen

Die einfachste Maßnahme, Rissbildungen beim Austrocknen von Lehmbauteilen zu vermeiden, besteht darin, ihre Länge so zu wählen und sie so zu lagern, dass sie sich beim Trocknen langsam und gleichmäßig zusammenziehen können. Wichtig ist dabei, dass sich das Volumen gleichmäßig verringern kann, ohne dass interne Spannungen auftreten, die zu Rissen führen. Deshalb ist beispielsweise die Herstellung von Lehmsteinen bei direkter Sonneneinstrahlung zu vermeiden, und die Steine sollten möglichst bald auf die schmale Kante gestellt werden, damit sie gleichmäßiger austrocknen können. Bei großformatigen Steinen ist es außerdem wichtig, dass sich auch die aufliegende Schicht zusammenziehen kann und nicht auf dem Untergrund klebt, was sich beispielsweise durch eine Gleitschicht aus Sand erreichen lässt.

Als weitere Möglichkeit können in bestimmten Abständen „Soll-Schwindfugen" eingeplant werden, damit die Elemente nur an diesen geplanten Schwindfugen auseinandergehen und nicht unkontrolliert Risse erhalten, vgl. Kap. 5.6.1, 8.4 und 14.4.3.

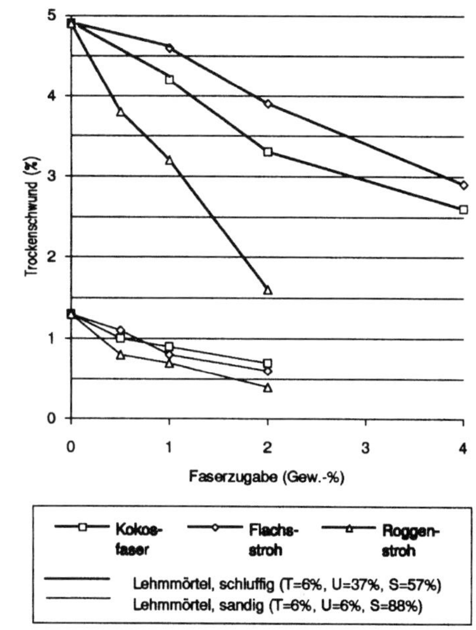

3.2-4 Trockenschwindmaß von Lehmmörteln bei Faserzugabe

3.3 Erhöhen der Wasserfestigkeit

3.3.1 Allgemeines

In der Praxis ist es in der Regel nicht notwendig, die Wasserfestigkeit von Lehm durch Zusätze zu erhöhen. Wird eine Lehmwand vor aufsteigender Bodenfeuchtigkeit durch eine horizontale Sperrschicht geschützt, wie es bei jeder Wandkonstruktion Vorschrift ist, und wird außerdem durch entsprechende Dachüberstände, Verkleidungen, Putze oder Anstriche Regen vom Lehm ferngehalten, so bedarf es keiner stabilisierenden Zusätze.

Anders verhält es sich bei Lehmputzen oder Lehmbauteilen, die direkt der Witterung ausgesetzt sind. Hier reicht theoretisch zwar ein wetterfester Anstrich aus, um den Lehm zu schützen, bei mechanischen Verletzungen der Oberfläche oder bei Rissbildungen besteht jedoch die Gefahr, dass Wasser eindringt und die Lehmbauteile durch Quellen oder durch Frosteinwirkung beschädigt werden. In diesem Fall empfiehlt es sich, den Lehmputz oder die Lehmbauteile durch Zusätze „wasserfest" zu machen. Ein ähnlicher Grund kann gegeben sein, wenn z.B. Kuppeln aus Lehmsteinen während einer Regenzeit errichtet werden und eine regendichte Abdeckung während des Bauprozesses zu aufwendig ist.

Bei der Herstellung von Lehmsteinen wird der Zusatz von Zement, Kalk oder Bitumen in der Regel nicht wegen einer eventuell höheren Belastbarkeit in Erwägung gezogen, sondern wegen der dadurch erreichten Verringerung der Regenerosion und des Quellens. Als Faustregel gilt allgemein: Zement und Bitumen sind für sandige, tonarme Lehme, Kalk dagegen ist für tonige Lehme geeignet. Nicht berücksichtigt wird jedoch bei dieser Regel, dass Lehme mit hohem Kaolinitanteil anders reagieren als Lehme mit hohem Montmorillonitanteil, wie in Kap. 3.5.5 erläutert wird.

Die zur „Stabilisierung" zugesetzten Mittel umschließen die Tonbestandteile, verhindern dadurch ein Eindringen von Wasser und somit auch das Aufquellen und Weichwerden des Lehms.

Im folgenden werden die früher und heute gebräuchlichsten Methoden beschrieben, wie durch Zusätze eine bessere Wasserfestigkeit des Lehms erreicht werden kann. Weitere Zusätze, die primär zur Erhöhung der Druckfestigkeit dienen, aber ebenso eine Stabilisierung gegen Wassereinwirkung ergeben, sind in den Kap. 3.5.5 und 3.5.6 erläutert.

Dass die Festigkeit gegen Abschlämmen auch allein durch Veränderung der Kornverteilung im Lehm verbessert werden kann, zeigt eine Untersuchung des Autors, bei der über drei verschiedene Lehmsteine 2 Minuten lang 10 l Wasser in einem dünnen Strahl gegossen wurden, vgl. Abb. 3.3-1. Der mittlere Grünling, ein Lößlehmstein, zeigte ein erhebliches Abschlämmen, bei dem rechten, einem ungebrannten Tonziegel aus einer Ziegelei, war das Abschlämmen stark, wohingegen bei dem linken Grünling, der eine verbesserte Kornzusammensetzung des gleichen Ausgangslehms aufwies, kein Abschlämmen mehr zu beobachten war.

3.3-1 Abschlämmtest an Grünlingen

3.3.2 Mineralische Bindemittel

- **Zement**

Zement eignet sich vor allem zur Stabilisierung von tonarmen Lehmen. Je mehr Ton in einem Lehm enthalten ist, umso mehr Zement wird benötigt, um einen ausreichenden Stabilisierungseffekt zu erreichen. Ursache dafür ist, dass die Zementpartikel, die gröber als die Tonpartikel sind, diese umschließen müssen, um deren Quell- und Schwindverhalten ausreichend einzuschränken. Der Zement zerstört die Ton-Matrix und hebt die Bindekraft des Tons auf. Deshalb ist zuweilen die Trockendruckfestigkeit von zementstabilisiertem Lehm niedriger ist als die von nicht stabilisiertem, siehe auch Kap. 3.5.5.
Entscheidend für den Stabilisierungseffekt ist, dass der Zement vollständig mit dem Lehm vermischt wird, was möglichst im trockenen Zustand erfolgen soll, und dass anschließend ausreichend Wasser untergemischt wird. Die Festigkeit des stabilisierten Lehms nimmt mit dem Alter zu. Wie beim Beton ist die Endfestigkeit nach ca. 28 Tagen erreicht. Zementstabilisierte Steine sollten mindestens 7 Tage lagern, wobei darauf zu achten ist, dass sie nicht durch Sonneneinstrahlung und Windbelastung oberflächlich austrocknen, was zu Rissen und zu Festigkeitsminderung führt. Die einfachste Lösung ist, die Lehmsteine zu stapeln und die Stapel mit Folie einzupacken, so dass unter der Folie ein Klima mit sehr hoher relativer Feuchte entsteht. Ist dies nicht möglich, müssen die Steine bei Bedarf mit Wasser besprüht werden.
Natriumhydroxid (NaOH), in Mengen von 20 bis 40 g je Liter dem Anmachwasser zugegeben, beschleunigt und verstärkt den Stabilisierungseffekt des Zements. Ähnliche Effekte lassen sich mit $NaSO_4$, Na_2CO_3 und Na_2SiO_2 erreichen, wobei jeweils etwa 10 g je Liter Wasser ausreichen.
Zur Stabilisierung von gepressten Lehmsteinen gegen Witterungseinflüsse wird häufig ein Zusatz von 3% bis 8% Zement verwendet. Die in Abb. 3.5-8 dargestellten Ergebnisse des FEB zeigen, dass bereits durch relativ geringe Zusätze von Zement die Nass-Druckfestigkeit erheblich erhöht wird.

- **Kalk**

Bei Kalkzugaben findet ein Ionenaustausch statt, vorausgesetzt, es ist genügend Feuchtigkeit vorhanden: Die Calciumionen des Kalks werden durch metallische Kationen aus dem Lehm ersetzt. Dadurch entsteht eine Agglomeration der feinen Bestandteile und eine Verringerung des Wasserbindungsvermögens. Außerdem entsteht durch die Aufnahme von CO_2 aus der Luft eine Verfestigung durch Carbonatisierung. Je höher der pH-Wert, um so stärker der Stabilisierungseffekt.
Die optimale Kalkzugabe ist bei jedem Lehm verschieden und deshalb am besten vorher durch Laborversuche zu ermitteln. Dass eine Kalkzugabe die Trockendruckfestigkeit aber verringern kann, wird in Kapitel 3.5 erläutert.
Wichtig bei der Stabilisierung mit Kalk ist die Erkenntnis, dass es zusätzlich zu dem relativ schnell verlaufenden Verfestigungsprozess eine Langzeit-Verfestigung gibt. Diese beruht auf einem langsam sich vollziehenden Kristallisierungsprozess ursprünglich amorpher Bestandteile.

- **Bitumen**

Die Erhöhung der Wasserfestigkeit von Lehmsteinen durch Bitumen war schon in Babylon im 5. Jahrhundert vor Christus bekannt. Sie ist vorteilhaft bei Lehmen mit hohem Sand- und geringem Tonanteil. Die Stabilisierung ist effektiver, wenn eine gleichzeitige Verdichtung erfolgt. Deshalb wird bitumenstabilisierter Lehm insbesondere für gepresste Lehmsteine verwendet. Das Bitumen wird dabei entweder in Lösungsmitteln aufgelöst oder mit Wasser und Emulgatoren aufbereitet. Als Lösungsmittel werden Paraffinöl, Petroleum oder Rohbenzin (englisch: naphta) eingesetzt. Bewährt hat sich eine Mischung aus 4 bis 5 Teilen Bitumen, 1 Teil Paraffin-Öl und 1% Paraffin, die auf 100°C erhitzt werden muss. In der Regel sind 3-6% Bitumenemulsion bzw. Bitumenlösung ausreichend, um Lehmsteine oder Lehmputz zu stabilisieren. Nach Verdunstung des Lösungsmittels bzw. des Wassers bildet sich ein Film, der die groben Bestandteile des Lehms miteinander verklebt und ein Eindringen von Wasser weitgehend verhindert.

- **Wasserglas**

Mit Natriumwasserglas ($Na_2O \cdot 3 - 4\ SiO_2$) lässt sich die Wasserfestigkeit von magerem Lehm erheblich erhöhen, wie Untersuchungen des FEB ergaben. Allerdings ist dabei wichtig, dass das Wasserglas vor dem Untermischen mit Wasser verdünnt wird, da sonst zu viele Mikrorisse entstehen, die ein starkes Aufsaugen von Wasser bewirken.

3.3.3 Tierische Produkte

Tierische Produkte wie Blut, Urin, Kot, Kasein und Knochenleim wurden seit Jahrhunderten als stabilisierende Zusätze für Lehm verwendet, vor allem, um die Wetterfestigkeit der Oberflächen zu erhöhen. Ochsenblut war schon zur Zeit der Römer als Binde- und Stabilisierungsmittel bekannt. Auch die Stampflehmtennen norddeutscher Bauernhöfe wurden früher häufig mit Ochsenblut gestrichen, um die Oberfläche wisch- und abriebfest zu machen. Molke und Urin sind ebenfalls seit Jahrhunderten in vielen Ländern gebräuchliche Mittel zur Verfestigung von Lehmoberflächen. Bei Zusatz von Mist sollte die nasse Mischung je nach Temperatur 1 bis 4 Tage lagern, bis ein teilweiser Fermentationsprozess eingetreten ist, da dann der Lehmputz wasserfester wird. Diese Wirkung ist auf einen erhöhten Ionenaustausch zurückzuführen.

In Indien hat das Verputzen von Gebäuden mit einem Lehm-Kuhmist-Gemisch eine jahrhundertelange Tradition und ist noch heute allgemein gebräuchlich. Dort gilt als Regel, dass der getrocknete Kuhmist einen Tag mit Wasser angerührt stehen und nach dem Untermischen des Lehms noch einmal einen halben bis einen Tag ruhen soll. Untersuchungen des FEB mit Lehmputzen aus unterschiedlichem Lehm und unterschiedlich großen Kuhmistzugaben zeigten z.B., dass von einer Lehmputzprobe mit ca. 10% Tonanteil unter einem konstanten Wasserstrahl bereits nach 4 Minuten Lehm abgespült wurde, während bei demselben Lehm mit Kuhmistzusatz erst nach 4 Stunden ein Abspülen des Lehms erkennbar wurde. Der Kuhmistanteil betrug dabei lediglich 3,5 Gewichtsprozente; in breiiger Konsistenz entsprach dies 25 Volumenprozenten. Der Wasserstrahl wies einen Durchmesser von 4 mm, einen Druck von 10 mbar, einen Durchfluss von 0,9 l/min und eine Aufprallgeschwindigkeit von 1,2 m/sec. auf.

Die stabilisierende Wirkung des Kuhmists beruht auf den darin enthaltenen Kaseinen, sowie auf den Ammoniakverbindungen; vermutlich wirkt die vorhandene Zellulose ebenfalls stabilisierend. Ist kein Kuhmist verfügbar oder ist dieser aus ästhetischen Gründen unerwünscht, kann er u.U. durch geringe Zugaben von Ammoniak und Kasein ersetzt werden. Zur Ermittlung der Mengenverhältnisse sollten ausreichende Tests durchgeführt werden.

3.3.4 Mineralische und tierische Produkte

Es war früher in vielen Ländern üblich, die Wasserfestigkeit von Lehm durch Zusatz von Kalk und Jauche, Kalk und Kuhmist oder Kalk und Magerquark zu erhöhen. Überliefert ist z.B. das Rezept 1 Teil Kalkpulver und 8 Teile sandigen Lehm 24 Stunden lang in Pferdejauche einzuweichen und dann als Putz zu verarbeiten. Kalk geht mit Jauchebestandteilen offensichtlich eine chemische Bindung ein: an der Oberfläche werden feine Kristalle sichtbar. Die in der Jauche bzw. im Kuhmist enthaltenen Kaseine bilden mit dem Kalk ein wasserfestes Kalkalbuminat. Die enthaltene Zellulose erhöht die Bindekraft, die Zellulosefasern dienen als Armierung. Das enthaltene Ammoniak wirkt desinfizierend gegen Mikroorganismen.

Am FEB folgende Mischungen getestet und ebenfalls als bedingt wetterfest eingestuft:

- 1 Raumteil Kalkhydratpulver auf 4 Raumteile breiigen, drei Tage lang eingeweichten Kuhmist und 8 Raumteile sandigen Lehm sowie die Mischung
- 4 Raumteile Kalk, 1 Raumteil Magerquark, 10 Raumteile sandiger Lehm.

3.3.5 Pflanzliche Produkte

Öl- und latexhaltige Pflanzensäfte z.B. von Sisalagaven, Bananen und dem Wolfsmilchgewächs Euphorbia herea, häufig in Verbindung mit Kalk, haben sich in einigen Ländern als Anstrichmittel zur Erhöhung der Wetterfestigkeit bewährt.

Untersuchungen am FEB ergaben, dass mit Leinölfirnis ein sehr guter, langjähriger Wetterschutz von Lehmoberflächen erreicht werden kann. Allerdings wurde festgestellt, dass die Wasserdampfdiffusion dadurch erheblich reduziert wird, vgl. Kapitel 2.4.4.

Der Saft bzw. die breiige Masse von Blättern des Feigenkaktus (Opuntia) erhöhen ebenfalls die Wetterfestigkeit von Lehmoberflächen.

Verschiedene Berichte weisen darauf hin, dass gekochte Stärke und Melasse (Abfallprodukt bei der Zuckerproduktion aus Zuckerrohr) ebenfalls die Erosion verringern. Die Wirkung der Melasse kann durch geringe Kalkzugaben verbessert werden.

Bewährt hat sich die Zugabe von 2 bis 3% eines Breis aus gekochtem Weizen- oder besser Roggenmehl. Dabei soll folgender Prozess beachtet werden:

- 1 Teil Mehl in 1 Teil kaltem Wasser auflösen
- 2 Teile kochendes Wasser dazugeben, gut verrühren und unter schwacher Hitzezufuhr so lange „köcheln" lassen, bis der Brei leicht glasig wird.
- Durch ein feines Sieb streichen (der Brei muss klumpenfrei sein)

Eine dauerhafte Stabilisierung für regenbeaufschlagte Lehmputzfassaden ist mit pflanzlichen Produkten jedoch nicht erreichbar.

3.3.6 Bitumenemulsion

Bitumenemulsion ist eine auf der Grundlage von Bitumen hergestellte Paste, die wasserlöslich ist, und sich deshalb sehr gut eignet um Lehmputze wasserfest zu machen. Sie wird in Peru und auch in Kalifornien häufig angewendet und ergibt nach Untersuchungen des FEB bei 4 - 8 % Zugabe (je nach Wassergehalt der Emulsion) eine sehr gute Wasserfestigkeit.

3.3.7 Synthetische Produkte

Kunstharze, Paraffine, synthetische Wachse und synthetischer Latex haben eine ähnlich stabilisierende Wirkung wie die beschriebenen mineralischen Zusätze. Da sie aber häufig teurer sind, sich unter dem Einfluss von ultraviolettem Licht meist schneller zersetzen und in der Regel einen höheren Dampfdiffusionswiderstand aufweisen, wird im Rahmen dieses Buches nicht näher darauf eingegangen. In jedem Falle sollten bei ihrer Anwendung im Außenbereich vorher entsprechende Tests durchgeführt werden.

Silane, Silicone, Siloxane, Kieselsäureester und Acrylate sind Mittel, die eine hydrophobierende (wasserabweisende) Wirkung erzielen und die Wasserfestigkeit des Lehms stark erhöhen können, wenn sie in Mengen von 1% bis 4% zugesetzt werden. Sie werden in Kapitel 12.4 beschrieben.

3.4 Erhöhen der Bindekraft

3.4.1 Allgemeines

Je größer die Bindekraft eines Lehms, um so größer ist meist auch seine Druck- und Abriebfestigkeit im trockenen Zustand. Wie die Bindekraft ermittelt wird, ist in Kapitel 2.6.1 beschrieben. In der Regel werden bei Baulehmen keine besonderen Anforderungen an die Bindekraft gestellt. Ist diese jedoch nicht ausreichend, so lässt sie sich durch Zugabe von Ton, aber auch durch ein besseres Aufbereiten (Kneten und Mauken) erhöhen. Auch mineralische, tierische und pflanzliche Produkte, die in der Regel zur Erhöhung der Wetterfestigkeit zugesetzt werden, verändern die Bindekraft meist positiv, manchmal jedoch auch negativ. Im folgenden werden einige einfache Methoden zur Erhöhung der Bindekraft vorgestellt.

3.4-1 Fallproben zur Demonstration der unterschiedlichen Bindekraft infolge der Länge der Mischdauer

3.4.2 Mischen und Mauken

Es ist ein interessantes Phänomen, dass ein Lehm ein und derselben Mischung eine unterschiedliche Bindekraft aufweisen kann, je nachdem, wie gut er aufbereitet wurde. Vorausgesetzt, der Lehm ist mit ausreichend Anmachwasser versehen, hat sowohl das Vermengen der Lehmpartikel durch einen Knet- oder Rührprozess, wie auch das anschließende Stehenlassen, das „Mauken", einen positiven Einfluss auf seine Bindekraft.

Am FEB wurde festgestellt, dass die Bindekraft eines stark schluffhaltigen Lößlehms nach zehnminütigem *Rühren* mit einem Labormischer um 57% höher war, als die Bindekraft derselben Mischung, die nur eine Minute lang gerührt wurde. Beim *Kneten* der Lehmmischung in einem Labormischer entstand durch die Verlängerung der Mischdauer von einer auf zehn Minuten eine Zunahme der Bindekraft von 58%. Die einzelnen Werte lagen beim Mischen mit Hilfe eines Knetwerkzeugs um ca. 8% höher als beim Rühren mit einem Rührspaten. Das bedeutet, dass nicht nur die Dauer, sondern auch die Art des Mischens für die Erhöhung der Bindekraft ausschlaggebend ist. Interessant ist ferner das Testergebnis, dass bei einem längeren Mischprozess die Bindekraft des untersuchten Lößlehms abnimmt: Bei einem zwanzigminütigen Rührprozess lag sie um 11% niedriger als bei zehnminütigem Rühren.

Die Erhöhung der Bindekraft durch stärkere Aufbereitung lässt sich durch einen einfachen Handtest demonstrieren: Abb. 3.4-1 zeigt zwei aus 2 m Höhe gefallene Kugeln mit ca. 5 cm Durchmesser aus Lehm gleicher Zusammensetzung. d.h. mit einer steifen Konsistenz, die etwa der Ausrollgrenze entspricht. Die linke Probe wurde vorher 2 Minuten lang, die rechte 10 Minuten lang mit einem Handrührgerät durchgemengt. Der Vergleich zeigte jeweils, dass die länger aufbereitete Probe weniger stark zerbricht, also eine höhere Bindekraft aufweist.

3.4.3 Erhöhen des Tongehaltes

Bei sehr mageren, also tonarmen Lehmen, lässt sich die Bindekraft am einfachsten dadurch erhöhen, dass stark tonhaltiger Lehm bzw. reiner Ton zugemengt wird. Am einfachsten ist es, den fetten Lehm bzw. den Ton in Pulverform in den nassen Lehmbrei unterzumischen. Tonpulver, als „Bentonit" zu kaufen, besteht zu 80 bis 90% aus Ton und enthält ca. 70% Montmorillonit. Seine Schüttdichte beträgt ca. 800 kg/m^3. Zu beachten ist, dass Montmorillonit zwar eine sehr hohe Bindekraft aufweist, aber auch ein starkes Quellen und Schwinden. Geeigneter sind unter Umständen Tonpulver, wie sie in der Keramikindustrie verwendet werden, oder aufbereiteter, fetter Lehm aus der Ziegelei.

Fetter Lehm in Form von Klumpen oder festen Brocken sollte entweder durch Lagern in Wasser aufgeweicht und anschließend in einem Zwangsmischer bzw. mit Rührgeräten aufgeschlämmt, oder aber im trockenen Zustand zerkleinert werden.

3.4.4 Zusätze

Die Bindekraft magerer Lehme lässt sich durch Molke, Magerquark, Frischkäse, Urin, Kuhmist, Leinölfirnis oder Kalk-Kasein-Leim erhöhen. Ob diese Zusätze notwendig und sinnvoll sind, muss im Einzelfall geprüft werden. Einige am FEB ermittelte Daten sind in Abb. 3.1-1 enthalten.

3.5 Erhöhen der Druckfestigkeit

3.5.1 Allgemeines

Baulehme weisen in der Regel eine Druckfestigkeit von 2 - 5 N/mm² (20 - 50 kg/cm²) auf. Die zulässige Druckspannung für Wände war in der DIN 18954 mit 0,3 bis 0,5 N/mm² (3 bis 5 kg/cm²) angegeben. Das Problem, die Druckfestigkeit zu erhöhen, stellt sich nur in Ausnahmefällen, wenn es sich um einen extrem mageren Lehm minimaler Bindekraft handelt, oder wenn ein Lehmbauteil eine sehr hohe Last aufnehmen muss. Letzteres wurde durch die DIN-Normen ausgeschlossen, da nur zweigeschossige Bauten aus tragenden Lehmbauteilen zulässig waren und bei der Einleitung von Punktlasten, z.B. bei Deckenbalken, eine Druckverteilungsschwelle vorzusehen war.

Wichtig ist bei Lehmbauteilen dagegen die sogenannte „Kantenfestigkeit", d.h. die Widerstandsfähigkeit gegen Stöße an die Kanten. Diese hängt direkt von der Biegezugfestigkeit bzw. von der Druckfestigkeit des Materials ab. Das bedeutet, dass z.B. in der Praxis die hohe Druckfestigkeit eines Lehmsteins nicht zur Aufnahme statischer Belastungen notwendig ist, sondern um eine ausreichende Kantenfestigkeit zu erreichen, damit die Steine beim Transportieren, Stapeln und Vermauern nicht so leicht an den Kanten beschädigt werden.

Die Druckfestigkeit eines Lehms ist vor allem abhängig von seiner Korngrößenverteilung, dem Wassergehalt und von der statischen bzw. dynamischen Verdichtung bei der Herstellung des Lehmbauteils sowie von der Art des Tones: Sind die Sandpartikel so verteilt, dass sie eine möglichst dichte Packung mit minimalem Porenanteil ergeben, und sind nur so viel Ton- und Schluffbestandteile vorhanden, dass die Zwischenräume zwischen den Sandpartikeln gerade ausgefüllt sind, so ist die größte Dichte erreicht, die in der Regel auch zur größten Druckfestigkeit führt.

3.5.2 Optimierung der Kornverteilung

Es ist wenig bekannt, dass sich die Druckfestigkeit von Lehm unter bestimmten Voraussetzungen allein durch die Änderung der Kornverteilung von Schluff, Sand und Kies erhöhen lässt, ohne dass der Tongehalt erhöht wird.

Die dichteste Packung von Kies und Sand wird erreicht, wenn das Porenvolumen minimiert wird. In der Betontechnologie wird diese „ideale Kornverteilung" durch die „Fuller-Parabeln" definiert, die zur Bestimmung der Betonzuschläge verwendet werden. Für die Fuller-Parabel gilt die Gleichung:

$$a=100\cdot\sqrt{\frac{d}{D}}$$

Dabei ist a der Gewichtsanteil aller Körner, deren Durchmesser kleiner als d ist, bezogen auf die Gesamtmasse mit dem Größtkorn D.

Boemans (1989) weist darauf hin, dass die Fuller-Parabel für den Lehmbau nicht direkt anwendbar ist, da der Tongehalt je nach Größtkorn lediglich einen Gehalt von 2% bis 3% ergeben würde. Er schlägt vor, lediglich den Bereich der Partikel, deren Durchmesser größer als 0,002 mm ist, nach der Fuller-Parabel zu berechnen und einen Mindesttongehalt von beispielsweise 10% der Gesamtmasse zugrundezulegen. Unter dieser Annahme ergibt sich die Gleichung

$$a_{10}=90\cdot\sqrt{\frac{d}{D}}+10$$

Die entsprechend modifizierte Fuller-Parabel für ein Größtkorn von 4 mm ist in Abb. 3.5-1 dargestellt.

3.5.3 Aufbereitung

Dass die Druckfestigkeit des Lehms auch von der Art und dem Maß der Aufbereitung sowie von der Menge des „Anmachwassers" abhängt, ist wenig bekannt und bislang noch nicht ausreichend untersucht worden.

Am Institut für Hochbautechnik der ETH-Zürich und am Forschungslabor für Experimentelles Bauen (FEB) der Universität Kassel wurde festgestellt, dass krümeliger, erdfeuchter Lehm, unter Druck in Formen gepresst, in der Regel eine geringere Druckfestigkeit aufweist als der gleiche Lehm, der vorher mit etwas Wasser durchgeknetet, und dann – ohne noch einmal gestampft oder gepresst zu werden – in eine Holzform geworfen wurde. Entsprechende Untersuchungen des FEB ergaben, dass die handgeformten Steine eine um durchschnittlich 19% höhere Druckfestigkeit aufwiesen als die in einer Hebelpresse mit einem Druck von 2 N/mm² (20 kg/cm²) verdichteten Steine.

Die Annahme vieler Forscher, dass die Druckfestigkeit von Lehmsteinen am einfachsten dadurch erhöht werden kann, dass sie bei der Herstellung besonders stark gepresst werden, kann zwar im Einzelfall zum Erfolg führen, ist aber nicht grundsätzlich richtig. „Das Geheimnis des Lehms" liegt in der Blättchenstruktur der Tonminerale und deren Anziehungskräfte, die erst durch Wasser und Bewegung aktiviert werden. Durch das Kneten in feuchtem Zustand werden die Tonminerale durch diese Anziehungskräfte „geordnet", sie lagern sich in einer dichteren Packung paralleler Anord-

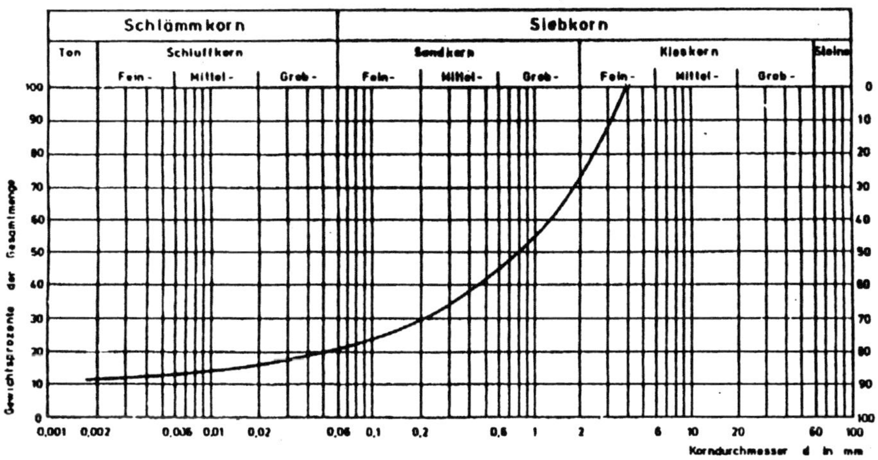

3.5-1 Modifizierte Fuller-Parabel nach Boemans, 1989

nung. Dadurch erhält der Lehm eine höhere Bindekraft und somit auch eine höhere Zug- und Druckfestigkeit im trockenen Zustand.
Mit dem in Abb. 3.5-2 dargestellten Verdichtungsgerät, am FEB entwickelt, um Untersuchungen an Lehmprobekörpern gleicher Verdichtung vorzunehmen, wurden zylindrische Probekörper mit 76 mm Durchmesser und 100 mm Höhe aus einem schluffigen Lehm (Lößlehm) hergestellt. Die Proben wurden mit 10 Schlägen des 4,5 kg schweren Fallgewichtes aus 0,45 m Höhe verdichtet. Das Ausgangsvolumen des krümeligen, erdfeuchten Lehms wurde dabei um 30% bis 40% verringert. Die gleiche Lehmmischung wurde in einem Zwangsmischer 2 bzw. 15 Minuten lang unter Zugabe von etwas Wasser verrührt und anschließend in dieselbe zylindrische Form gestrichen, ohne verdichtet zu werden. Nach dem Austrocknen zeigten die unverdichteten, handgestrichenen Probekörper eine um durchschnittlich 28% bzw. 38% höhere Druckfestigkeit als die stark verdichteten, gestampften Proben (3,7 bzw. 4,0 N/mm² im Vergleich zu 2,9 N/mm²). Dieser Test beweist, dass die Aufbereitung wesentlich wirksamer für die Erhöhung der Druckfestigkeit sein kann als die Verdichtung. Allerdings ist anzumerken, dass der Unterschied der Druckfestigkeit bei stark tonigen und stark sandigen Lehmen wesentlich geringer war.

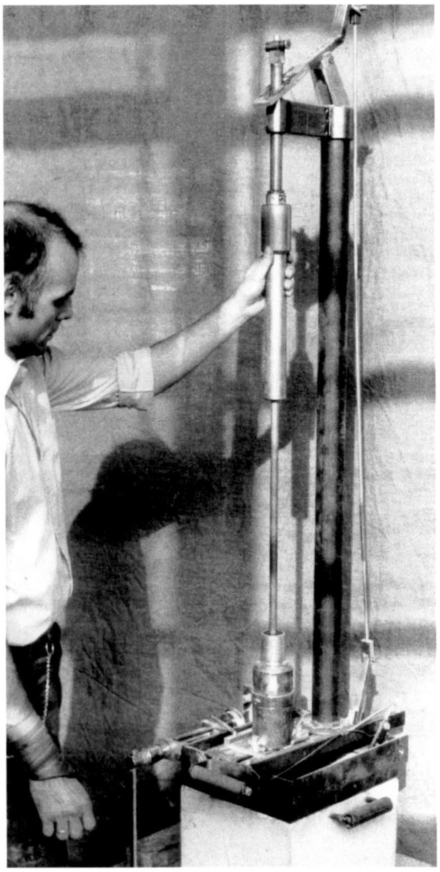

3.5-2 Verdichtungsgerät für Lehmproben, Forschungslabor für Experimentelles Bauen

3.5.4 Verdichten

Das Verdichten des Lehms zur Erhöhung der Druckfestigkeit durch statischen Druck in Pressen ist im allgemeinen weniger wirksam als das Schlagstampfen oder Vibrationsstampfen, bei dem dynamische Kräfte wirksam werden. Wenn ein schwerer Gegenstand auf eine Bodenoberfläche fällt, entstehen Stoßwellen, welche die Partikel im Boden in Bewegung bringen, so dass in Verbindung mit dem Druck, der durch das Gewicht des Gegenstandes erzeugt wird, eine Verdichtung erreicht wird. Die durch das Schlagen oder durch die Vibration erzeugten Stoßwellen setzen sich im feuchten Lehm fort und bringen die einzelnen Partikel in Bewegung, so dass sie sich dichter lagern können. Hinzu kommt noch, dass die Tonminerale - sofern genügend Wasser vorhanden ist - dabei die Möglichkeit haben, sich auf Grund ihrer elektrischen Anziehungskräfte zu dichteren Packungen umzulagern. Somit entsteht eine höhere Bindekraft und damit eine höhere Druckfestigkeit im trockenen Zustand.

Lehmart	Rohdichte (kg/m³)	Rüttlerschwingung (1/min)	Druckfestigkeit (N/mm²)
schluffig	2003	0	3,77
	1977	1500	4,11
	2005	3000	4,17
sandig	2023	0	2,63
	2009	1500	2,91
	2024	3000	3,00

Tabelle 3.1: Vergleich der unterschiedlichen Druckfestigkeit von sandigem Lehm (T = 15%, U = 29%, S = 56%) und schluffigem Lehm (T = 12%, U = 74%, S = 14%) nach statischer und nach dynamischer Verdichtung

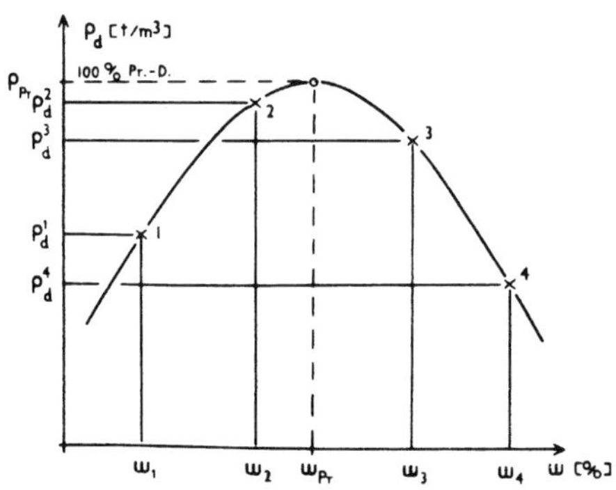

3.5-3 Ermittlung der Proctor-Kurve mit Hilfe einzelner Versuche (Voth 1978)

Wie wirksam die Stoß- und Vibrationsverdichtung im Vergleich zu der statischen Verdichtung ist, zeigen die in Tab. 3.1 dargestellten Untersuchungsergebnisse des FEB. Daraus geht hervor, dass z.B. der sandige Lehm bei konstantem Pressdruck und 10 Sekunden Rütteldauer mit einer Frequenz von 3000/min eine Druckfestigkeitssteigerung von 14% erreichte.
Für jede Herstellungstechnik gibt es einen optimalen Wassergehalt, der durch Tests ermittelt werden muss. Bei Stampflehm und bei gepressten Lehmsteinen wird als *optimaler Wassergehalt* derjenige Wassergehalt bezeichnet, der bei maximaler Verdichtung die größte Rohdichte ergibt. Die Verdichtung erfolgt nach DIN 18127 mit dem Proctor-Hammer. Dabei wird die Form, in der der Prüfkörper hergestellt wird, in 3 Lagen gefüllt und jede Lage z.B. durch 25 Schläge mit dem 2,5 kg schweren Fallgewicht bei einer Fallhöhe von 300 mm und einem Stampfplattendurchmesser von 50 mm oder aber durch 25 Schläge mit dem 4,5 kg schweren Fallgewicht bei einer Fallhöhe von 450 mm und einem Stampfplattendurchmesser von 50 mm verdichtet.
Das Gewicht der feuchten Probe abzüglich des Gewichts der trockenen Probe ergibt den Wassergehalt, der in Masseprozent auf das Trockengewicht bezogen wird. Das Trockengewicht geteilt durch das Volumen ergibt die Rohdichte. Um den optimalen Wassergehalt zu ermitteln, wird die dem Lehm zugegebene Wassermenge bei den weiteren durchzuführenden Tests verändert und wiederum das Trockengewicht und die Rohdichte nach der Verdichtung bestimmt. Die Rohdichten werden in Abhängigkeit vom Wassergehalt in einem Diagramm eingezeichnet. Der Wassergehalt, der die größte Rohdichte ergibt, wird als optimaler Wassergehalt bezeichnet. Die Kurve, die durch die einzelnen Versuchsergebnisse definiert ist, wird *Proctor-Kurve* genannt, vgl. Abb. 3.5-3.
Da für den Lehmbau in der Regel nicht die maximale Verdichtung und somit nicht der „optimale Wassergehalt", sondern die Verarbeitbarkeit und die Bindekraft entscheidend sind, sollte nicht von dem sogenannten optimalen Wassergehalt nach DIN 18127, sondern von einer größeren Wassermenge ausgegangen werden. Bei der

Herstellung von gepressten Lehmsteinen hat sich der Wert optimaler Wassergehalt +10% bewährt.
Die Untersuchungen von Boemans bestätigten, dass der auf die Trockendichte bezogene „optimale Wassergehalt", bezogen auf die Trockendruckfestigkeit nicht als optimal bezeichnet werden kann, allenfalls als „Mindestwassergehalt". Sie zeigten ferner, dass bei geringer Verdichtungsarbeit und entsprechend hohem Wassergehalt die gleiche Trockendruckfestigkeit wie bei hoher Verdichtung und niedrigem Wassergehalt erreicht werden kann (Boemans 1989, S. 60 ff).
Dass auch die Art des Tons einen Einfluss auf das Ausmaß der Stabilisierung durch Verdichtung haben kann, wurde am Labor Géomatériaux, Ecole Nationale des Travaux Publics de l'etat, Vaulx en Velin Cedex (ENTPE), Frankreich, festgestellt. Bei Kaolinit ergab die Erhöhung des statischen Drucks von 2 auf 8 MPa bei der Herstellung von gepressten Lehmsteinen eine Erhöhung der Druckfestigkeit um ca. 50%; bei Montmorillonit stieg die Druckfestigkeit dagegen um ca. 100% (Oliver, Mesbah 1985).

3.5.5 Mineralische Zusätze

Schwach toniger Lehm kann durch den Zusatz von Montmorillonit-Ton druckfester werden. Am FEB wurden einem nahezu tonfreien Estrichsand 17 Masse% Kaolinit bzw. 17% Bentonit zugegeben. Beim Kaolinit ergab sich eine Druckfestigkeit von 0,5 N/mm², bei Bentonit von 1,2 N/mm².
Der Zusatz von Kalk und Zement, der in der Regel vorgesehen wird, um die Wetterfestigkeit von Lehm zu erhöhen, bewirkt meist auch eine Erhöhung der Druckfestigkeit. Wie im folgenden beschrieben wird, kann die Druckfestigkeit des Lehms durch Zusatz von Kalk oder Zement jedoch auch abnehmen, insbesondere wenn diese Zusätze weniger als 5% betragen. Dies liegt daran, dass Kalk und Zement die Bindekraft des Tons zerstören. Je höher der Tongehalt, umso höher muss die Kalk- bzw. Zementzugabe sein. Versuche weisen einerseits darauf hin, dass bei fetten Lehmen Kalk, bei mageren Lehmen dagegen Zement eine größere stabilisierende Wirkung hat, und dass bei Kaolinit Zement, bei Montmorillonit jedoch Kalk wirkungsvoller ist. Es ist allerdings notwendig, in jedem Fall durch entsprechende Tests nachzuweisen, wie groß die Veränderung der Druckfestigkeit durch die Zusätze ist. Dabei ist vor allem folgendes zu beachten:

1. Bei der Stabilisierung von Lehm durch geringe Mengen Zement oder Kalk bleibt stets ein gewisses Porengefüge erhalten. In der Regel werden nur die Berührungspunkte der einzelnen Partikel miteinander verklebt, nicht aber alle Hohlräume mit Zement- oder Kalkleim ausgefüllt wie bei Beton. Je geringer das Porenvolumen ist, umso weniger Kalk bzw. Zement muss zugegeben werden.
2. Der bei der Hydratation des Zements freiwerdende Kalk reagiert mit der Kieselsäure der Tonminerale, so dass zusätzlich zu der relativ schnell einsetzenden Stabilisierung durch das Zementgerüst eine langfristige Aushärtung erfolgt. Deshalb nimmt die Festigkeit des zementstabilisierten Lehms auch nach vier Wochen weiterhin geringfügig zu.
3. Bei der Zugabe von gelöschtem Kalk entsteht ein Ionenaustausch zwischen den Ionen der Tonminerale und den zugeführten Kalzium-Ionen, der zu einer Sofortreaktion führt, die nach 4 bis 8 Stunden weitgehend abgeschlossen ist. Die zusätzliche Erhärtung des Kalkhydrats durch Aufnahme von CO_2 aus der Luft erfolgt dagegen sehr langsam. Noch nach mehreren Monaten ist eine geringe Festigkeitszunahme nachweisbar. Für diesen Erhärtungsprozess ist jedoch eine gewisse Feuchtigkeit des Materials notwendig, so dass dieses vor schneller Austrocknung durch Sonne und Wind geschützt werden sollte.
4. Durch die Zugabe von Kalk wird der optimale Wassergehalt erhöht und die optimale Trockendichte reduziert, wie aus Abb. 3.5-4 hervorgeht.

Die in Abb. 3.5-5 dargestellten Untersuchungsergebnisse des FEB zeigen, dass die Trockendruckfestigkeit eines stark schluffhaltigen Lehmes mit 12% Ton, 74% Schluff und 14% Sand, die ohne Zementzugabe etwa 5 N/mm² beträgt, bei Zementzugabe zunächst abnimmt. Erst bei ca. 2% Zementzugabe wird die ursprüngliche Druckfestigkeit wieder erreicht.
Bei der Zugabe von Kalk wird die Druckfestigkeit des schluffigen Lehmes sogar erst bei 4% Kalk wieder erreicht. Interessant ist, dass sie bei einer Zugabe von 6% Kalk wieder abnimmt (Abb. 3.5-6).
Noch auffallender ist die Minderung der Druckfestigkeit bei den untersuchten ze-

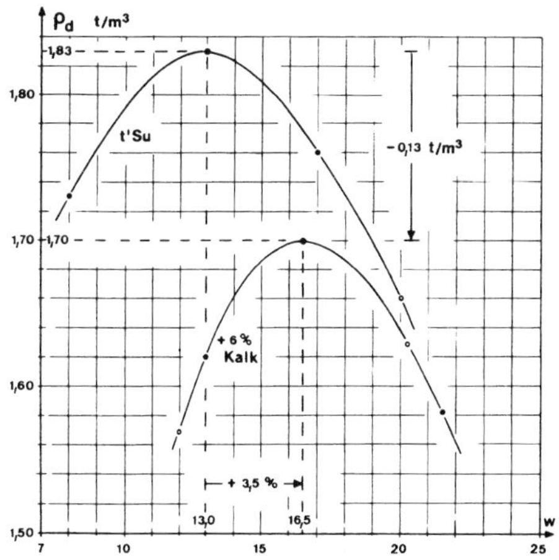

3.5-4 Proctor-Kurven eines schluffigen Lehmes ohne und mit Kalkzusatz (Voth 1978)

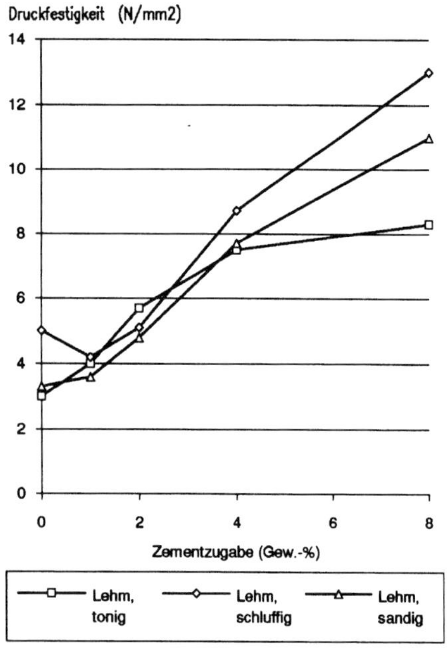

3.5-5 Veränderung der Druckfestigkeit von Lehmen durch Zementzugabe

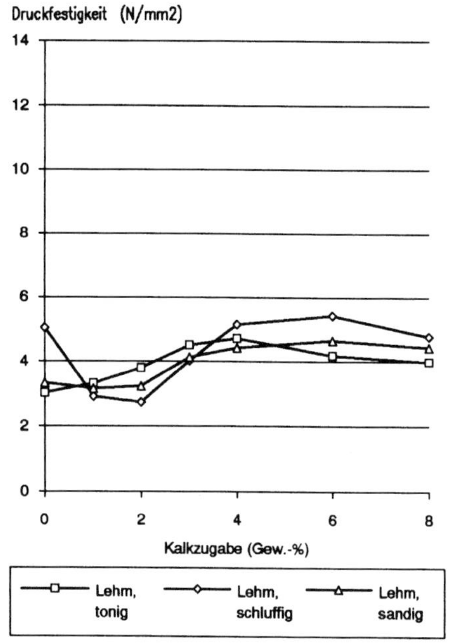

3.5-6 Veränderung der Druckfestigkeit von Lehmen durch Kalkzugabe

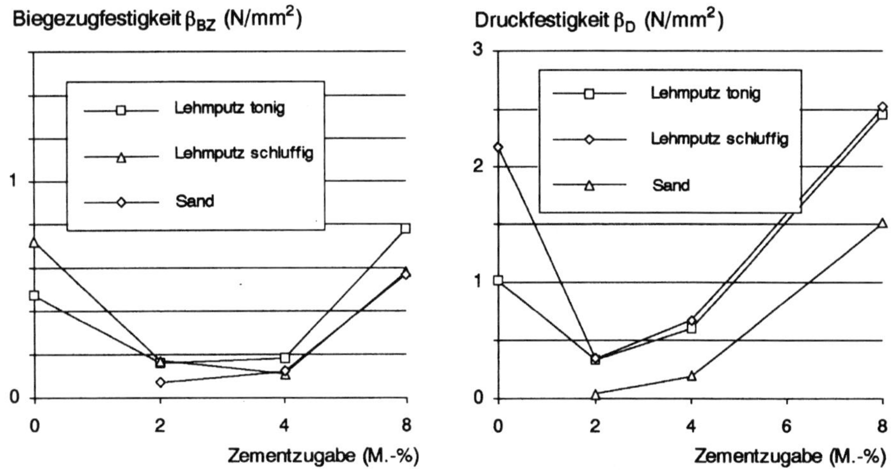

3.5-7 Veränderung der Biegezug- und Druckfestigkeit von Lehmmörtel und Sand durch Zementzugabe

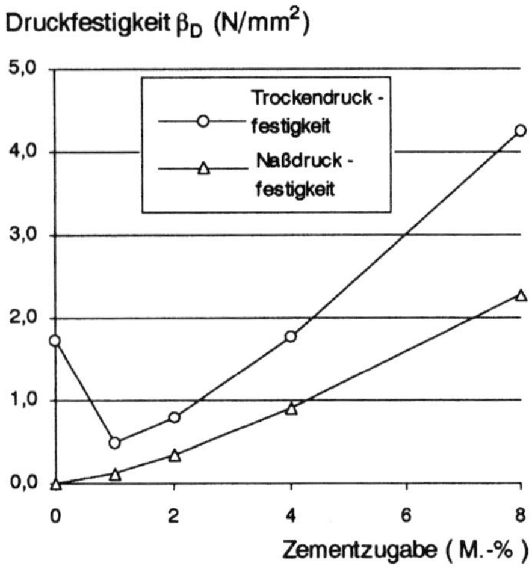

3.5-8 Druckfestigkeiten zementstabilisierter stark sandiger gepatzter Lehmsteine (T = 11%, U = 14%, S = 75%)

mentstabilisierten, mageren Lehmputzen, wie Abb. 3.5-7 zeigt, in der auch der Einfluss auf die Biegezugfestigkeit der gleichen Lehme dargestellt ist.
Bezogen auf die Nassdruckfestigkeit erhöhen Zugaben von Zement und Kalk jedoch in jedem Falle die Werte. In Abb. 3.5-8 sind die vom FEB ermittelten Werte der Trocken- und Nassdruckfestigkeit von handgepatzten Lehmsteinen bei Zementzugaben angegeben.
Wie Untersuchungen des Labor Géomatériaux zeigten, bewirkte eine Zugabe von 4% Zement bei reinem Kaolinit eine Erhöhung, bei reinem Montmorillonit jedoch eine Abnahme der Druckfestigkeit. Durch den Zusatz von 6% Kalk erhöhte sich bei reinem Kaolinit die Festigkeit nicht, bei Montmorillonit gering. Bei Zugabe von 4% Kalk und 2% Zement nahm jedoch bei beiden Tonarten die Festigkeit um ca. 100% zu, die bei Montmorillonit wiederum vom Grad der Verdichtung beeinflusst wurde (Oliver, Mesbah, 1985).
Nicht unerwähnt bleiben sollte, dass diese Versuche bei optimalem Wassergehalt, der eine maximale Belastbarkeit ergibt, und mit reinen Tonen durchgeführt wurde. Bei Baulehmen mit Tongehalten von 10% bis 20% und nicht optimalen Wassergehalten sind diese Unterschiede sehr viel geringer.
Die Ergebnisse der vom FEB untersuchten Baulehme sind in den Abb. 3.5-9 und 3.5-10 dargestellt. Dabei wurden vier verschiedene Sand-Ton-Gemische jeweils mit 6% Zement bzw. 6% Kalk versetzt. Interessant ist, dass die Zementzugabe bei reinem Putzsand - der etwa 10% Feinkornanteile (Schluff und Ton) besitzt - und bei der Bentonit-Sand-Mischung die gleichen Ergebnisse brachte, und dass kaolinithaltige Lehme höhere Werte als montmorillonithaltige ergaben.
Bei Kalkzugabe (Abb. 3.5-10) ist bei kaolinithaltigem Lehm die Festigkeit sogar niedriger als beim reinen Putzsand. Der Vergleich mit Abb. 3.5-9 zeigt, dass der Stabilisierungseffekt bei hohem Schluffanteil und geringerem Tonanteil jeweils besser ist.
Aufgrund dieser Untersuchungen lässt sich folgendes ableiten:
Lehm mit hohem Kaolinitanteil sollte nicht mit Kalk, sondern mit Zement stabilisiert werden, und Lehm mit hohem Montmorillonitanteil nicht mit Zement, sondern mit Kalk und Zement im Verhältnis 2 : 1. Bei Montmorillonitlehm erhöht eine starke Verdichtung die Druckfestigkeit wesentlich, bei Kaolinitlehm dagegen nur gering.

CRATerre geht bei der Empfehlung eines geeigneten Stabilisierungsmittels nicht darauf ein, dass die Menge des Mittels und die Tonart einen Einfluss auf den Effekt haben, sondern macht die Wahl von der Fließgrenze (liquid limit), der Ausrollgrenze (plastic limit) und der Plastizitätszahl (plasticity index) abhängig, vgl. Abb. 3.5-11 (CRATerre 1979).

Wird dem Lehm Zement zur Stabilisierung untergemischt, so sollte die Mischung so schnell wie möglich verarbeitet werden, da der Abbindeprozess des Zements sofort beginnt. Lagert die Mischung z.B. mehrere Stunden, bevor sie zu Lehmsteinen gepresst wird, kann dadurch die Druckfestigkeit der Steine nach dem Aushärten um 50% niedriger liegen. Wird Kalk statt Zement verwendet, so wirkt sich eine normale Lagerzeit jedoch nicht negativ auf die Festigkeit aus.

Bei geringen Zementzugaben um 5% ist der Trockenprozess entscheidend für die Festigkeit. Sind die Steine der Sonne und dem Wind ausgesetzt, beträgt ihre Endfestigkeit weniger als 20% von der Festigkeit, welche die Steine erreichen, wenn sie mit feuchten Säcken abgedeckt werden. Ist das Abdecken mit feuchten Tüchern oder Säcken nicht möglich, sollten die Steine aber mindestens vor direkter Sonneneinstrahlung geschützt und in den ersten Tagen mehrmals mit Wasser besprüht werden. Bei einem Zusatz von 10% Zement hat ein Schutz gegen schnelles Austrocknen kaum einen Einfluss auf die Endfestigkeit (Houben, Guillaud 1983).

Puzzolane bzw. puzzolanische Erden ergeben in Zusammenhang mit Kalk einen zusätzlichen Stabilisierungseffekt und können somit einen Teil der Kalkzugabe ersetzen. (Der Name stammt von der bei Neapel vorkommenden Puzzolanerde, ein vulkanisches Material, das teilweise hydraulisch erhärtet und das die Römer als Mörtel verwendeten). Puzzolane kommen in der Natur als vulkanische Asche bzw. als vulkanisches Gestein vor. Das als „Trass" bezeichnete feingemahlene Tuffgestein aus der Eifel oder aus der Gegend von Nördlingen kann auch zu den Puzzolanen gerechnet werden. Abfallprodukte von Verbrennungsprozessen, beispielsweise Flugasche oder Asche von Reishülsen, zeigen eine ähnliche Wirkung wie Puzzolane. Ziegelmehl von niedertemperaturig gebrannten Ziegeln wie beispielsweise Feldbrandziegel hat eine ähnliche, allerdings geringere Wirkung als die vorher genannten Produkte.

Das Verhältnis von puzzolanischen Stoffen zu Kalk hängt von deren Siliciumgehalt und der gewünschten Aushärtzeit ab; 2 bis 4 Teile puzzolanische Stoffe zu einem Teil Kalk sind als Dosierung üblich (Norton 1986).

An der University of New South Wales, Australien, wurden von Owen G. Ingles und Mitarbeitern neue Wege gefunden, Lehm durch einen künstlichen Versteinerungsprozess zu verfestigen. Lehm bildet, ähnlich wie bei der natürlichen Versteinerung, durch Zugabe von Eisenoxid (Fe_2O_3) in einem bestimmten alkalischen Milieu ein unlösbares Eisensilikat. Bei Kaolinit-Ton wurde bei einer Zugabe von 10% alkalischem Fe_2O_3 nach 7 Tagen eine Trockendruckfestigkeit erreicht, die mehr als fünfmal so hoch war wie die Festigkeit des reinen Materials und die sogar noch die Festigkeit einer Mischung mit 10% Zementzugabe übertraf. Bei der Ermittlung der Nassdruckfestigkeit waren die Ergebnisse noch überzeugender. Die besten Ergebnisse wurden erzielt, wenn zur Erzeugung des alkalischen Milieus Natriumsilikat als trockenes Pulver zugefügt wurde. Durch zusätzliche thermische Behandlung bis zu 500°C konnte die Verfestigung wesentlich beschleunigt und verstärkt werden (Ingles, Lim 1982; Ingles 1983).

Ähnlich gute Ergebnisse lassen sich erzielen, wenn Tonmehl unter Zugabe von Quarz- und Kreidemehl mit Wasserglas gebunden wird. Das als Geopolymer bezeichnete Produkt entsteht aus einer chemischen Reaktion, bei der eine Polykondensation, eine dreidimensionale Vernetzung im alkalischen Bereich unter Abspaltung von Wasser entsteht. Die Hüls Troisdorf AG produziert es unter dem Namen Trolit®. Das Produkt lässt sich durch Gießen, Extrudieren und Pressen verarbeiten und mit H_2O_2 schäumen (vgl. Kapitel 3.7.6). Das ungeschäumte Material besitzt mit 40 bis 65 N/mm^2 eine höhere Druckfestigkeit als Beton. Die Biegezugfestigkeit liegt zwischen 8 und 14 N/mm^2.

3.5.6 Organische Zusätze

Bei Kaolinit wird nach Weiß (1963) die Trockenbiegefestigkeit und folglich auch die Trockendruckfestigkeit wesentlich durch Harnstoff ($H_2N\text{-}CO\text{-}NH_2+H_2O$) und Ammoniumacetat ($NH_4C_2H_3O_2$) erhöht. Er vermutet, dass die enorme Festigkeit des chinesischen „Eierschalenporzellans" dadurch erreicht wurde, dass der dabei verwendete Kaolinitton in faulendem Urin (der Harnstoff und Ammoniumacetat enthält) ge-

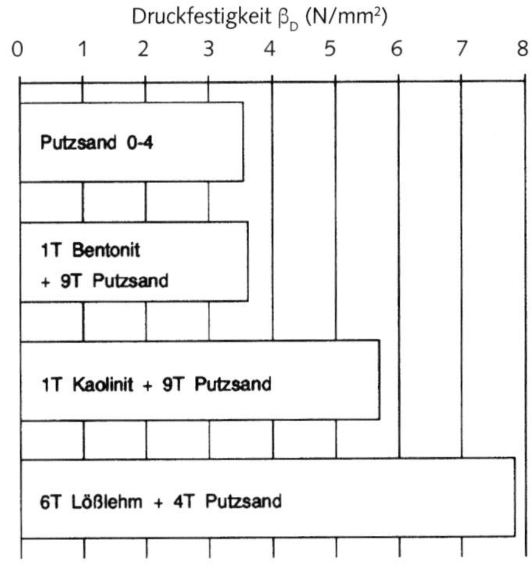

3.5-9 Druckfestigkeit von Lehmen bei 6% Zementzugabe

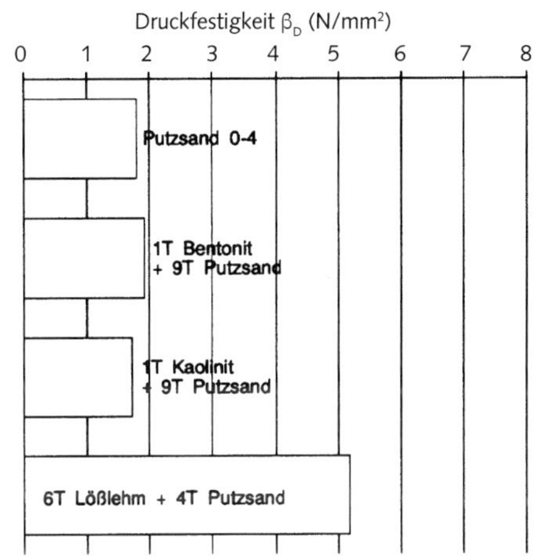

3.5-10 Druckfestigkeit von Lehmen bei 6% Kalkzugabe

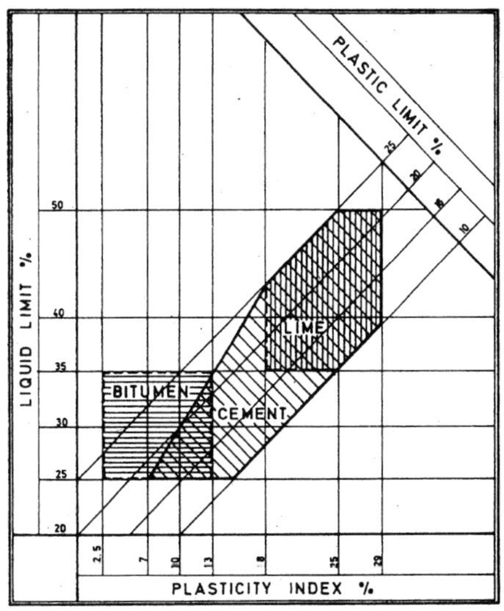

3.5.11 Empfohlene Stabilisierungsmittel in Abhängigkeit von der Plastizität (CRATerre, 1979)

Strohanteil (Masse %)	Trockendichte ρ_R (kg/m^3)	Druckfestigkeit β_D (N/mm^2)
0	1882	2,2
1	1701	1,4
2	1571	1,3
4	1247	1,1
8	872	0,3

Tabelle 3.2
Reduzierung der Druckfestigkeit von Massiv-Lehm durch Strochhäcksel (5 cm)

maukt und anschließend fein verrieben wurde. Chemisch gesehen werden dabei die Wasserstoffbrücken zwischen den Silikatschichten gesprengt. Die Biegefestigkeit kann dadurch auf das 10- bis 20-fache erhöht werden. Bei Illiten war diese Wirkung jedoch nicht feststellbar. Wie die Abriebfestigkeit von Lehmoberflächen ermittelt wird, wurde in Kapitel 2.6.6 beschrieben.

3.5.7 Zusatz von Fasern und Haaren

Fasern werden dem Lehm in der Regel zugesetzt, um die Rissbildung beim Austrocknen zu verringern. Die vielfach vertretene Auffassung, dass Fasern grundsätzlich auch die Druckfestigkeit von Lehm erhöhen, ist nicht richtig. Bei der Zugabe von feinen Fasern oder Haaren zur Erhöhung der Zugfestigkeit erhöht sich auch die Druckfestigkeit des Lehms, da diese von der Querzugfestigkeit abhängig ist. Werden Strohhäcksel beigemengt, tritt jedoch der gegenteilige Effekt auf, wie die in Tab. 3.2 aufgeführten Versuchsergebnisse des FEB zeigen.

3.6 Erhöhen der Abriebfestigkeit

Vergleichende Untersuchungen des FEB zur Erhöhung der Abriebfestigkeit eines Stampflehmes mit 14% Ton, 41% Schluff und 45% Sand durch Zusätze von Natronwasserglas, Knochenleim, Quark und Kalk, Paraffin, Paraffin-Petroleum-Lösung, Bohnerwachs und Leinölfirnis zeigten, dass ein Zusatz von 10%iger Wasserglaslösung die widerstandsfähigste Oberfläche ergab. Sie war allerdings von vielen Haarrissen durchzogen und nahm beim Nässen mit Wasser sehr viel Feuchtigkeit auf. Die zweithöchste Abriebfestigkeit wurde mit 5% Leinölfirnis erreicht, wobei die Oberfläche während des Aushärtens mit einer Kelle unter starkem Druck abgezogen wurde, so dass eine rissfreie, glänzende Oberfläche entstand. Die drittbeste Lösung wurde mit einem Zusatz von 5% Magerquark und 5% Kalk erzielt. Spätere Untersuchungen ergaben, dass die Zugabe von 4 bis 8% Bitumenemulsion ebenfalls eine sehr gute Abriebfestigkeit ergab.

Mit Anstrichen lässt sich die Abriebfestigkeit von Lehmoberflächen am einfachsten erhöhen. Allerdings muss beachtet werden, dass sie weit genug in die Lehmoberfläche eindringen und ggfs. von Zeit zu Zeit erneuert werden müssen. Bei den Untersuchungen zeigte sich, dass das nachträgliche Auftragen von Hartwachs die Abriebfestigkeit bei allen Proben wesentlich erhöht.

Nach traditionellen Rezepten lässt sich bei Lehmfußböden eine sehr strapazierfähige, abriebfeste Oberfläche herstellen, indem diese mit Ochsenblut gestrichen, mit Hammerschlag (Fe_3O_4) bestreut, und diese Schicht dann mit Schlägeln in den Lehm eingeschlagen wird. Auch Anstriche mit Rinderblut, Rindergalle und Teer wurden früher häufig verwendet.

Weitere Angaben zur Abriebfestigkeit siehe Kapitel 14.4.3.

3.7 Erhöhen der Wärmedämmung

3.7.1 Allgemeines

Die Wärmedämmwirkung von Lehm lässt sich durch poröse Zuschlagstoffe erhöhen. Als Zuschlag können Stroh, Schilf, Seegras, Korkrindenschrot und ähnliche leichte Pflanzenteile verwendet werden, bzw. natürlich oder künstlich geschäumte mineralische Partikel wie Bims, Lava, Blählava, Blähton, Blähglas, Blähschiefer und Blähperlite oder geschäumte pflanzliche Produkte wie Blähkork. Abfallprodukte wie Sägemehl, Holzhobelspäne, Holzhackschnitzel und Getreidespelzen können ebenfalls dem Lehm beigemischt werden, bewirken aber auf Grund ihrer höheren Rohdichte eine geringere Verbesserung der Wärmedämmwirkung. Je mehr Luftporen vorhanden sind, umso leichter ist die Mischung und umso größer ist ihre Wärmedämmfähigkeit.

Lehm mit „Leichtzuschlägen" wird nach DIN 18951 als *Leichtlehm* bezeichnet, wenn er im trockenen Zustand ein Raumgewicht von weniger als 1200 kg/m³ aufweist. Leichtlehm kann als Material für Lehmsteine dienen oder in Schalungen gepumpt, geschüttet oder gestampft werden. Für Leichtlehm mit Stroh als Zuschlagstoff hat sich der Begriff „Strohleichtlehm" gebildet, für Lehm mit Holzhackschnitzeln und/ oder Sägemehl „Holzleichtlehm". Lehm mit geblähten mineralischen Zuschlägen wird als „mineralischer Leichtlehm" bezeichnet.

Da sich diese Leichtlehme in ihren Eigenschaften und ihren Verarbeitungstechniken wesentlich unterscheiden, werden sie im folgenden getrennt beschrieben.

Leichtlehm ist bislang in Deutschland noch nicht als statisch belastbarer („tragender") Baustoff zugelassen, er wird in der Regel als Füllmaterial bei Ständer- oder Fachwerkbauten, aber auch bei Decken-, Dach- und Fußbodenkonstruktionen eingesetzt.

Für die Herstellung von Leichtlehm wird eine gieß- bzw. pumpfähige Lehmschlämme mit relativ hohem Tonanteil benötigt. Da eine Lehmschlämme wesentlich zeitaufwendiger herzustellen ist als eine fertige Leichtlehmmischung, ist es wichtig, den Aufschlämmvorgang zu optimieren. Dieser Vorgang ist abhängig von dem vorhandenen Lehmmaterial und kann manuell oder maschinell durchgeführt werden, vgl. Kap. 3.6.

Theoretisch ist es auch möglich, Lehm durch schaumbildende Stoffe zu schäumen, um luftgefüllte Poren zu erzeugen und somit seine Wärmedämmwirkung zu erhöhen. Versuche mit üblichem Lehm haben bislang aber noch nicht zu einer erfolgversprechenden Lösung geführt.

3.7.2 Strohleichtlehm

- **Allgemeines**

Als Strohleichtlehm wird eine Mischung aus Stroh und Lehm bezeichnet, deren Rohdichte kleiner als 1200 kg/m³ ist. Bei einer Rohdichte von mehr als 1200 kg/m³ spricht man von *Strohlehm*. Welche Strohart dafür verwendet werden sollte, ist umstritten. Einige Autoren empfehlen Roggenstroh (Gilly 1813), andere dagegen Weizen- oder Haferstroh (Miller, Grigutsch, Schulze, 1947). Für Lehmputze hat sich Gerstenstroh bewährt, da es weicher ist. Wichtiger als die Art des Strohs ist die Struktur der Halme. Zur Erhöhung der Wärmedämmwirkung ist es vorteilhaft, Stroh mit dünnen stabilen Halmen zu verwenden, die nicht wie beim üblichen Ballenstroh zusammengequetscht sind. Das Stroh sollte trocken sein und nicht nach Schimmelpilzen riechen.

- **Schneiden des Strohs**

Die Schnittlänge des Strohs soll nicht größer als die größte Bauteildicke sein. Für die Herstellung von 30 - 50 cm dicken Stampflehmwänden ist Ballenstroh geeignet, das nicht mehr geschnitten zu werden braucht. Es muss vor dem Mischen mit Lehm sorgfältig per Hand aufgelockert werden, damit später keine „Nester" entstehen, in denen das Stroh nur unvollständig von Lehm umhüllt ist.

Um Steine und Platten aus Strohlehm herzustellen, muss das Stroh auf eine Länge von 6 bis 18 cm geschnitten werden. Sehr einfach aber zeitaufwendig kann es beispielsweise mit einem Beil auf einem Hackklotz zerkleinert werden. Kurze Stücke, wie sie für Putze benötigt werden, lassen sich sehr einfach mit Gartenhäckslern herstellen.

- **Herstellen der Mischung**

Lehm und Stroh werden gemischt, indem die Lehmschlämme entweder über das Stroh gegossen, oder das Stroh in die Lehmschlämme getaucht wird.

Beim *Gießverfahren* wird das Stroh in Lagen von 10 - 15 cm Höhe ausgebreitet und dann mit Lehmschlämme übergossen, am besten mit einer Gießkanne, auf die ein Blech zum besseren Verteilen der Schlämme aufgesetzt ist. Nach 6 - 12 Lagen sollte der Haufen umgesetzt und durchgearbeitet werden, damit das Material ausreichend vermengt wird. Sind alle Strohhalme von Lehmschlämme umhüllt - was sich leicht optisch kontrollieren lässt - ist die Mischung fertig. Arbeitsparend ist ein Verputzgerät, mit dem die Lehmschlämme hergestellt und über das Stroh gespritzt werden kann.

Beim *Tauchverfahren* wird das lockere Stroh in eine mit Lehmschlämme gefüllte Wanne geworfen, mit Mistgabeln oder Stampfern untergetaucht oder aber mit den Füßen eingetreten und anschließend mit Mistgabeln herausgenommen. In der historischen Lehmliteratur wird ein anschließendes 6- bis 24-stündiges Ziehenlassen („Mauken") der Lehmmischung empfohlen, damit das Anmachwasser teils in das Stroh eindringen und teils verdunsten kann. Dadurch wird das Stroh geschmeidiger und der Lehm klebriger. Allerdings sind die Strohhalme heute sehr viel dünnwandiger als früher und lassen sich nach dem Nasswerden sehr leicht zusammendrücken, weshalb es zum Erreichen einer leichten, gut wärmedämmenden Masse notwendig ist, die Mischung umgehend zu verarbeiten.

Genaue Angaben zum Mischungsverhältnis sind nicht möglich, da dieses nicht nur von der angestrebten Trocken-Rohdichte, sondern auch von der Art des Strohs, dessen Lagerung und Länge, sowie von der Aufbereitungstechnik abhängt.

Wie der Strohleichtlehm verarbeitet wird, ist in Kapitel 10.3 beschrieben.

- **Zur Wärmedämmwirkung**

Es ist eine landläufige Fehleinschätzung, zu glauben, dass Strohlehm, wie er bei Fachwerkbauten seit Jahrhunderten verwendet wurde, eine gute Wärmedämmwirkung hat. Etwa 10 Raumteile loses Strohhäcksel und dickflüssiger Lehmbrei aus 2 Raumteilen fettem, trockenen Lehm und 1 Raumteil Wasser ergeben z.B. ein Lehmgemisch mit einer Rohdichte von ca. 1300 kg/m³ und einer Wärmeleitzahl von ca. 0,53 W/mK. Das bedeutet, dass ein bei Fachwerkhäusern übliches 14 cm dickes Gefach aus diesem Material, beidseitig mit 2 cm Kalkputz versehen, einen U-Wert von 2,1 W/m²K aufweist. Soll das Gefach einen U-Wert von

0,5 W/m²K erreichen, so müsste dieses also etwa 95 cm dick sein. Das Beispiel zeigt, dass mit diesem Material bei Fachwerkhäusern mit üblichen Wandstärken eine ausreichende Wärmedämmung nicht möglich ist, auch nicht, wenn die Strohmenge, die im oben aufgeführten Fall etwa 4 Gewichtsprozente beträgt, verdoppelt oder verdreifacht wird.

In den letzten Jahren sind mehrere Bauten aus Strohleichtlehm mit Wandstärken von 30 cm errichtet worden. Überprüfungen ergaben, dass die gewünschte niedrige Rohdichte der Lehmwände von 300 bis 400 kg/m³ in der Praxis meist nicht erreicht wird. Dafür dürften drei Faktoren verantwortlich sein:

1. Das Stroh in den Strohballen wurde gepresst und enthält nur wenig Hohlräume.
2. Durch das Einsumpfen des Strohs in der Lehmschlämme wird das Stroh weich und weiter zusammengedrückt, so dass die Masse bereits bei der Aufbereitung und Lagerung relativ stark verdichtet wird.
3. Durch das Einfüllen und Eindrücken in die Schalung findet ein weiterer Verdichtungsvorgang statt.

Häufig unterlaufen bei der Ermittlung der Rohdichte des Strohleichtlehms erhebliche Fehler. Es ist beispielsweise falsch, einen kleinen Behälter mit Strohleichtlehm zu füllen, anschließend das Gewicht der getrockneten Probe zu ermitteln und dieses auf das Volumen des Behälters zu beziehen. Untersuchungen ergaben, dass bei kleinen Proben in Ziegelformat die ermittelte Rohdichte bis zu 50% niedriger sein kann als die der tatsächlich ausgeführten Wand. Auch bei Probewürfeln von 20 x 20 x 20 cm Kantenlänge, wie sie im Betonbau üblich sind, gibt es noch erhebliche Fehlerquellen, die das Ergebnis um 10 - 30% verfälschen können. Dies liegt daran, dass, bedingt durch die Strohhalme, an den Ecken und Kanten eine geringere Dichte entsteht als im Kern der Probe. Aus diesem Grunde muss zur Feststellung des tatsächlichen spezifischen Gewichtes der Wand entweder ein sehr großer Probekörper erstellt, und dessen Ränder nachträglich abgeschnitten werden, oder aber, was genauer ist, ein Testkörper aus der errichteten Wand herausgeschnitten werden. Allerdings muss auch bei dieser Methode berücksichtigt werden, dass durch das Abschneiden bzw. Heraustrennen aus der Probe an den Rändern Lehmteile herausbröckeln, wodurch das Gewicht der Probe niedriger ausfällt als das der realisierten Wand.

So kann es vorkommen, dass eine Strohleichtlehmwand, die mit einer Rohdichte von 300 kg/m³ veranschlagt wurde, in Wirklichkeit 600 bis 700 kg/m³ wiegt. Eine 30 cm dicke Strohleichtlehmwand, beidseitig verputzt, mit einer Rohdichte von 700 kg/m³ und einem λ-Wert von 0,21 W/mK, erreicht aber nur einen U-Wert von 0,6 W/m²K. Das bedeutet, der Wärmeverlust durch diese Wand liegt um 100% höher als der einer Strohleichtlehmwand mit 300 kg/m³. Nun ist es widersinnig, keinen bestmöglichen Wärmedämmwert anzustreben, denn man kann nicht auf der einen Seite vorgeben, ökologisch zu bauen, indem man Lehm und Stroh verwendet, und betonen, dass diese Materialien zur Gewinnung und Verarbeitung fast keine Energie benötigen und somit nicht die Umwelt belasten, und auf der anderen Seite den späteren Heizenergieaufwand unberücksichtigt lassen. Denn der durch schlecht wärmegedämmte Außenbauteile notwendige höhere Heizenergieaufwand verursacht eine Umweltverschmutzung durch Verbrennungsschadstoffe, die bereits nach einem Jahr wesentlich höher sein kann als die Verminderung der Umweltverschmutzung durch eine naturnahe Baustoffwahl (Lehm und Stroh anstelle von Ziegel oder Beton und Kunststoffdämmplatten).

Um einen U-Wert von z.B. 0,3 W/m²K zu erreichen, muss die Rohdichte des Strohleichtlehms bei einer Wandstärke von 30 cm auf 300 kg/m³ reduziert werden. Nach Untersuchungen des FEB wiegt die leichteste Mischung, die aus 10 bis 15 cm langen, gepressten Strohhäcksel erzeugt werden konnte und bei der jeder einzelne Strohhalm vollständig lehmummantelt war, ca. 500 kg/m³. Sie enthält 12 Gewichtsprozente Stroh. Diese Mischung federt jedoch bereits beim Einstopfen und hat nach dem Austrocknen keine ausreichende Festigkeit, um Dübel in der Wand zu befestigen und eine Putzschicht zu tragen. Erst bei 700 kg/m³ Dichte wird eine akzeptable Festigkeit der Mischung erreicht; die Wand müsste dann aber ca. 70 cm dick sein, um einen U-Wert von ca. 0,3 W/m²K zu gewährleisten. Diese große Wandstärke ist wegen der extrem langen Austrockenzeit und der damit gegebenen Verrottungsgefahr mit dem üblichen, in Schalung eingebrachten feuchten Strohleichtlehm nicht annehmbar.

- **Bei Strohleichtlehm zu beachten**

Strohleichtlehm hat wesentliche Nachteile im Vergleich zum reinen Lehm:

1. Er neigt schon nach wenigen Tagen zur Schimmelpilzbildung, die während der Bauphase eine erhebliche Geruchsbelästigung darstellt und im Extremfall bei Menschen eine Schimmelpilzallergie hervorrufen kann. Deshalb ist darauf zu achten, dass alle Bauteile gut belüftet sind, und dass der Strohleichtlehm möglichst schnell austrocknet. Nach der Austrocknung, die mehrere Monate, bei dicken Wänden länger als ein Jahr dauert, bilden die Pilze allerdings keine Sporen mehr. Sie werden erst wieder aktiviert, wenn die Wand von außen durchfeuchtet wird, oder wenn durch eine schlechte konstruktive Wandausbildung Kondenswasser in der Wand entsteht, beispielsweise an Außenwandecken und an Fensterlaibungen. (Die Schimmelpilzbildung kann zwar durch Zusätze wie Kalk oder Borax verhindert werden, diese Zusätze erschweren aber die Verarbeitung (Verätzungsgefahr), verringern die Bindekraft erheblich und reduzieren auch in geringen Mengen die Druckfestigkeit).
2. Bei Wänden aus Strohleichtlehm geringer Rohdichte mit Wandstärken über 25 cm kann es vorkommen, dass die Wand völlig trocken erscheint, im Innern aber noch monatelang nass bleibt und verrottet, vgl. Kap. 10.3.
3. Die Festigkeit bei Wänden mit einem spezifischen Gewicht von weniger als 600 kg/m³ ist so gering, dass das Verputzen zusätzliche Maßnahmen erfordert (dickere Putzschicht, Gewebeeinlage), und dass Nägel und Dübel kaum Lasten aufnehmen können.

3.7-1 Setzfuge bei Strohleichtlehmgefach

4. Beim Austrocknen schwindet die Strohlehmmasse erheblich, so dass am oberen Ende von Gefachen Setzfugen entstehen. Werden diese nachträglich nicht ausgestopft, so bilden sich bei Außenwänden Wärmebrücken, die zu einer gefährlichen Durchfeuchtung durch Kondenswasser führen können. Bei dem in Abb. 3.7-1 gezeigten Testgefach entstand eine Setzung von 9%.
5. Die Technik ist sehr arbeitsintensiv. Ohne den Einsatz spezieller Misch- und Transportgeräte muss mit einem Zeitaufwand von insgesamt 20 Std./m³ bzw. 6 Std/m² gerechnet werden. Das ist etwa viermal soviel, wie ein Maurer für das Mauern einer Ziegelwand benötigt.

Die Vorteile des Strohleichtlehms sind geringe Materialkosten und die einfache Verarbeitbarkeit ohne Geräte, wodurch er für den Selbstbau besonders geeignet ist.
Die genannten Nachteile lassen sich vermeiden, wenn anstelle von Stroh poröse mineralische Zuschlagstoffe eingesetzt werden.

3.7.3 Mineralischer Leichtlehm

- **Allgemeines**

Eine Alternative zum Strohleichtlehm ist ein Lehm mit porösen mineralischen Zuschlagstoffen, wie z.B. Blähton, Blähglas, Blählava, Blähperlite oder Bims. Dieser Leichtbaustoff hat mit entsprechenden Zuschlägen unterschiedlicher Korngröße ein Trockenschwindmaß von 0% und ist damit der einzige Lehmbaustoff, der beim Austrocknen nicht schwindet. Darüberhinaus hat er im Gegensatz zu Strohleichtlehm eine ausreichende Festigkeit, um Bilder an Nägeln oder Hängeschränke an Dübeln zu befestigen, und was besonders wichtig ist: Es gibt bei der Verarbeitung keine Schimmelpilzbildung und keine Verrottungsgefahr.
Als Material für Außenwände hat mineralischer Leichtlehm im Vergleich zu Strohleichtlehm den großen Vorteil, dass seine Wasserdampfdiffusionswiderstände 2 bis 3 mal so hoch sind, somit ist die Gefahr der Tauwasserbildung in der Wand wesentlich geringer als bei Strohleichtlehm, vgl. Kap. 2.4.2.
Weiterhin kann die Mischung so eingestellt werden, dass sie pumpfähig ist, d.h., sie kann mit Beton- oder Estrichpumpen in eine vorher errichtete Schalung eingebracht werden, was die Arbeitszeit wesentlich reduziert.
Im Gegensatz zu anderen Lehmbautechniken kann diese Mischung auch noch bei leichtem Nachtfrost verarbeitet werden, wenn sie entsprechend eingestellt ist.
Da der Geräteaufwand bei dieser Technik relativ groß ist, lohnt sich der Einsatz von mineralischem Leichtlehm nur bei größeren Bauteilen bzw. Bauvorhaben. Die ausführenden Firmen müssen dabei über einschlägige Erfahrungen verfügen, da die Korngrößenverteilung der Zuschlagstoffe auf die lokalen Bedingungen abgestimmt werden muss. Je nach gewünschter Festigkeit, Wärme- und Schalldämmwirkung sowie Ausschalzeit und je nach Jahreszeit und gewählter Verarbeitungstechnik wird die Mischung anders zusammengestellt. Bei Blähton-Leichtlehm sind Rohdichten von 500 bis 1200 kg/m³ üblich.

- **Zuschlagstoffe**

Der preiswerteste mineralische poröse Zuschlagstoff mit guter Wärmedämmwirkung ist *Blähton*, der in seiner leichtesten Form eine Schüttdichte von ca. 300 kg/m³ hat. In Deutschland werden zwei Produkte hergestellt: „Leca" und „Liapor". Liaporpartikel sind kugelförmig, Lecapartikel dagegen etwas unregelmäßiger geformt. Beide werden in einem Drehofen bei ca. 1200°C aus Ton ohne Zusätze und chemische Porenbildner hergestellt. Das Blähen entsteht durch die schnelle Hitzeeinwirkung, bei der das Poren- und das Kristallwasser verdampft. Die Oberfläche schmilzt etwas und bildet eine gesinterte Außenhaut. Dadurch entstehen weitgehend geschlossene Poren und eine hohe Druckfestigkeit. Blähton gilt nach DIN 4102 als nicht brennbarer Baustoff der Brandklasse A1. Die nicht kapillare Struktur macht den Blähton unempfindlich gegen Feuchtigkeit und Frost. Die Gleichgewichtsfeuchte beträgt bei Liapor etwa 0,03 Vol.%, die Wasseraufnahme bei Langzeitlagerung unter Wasser maximal 11 bis 12%. Das Schüttgewicht der Korngruppen 4 bis 8 und 8 bis 16 mm liegt bei ca. 325 kg/m³. Blähton ist geruchsfrei und beständig gegen organische und anorganische Säuren und Laugen.
Blähglas weist ähnliche Eigenschaften auf, hat aber eine um 40% geringere Schüttdichte (ca. 190 kg/m³) und deshalb eine bessere Wärmedämmwirkung.
Einer Blähtonleichtlehmwand mit 800 kg/m³ Rohdichte entspricht bei gleicher Oberflächenfestigkeit eine Blähglasleichtlehmwand von ca. 500 kg/m³. Da diese eine um ca. 40% höhere Wärmedämmwirkung auf-

weist, sind die Mehrkosten damit u.U. ausgeglichen. Bei Blähglasleichtlehm bleibt stets der Vorteil, dass die Wanddicke bei gleicher Wärmedämmwirkung geringer sein kann. Blähglas ist ein recyceltes Abfallprodukt, das aber zusätzlich Blähmittel benötigt.

Blähperlite wird aus einem vulkanischen Gestein hergestellt, das vor allem auf der griechischen Insel Milos und in Ungarn abgebaut wird. Es enthält 3 bis 6% chemisch gebundenes Wasser. In Expandieranlagen auf über 1000°C erhitzt, entweicht dieses Wasser als Dampf und bläht dadurch das zerkleinerte Rohperlit auf das Fünfzehn- bis Zwanzigfache seines Volumens auf. Bei der leichtesten Ausführung beträgt die Schüttdichte ca. 60 kg/m³, der Rechenwert der Wärmeleitfähigkeit λ_R ist 0,045 W/mK, die Wasserdampfdiffusionswiderstandszahl μ liegt bei 2,7 und die spezifische Wärmekapazität c bei 1000 J/kgK. Als „Hyperlite" beträgt die Schüttdichte 90 kg/m³ und λ_R 0,05 W/mK. Die chemische Analyse ergibt folgende Hauptbestandteile: SiO_2 : 60 - 75%, Al_2O_3 : 12 - 16%, Na_2O : 5 - 10%.

Blählava wird ähnlich wie Blähperlite aus vulkanischem Lavagestein hergestellt, ist aber schwerer.

Bims ist ein natürlicher poröser Stein, der von Natur aus bereits gebläht ist. Er ist ein vulkanisches Produkt, das in Deutschland in der Eifel gewonnen wird. Die Schüttdichte beträgt je nach Korngröße und Vorkommen etwa 500 - 750 kg/m³.

- **Herstellen der Mischung**

Während für das Mischen von Lehm im allgemeinen Zwangsmischer eingesetzt werden müssen (vgl. Kap. 3.3), ist für die Herstellung eines mineralischen Leichtlehms ein üblicher Freifallmischer („Betonmischer") ausreichend.

Die Mischung wird aus einem fetten Lehm hoher Bindekraft und den porösen, grobkörnigen Leichtzuschlägen hergestellt. Wird in einem Freifallmischer flüssiger Lehmbrei über Blähton, Bimskies oder dergleichen gegossen oder gepumpt, so kann die Mischung in 3 bis 5 Minuten fertig sein. (Die Herstellung der Lehmschlämme wird in Kapitel 3.6 beschrieben).

- **Kornverteilung**

Entscheidend für die Eigenschaft des mineralischen Leichtlehms ist dessen Kornverteilung: Eine geringe Rohdichte von ca. 500 kg/m³ mit Blähton kann z.B. mit „Einkornmaterial" der Kornfraktion 8 bis 16 mm erreicht werden. Die Menge des fetten Lehms muss dann so gewählt werden, dass die Zwischenräume zwischen den einzelnen Körnern nicht vollständig mit Lehm ausgefüllt, sondern lediglich miteinander verklebt werden. Diese Mischung lässt sich beispielsweise aus 2,5 Raumteilen Lehm und 12 Teilen Blähton (8/16) herstellen. Steine aus dieser Mischung haben allerdings eine geringe Kantenfestigkeit. Eine festere Mischung wird durch 24 Raumteile der Kornfraktion 8 - 16 mm und ca. 5 Raumteile der Kornfraktion 1-2 erreicht, der dann etwa 5 bis 7 Raumteile Lehm hinzugefügt werden. Die Rohdichte dieser Mischung liegt bei etwa 640 bis 700 kg/m³. Eine Mischung aus 12 Raumteilen Blähton 8/16 und 5 Teilen Lehm ergibt eine Rohdichte von ca. 780 kg/m³. Soll eine noch höhere Rohdichte erzeugt werden, so empfiehlt es sich, die Körnung 4/8 für die Zuschlagstoffe zu wählen und so viel Lehm zu verwenden, dass alle Zwischenräume zwischen den Blähtonpartikeln gefüllt sind. Vorteilhafterweise ist dann der Lehm mit Grobsand zu magern.

- **Verarbeitung**

Im Vergleich zu Strohleichtlehm liegt ein wesentlicher Vorteil darin, dass sich mineralischer Leichtlehm nicht nur in eine Schalung stampfen, sondern auch mit Hilfe großer Behälter schütten und sogar pumpen lässt, wenn die Mischung entsprechend eingestellt ist. Das bedeutet, dass Lehm- und Wassergehalt sowie Größe und Menge der Zuschlagstoffe genau aufeinander abgestimmt sein müssen. Näheres zu Verarbeitungs- und Anwendungsmöglichkeiten siehe Kap. 10.

- **Wärmedämmwirkung**

Die Wärmedämmwirkung des mineralischen Leichtlehms hängt in erster Linie von dessen Rohdichte ab und ist in den Bereichen über 600 kg/m³ mit der von Strohleichtlehm vergleichbar. Bei sehr leichten Mischungen ist sie besser, da Strohleichtlehm bedingt durch die höhere Gleichgewichtsfeuchte des Strohs stets einen höheren Feuchtegehalt aufweist. Die Gleichgewichtsfeuchte bei Roggenstroh beträgt bei 50% Luftfeuchte und 21°C Temperatur 13 Masse%, bei Blähton dagegen nur 0,1%.

- **Energieaufwand**

Häufig wird beim Vergleich der unterschiedlichen Zuschlagstoffe für Leichtlehm beim Blähton der zur Herstellung benötigte Energieaufwand als besonders nachteilig dargestellt. Der Primärenergieeinsatz für Blähton der Rohdichte 300 kg/m³ beträgt nur etwa 300 kWh/m³, für porosierte Hochlochziegel dagegen 541 kWh/m³. Weitere Daten siehe Kapitel 2.10.

3.7.4 Kork-Leichtlehm

Anstelle von porösen mineralischen Leichtzuschlägen lässt sich auch expandierter (geschäumter) Kork verwenden. Der Vorteil dieser Mischung ist, dass expandierter Kork ein geringes Schüttgewicht aufweist (ca. 90 kg/m³) und somit Leichtlehmmischungen mit einer Rohdichte von 300 kg/m³ leicht erreichbar sind. Nachteilig ist, dass expandierter Kork relativ teuer ist und dass Korkleichtlehm im Vergleich zu mineralischem Leichtlehm nur eine sehr geringe Festigkeit aufweist. So können z.B. Lehmsteine aus Korkleichtlehm wegen ihrer geringen Kantenfestigkeit leicht „abbröckeln" und die direkte Befestigung von Regalen oder Hängeschränken an Wänden aus Korkleichtlehm ist problematisch.
Eine von der Firma HAACKE entwickelte Mischung besteht aus expandiertem Kork und Lehm sowie aus geringen Mengen Kieselgur und Stroh und ist für die nachträgliche Erhöhung der Wärmedämmung bei der Sanierung von Fachwerkbauten geeignet. Die Mischung wird in einem Zwangsmischer hergestellt und in Schalungen gestampft oder gepumpt. Sie kann aber auch wie ein Spritzputz auf eine rauhe Oberfläche aufgespritzt werden. Durch die hohe Klebewirkung des breiigen Putzes, die durch Zusatz von Zellulose erreicht wird, kann der Spritzputz in Lagen bis zu mehreren cm Dicke aufgetragen werden. Das Material ist inzwischen ein bauaufsichtlich zugelassener Baustoff.
Die Rohdichte dieser Mischung liegt etwa bei 300 bis 450 kg/m³, die gemessenen λ-Werte bei 0,07 bis 0,08 W/mK. Die ermittelten Wasserdampfdiffusions-Widerstandszahlen (μ-Werte) liegen bei 4 bis 19, die ermittelte Ausgleichsfeuchte u_{80} (die Gleichgewichtsfeuchte bei 80% relativer Luftfeuchte und 23°C Lufttemperatur) bei 3,3%. Das Trockenschwindmaß beträgt etwa 1 - 2%.
Für spezielle Sanierungsarbeiten im Fachwerkbau erscheint dieses Material als besonders geeignet, allerdings ist es wesentlich teurer als die übrigen beschriebenen Leichtlehmarten. Interessant ist, dass der Firma HAACKE bereits 1899 ein Patent mit folgender Bezeichnung erteilt wurde: „Verfahren zur Herstellung von Bau- und Isoliermaterial aus Korkklein, Pech und heißem Thonbrei".
Im Epilepsiezentrum Kehl-Kork werden aus Korkschrot, hergestellt aus gebrauchten Flaschenkorken, und Lehm Leichtlehmsteine mir einer Rohdichte von ca. 1000 kg/m³ in den Formaten NF, DF, 2DF, 4 DF sowie die Sonderformate 24 x 11,5 x 30 cm, 24 x 10 x 14 cm und 20 x 20 x 6 cm hergestellt. Leichtere Steine mit einer Rohdichte von ca. 600 kg/m³ werden in den Formaten 24 x 12 x 24 cm und 26 x 15 x 24 cm produziert. Ferner gibt es in Säcken abgepackt Korkleichtlehmmörtel und -leichtlehmputz mit Rohdichten von ca. 600 kg/m³.

3.7.5 Holz-Leichtlehm

Mit Holzabfällen als Leichtzuschlag für Lehm wurde vielfach experimentiert. Da Holz eine wesentlich höhere Rohdichte als Stroh, Kork und die mineralischen Leichtzuschläge aufweist, sind die erreichbaren Wärmedämmwerte niedriger als bei den vorher genannten Leichtlehmen. Mit Sägemehl und Hobelspänen lassen sich bei extrem hohem Luftporenanteil zwar Leichtlehm-Rohdichten von 500 kg/m³ erzeugen, diese Mischung hat aber keine ausreichende Festigkeit mehr. Außerdem besteht wie bei entsprechend leichtem Strohleichtlehm eine Schimmelpilzbildungs- und Verrottungsgefahr (vgl. Kap. 10.4).
Holzhackschnitzel erhöhen die Wärmedämmung von Lehm nur dann wesentlich, wenn die Mischung entsprechende Hohlräume hat, worunter wiederum die Festigkeit leidet. Bei Holzhackschnitzeln aus Schwachholz bzw. Waldholzabfällen besteht durch den großen Rindenanteil außerdem eine erhöhte Verrottungsgefahr. Es muss also darauf geachtet werden, dass die Holzhackschnitzel rindenfrei sind.
Die Erfahrungen zeigen, dass Rohdichten unter 700 kg/m³ für übliche Wandkonstruktionen ohne verlorene Schalungen nicht eingesetzt werden sollten. Leicht verarbeitbare Mischungen weisen eine Rohdichte von 1000 - 1200 kg/m³ auf, für diese Mischung wurde ein λ-Wert von 0,50 W/mK anerkannt (zur Nieden 1992). Das bedeutet, dass z.B. eine 30 cm dicke Wand dieser Mischung, die innen zusätzlich mit Lehmputz und außen mit einer verputzten 2,5 cm dicken Rohrmatte versehen ist, lediglich einen U-Wert von etwa 0,9 W/m²K erreicht, ein Wert, der ökologisch und ökonomisch nicht vertretbar ist.
Um eine Mischung mit der Rohdichte 800 kg/m³ zu erhalten, mischt man beispielsweise 1 RT Sägemehl sowie 1 RT feine und 2 RT grobe Hackschnitzel mit 1,6 RT krümeligem Lehm.
In der Regel werden die auf dem Markt im Norden Deutschlands erhältlichen rindenfreien Holzhackschnitzel aus abgerindeten ganzen Baumstämmen in Skandinavien hergestellt und dann nach Deutschland transportiert, so dass der Energieaufwand für Herstellung und Transport der Holzhackschnitzel ähnlich hoch wie bei Blähton ist.
Vorteilhaft im Vergleich zu Strohleichtlehm ist bei Holzleichtlehm die leichtere Verarbeitbarkeit, ähnlich wie bei mineralischem Leichtlehm.

4 Aufbereitung

4.1 Allgemeines

Das „Umwandeln" des bindigen Bodens aus der Grube zum Baumaterial Lehm, ist das wichtigste und häufig auch das schwierigste beim Lehmbau. Erkennen zu können, wie der Boden zu einem gut zu verarbeitenden und haltbaren Baustoff aufbereitet werden kann, sowie die optimale Wahl der Geräte und Techniken, erfordert viel Erfahrung und ist entscheidend für die Wirtschaftlichkeit des Lehmbaus.

Die Aufbereitung ist abhängig von der Art und Verwendung des Lehms. Magerer, krümeliger, erdfeuchter Lehm braucht in der Regel nicht behandelt zu werden, sondern kann direkt für den Stampflehmbau oder, mit Wasser aufgerührt, zur Lehmsteinherstellung im Handverfahren oder auch für Lehmputze eingesetzt werden. Fetter, klumpiger, oder aus unterschiedlich fetten Schichten abgebauter Lehm, muss jedoch vor der Verarbeitung gut zerkleinert und gemischt, sowie außerdem für die meisten Lehmbautechniken mit Sand gemagert werden.

4.3-1 Aufbereitung von Lehm in einer Lehmmühle (Miller et al. 1947)

4.2 Einsumpfen

Für trockene Lehmklumpen, die sich nur mit hohem mechanischen Aufwand zerkleinern lassen, ist das „Einsumpfen" eine einfache Methode des Aufbereitens, wenn genügend Gefäße zur Verfügung stehen und ausreichend Platz vorhanden ist. Dabei werden die Lehmklumpen in einem flachen Behälter 15 - 25 cm hoch geschichtet und mit Wasser bedeckt. Nach 2 bis 4 Tagen entsteht eine weiche Masse, die leicht durchgeknetet und mit trockenen Zuschlagstoffen wie Sand, Kies oder Fasern gemischt werden kann.

4.3-2 Aufbereitung von Lehm mit einem Räderwerk auf einer Mischbühne (Miller et al. 1947)

4.3 Zerkleinern und Mischen

Die einfachste Methode, fetten, klumpigen Lehm zu zerkleinern, ist das „Auswinternlassen". Der Lehm wird in einer Schicht von 20 - 40 cm Höhe verteilt und den Winter über im Freien gelagert, so dass er durch den Frost in kleine schuppenförmige Partikel aufgespalten wird. Heute noch in Entwicklungsländern allgemein üblich ist die Aufbereitung des eingesumpften Lehms mit einer breiten Hacke oder mit Füßen bzw. Tierbeinen. Dabei können gleichzeitig Faserstoffe, z.B. Strohhäcksel, untergemischt werden. In Deutschland war es bis zu Beginn des 20. Jahrhunderts gebräuchlich, Lehm mit einer Lehmmühle (Abb. 4.3-1) oder auf einer Mischbühne mit einem Räderwerk, im sogenannten „Lehmpfuhl" (Abb. 4.3-2), aufzubereiten. Ist genügend Platz vorhanden, so besteht eine einfache Möglichkeit darin, mit einem Traktor den eingeweichten Lehm durch Hin- und Herfahren aufzubereiten. Hat der Traktor einen Frontlader, kann dieser den Lehm auch transportieren, was sehr vorteilhaft ist. Bei kleineren Mengen empfiehlt sich das Durcharbeiten mit einer stärkeren Bodenfräse, vgl. Abb. 4.3-3. Damit lässt sich auch klumpiger, nicht eingesumpfter Lehm aufbereiten, wenn er etwas feucht ist. Am besten lässt sich Lehm in einem sogenannten „Zwangsmischer" aufbereiten. Dabei wird die Mischung in einer Trommel durch rotierende Arme bewegt. Üblicherweise werden diese Geräte als Mörtelmischer auf dem Markt angeboten. Sie haben entweder eine senkrechte rotierende Achse („Tellermischer"), vgl. Abb. 4.3-4, oder eine waagerechte rotierende Achse („Trogmischer"). Günstig ist es, wenn eine besondere Vorrichtung zur Beschickung vorhanden ist, wie bei dem in Abb. 4.3-6 abgebildeten Tellermischer mit hochziehbarer Kippmulde. Werden Mörtelmischer für die Aufbereitung von Lehm eingesetzt, sollte darauf geachtet werden, dass ein möglichst starker Motor gewählt wird, da die Beanspruchung des Motors bei der Lehmaufbereitung viel höher ist als bei der üblichen Mörtelzubereitung. Ältere Mörtelmischmaschinen, wie der in Abb. 4.3-5 gezeigte „fahrbare Kollergang", sind zum Zerkleinern harter Lehmbrocken besonders gut geeignet, da die sich drehenden Walzen des Kollergangs die Lehmklumpen zerquetschen. Abb. 4.3-8 zeigt ein spezielles Lehmmischgerät mit einem Fassungsvermögen von 400 Litern (Fa. Heuser, Höhr-Grenzhausen), das sowohl für das Mischen von extrem trockenen als auch von breiigen Mischungen sehr gut geeignet ist. Das Gerät besitzt eine horizontal rotierende bewegliche Achse mit schaufelförmigen Messern. Der zylindrische Behälter ist kippbar, so dass die fertige Mischung in die vorbereiteten Transportbehälter gekippt werden kann. Freifallmischer, wie sie zum Herstellen von Beton verwendet werden, sind zum Lehmaufbereiten in der Regel nicht geeignet, da bei ihnen nicht Messer oder Rührarme, sondern das Mischgut gedreht wird. In diesen Mischern lösen sich Lehmklumpen nicht auf, sondern es bilden sich darin sehr leicht neue bzw. größere Klumpen. Das Mischen mit Handquirlen, wie in Abb. 4.3-9 gezeigt, ist sehr zeitaufwendig und nur für kleinere Mengen Lehmputz oder Lehmschlämme geeignet. Erdzerkleinerungsgeräte, vgl. Abb. 4.3-7, eignen sich nur für trockenes bis erdfeuchtes Ausgangsmaterial. Bei diesem Gerät dreht sich eine horizontal gelagerte Scheibe mit aufgeschraubten Stahlwinkeln mit einer Geschwindigkeit von 1440 Umdrehungen je Minute. Die Stahlwinkel zerschlagen auch feste Teile wie Tonschiefer- und Ziegelbruchstücke. Es empfiehlt sich, zum Lehmaufbereiten einen Motor mit mindestens 4 kW zu wählen. Fette, feuchte Lehmklumpen lassen sich mit diesem Gerät nicht zerkleinern. Sie bleiben auf dem Drehteller kleben und bewirken ein Verstopfen und Abschalten des Gerätes wegen Überlastung. Bei völlig trockenem Material gibt es eine starke Staubentwicklung, so dass es sich empfiehlt, das Gerät rundherum mit einer staubdichten Schürze abzudecken. Da das Gerät das zerkleinerte Material auf einen Haufen schleudert und dabei gut verteilt, lässt es sich auch bedingt als Mischgerät verwenden. Werden abwechselnd Lehm und Sand in den Trichter geschaufelt, entsteht eine ausreichend gute Mischung, zumal das Lehmmaterial beim Transportieren noch ein- bis zweimal gemischt wird (beim Schaufeln in die Schubkarre und anschließend in die Stampflehmschalung). Zum Zerkleinern von trockenem, klumpigem Lehm eignet sich auch das in

4.3-3 Bodenfräse

4.3-4 Tellermischer

4.3-5 Fahrbarer Kollergang

4.3-6 Tellermischer mit integrierter Beschickung

4.3-7 Erdzerkleinerungsgerät (Erdwolf)

4.3-8 Lehmmischgerät (Fa. Heuser)

4.3-9 Elektrisches Handrührgerät

Abb. 4.3-10 dargestellte Gerät der Firma Ceratec, Belgien. Es hat einen 3-PS-Elektromotor, leistet ca. 20 m³/8 Stunden und wiegt 150 kg. Bei diesem Gerät drehen sich mit 600 Umdrehungen pro Minute zwei Walzen gegenläufig und zerquetschen dabei die Klumpen. Eine noch höhere Leistung von ca. 30 m³/8 Stunden hat das in Bild 4.3-11 dargestellte Gerät der Firma Royer, Frankreich, das einen 3PS-Benzinmotor hat und nur 100 kg wiegt.

4.4 Sieben

Für bestimmte Lehmbautechniken kann es erforderlich sein, gröbere Bestandteile aussieben zu müssen oder die Korngröße der Zuschlagstoffe durch Sieben zu begrenzen. Die einfachste Technik besteht darin, das Material auf ein schräg stehendes Sieb zu werfen.
Ein wirkungsvolles Sieb-Gerät mit einem schräggestellten zylindrischen beweglichen Sieb, das manuell oder maschinell gedreht wird, ist in Abb. 4.4-1 zu sehen.

4.3-10 Erdzerkleinerungsgerät (Ceratec)

4.3-11 Erdzerkleinerungsgerät (Royer)

4.5 Mauken

Fertig gemischter Lehm sollte vor der Verarbeitung 12 bis 48 Stunden feucht gelagert bleiben um zu „mauken". Durch das „Mauken" oder „Ziehenlassen" vergrößert sich erfahrungsgemäß die Bindekraft des Tons, was sich dadurch erklären lässt, dass sich die Tonminerale während dieser Phase auf Grund ihrer elektrochemischen Anziehungskräfte umlagern und dichtere Packungen bilden können. Fette Lehme sollten länger, magere können kürzer mauken.

4.6 Aufschlämmen

Um magere Lehme fetter zu machen oder um Leichtlehm herzustellen, benötigt man in der Regel eine dünnflüssige Lehmschlämme. Am einfachsten lässt sich diese aus pulverförmigem trockenen oder aus krümeligem erdfeuchten Lehm herstellen. Dieser wird in einen mit Wasser gefüllten Behälter gestreut und mit Rührgeräten aufgerührt. In tonnenförmigen Gefäßen ist es vorteilhaft, eine ausreichend starke Bohrmaschine mit Rührhaken oder ein elektrisches Handrührgerät einzusetzen, vgl. Abb. 4.3-5. Freifallmischer, wie sie zur Herstellung von Beton verwendet werden, sind zum Aufschlämmen von Lehm ungeeignet, es sei denn, es wird Lehmpulver oder extrem magerer, krümeliger Lehm in Wasser aufgeschlämmt. Zwangsmischer mit horizontal oder vertikal sich drehender Achse und feststehendem Behälter, vgl. Kap. 4.3, sind dagegen geeignet. Vorteilhaft sind Verputzmaschinen mit eingebautem Zwangsmischer, da die fertige Schlämme mit dem gleichen Gerät in den Behälter gepumpt werden kann, in dem die Lehmmischung hergestellt wird. Lehm in dicken, trockenen Klumpen sollte vorher maschinell zerkleinert werden, siehe Kap. 4.3. Feuchte, dicke Lehmklumpen lässt man am besten entweder zerfrieren oder in Wasser einsumpfen, wie in Kapitel 4.2 beschrieben.

4.7 Magern

Ein Lehm muss „gemagert" werden, wenn er zu „fett" ist, d.h., wenn er zu viel Ton enthält. Magern bedeutet, dem Lehm grobkörnige Partikel wie Sand oder Kies zuzufügen, wobei es für die Erhöhung der Druckfestigkeit stets besser ist, gebrochenes, also scharfkantiges Material zu verwenden. Beim Magern sollten die grobkörnigen Zuschlagstoffe immer in den vorher mit Wasser aufbereiteten fetten Lehm eingerührt werden. Außer Sand und Kies können auch Haare, Kuhdung, Heidekraut, Stroh, Getreidespelzen, Lärchennadeln, Sägemehl oder ähnliche Zuschlagstoffe eingearbeitet werden. Sie dienen in erster Linie dazu, die Trockenschwindrissbildung zu verringern oder die Wärmedämmfähigkeit zu erhöhen, magern aber gleichzeitig den Lehm, da sie seinen Feinkorngehalt reduzieren.

4.4-1 Sieb-Gerät

5 Stampflehmbau

5.1 Allgemeines

Der Stampflehmbau ist in allen Erdteilen als traditionelle Wandbauweise bekannt. In Assyrien sind Stampflehmfundamente aus der Zeit um 5000 v.Chr. nachgewiesen. In Westdeutschland hat sich diese Bauweise, von Frankreich kommend, Ende des 18. Jahrhunderts ausgebreitet.
Beim Stampflehmbau wird erdfeuchter Lehm in 10 bis 15 cm dicken Schichten in eine Schalungsform geschüttet und durch Stampfen verdichtet. Die Schalung besteht in der Regel aus zwei parallel zueinander angeordneten Brettern, die durch Querhölzer bzw. Querstangen miteinander verbunden sind (Abb. 5.2-1).

5.1-1 Rundscheune, Bollbrügge, Schleswig-Holstein, 1831

Im Französischen wird diese Technik „pisé de terre" oder „terre pisé", im Englischen „rammed earth", in Lateinamerika „barro apisonado" oder „tapial" genannt.
Die traditionelle Stampflehmtechnik wird heute noch in vielen Entwicklungsländern unverändert ausgeführt, in industrialisierten Ländern jedoch nur noch vereinzelt, vor allem auf Grund des hohen Zeitaufwandes und der großen körperlichen Anstrengung, die das manuelle Stampfen des Lehms erfordert.
Eine verbesserte Schaltechnik und das Stampfen mit elektrisch oder pneumatisch betriebenen Stampfern reduzieren den Zeitaufwand erheblich und machen den Stampflehmbau auch für Industrieländer interessant. Dieser „mechanisierte Stampflehmbau" ist nicht nur aus ökologischen, sondern auch aus ökonomischen Gründen eine interessante Alternative zum konventionellen Ziegelbau, vor allem dort, wo aus klimatischen Gründen keine erhöhten Anforderungen an den Wärmeschutz gestellt sind. In den USA und in Australien gibt es mehrere Firmen, die diese Bauweise seit vielen Jahren in größerem Umfang ausführen.
Im Vergleich zum Nasslehmverfahren (siehe Kap. 9) ist bei der Stampflehmbauweise die Trockenschwindung geringer und die Festigkeit relativ hoch; Im Vergleich zur Lehmstein-Mauertechnik (Kap. 7) liegt der Vorteil in dem monolithischen Wandaufbau und damit in der größeren Lebensdauer.
Im folgenden werden Techniken für Wand- und Kuppelkonstruktionen erläutert. Konstruktionen für Stampflehmfußböden sind in Kap. 14.4 zu finden. Gestampfte großformatige Lehmsteine werden in Kapitel 7 beschrieben.

5.2 Schalungen

Bei den traditionell üblichen Schalungen werden die seitlichen Schaltafeln durch „Traversen" zusammengehalten (Abb. 5.2-1). Diese Traversen durchdringen die Wand und hinterlassen größere oder kleinere Durchbrüche, die nach dem Ausschalen in der Regel wieder gefüllt werden müssen. Um diesen Nachteil zu vermeiden, wurden traversenfreie Schalungssysteme entwickelt (Abb. 5.2-3 und Kap. 5.6.1). Wie Abb. 5.2-4 zeigt, benötigen traversenfreie Schalungen, die nach außen abgestützt werden, viel Platz und behindern häufig den Bauablauf.

Mit speziellen Schalungen lassen sich auch abgerundete Ecken und gebogene Stampflehmwände herstellen (Abb. 5.2-5). Abb. 5.2-6 zeigt die 1931 in Bollbrügge, Schleswig-Holstein, errichtete Rundscheune mit 90 cm dicken Stampflehmwänden.

Marktübliche Schalungssysteme, die für den Betonbau entwickelt wurden, lassen sich auch für den Stampflehmbau verwenden, sind aber in der Regel sehr schwer und teuer. Übliche 19 mm dicke Schaltafeln aus Holz mit den Abmessungen 50 cm x 150 cm müssen mindestens alle 75 cm ausgesteift sein, da sie sich sonst durch den Druck beim Verdichten des Lehms nach außen durchbiegen. Aus diesem Grunde ist es in der Regel sinnvoller, 30 bis 45 mm dicke Holzbretter bzw. -tafeln zu verwenden, die nur im Abstand von 100 bis 150 cm ausgesteift werden müssen.

Wie Anwendungstests ergaben, sind sowohl Schaltafeln mit glatten, wasserdicht versiegelten, als auch mit sägerauhen, unbehandelten Holzoberflächen für den Stampflehmbau ungeeignet, da in beiden Fällen beim Ausschalen die Lehmoberfläche durch an der Schalung haftende Lehmteile zerstört wird.

Die besten Ergebnisse wurden mit einfach gehobelten und einmal lackierten Nadelholz-Oberflächen erzielt. Die Bretter sollten nachträglich nicht geschliffen werden, denn durch die etwas rauhe Oberfläche lässt sich die Schalung gut vom Lehm lösen. Da durch den einfachen Anstrich keine volle Wasserdichtigkeit erreicht wird, entzieht das Holz der Lehmoberfläche etwas Feuchtigkeit, wodurch das Abziehen der Bretter beim Ausschalen erleichtert wird. Deshalb sollten die Schalbretter und Schaltafeln aber auch nicht unnötig lange mit dem feuchten Lehm in Berührung bleiben, sondern sobald wie möglich entschalt, und beim erneuten

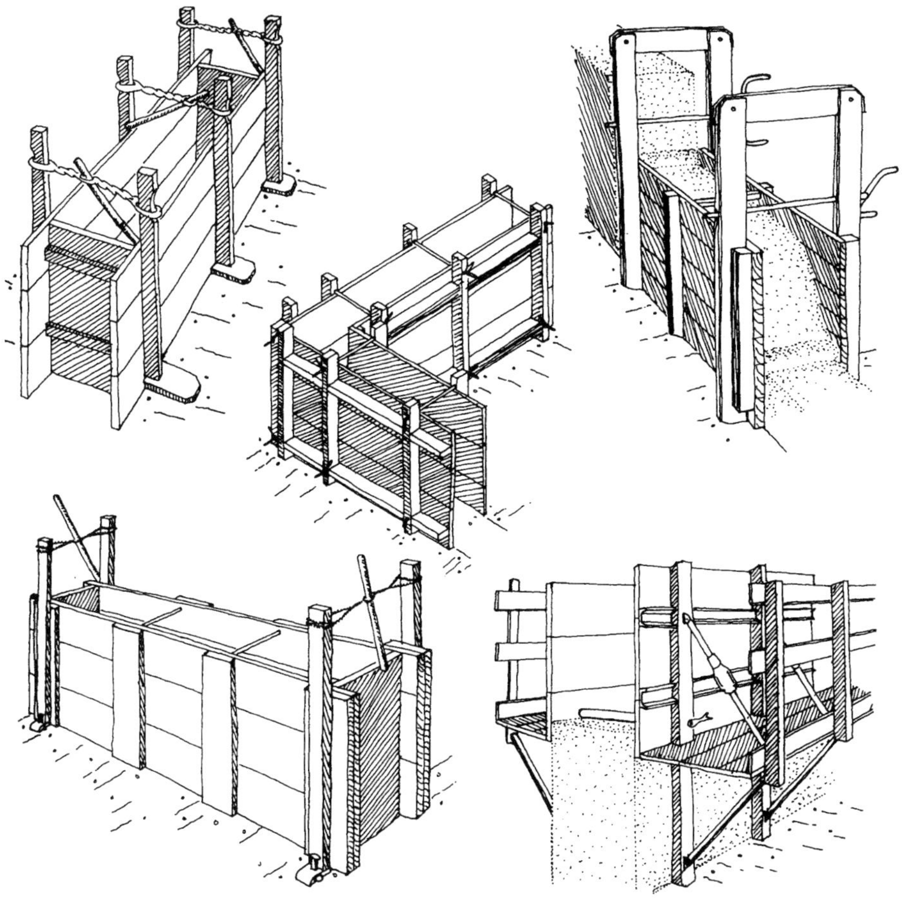

5.2-1 Stampflehm-Schalungen mit Traversen

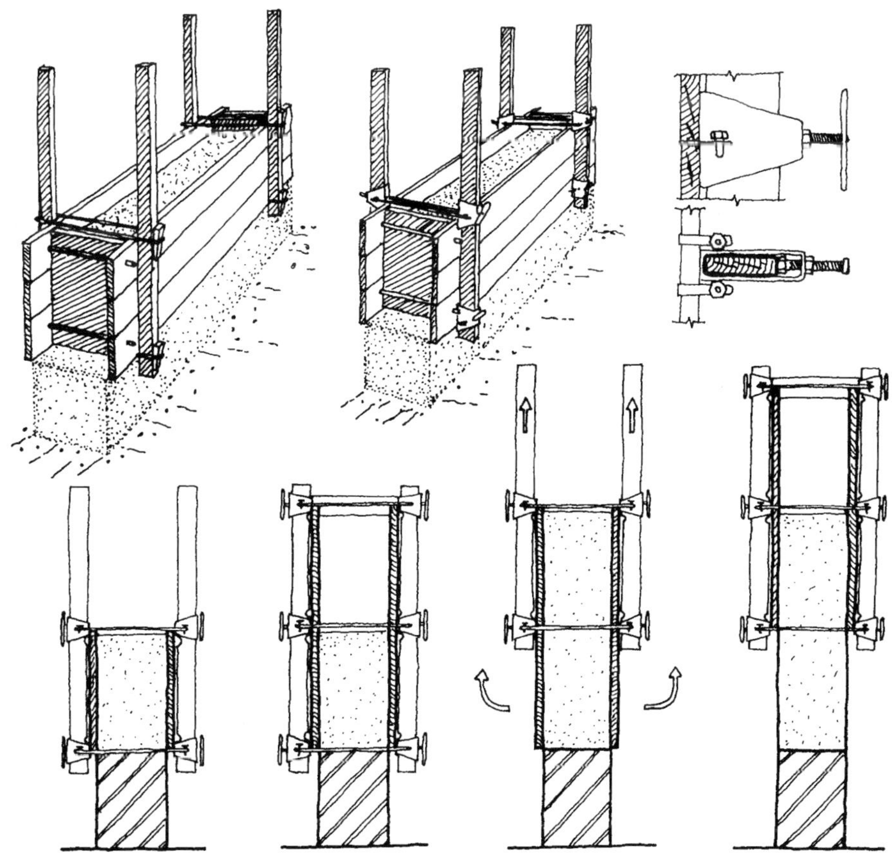

5.2-2 Stampflehm-Kletterschalungen des FEB (nach Minke 1984 b)

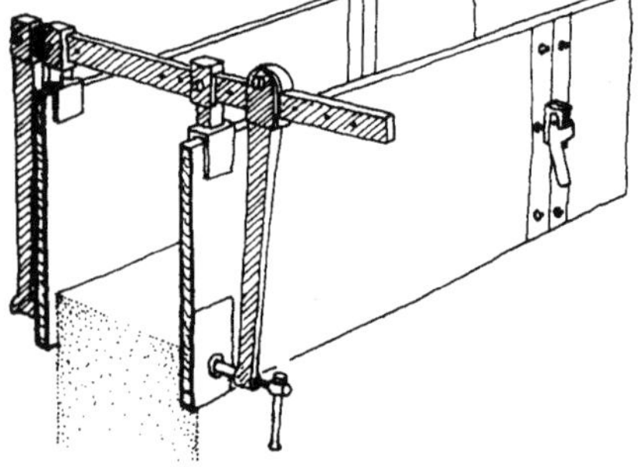

5.2-3 Traversenfreie Stampflehmschalung

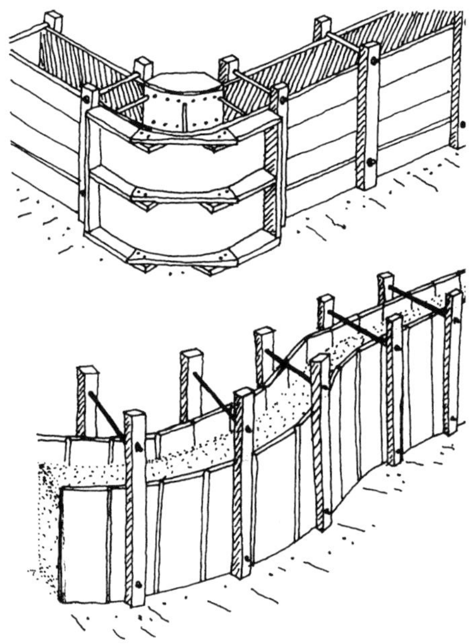

5.2-5 Schalungen für abgerundete und gebogene Wände

5.2-4 Stampflehm-Schalungen mit seitlicher Abstützung aus China

Einsatz umgedreht werden, so dass die vorher außenliegende Oberfläche nach innen gelangt.
Die Art der Schalung und ihre Handhabbarkeit ist ausschlaggebend für den Arbeitsaufwand, denn das Aufbauen und Justieren der Schalung erfordert nicht selten 25 bis 30% der Zeit, die für das Stampfen benötigt wird. Deshalb sollte bei der Wahl des Schalungssystems folgendes beachtet werden:

- die Schalbretter müssen so stabil sein, dass sie sich beim Stampfen nicht nach außen durchbiegen,
- die Einzelteile sollten so leicht sein, dass sie von zwei Personen bequem transportiert werden können,
- das Schalungssystem sollte in der Vertikalen und in der Horizontalen leicht justierbar sein,
- es muss die Möglichkeit bestehen, Toleranzen in der Wandstärke auszugleichen,
- vorteilhaft sind Schalungssysteme, die für das Einschalen von Ecken keine speziellen Teile benötigen.

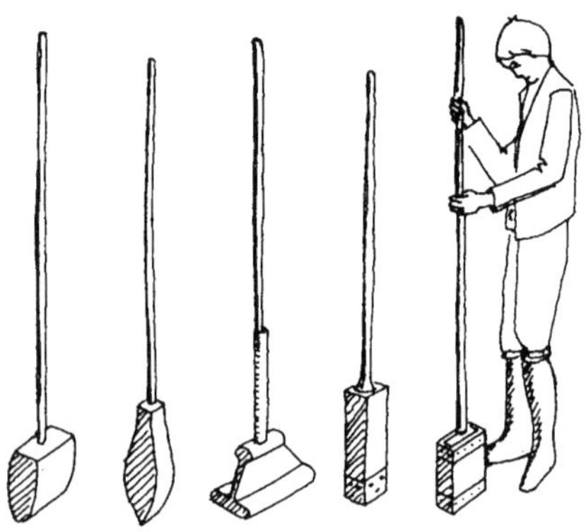

5.3-1 Stampfwerkzeuge für manuelles Verdichten

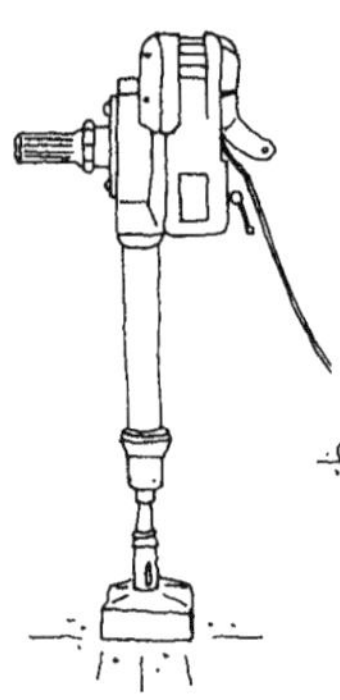

5.3-2 Stampfgerät ES 18, Fa. Wacker

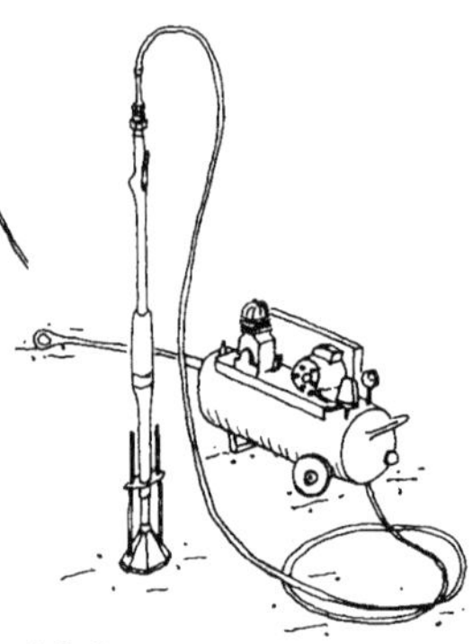

5.3-3 Pneumatischer Stampfer, Australien

5.3 Stampfgeräte

Der Lehm wurde früher mit manuell betriebenen Schlag- oder Stampfwerkzeugen verdichtet (Abb. 5.3-1), die unten eben oder konisch geformt waren. Beide Formen haben Vor- und Nachteile: Mit den konischen Stampfern werden die einzelnen Lagen besser vermischt, bei ausreichender Feuchte entsteht eine höhere Bindekraft und somit meist auch eine höhere Druckfestigkeit. Dies erfordert jedoch einen größeren Zeitaufwand als das Stampfen mit unten ebenen Werkzeugen. Durch diese entsteht allerdings eine glatte Oberfläche, die sich mit der nächsten Lage kaum verbindet, was aber bei dicken Wänden, die nur senkrecht belastet werden, ohne Bedeutung für die Standfestigkeit ist.
Die Stampfer sollten unten nicht scharfkantig sein, damit die Schalung beim Stampfen nicht verletzt wird, die Stampfflächen sollten nicht kleiner als 60 cm^2 und nicht größer als 200 cm^2 (nach DIN 18951 nicht größer als 120 cm^2) sein, und das Gewicht der Stampfer 5 bis 9 kg (nach DIN 18951 nur 5 bis 6 kg) betragen. Vorteilhaft sind Stampfer mit einer kleineren runden Fläche auf der einen Seite und einer größeren quadratischen auf der anderen, wie sie in Ecuador noch heute verwendet werden (Abb. 5.3-6). Sie werden nach Bedarf einfach umgedreht.
Bereits im 2. Viertel des 20. Jahrhunderts wurden in Deutschland, Frankreich und Australien elektrisch bzw. pneumatisch betriebene Stampfgeräte verwendet. Diese haben sich nur bedingt bewährt, zumal sie für Erd- oder Formsandverfestigungsarbeiten und nicht für den Lehmbau entwickelt worden waren. Das in Abb. 5.3-2 dargestellte Stampfgerät der Firma Wacker wurde früher bei vielen Stampflehmbau-Projekten verwendet und in der Literatur häufig erwähnt. Es hat einen Hub von 33 mm und eine Frequenz von 540 Stößen pro Minute. Die Stampfwirkung kann als gut bezeichnet werden. Das Gerät wiegt jedoch 24 kg und ist deshalb schwierig zu handhaben, zumal eine ausreichende Stampfwirkung erst beim Anheben erreicht wird. Wegen der geringen Nachfrage wurde die Fabrikation eingestellt.
In Australien wurde in den 50er Jahren ein pneumatisch betriebenes Stampfgerät eingesetzt (Abb. 5.3-3), das wie ein Presslufthammer arbeitet, eine Frequenz von 160 Schlägen pro Minute hat und ca. 11 kg

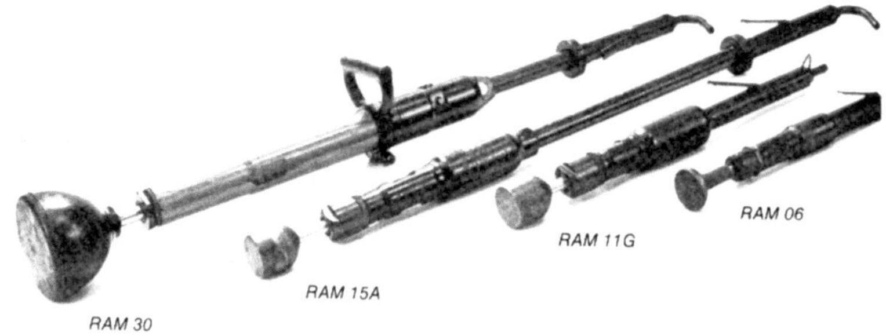

5.3-4 Pneumatische Stampfer, Atlas-Copco

5.3-5 Vibrationsstampfer, Fa. Heuser

wiegt. Am Stempel sind seitlich zwei Führungsstangen angebracht, damit er sich nicht verdrehen kann.
Handelsübliche Erdverdichtungsgeräte, wie sie im Straßenbau verwendet werden, verdichten in der Regel schwach erdfeuchten Lehm nicht zufriedenstellend. Entweder ist die Frequenz zu groß (größer als 2000 U/min) oder der Hub und damit die Stampfwirkung für Lehm zu gering. Geräte, die nur vibrieren bzw. rütteln, sind zwar für die Verdichtung von sandigen, nicht aber von bindigen Böden sinnvoll, also auch nicht von Lehm. Leichte Elektrohämmer, wie sie zum Schlagbohren verwendet werden, haben eine zu große Frequenz und einen zu niedrigen Hub.
Sehr gut geeignet sind jedoch pneumatisch betriebene Handstampfgeräte (Abb. 5.3-4). Das Gerät 11 G hat einen geführten Kolben, der nicht verdreht werden kann, was sich als vorteilhaft erwiesen hat. Um Ecken stampfen zu können, lässt sich außerdem anstelle des runden auch ein eckiger Stampffuß anbringen. Typ 30 G ist schallgedämmt, aber relativ unhandlich, da er mit Fuß ca. 25 kg wiegt. Die Geräte benötigen einen Kompressor, der einen Luftdruck von 6 bar und eine Luftmenge von 400 bis 900 Liter je Minute erzeugen kann. Wegen ihres hohen Anschaffungspreises (1.500 bis 2.500 €) und hohen Energieverbrauches (durch den Kompressor) sind sie in der Regel nur für gewerbliche Ausführungen geeignet.
Vom Forschungslabor für Experimentelles Bauen (FEB), Universität Kassel, wurde ein spezieller, elektrisch betriebener Vibrationsstampfer entwickelt (Abb. 5.3-5 und 5.3-7), dessen Motor, ein sogenannter „Außenrüttler", auch in der Schüttgüterindustrie verwendet wird. Übliche Rüttler mit einer Frequenz von 3000 U/min. sind nicht für die Lehmstampftechnik geeignet, sondern nur spezielle, niederfrequente Motoren mit 1000 bis 1200 U/min. Der wichtigste Teil des Vibrationsstampfers ist die „Stampf- und Gleitplatte", die ermöglicht, dass das Gerät selbsttätig in der Schalung hin und her wandert und dabei den erdfeuchten Lehm verdichtet (Abb. 5.3-7). Die Geometrie der Stampf- und Gleitplatte wurde auf Grund von Praxistests ermittelt und beruht auf folgenden Erkenntnissen:

1. Der Schwerpunkt des kompletten Gerätes muss so tief wie möglich liegen, da sonst das selbsttätige Weiterwandern des Gerätes in der Schalung durch häufiges Verkanten behindert wird.
2. Der Verdichtungseffekt des Gerätes ist sowohl bei zu großem als auch bei zu kleinem Gewicht zu gering. Das Gewicht muss sehr genau eingestellt sein: Die Platte sollte sich von der Oberfläche abheben, damit ein Stampfeffekt entsteht. Ein Vibrieren bzw. Rütteln ohne Abheben reicht nicht aus.
3. Die Platte muss groß genug gewählt werden, so dass der Motor beim Abheben nicht kippt. Eine zu große Platte vermindert aber wiederum den Verdichtungseffekt.
4. Die Stampfplatte sollte so abgerundet sein, dass sie gleichzeitig als Gleitplatte wirkt und ein selbständiges Wandern des Gerätes in der Schalung ermöglicht. Eine zu steile Neigung des Randes verhindert das selbsttätige Wandern, eine zu flache Neigung bewirkt das ungünstige Kippen des Motors und behindert damit ebenfalls das selbsttätige Wandern.

Um einen stetigen, zeitsparenden Stampfprozess zu erreichen, darf die Mischung nicht zu feucht sein; das eingefüllte Material sollte eine ebene Schicht bilden und im unverfestigten Zustand nicht höher als 7 cm sein. Ist die Mischung zu feucht und zu fett, bleiben Lehmteile an der Fußplatte des Stampfgerätes kleben und behindern den Stampfprozess. Bei größeren Schichtdicken läuft das Gerät nicht mehr selbsttätig und die Verdichtung ist nicht mehr tief genug. Das Stampfgerät wandert bei Beachtung

5.3-6 Stampfer mit doppelter Stampffläche, Ecuador

5.3-7 Vibrationsstampfer, Fa. Heuser

5.4-1 Schwindfugen beim Stampflehmbau, Ecuador

der vorgenannten Bedingungen selbsttätig in der Schalung von einer Seite zur anderen. Wird die Richtung des Drehstrommotors durch Umlegen eines Kippschalters geändert, wandert das Gerät wieder zurück. Der Randbereich am Schalungsende muss wegen der abgeschrägten Fußplatte des Gerätes mit einem Handstampfer, z.B. mit einer 60-80 cm langen, 6x6 cm dicken Holzlatte oder einem pneumatischen Stampfer ausreichend verdichtet werden. Vibrationsstampfer erreichen zwar nicht die Leistung der zuvor beschriebenen pneumatischen Stampfer, sind aber auf Grund ihres relativ niedrigen Anschaffungspreises (ca. 500 €) und dadurch, dass kein Kompressor zur Luftdruckerzeugung benötigt wird, insbesondere für Selbstbaumaßnahmen interessant.

5.4 Zum Herstellungsprozess

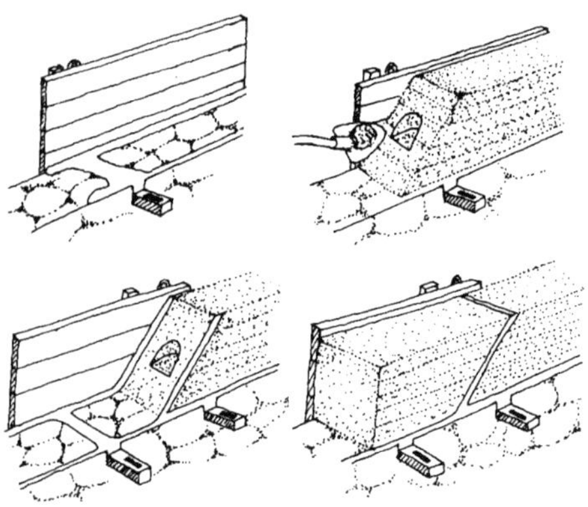

5.4-2 Mörtelfugen bei der Pisé-Technik, Frankreich

Stampflehmwände sollten möglichst kontinuierlich „feucht in feucht" erstellt werden. Bei nahezu allen traditionellen Stampflehmverfahren wird dabei ein „horizontales Taktverfahren" angewendet, d.h. der Lehm wird in einzelnen Lagen von 50 bis 80 cm Höhe gestampft, dann wandert die Schalung jeweils in der Waagerechten weiter. Ist eine Lage fertiggestellt, wird darauf die zweite errichtet. Dies bedeutet, dass beim Austrocknen die frische Stampflehmschicht stärker schwindet als die darunterliegende bereits angetrocknete, wodurch horizontale Fugen zwischen den beiden Lagen entstehen (Abb. 5.4-1). Dringt dann Kapillarwasser ein, kann das zu einem Aufweichen des Materials und in der Folge zu einem Abspülen durch Regen oder zu einem Abblättern durch Frosteinwirkung führen. Wie Abb. 5.4-1 zeigt, können durch den Trockenprozess auch vertikale Trockenschwindfugen entstehen.
Bei der französischen Pisé-Technik wurde die durch unterschiedliches Schwinden entstehende horizontale Fuge dadurch verhindert, dass auf die Stampflehmlage eine dünne Kalkmörtelschicht und darauf erst die nächste Lehmschicht aufgebracht wurde. Da Kalkmörtel mehrere Wochen braucht, um abzubinden, bleibt er plastisch, bis der Lehm nicht mehr schwindet. Manchmal wurde der seitliche Abschluss auch schräg ausgebildet und zur Verhinderung von Schwindrissen ebenfalls mit einer Mörtelschicht überzogen, so dass die für den Pisébau typischen Fugenmuster entstanden (Abb. 5.4-2).
Einfachere Methoden, horizontale Schwindrisse durch einen vertikalen Herstellungsprozess zu vermeiden, werden in Kap. 5.6 beschrieben.

5.5 Bearbeitung des feuchten Stampflehms

Stampflehm hat nach dem Ausschalen bereits eine hohe Festigkeit, so dass sich z.B. Nägel ohne Vorbohren direkt einschlagen lassen. Er ist außerdem noch relativ leicht durch Materialabtragung formbar. Abb. 5.5-1 zeigt das nachträgliche Abschrägen einer Fensterlaibung mit einer Machete (Haumesser). Es erwies sich, dass das „Abschneiden" der noch feuchten Stampflehmwand wesentlich weniger zeitaufwendig ist als das Anfertigen und Einsetzen einer besonderen Fenster-Aussparung in die Stampfschalung. Die Aussparung würde außerdem den Stampfprozess erheblich behindern. Fensteröffnungen lassen sich auch mit einem Stacheldraht aus der frisch gestampften Wand heraussägen.

5.5-1 Bearbeiten des feuchten Stampflehms nach dem Ausschalen

5.6 Neue Wandbauweisen

5.6.1 Elementierte Stampflehm-Bauweise

Um die Nachteile der Rissbildung bei traditionellen Stampflehmverfahren zu vermeiden, wurde am FEB eine „Elementierte Stampflehm-Bauweise" entwickelt. Dabei wird die Lehmwand geschosshoch aus bis zu 2,40 m breiten Elementen kontinuierlich in einem vertikalen Fertigungsprozess hergestellt, so dass keine horizontalen Schwindfugen entstehen können und sich lediglich eine vertikale Schwindfuge bildet, die leicht nachträglich geschlossen werden kann. Zur Querstabilisierung sind die Wandelemente miteinander verzahnt, wobei die Verzahnung gleichzeitig als vorgegebene Sollschwindfuge dient (Abb. 5.6-1 bis 5.6-3).

Um ein geschosshohes Einrüsten zu vermeiden, wurde dafür eine Kletterschalung aus lediglich 4 Schalbrettern entwickelt, die während des Stampfprozesses mit nach oben wandert. Die geschosshohen Stützen lassen sich sehr einfach aus Holzbohlen herstellen. Sie sind oben entweder durch eine einfache Holz-Traverse oder aber durch eine in der Länge verstellbare Metalltraverse gelenkig miteinander verbunden (Abb. 5.6-1), wobei letztere den Vorteil hat, dass sie für verschiedene Wandstärken verwendbar ist und Toleranzen in der Wandstärke ausgleichen kann. Der untere Schalungsabstand ist durch Schraubverschlüsse und eine Gewindestange einstellbar. Werden die Verschlüsse geöffnet, so lassen sich die unteren Bretter seitlich hineinschieben oder herausziehen.

Vorteilhaft bei diesem System ist, dass der Stampfprozess nicht durch Querspangen oder Traversen behindert wird: Die untere Querstange liegt auf dem Sockel auf, die obere Traverse oberhalb der fertigen Wand. Weiterhin ist von Vorteil, dass mit dieser Schalung auch Ecken gefertigt werden können, ohne dass besondere Teile nötig sind. Mit dieser elementierten Stampflehm-Bauweise wurde 1982 ein erstes Versuchshaus in Kassel errichtet (Abb. 5.6-4). Die Wände des Hauptraumes bestehen aus geschosshohen, 1,80 m breiten, kontinuierlich hergestellten Stampflehmelementen. Als optimale Lehmmischung wurde ein magerer Lehm mit ca. 10% Ton, 30-50% Schluff und 40 - 60% Sand ermittelt, der in krümeligem, schwach erdfeuchten Zustand mit einem Wassergehalt von ca. 12% in die Schalung eingebracht und mit dem in Kapitel 5.3 beschriebenen Vibrationsstampfer verdichtet wurde.

Durch die Optimierung der Lehmzusammensetzung und die durch die Vibrationsstampftechnik ermöglichte Verringerung des Wassergehaltes, konnte das lineare Trockenschwindmaß auf 0,4% reduziert werden (nach DIN 18953 ist mit bis zu 2% zu rechnen!). Das bedeutet, dass bei den 1,80 m breiten Elementen lediglich an den vorgesehenen Sollschwindstellen eine vertikale Fuge von 7 mm auftrat, die nach dem Austrocknen mit einem Lehm-Kalk-Gemisch bzw. einem Lehmleinölmörtel gefüllt wurde.

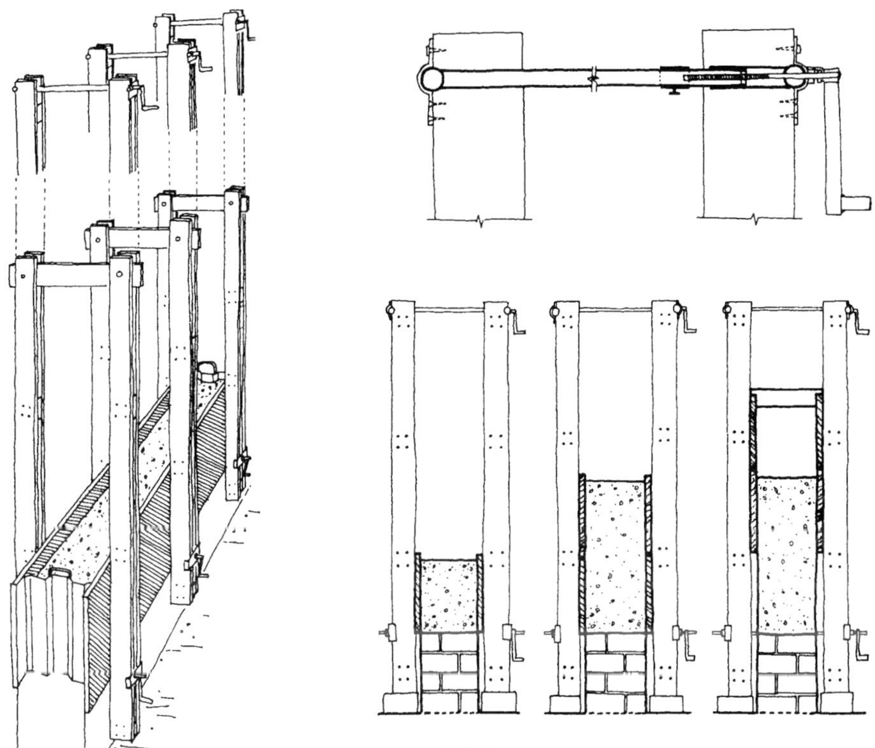

5.6-1

5.6-1 bis 5.6-3 Kletterschalungssysteme der elementierten Stampflehm-Bauweise

5.6-2

5.6-3

5.6-4 Versuchshaus Gesamthochschule Kassel, 1982

Auf der Wandfläche waren keinerlei Schwindrisse sichtbar. Die Trockenschwindung war nach einer Woche nahezu abgeschlossen, danach war kein Schwinden mehr feststellbar.
Ein 60 cm großer Dachüberstand schützt die Außenwand vor Schlagregen, zum Schutz gegen Spritzwasser wurde ein 50 cm hoher Sockel aus Hochlochziegeln vorgesehen. Der Dachüberstand und der Sockel reichten als konstruktiver Wetterschutz für die Lehmwand aus. Die Außenwand zeigte nach dem Austrocknen auch bei kurzzeitigem Nasswerden durch Regen keine Erosionserscheinungen. Die Wetterseite wurde nachträglich mit Kalk-Kasein-Farbe gestrichen, die übrigen Wände blieben ungestrichen.

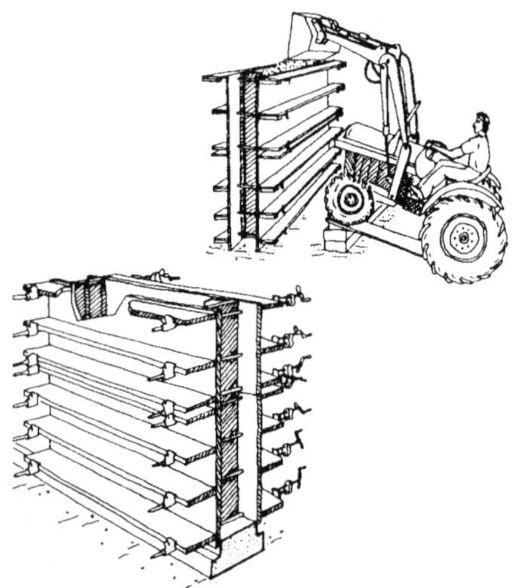

5.6-5 Mechanisierter Stampflehmbau, USA

5.6.2 Hochmechanisierte Verfahren

Die Firma Rammed Earth Works des Architekten David Easton errichtete in Kalifornien viele Häuser mit massiven Stampflehmwänden, wobei eine spezielle Schalung aus dicken Sperrholztafeln und pneumatisch betriebene schwere Stampfer verwendet wurden (Abb. 5.6-5). Durch das Einbringen des Lehms mit Hilfe eines kleinen Frontladers konnte der Arbeitsprozess erheblich beschleunigt, und der Zeitaufwand auf 2 Stunden je m^3 reduziert werden. Easton mischt dem Lehm in der Regel 7% Zement zu, so dass das Material als „soil cement" („Erdbeton") zu bezeichnen ist (Berglund 1982).
In Australien gibt es mehrere Firmen, die in den letzten zwei Jahrzehnten bei etwa 100 Gebäuden Stampflehm benutzt haben. In der Regel kam auch hierbei ein hochmechanisierter Lehmstampfbau zur Anwendung (Oliver 1986).
Bei den in Abb. 5.6-6 und 5.6-7 dargestellten Stampflehmwänden der Firma Terrastone wird ein marktübliches, großflächiges Betonschalungssystem aus Stahl eingesetzt. Abb. 5.6-8 zeigt eine von den Architekten Hodge & Wilson entworfene und von der Firma Ramtec ausgeführte Kirche, bei der alle Wände und sogar die Säulen, die die Dachkonstruktion tragen, aus Stampflehm bestehen (Abb. 5.6-9). 1992 entstand das Kooralbyn Valley Resort Hotel in Australien mit Wänden aus unverputztem Stampflehm (Entwurf: I.Hannaford, F.Raadschelders, D.Oliver), siehe Abb. 5.6-10 und 5.6-11.

5.6-6 und 5.6-7 Mechanisierter Stampflehmbau, Terrastone, Australien 5.6-7

5.6.3 Rahmenbauweise mit Stampflehmfüllung

Am Centro de Pesquisas e Desenvolvimento, Salvador, Brasilien, wurde eine einfache Bauweise entwickelt, um dünne Stampflehmwände als Füllung in Rahmen bzw. zwischen Stützen einzusetzen. Bei verschiedenen Low-cost-housing Projekten in Brasilien wurden dabei vorgefertigte Stützen aus Stahlbeton benutzt, die unten mit dem Fundament und oben mit einem Stahlbetonringbalken verbunden wurden. Die Schalbretter waren direkt an den Stützen befestigt, die Stützenbreite ergab die Dicke der Stampflehmwände (Abb. 5.6-12). Um die Festigkeit der relativ dünnen Lehmwände zu erhöhen, wurde dem Lehm 6 - 8% Zement zugesetzt.

5.6-8 und 5.6-9 Kirche in Margaret River, Australien

5.6-9

5.6.4 Wandkonstruktionen mit verlorener Schalung

Da beim Stampflehmbau der Kostenaufwand für Schalungen nicht unerheblich ist, können unter Umständen Wandkonstruktionen sinnvoll sein, die eine gemauerte Lehmsteinschale oder biegesteife Wärmedämmplatten als verlorene Schalung verwenden, so dass keine oder nur eine einseitige Schalung erforderlich ist. Die verlorene Schalung muss allerdings stabil genug sein, um dem beim Stampfen entstehenden Seitendruck zu widerstehen.

5.6-10 Hotel in Kooralbyn, Australien

5.6-11 Hotel in Kooralbyn, Australien

5.6-12 Rahmenbauweise mit Stampflehmfüllung, CEPED, Brasilien

5.7 Stampflehm-Kuppelbauweise

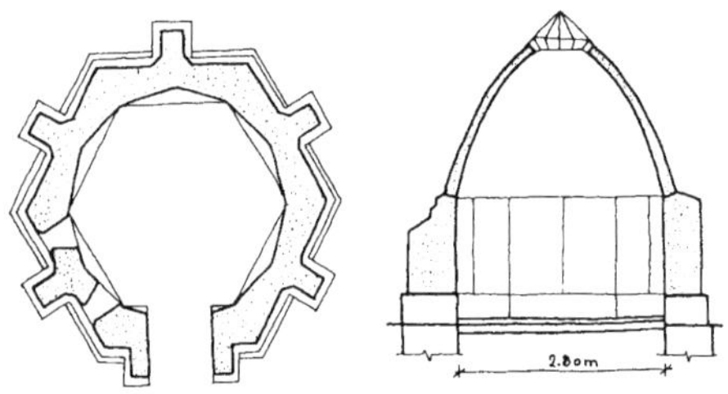

5.7-1 Grundriss und Schnitt des Stampflehm-Versuchsgebäudes, Kassel

Die erste Stampflehmkuppel wurde 1983 in Kassel errichtet. Die spezielle Technik, bei der mit Hilfe einer Gleitschalung Rotationskuppeln unterschiedlicher Form und Dicke errichtet werden können, wurde am FEB im Rahmen des von der Deutschen Forschungsgemeinschaft finanzierten Forschungsprojektes „Niedrigkosten-Bauten aus Lehm" entwickelt.
Die ca. 2 m hohe Kuppel des Versuchsbaus hat einen Innendurchmesser von 2,80 m, sie ist unten 18, oben 12 cm dick und wurde über einer im Grundriss sechseckigen Stampflehmwand errichtet (Abb. 5.7-1 bis 5.7-3).

Die tragende Außenwand ist in der Elementierten Stampflehm-Bauweise errichtet (vgl. Kap. 5.6.1). Um den Gewölbeschub der Kuppel aufnehmen zu können, ist die 1,70 m hohe und 0,30 m bis 0,50 m dicke Wand mit Stützpfeilern ausgesteift. Der Wandquerschnitt ist so geformt, dass die aus der Belastung des Gewölbes entstehenden Druckkräfte innerhalb der Wand abgeleitet werden, ohne dass dort eine Biegebeanspruchung auftritt.
Die oberen Bereiche der Stützpfeiler wurden nach dem Ausschalen im feuchten Zustand mit einem Haumesser (Machete) bzw. einem Küchenmesser soweit abgetragen, bis die gewünschte Form entstand. Das Bearbeiten des feuchten Lehms - der keine groben Bestandteile wie Kies oder Steine enthalten sollte - mit einem Messer nahm wesentlich weniger Zeit in Anspruch als das Stampfen der exakten Form mit einem besonderen Schalungselement. Das gleiche traf für die Ausbildung der Fenster zu, deren Öffnungen ebenfalls problemlos nachträglich ausgeschnitten wurden.
Zur Herstellung der Kuppel wurde eine vom FEB entwickelte Rotationsgleitschalung entwickelt (Abb. 5.7-2 und 5.7-3). Das Gerät besteht aus einem vertikalen Stahlrohrmast, an dem das Führungsgestänge mit dem Schalungskasten drehbar befestigt ist. Der Kasten ist aus zwei parallel angeordneten Schalungstafeln gefertigt, zwischen denen der erdfeuchte Lehm gestampft wird. Die Schalungstafeln sind aus mehreren u-förmigen, elastisch gelagerten Elementen zusammengesetzt, so dass für die äußeren und die inneren Schalungstafeln ein beliebiger Krümmungsradius eingestellt werden kann. Bei dieser Schalung sind sowohl der Abstand der beiden Schaltafeln, der die Wanddicke ergibt, als auch der Neigungswinkel und der Krümmungsradius der äußeren und der inneren Schaltafel jeweils unabhängig voneinander verstellbar.
Mit diesem Gleitschalungsgerät wurde die Kuppel im horizontalen Taktverfahren Schicht für Schicht gestampft, indem der erdfeuchte, krümelige Lehm mit Eimern jeweils etwa 10 cm hoch in den Schalungskasten geschüttet und anschließend manuell mit Stampfhölzern so weit verdichtet wurde, dass eine Volumenreduktion von ca. 40% entstand. Wäre für das Stampfen der in Kap. 5.3 beschriebene pneumatische Stampfer Atlas-Copco RAM 11 G verwendet worden, so hätten über 50% der Ar-

5.7-2

5.7-3

5.7-2 und 5.7-3
Herstellen der Stampflehmkuppel mit der Rotations-Gleitschalung

beitszeit eingespart werden können. Nachdem eine ringförmige Schicht erstellt war, wurde der Schalungskasten geöffnet und zusammen mit dem Schalungsgestänge um eine Schichthöhe nach oben gezogen. Danach wurde das Schalungsgestänge horizontal verschoben und auf den neuen, verkürzten, horizontalen Krümmungsradius der Kuppel eingestellt. Da der Radius der oberen Führungsstange kürzer war als der der unteren, ergab sich die neue Schrägstellung der Schalungstafeln. Als letztes wurden die Krümmungsradien der Schaltafeln mittels Stellschrauben verkleinert und dem neuen Kuppelradius angepasst.

5.8 Trocknungsprozess

Es ist kaum möglich, einen Zeitpunkt anzugeben, an dem eine Lehmwand „trocken" ist. Der Trocknungsprozess einer Lehmwand verläuft jedoch schneller als der einer Ziegelwand und wesentlich schneller als der einer Betonwand (vgl. Kap. 2.3.9). Bei trockenem Sommerwetter und ausreichender Luftbewegung schwindet eine Stampflehmwand bereits nach wenigen Tagen nicht mehr, nach 3 Wochen fühlt sie sich trocken an, hat aber immer noch einen etwas höheren Wassergehalt als die Gleichgewichtsfeuchte.

5.9 Trockenschwindmaß

Bei Stampflehm lässt sich das Trockenschwindmaß minimieren, indem die Mischung durch besonders große Partikel wie Schotter und Gesteinsbrocken abgemagert wird. Bei der Versöhnungskapelle in Berlin (Kap. 16.21) konnte dadurch ein Schwindmaß von 0,15% erreicht werden.

5.10 Aufwand

Der Zeitaufwand, um Stampflehmwände ohne Maschineneinsatz zu errichten, liegt einschließlich Aufbereitung, Transport- und Schalungsarbeiten zwischen 20 und 30 Stunden je m^3. Durch eine Verbesserung des Schalungssystems und durch den Einsatz eines elektrisch betriebenen Vibrationsrüttlers konnte bei dem in Kapitel 5.6.1 beschriebenen Verfahren der Zeitaufwand auf 8 bis 10 Stunden/m^3 reduziert werden.
Bei den in Kap. 5.6.2 aufgeführten hochmechanisierten Verfahren, bei denen das Transportieren und Einfüllen des Lehms mit einem Frontlader und das Verdichten mit schweren pneumatischen Stampfern erfolgt, können Arbeitszeiten von 2 Stunden je m^3 erreicht werden. Dies sind weniger als 10% des bei traditionellen Verfahren üblichen Arbeitszeitaufwandes.

5.11 Wärmedämmung

Dass die Wärmedämmwirkung einer massiven Stampflehmwand aus Schwerlehm für das Klima in Europa nicht ausreicht, wird deutlich, wenn man den U-Wert ermittelt. Dieser beträgt bei einer 30 cm dicken Stampflehmwand lediglich 1,9 bis 2,0 W/m^2K. Eine massive Stampflehmwand mit einem U-Wert von 0,5 W/m^2K müsste 1,60 bis 1,80 m dick sein. Um eine bessere Wärmedämmwirkung von Außenwänden zu erreichen, ist es deshalb notwendig, entweder eine zusätzliche Wärmedämmung vorzusehen oder anstelle des Schwerlehms einen wärmedämmenden Leichtlehm zu verwenden.
Möglichkeiten, Lehmwände mit erhöhtem Wärmeschutz auszubilden, werden in Kapitel 14.2.1 erläutert.

5.12 Oberflächenbehandlung

Eine Stampflehmwand benötigt im Vergleich zu anderen Lehmwänden wenig Arbeits- und Materialaufwand für die Oberflächenbehandlung; sie mit einem Putz zu überziehen, ist in der Regel nicht notwendig und nicht sinnvoll. Eine glatte tapezier- und streichfähige Oberfläche erhält man, wenn man die frisch ausgeschalte Wand mit einem feuchten Filzbrett abreibt. Ist die Wand bereits etwas angetrocknet, wird sie vor dem Abreiben entsprechend angefeuchtet. Ist die Außenfläche der Stampflehmwand durch einen ausreichenden Dachüberstand gegen Schlagregen und durch einen Sockel gegen Spritzwasser geschützt, reicht als Schutz vor weiteren Witterungseinflüsse ein Anstrich aus. Allerdings muss dann darauf geachtet werden, dass dieser Schutzanstrich nicht durch Risse oder Abplatzungen beschädigt ist.

6 Lehmsteinbau

6.1 Allgemeines

Mit der Bezeichnung „Lehmziegelbau" oder „Lehmsteinbau" sind ungebrannte „Steine" bzw. „Ziegel" aus Lehm gemeint, die mit Lehm- oder Kalkmörtel vermauert sind. Die 1971 zurückgenommene DIN 18951 verwendet den Begriff „Lehmsteine" als Oberbegriff und unterscheidet je nach Art der Herstellung „Lehmquader", „Lehmpatzen" und „Grünlinge".

Lehmquader sind danach großformatige Lehmsteine, die in der Regel 12 x 25 x 38 cm messen und aus erdfeuchtem, magerem Lehm in Formen gestampft werden. Sie wiegen etwa 20 kg und sind deshalb schwer zu vermauern.

Lehmpatzen werden aus einer mittelfetten, nassen Lehmmischung, die zumeist faserige Zuschlagstoffe enthält, „geschlagen" bzw. „gepatzt", indem ein nasser Lehmklumpen mit beiden Händen in eine Holzform geworfen wird. Größere Formate als 12x12x25 cm oder 24 x 24 x 7 cm werden in dieser Technik gewöhnlich nicht erzeugt.

Grünlinge sind aus fettem, steinfreien Lehm im „Handstrichverfahren" oder mit Strangpressen industriell hergestellt. Die häufigsten Abmessungen sind:

6,5 x 12,0 x 25 cm (Reichsformat)
5,1 x 11,5 x 24 cm (DF = Dünnformat)
7,1 x 11,5 x 24 cm (NF = Normalformat)
7,1 x 11,5 x 30 cm (Klosterformat)
11,3 x 11,5 x 24 cm (2 DF)

Größere massive Grünlinge sind wegen ihres hohen Gewichtes, größere Formate mit Hohlräumen (Hochlochziegel, Gitterziegel) wegen ihrer geringen Festigkeit beim Nageln und Dübeln weniger geeignet, vgl. 6.1-1.

Grünlinge sind nicht frostfest und dürfen in frostgefährdeten Gebieten nicht für die äußere Schicht von Außenwänden verwendet werden.

In Abb. 6.1-1 sind übliche Lehmsteine abgebildet wie sie von verschiedenen Ziegeleien produziert werden, vgl. Kap. 20.

Im spanischen Sprachbereich werden Lehmsteine als „adobes" bezeichnet, im englischen als „sun dried earth blocks", „mud bricks" oder ebenfalls als „adobes".

Lehmsteine, die spezielle Funktionen übernehmen, werden in den Kapiteln 6.10 „Leichtlehmsteine" und 6.11 „Akustik-Lehmsteine" beschrieben.

Spezielle Anwendung für Wand-, Decken- und Gewölbekonstruktionen werden in den Kap. 14.2, 14.3 und 14.7 behandelt.

6.2 Zur Geschichte

Der Lehmsteinbau war in allen trocken-heißen, subtropischen und gemäßigten Klimazonen der Erde verbreitet. Im russischen Turkestan sind Bauten aus Lehmsteinen aus der Periode von 8000-6000 v.Chr. (Pumpelly, 1908), in Assyrien aus der Zeit um 4000 v.Chr. bekannt. In Oberägypten stehen heute noch Reste monumentaler Lehmbauten, die etwa 3.200 Jahre alt sind, z.B. die Lehmsteinmauern in Medinet Habu oder die Gewölbe vom Totentempel Ramses des Zweiten bei Gourna (Abb.1.2-1).

Die Kunst, Lehmsteingewölbe ohne Stützgerüst zu erstellen, war in vielen Kulturen verbreitet (siehe Kap. 14.7).

Die Pueblo Indianer in Taos, New Mexiko, USA, bauten seit Jahrhunderten in der gleichen Technik und Form ihre Häuser aus dem Material, das unter ihren Füßen war, angerührt mit Wasser aus dem Fluss und Strohhäcksel von den Getreidefeldern (Abb. 6.2-1).

6.1-1
Verschiedene industriell hergestellte Lehmsteine

Der historische Kern von Shibam, Jemen, der ca. 20.000 m^2 umfasst und nur durch ein Eingangstor erschlossen wird, gilt als die älteste „Hochhausstadt der Welt" (Abb. 6.2-2). Die meist achtstöckigen Lehmziegelhäuser stammen teilweise aus dem 15. Jahrhundert.

Aus Skandinavien und England ist aus dem 17. und 18. Jahrhundert eine Grassoden-Bauweise bekannt, bei der durchwurzelte, grasbewachsene, lehmige Erde ausgestochen und mit diesen Soden - die kurzgeschnittene Grasseite nach unten - Wände errichtet wurden. Europäische Emigranten brachten diese Technik nach USA, wo im 18. und 19. Jahrhundert viele dieser „sod houses" entstanden. Einige Siedler übernahmen die Idee, mit Soden zu bauen auch von nordamerikanischen Indianerstämmen, z.B. von den Omaha und Pawnee, die ihre Rundhütten mit Soden abdeckten. (Houben, Guillaud, 1984).

In New Mexico war es weit verbreitet, aus den ausgetrockneten Rändern von Flussbetten, wo feiner Lößlehm von Wurzeln durchzogen wird, „Lehmsteine" auszustechen und damit Wände zu errichten. Diese als „terronis" bzw. „terrones" bezeichneten, mit Wurzeln durchsetzten Bausteine, wurden vereinzelt auch in anderen Südweststaaten der USA, in Mexiko und Mittelamerika verwendet. Das Bauen mit terrones ist noch heute in New Mexico offiziell zugelassen und in den staatlichen Baunormen („Standards") enthalten

In Deutschland ist der Lehmsteinbau bereits im sechsten vorchristlichen Jahrhundert bei dem Bau der Befestigungsmauern der Heuneburg im Kreis Sigmaringen eingesetzt worden (Dehn, 1964). Die quadratischen Lehmsteine mit 40 cm Kantenlänge und einer Höhe von 6 - 8 cm sind aus einem kieshaltigen Lehm mit Strohhäcksel gefertigt. Vermutlich entstand das Befestigungsbauwerk unter Mitwirkung griechischer Baumeister, da diese Bauweise in Griechenland bereits vorher üblich war. Nach Güntzel wurden für die 3 m hohe Mauer 140.000 Lehmsteine und 400 m^3 Lehmmörtel vermauert (Güntzel, 1986, S.23). Weitere eindeutige Belege für Lehmsteinbauten stammen erst aus der ersten Hälfte des 18. Jahrhunderts. 1764 wurde in Breslau ein „Circular" wegen der einzuführenden Bauart mit Lehmpatzen veröffentlicht (Güntzel, 1986). 1790 veröffentlichte David Gilly eine Schrift über die vorteilhafte Anwendung des Lehmsteinbaus (Gilly, 1790).

6.2-1 Traditionelle Wohnbauten der Pueblo-Indianer in Taos, New Mexiko, USA

6.2-2 Ansicht vom Stadtkern Shibam, Südjemen

6.3 Vorschriften

Für den Lehmsteinbau sind in den DIN-Normen nur wenige spezielle Angaben enthalten. In der einzigen erlassenen Norm über Lehmbauten, in der DIN 18951, stehen in Blatt 1, § 8 lediglich 3 Abschnitte. Abschnitt (1) lautet: „Lehmsteinwände werden aus Lehmsteinen mit dünnflüssigem Lehmmörtel, Kalkmörtel oder hydraulischem Kalkmörtel in ordnungsgemäßem Verbande handwerksgerecht gemauert". In Abschnitt (2) stehen Angaben über Steinformate und -bezeichnungen und in Abschnitt (3) ist erwähnt, dass tragende Innenwände mindestens 25 cm dick sein müssen. Statisch nicht belastete Lehmsteinkonstruktionen bedürfen keiner besonderen bauaufsichtlichen Genehmigung, sofern die Standsicherheit gewährleistet ist, da der Lehmziegelbau im Sinne der Landesbauordnung keine neue Bauart, ist, deren Brauchbarkeit nachgewiesen werden muss. Wenn die Lehmwände statisch belastet werden sollen, bedarf er jedoch einer behördlichen Genehmigung.

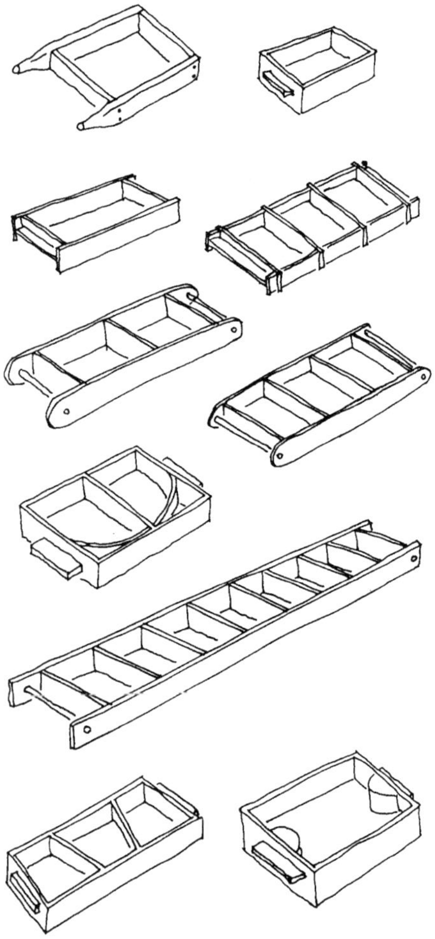

6.4-1 Formen zur Herstellung „gepatzter" Lehmsteine

6.4 Herstellung von Lehmsteinen

Die manuelle Lehmsteinherstellung erfolgt entweder durch das Einfüllen bzw. „Einstreichen" von Lehm breiiger Konsistenz, durch das Einwerfen bzw. „Patzen" von Lehm plastischer Konsistenz oder durch das Stampfen von erdfeuchtem Lehm in offene Formen („Formrahmen"), die in der Regel aus Holz, seltener aus Metall gefertigt sind, vgl. Abb. 6.4-1.

Das Patzen von Lehmsteinen ist immer noch die gebräuchlichste Herstellungstechnik, vor allem in Entwicklungsländern (Abb. 6.4-2 bis 6.4-4). Hierbei wird ein sandiger Lehm mit Wasser und Strohhäcksel dickbreiig angemischt und mit der Hand schwungvoll in die am Boden liegenden Holzformen befördert. Je kraftvoller die Lehmklumpen in die Formen geworfen werden, um so besser ist die Verdichtung und die Festigkeit des Steins nach der Austrocknung. Die Oberfläche wird mit der Hand, einem Holz, einem Draht (Abb. 6.4-6) oder einer Kelle abgezogen. Durch ruckartiges Hochziehen der Holzform werden die Steine entformt, die, nachdem sie etwas angetrocknet sind, zum endgültigen Trocknen auf die Seite gelegt werden (flach gelagert würden sie ungleich austrocknen und sich dabei verformen).

Erstaunlicherweise haben solche manuell hergestellten Lehmsteine in der Regel eine höhere Druckfestigkeit als Lehmsteine, die mit Pressen erzeugt wurden, vgl. Kap. 3.5.3. Die Arbeitsleistung einer Person einschließlich Aufbereitung, Transport der Lehmmischung und Stapeln der Steine beträgt etwa 300 Steine pro Tag.

Die „Ziegler", die im 18. und 19. Jahrhundert vor allem in Norddeutschland als Saisonarbeiter tätig waren und Rohlinge für den Feldbrand fertigten, arbeiteten ähnlich, benutzten aber einen Tisch zur Arbeitserleichterung. Eine Gruppe von 5 Zieglern konnte pro Tag 2400 Lehmsteine produzieren (Institut für wiss. Film, 1965). Abb. 6.4-5 zeigt das Patzen von Lehmsteinen auf einem Tisch, wie es von Niemeyer empfohlen wurde (Niemeyer, 1946). Dieser Herstellungsprozess lässt sich weiter vereinfachen und beschleunigen, wenn die Lehmsteine auf Schaltafeln oder Bohlen hergestellt werden, die auf Böcken aufliegen und die anschließend mit den Lehmsteinen zum Trockenplatz getragen werden. Wichtig beim Herstellen der Lehmsteine nach dieser Methode ist, dass möglichst so viel Lehm in beide Hände genommen und mit Schwung in die Form geworfen wird, dass diese mit

6.4-2 - 6.4-4
Herstellen von handgeformten Lehmsteinen in Ecuador

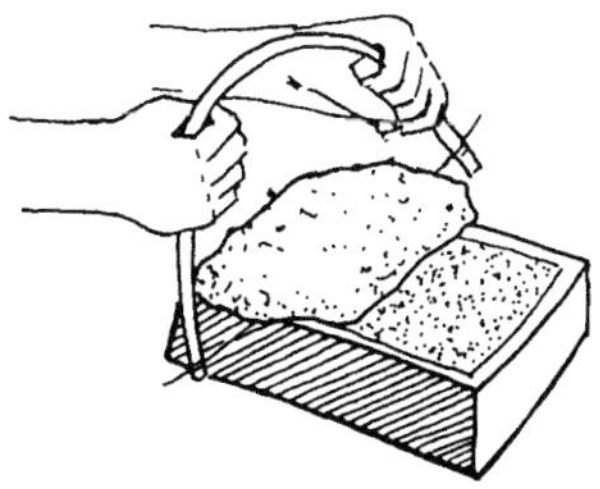

6.4-5 Abziehen des überschüssigen Materials mit einem Draht

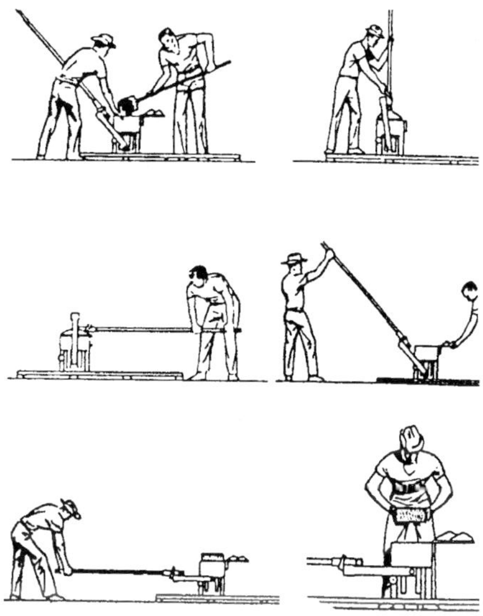

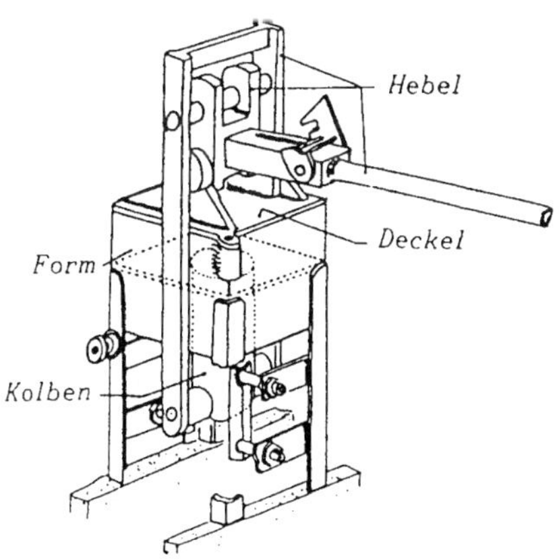

6.4-8 Handhebelpresse CINVA-Ram, Kolumbien

einem Wurf ausgefüllt ist. Überschüssiges Material wird bei dünner Konsistenz mit einem Holz (Abb. 6.4-6), bei dickerer mit einem Drahtbügel „abgezogen" (Abb. 6.4-5).

Um das Bücken beim Herstellen der Lehmsteine zu vermeiden, bietet sich auch die Verwendung einer Lehmziegelform mit ca. 80 cm langen Griffen an, wie sie in Abb. 6.4-7 zu sehen ist. Das Abstreichen bzw. Glätten der Lehmoberfläche in der Form erfolgt dann am einfachsten mit dem Schuh. Abb. 6.4-1 zeigt übliche Holzformen für die Lehmsteinherstellung. Aus Gewichtsgründen sind bei größeren Ziegelformaten „Einsteinformen" empfehlenswert, bei kleineren Formaten ist die Arbeitsleistung bei Formen für 2 bzw. 3 Lehmsteine wesentlich höher.

Mit entsprechenden Formen lassen sich auch runde Steine für abgerundete Ecken und konische Steine für Gewölbe herstellen.

Das Herstellen von Lehmsteinen mit Hilfe handbetätigter Hebelpressen war bereits im 18. Jahrhundert bekannt. Die erste Lehmsteinpresse entwickelte 1789 der französische Architekt Francois Cointeraux. Seitdem wurden verschiedenste Pressen konstruiert. Die weiteste Verbreitung erreichte auf Grund ihrer einfachen Mechanik und ihrer niedrigen Herstellungskosten die 1952 von dem chilenischen Ingenieur Ramirez in Kolumbien entwickelte CINVA-Ram (Abb. 6.4-8), die inzwischen von verschiedenen Institutionen in abgewandelter Form gebaut wird. Ein Beispiel dafür ist die in Abb. 6.4-9 dargestellte CETA-Ram, die in Paraguay entwickelt wurde und mit der drei Lehmsteine gleichzeitig produziert werden können. Handbetriebene Pressen dieser Art erzeugen einen Druck von 0,5 - 2,5 N/mm² und benötigen drei bis fünf Personen für einen optimalen Produktionsablauf.

Handbetriebene hydraulische Pressen, wie beispielsweise die in England produzierte BREPACK, erzeugen einen Druck bis zu 10 N/mm², kosten aber etwa dreimal so viel (ca. 2000 US Dollar).

Trotz der Mechanisierung der Lehmsteinherstellung wird mit diesen Geräten nur eine Leistung von 150 bis 200 Steinen pro Tag und Person erreicht, also wesentlich weniger als mit der einfachen Handwurftechnik.

Der Vorteil der mechanischen Pressen besteht darin, dass der Lehm erdfeucht verarbeitet werden kann und somit die Steine nach dem Pressen bereits stapelbar sind. Nachteilig ist, dass diese meist mit 4 - 8% Zement stabilisiert werden müssen, um aus-

6.4-6 Herstellen von gepatzten Lehmsteinen auf einem Tisch

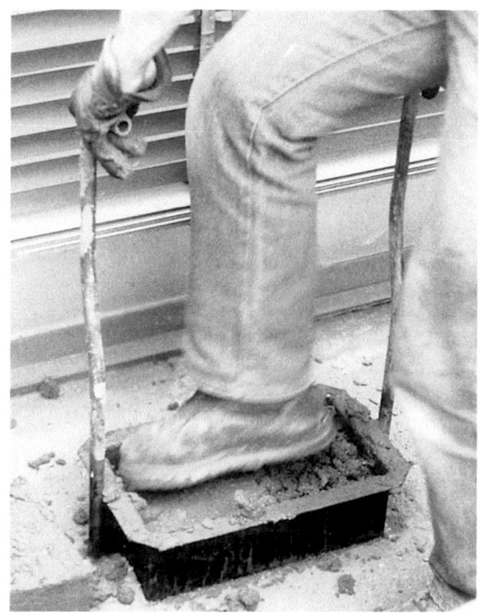

6.4-7 Metallform mit Griffen zur Herstellung von Lehmsteinen

6.4-9 Handhebelpresse CETA-Ram, Paraguay

6.4-10 Automatische Lehmsteinpresse CLU 3000, Schweiz

6.4.11 Automatische Lehmsteinpresse, Pacific Adobe, USA

6.4-12 und 6.4-13 Lehmstein-Produktionsverfahren von Hans Sumpf, USA

reichende Festigkeit zu erhalten, da die Bindekraft des Tons infolge des zu geringen Wasseranteils und infolge des fehlenden Rühr- und Knetvorganges nicht voll aktiviert wird. Außerdem haben die Steine in der Regel eine geringere Druckfestigkeit als handgeformte Lehmziegel. Weiterhin nachteilig beim mechanischen Pressen ist, dass die Lehmmischung feinkörnig und gut gemischt sein sowie eine konstante Dichte und Feuchtigkeit aufweisen muss. Bei veränderten Mischungen ändern sich Druck und Einfüllmenge, was Unterschiede bezüglich der Festigkeit und der Höhe der Steine bewirkt.

Automatische Lehmsteinpressen (Abb. 6.4-10 und 6.4-11) erreichen eine Steinproduktion von 1500 bis 4000 Stück pro 8-Stunden-Tag, erfordern jedoch sehr hohe Investitionskosten und sind reparaturanfälliger. Diese Geräte benötigen Mischer und ggfs. Zerkleinerer, um den Lehm so aufzubereiten, dass er stets in einer gleichförmigen, krümeligen Konsistenz in die Pressvorrichtung gefüllt werden kann.

Automatische Pressen sind nur bei hohen Maschinenlaufzeiten und gleichbleibendem Lehmmaterial wirtschaftlich zu betreiben. Abschreibungs-, Reparatur- und Wartungskosten reduzieren den angeblichen wirtschaftlichen Vorteil sehr schnell. In Billiglohnländern ist die manuelle Steinherstellung, in Industrieländern die Produktion von Grünlingen in der Ziegelei meist wirtschaftlicher. Wo aber Transportkosten ausschlaggebend werden, mag sich eine Produktion mit automatischen Steinpressen lohnen. (Weiteres über die Herstellung von gepressten Lehmsteinen bei Mukerji 1986, Smith und Webb 1987, Mukerji 1988, CRATerre 1991).

Einfacher und leistungsfähiger scheint das von Hans Sumpf entwickelte und 1946 patentierte Ziegelformgerät zu sein (Abb. 6.4-12 und 6.4-13). Hierbei wird der Lehm zunächst in einem großen Zwangsmischer zu breiiger Konsistenz angerührt, dann mit Hilfe eines fahrbaren Trichters in einen Holzrost gefüllt. Durch Anheben der Deichsel werden die Steine entformt, die dann nach kurzer Antrockenzeit aufgestellt werden. Noch einfacher ist es, den Lehmbrei mit einem Frontlader über den Rost zu kippen und den Brei mit einem Rechen in alle Formen zu verteilen. Der Lehmbrei muss dann in den Formen soweit austrocknen, dass die Lehmsteine nach Anheben des Rostes formstabil bleiben. Deshalb wird bei diesem Verfahren vorteilhafterweise etwas Zement zugegeben.

In Ziegeleien wird der Lehm in Walzwerken bzw. Kollergängen zerkleinert, gemischt, geknetet und mit Einzugswalzen in Strangpressen befördert, die die Lehmstränge erzeugen. Durch die Mundstücksgröße und die Abschneidefrequenz ergibt sich das Ziegelformat. Die so hergestellten „Grünlinge" werden dann in der Regel in der Trockenkammer vorgetrocknet und anschließend in der Brennkammer gebrannt. Da dieser Prozess heute bei nahezu allen Ziegeleien vollautomatisch abläuft, bedeutet die Entnahme von ungebrannten Ziegeln gewöhnlich eine Unterbrechung des Produktionsprozesses. Deshalb ist für Ziegeleien die Herstellung von ungebrannten Lehmsteinen meist

6.4-14 Lufttrocknung von Grünlingen, Ziegelei Gumbel, Gilserberg

uninteressant und selbst bei Abnahme großer Mengen ein Preisnachlass nicht immer möglich. Bei nicht automatischen Abläufen können die Preisvorteile jedoch mehr als 40% betragen.
Abb. 6.4-14 zeigt die früher übliche Stapelung von Grünlingen auf überdachten Trockengerüsten im Freien, wie sie heute in Deutschland nur noch von einer einzigen Ziegelei gehandhabt wird. Diese Lehmsteine werden somit nicht energieaufwendig in Trockenkammern durch die Verbrennung fossiler Energieträger getrocknet, sondern lediglich an der Luft im Freien. In dieser Ziegelei, die inzwischen nur noch ungebrannte Lehmsteine produziert, werden die Grünlinge außerdem nicht, wie bei der Ziegelproduktion allgemein üblich, durch ein Vakuum-Mundstück zusätzlich verdichtet. Das hat den Vorteil, dass sie ein größeres Porenvolumen aufweisen. (Je größer die Porosität umso höher die Frostbeständigkeit und die Wärmedämmwirkung).
Nach zwei- bis achttägiger Lagerung sind Lehmsteine in der Regel so weit getrocknet, dass sie transportiert werden können. Man sollte sie jedoch erst dann vermauern, wenn das Trockenschwinden abgeschlossen ist und sie sich trocken anfühlen, d.h. wenn ihr Wassergehalt weniger als 8 - 10% beträgt.

6.5 Die optimale Materialzusammensetzung

Grünlinge aus der Ziegelei enthalten viel Ton, der eine hohe Festigkeit nach dem Brennen garantiert. Abb. 6.5-1 zeigt eine typische Kornverteilung dieses fetten Lehms mit ca. 24% Ton, 50% Schluff, 23% Sand und 3% Kies, wie er zur Ziegelherstellung verwendet wird. Für den Lehmsteinbau hat dieses Material jedoch erhebliche Nachteile: es quillt sehr stark, wenn es nass wird und schwindet beim Trocknen erheblich. Wirkt auf eine Lehmwand während des Bauens für längere Zeit Feuchtigkeit ein, z.B. durch einen unzureichendem Regenschutz oder eine undichte Dachabdeckung, quillt der Stein und hinterlässt nach dem Austrocknen feine Schwindrisse. Abb. 6.5-3 zeigt solche Risse an einer gestrichenen Sichtmauerwerk-Wand.

Ein handgefertigter Lehmstein aus magerem, stark sandigem Lehm, entsprechend der in Abb. 6.5-2 dargestellten Kornverteilungslinie, mit ca. 14% Ton, 22% Schluff, 62 % Sand und 2% Kies, zeigt dagegen keine Schwindrisse nach dem Austrocknen.
Grundsätzlich lässt sich sagen, dass Lehmsteine genügend Grobsandbestandteile und ausreichend Ton enthalten müssen, um bei minimalem Quell- und Schwindverhalten eine hohe Porosität und damit hohe Frostsicherheit, eine ausreichende Festigkeit gegen Abschwemmen und eine hohe Druckfestigkeit aufzuweisen.

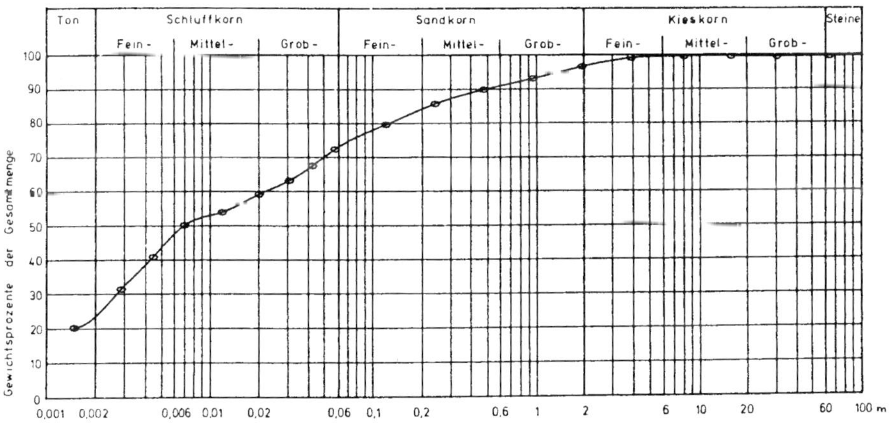

6.5-1 Kornverteilungskurve eines Ziegelei-Lehms

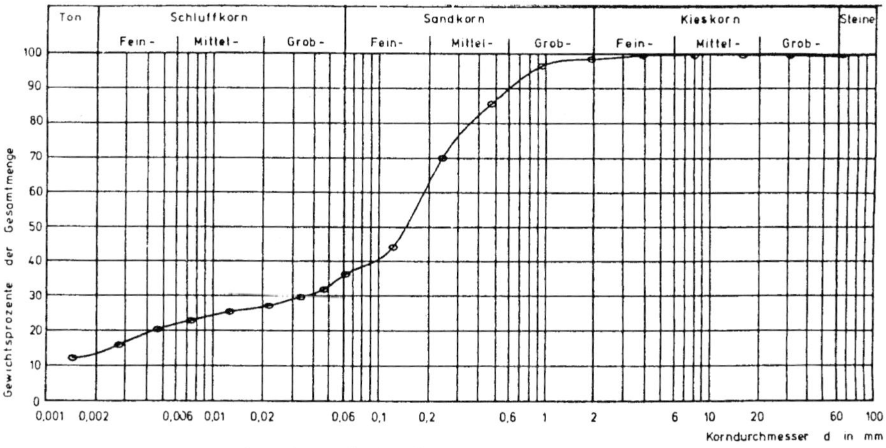

6.5-2 Günstige Kornverteilungskurve für handgefertigte Lehmsteine

6.5-3 Rissbildung einer gestrichenen Wand nach dem Austrocknen durchnässter Grünlinge

6.6 Vermauern von Lehmsteinen

Bei der Baustellenorganisation und bei der Verarbeitung von Lehmsteinen ist zu beachten, dass diese vor Nässe geschützt werden müssen. Werden sie von der Ziegelei bezogen, so sind sie in der Regel mit Schrumpffolien auf Paletten regensicher verpackt.
Lehmsteine werden mit Lehmmörtel, hydraulischem Kalkmörtel oder hochhydraulischem Kalkmörtel vermauert. Geringe Zementzugaben, wie sie bei Fertigmörtel der Mörtelgruppe I vorkommen, sind in der Regel unbedenklich. Reiner Zementmörtel und Kalk/Zementmörtel sollte jedoch nicht verwendet werden, da diese zu spröde sind und leicht reißen. Nach DIN 18953 Bl.2 reicht für eine Höhe bis zu 3 m Mörtel der Mörtelgruppe I aus, für zweigeschossige Bauten muss Mörtel der Mörtelgruppe II verwendet werden.
Der Mörtel sollte stets etwas dünner angerührt sein als es bei gebrannten Ziegeln üblich ist, da die Lehmsteine dem Mörtel sehr schnell Feuchtigkeit entziehen. Damit beim Austrocknen nicht so große Schwindrisse entstehen, sollte der Lehmmörtel stark mit Grobsand gemagert sein. Ein Tongehalt von 10% ist ausreichend. Man kann sogar mit Lehm mauern, der nur 4% Ton enthält, wenn genügend grober Sand in der Mischung enthalten ist, und die Fugen nach dem Austrocknen durch Anstriche gegen Abrieb stabilisiert werden. (Bei einem so mageren Lehm rieselt der Sand aus der Fuge, wenn man mit dem Finger darüber streicht).
Die Rissbildung im Mörtel lässt sich weiterhin dadurch verringern, dass die Lagerfugen dünner als bei üblichem Ziegelmauerwerk ausgebildet werden.
Lehmmörtel ist angenehm zu verarbeiten und hautschonend, Kalkmörtel dagegen greift die Haut an und kann Verätzungen oder Allergien bewirken.
Mit Grünlingen lässt sich eine Lehmwand auch ohne Mörtel errichten, wenn diese vor dem Vermauern kurz in einem Wasserbad lagern, so dass die Oberflächen weich werden. Die angeweichten Lehmsteine werden dann im Verband verlegt und fest aneinander gedrückt, so dass sie nach dem Austrocknen miteinander verbunden sind.
Diese Methode erfordert bei größeren Wandflächen jedoch eine sehr große Übung und Geschicklichkeit, da es schwierig ist, die Steine exakt im Verband zu verlegen. Anders als beim üblichen Mauerwerk, bei dem die dicken Mörtelfugen genügend Möglichkeiten bieten, Maßtoleranzen auszugleichen, ist dies bei den schmalen Fugen, die durch die aufgeweichten Oberflächen entstehen, nur im geringen Maß möglich. Aus diesem Grunde ist diese Technik bei handgefertigten Lehmsteinen nicht sinnvoll, da die Formate zu ungleich und die Oberflächen zu uneben sind.

6.7 Bearbeiten von Lehmsteinen

6.7-1 Sägen von Lehmsteinen

Ungebrannte Lehmsteine können wesentlich leichter bearbeitet werden als gebrannte Ziegel. Ecken lassen sich z.B. am besten mit einer groben Baumsäge mit auswechselbarem Blatt abtrennen, das von Zeit zu Zeit erneuert werden muss (Abb. 6.7-1). Dabei reicht es im allgemeinen, wenn der Sägeschnitt nur wenige Zentimeter tief geht, und die Ecke dann mit einem Maurerhammer abgeschlagen wird. Man kann aber auch eine Kerbe mit einer Kelle, einem Messer oder einem Schraubenzieher in den Lehmziegel kratzen und dann die Ecke mit dem Hammer abschlagen.

6.8 Oberflächenbehandlung

Wurde bei einer Lehmsteinwand Lehmmörtel verwendet, können die Fugen nachträglich sehr leicht geglättet oder vertieft werden, wenn sie vorher beispielsweise mit einem Breitpinsel genässt wurden. Ungleichmäßige oder rauhe Oberflächen von Lehmsteinen lassen sich nach dem Nässen mit einem Filzbrett abreiben und glätten.
Ungleichmäßig gemauerte Lehmwände können auch durch einen dünnen, 1 bis 4 mm dicken Streichputz behandelt werden, der mit dem Breitpinsel (Quast) aufgetragen wird. Es ist auch möglich, die Lehmsteine mit einer dicken Farbschlämme, der Lehm zugesetzt wurde, zu streichen; Abb. 6.8-1 zeigt eine solche Wand.
Lehmsteinwände sollten möglichst gar nicht oder nur dünn mit Lehm verputzt werden. Der häufig von Bauherren oder Handwerkern aus ästhetischen Gründen gewünschte glatte Maschinenputz mindert die positive Feuchtigkeitsregulierung der Lehmsteinwand und verschenkt die Möglichkeit einer lebendigen Oberflächenstruktur.
Aufgrund seiner Saugfähigkeit bildet Lehm für Anstriche einen guten Untergrund. Bewährt haben sich vor allem Kalk-Kasein-Anstriche, da diese wasserdampfdurchlässig und bei ausreichendem Kaseinanteil auch wischfest sind. Früher wurde meist Molke, Buttermilch oder Milch zum Anrühren des Kalks verwendet; die Erfahrungen zeigen jedoch, dass die Verwendung von Magerquark wirkungsvoller und preiswerter ist. Mit einem Kaseinanstrich aus 2 Liter Wasser und einem Liter Magerquark, dem man einen gehäuften Esslöffel Kalk zugibt, bleibt die natürliche Farbe der Lehmsteine erhalten und trotzdem wird eine wischfeste Oberfläche erzeugt (Näheres siehe Kap. 12.3).

6.8-1 Geschlämmte Lehmsteinwand, Wohnhaus in Bendigo, Australien

6.9-1 Bücherregal, mit Dübeln an Lehmsteinen befestigt

6.9 Befestigen von Bildern, Regalen und Hängeschränken

Nägel lassen sich in Lehmsteine wesentlich leichter einschlagen als in gebrannte Ziegel. Je feuchter und poröser der Lehmstein ist, umso leichter ist das Nageln. Grünlinge neigen eher dazu zu spalten als handgeformte Lehmsteine. Bei dicken Nägeln empfiehlt es sich, ein Loch vorzubohren.
An Lehmwänden können Hängeschränke und andere schwere Gegenstände problemlos mit Schrauben und Dübeln befestigt werden, vorausgesetzt, es handelt sich nicht um ungebrannte Hochlochziegel oder Gittersteine. Das Dübelloch sollte ausreichend groß gebohrt, und der Schraubenquerschnitt im Verhältnis dazu nicht zu groß gewählt werden, damit der Stein nicht beim Einschrauben durch die Sprengwirkung auseinanderplatzt. Es ist ohne weiteres möglich, Bücherregale, die viele hundert Kilogramm wiegen, an Dübeln aufzuhängen, wie Abb. 6.9-1 zeigt.

6.10 Leichtlehmsteine

In den letzten Jahren sind eine ganze Reihe industriell erzeugter Leichtlehmsteine auf dem deutschen Markt erschienen. Sie werden vor allem zum Ausfachen von historischen Fachwerk-Außenwänden und zum Errichten von Innenwänden verwendet, vgl. Abb. 6.10-1. Sie weisen meist Rohdichten von 1200 – 800 kg/m³ und λ-Werte von 0,25 bis 0,5 W/mK auf. Die Leichtzuschläge bestehen vorwiegend aus pflanzlichen Produkten wie Strohhäcksel, Zellulosefasern, Sägemehl, Hanfschäben, Pflanzenfasern, Korkschrot oder aus mineralischen Stoffen wie Perlite, Bims, Blähglas, Blähton, Blähla-

6.10-1 Industriell hergestellte Leichtlehmsteine

6.11-1 Detailansicht Gewölbe mit Akustik-Lehmsteinen

va. Strohhäcksel und Zellulosefasern binden extrem viel Wasser, Sägemehl und Holzspäne relativ viel Wasser, so dass die Steine bei künstlicher Trocknung sehr viel Energie benötigen und bei natürlicher Lufttrocknung sehr viel Zeit und somit viel Lagerfläche in Anspruch nehmen.
Die wirtschaftlichste Herstellung erfolgt durch einen Extrusionsprozess in üblichen Ziegeleistrangpressen. Aufgrund ihrer hohen Porosität sind sie in der Regel frostfest und können deshalb auch an frostgefährdeten Fassadenbereichen verwendet werden. Da ihre Wärmedämmwirkung im Verhältnis zu der üblicher Wärmedämmstoffe nur 1/5 bis 1/10 beträgt ist ihre Verwendung bei Außenwänden von Neubauten nur in Verbindung mit einer zusätzlichen äußeren Wärmedämmung sinnvoll. Bei nicht stranggepressten Leichtlehmsteinen sind geringere Rohdichten von 400 – 600 kg/m³ möglich. Allerdings sind diese Steine einerseits wesentlich teurer, bedingt durch das aufwendigere Produktionsverfahren, und andererseits aufgrund ihrer geringen Kantenfestigkeit und Druckfestigkeit weniger beanspruchbar. Sie bieten aber den Vorteil, dass sie wegen des geringeren Lehmanteils leichter zu bearbeiten sind und dass sie leichter zu handhaben sind, da sie weniger wiegen.
Die Abb. 7.2-7 zeigt die Herstellung von Lehmsteinen mit Hilfe einer Rüttel- und Presstechnik, vgl. Kap. 7.2.

6.11-2 Akustik-Lehmsteine mit Schallstreueffekt

6.11 Akustik-Lehmsteine

Vom Autor wurden 1995 in Zusammenarbeit mit der Ziegelei Gumbel spezielle schallstreuende Lehmsteine entwickelt, die 1996 erfolgreich bei der Mehrzweckhalle des Walldorf-Kindergartens in Sorsum eingesetzt wurden (Abb. 6.11-1, 6.11-2), siehe auch Kap. 15.13. Die Halle hat eine lichte Spannweite von 10 m und eine Höhe von 7 m. Durch die stark abgerundeten Ecken entsteht ein starker Schallstreueffekt; dadurch, dass die Vorderkante der Steine jeweils ca. 4 cm gegenüber der unteren Steinlage auskragt und somit die erste Lochung von unten offen bleibt, entsteht eine Schallablenkung nach oben und ein Schallschluckeffekt. Somit konnte einerseits die bei üblichen Gewölbekonstruktionen als störend wirkende fokussierte Schallreflektion und andererseits eine unangenehm lange Schallnachhallzeit vermieden werden.

Bei dem 2001 fertiggestellten Gebäude des Zentrums für umweltbewusstes Bauen, Kassel, wurden ca. 675 m² Wandflächen aus den kleinformatigen 11,2 x 14 x 20 cm Akustik-Lehmsteinen gemauert, um neben dem Raumklima und der Abschirmung hochfrequenter elektromagnetischer Strahlen auch die akustischen Verhältnisse der Räume zu verbessern. Bei dem Hörsaal wurden dabei in einem Bereich die Stoßfugen offen gelassen, um einen Schallschluckeffekt zu erzielen. Vorteilhaft bei der Verwendung dieser Steine ist ferner, dass wegen ihrer abgerundeten Ecken bei Wandecken in der Regel kein besonderer Kantenschutz notwendig wird, vgl. Abb. 6.11-3.

6.11-3 6 m hohe Wand aus Akustik-Lehmsteinen, Zentrum für umweltbewusstes Bauen, Kassel

7 Großformatige Lehmblöcke und Lehmplatten

7.1 Allgemeines

Da die Herstellung von Stampflehmwänden sehr zeitaufwendig ist und bei Strohleichtlehm die lange Austrockenzeit und die starke Schimmelpilzbildung nachteilig sind, wurden verschiedene Ideen für Wände aus vorgefertigten größeren Lehmelementen bzw. aus großformatigen Steinen entwickelt, bei denen nur noch die Mörtelfuge austrocknen muss.

Aus Gewichtsgründen ist dafür nur Leichtlehm geeignet, wobei Leichtlehmelemente jedoch materialbedingt eine relativ geringe Kantenfestigkeit aufweisen: Beim Transport und bei der Montage können die Kanten durch Stöße oder durch schiefes Absetzen leicht verletzt werden.

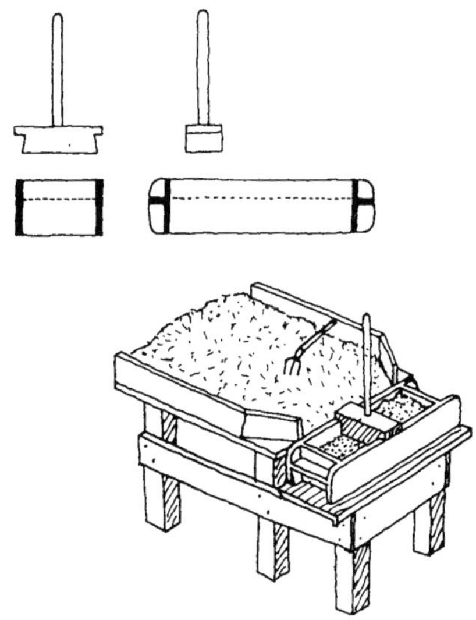

7.2-1 Stampftisch (nach Pollack, Richter, 1952; Volhard, 1983)

7.2 Lehmblöcke

Großformatige Lehmsteine lassen sich schneller vermauern als übliche NF- oder 2DF-Formate, vorausgesetzt, sie sind leicht genug, um mit einer Hand oder ggfs. mit zwei Händen versetzt zu werden. Dazu gehört, dass entsprechende Grifflöcher vorhanden sind. Bei Steinen mit größerem Volumen sollte ein Lehm mit Leichtzuschlägen wie Stroh, Korkschrot, Bims, Blähglas, Blähton oder dergleichen gewählt werden. Da in der Regel die Kantenfestigkeit abnimmt, je mehr Leichtzuschläge der Lehm enthält, sind Rohdichten unter 700 kg/m³ nur dann sinnvoll, wenn die Kantenfestigkeit durch zusätzliche Bindemittel oder andere Maßnahmen erhöht wird.
Bei Leichtlehmsteinen mit Rohdichten unter 1200 kg/m³, wurde in der Vornorm DIN 18953 Bl. 2 eine Mindestdruckfestigkeit von 1 kg/cm² (0,1 N/mm²) angegeben.
Nach den beiden Weltkriegen ist von verschiedenen Institutionen die Herstellung von Lehmquadern im Format 15 x 25 x 40 cm, 25 x 25 x 39 cm oder 17 x 38 x 50 cm in Stampfkästen propagiert worden, beispielsweise von dem Reichskuratorium für Wirtschaftlichkeit, Berlin, dem Kuratorium für Technik in der Landwirtschaft, Berlin, und der Lehr- und Versuchsstelle für Naturbauweisen, Cottbus. Abb. 7.2-3 zeigt einen zerlegbaren Stampfkasten für Lehmquader, Abb. 7.2-4 einen entsprechenden Stampfkasten ohne Eisenbeschläge.
Der in Abb. 7.2-1 dargestellte Stampftisch zeigt eine vorteilhafte Herstellungstechnik von gestampften, großformatigen Strohlehmsteinen. Um eine gleichmäßige Steinhöhe zu gewährleisten, hat der Stampfer seitliche Anschläge.
Abb. 7.2-2 zeigt einen Wandaufbau aus maschinell hergestellten Strohlehmsteinen im Format 15 x 24 x 30 cm und einem Ge-

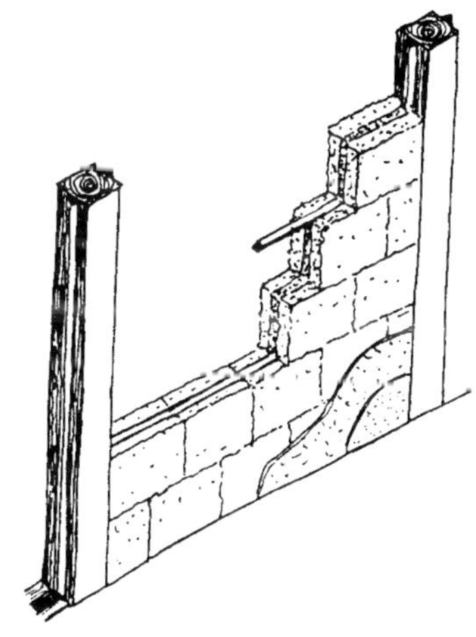

7.2-2 Wand aus Strohleichtlehmsteinen (nach Ökologie in der Regio)

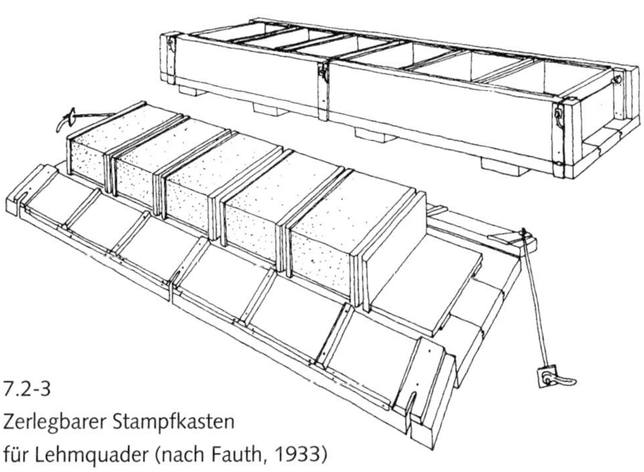

7.2-3
Zerlegbarer Stampfkasten
für Lehmquader (nach Fauth, 1933)

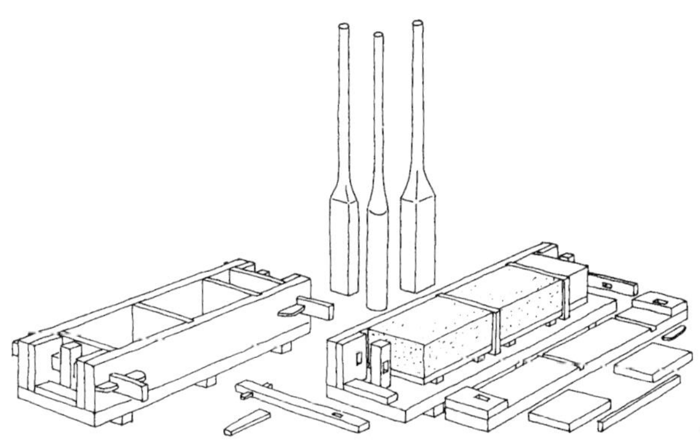

7.2-4
Zerlegbarer Stampfkasten ohne Eisenbeschläge (nach Miller et al, 1947)

7.2-5 Herstellen und Vermauern von großformatigen Strohleichtlehmblöcken

7.2-6 Herstellen von Leichtlehmsteinen, Tata, Ungarn

wicht von etwa 9,5 kg. In die umlaufende Fuge des Steines wird bei einer 15 cm dicken Wand zur Stabilisierung in jeder zweiten Schicht eine waagerechte Vierkantleiste eingeschoben. Der zeitliche Arbeitsaufwand ist im Vergleich zu normalem Lehmsteinmauerwerk aus gelochten 2DF-Grünlingen jedoch größer, bedingt durch das hohe Gewicht der Steine, die fehlenden Grifflöcher und das Einsetzen der Vierkantleiste. Ferner erfordert die rauhe, unebene Oberfläche einen 2-lagigen Putz, der zu einer weiteren Verteuerung der Wand führt und außerdem die feuchteregulierende Wirkung des Lehms mindert. Die Wärmedämmwirkung ist nicht hoch, da selbst mit einer 50 cm dicken Außenwand ein U-Wert von 0,5 W/m²K nicht erreicht werden kann.
Wesentlich wirtschaftlicher und sinnvoller ist es, an der Baustelle großformatige Elemente mit geringeren Rohdichten herzustellen und zum Trocknen zu lagern. Das erspart nicht nur die Transport-, Auf- und Abladekosten, sondern auch die durch den Transport bedingte Umweltverschmutzung. Durch die niedrigeren Rohdichten lassen sich bei Wanddicken von 50 cm U-Werte von 0,3 W/m²K erreichen. Bei der von Sylvester Dufter mit Erfolg bei mehreren Wohnbauten getesteten Bauweise werden ca. 26 kg schwere Blöcke im Format 50 x 60 x 30 cm in einer Schalung liegend gestampft und dann hochkant vermauert (Abb. 7.2-5). Dadurch ist gewährleistet, dass die Breite (50 cm) und die Schichthöhe (60 cm) maßgenau sind. Die Blöcke wurden stets in Eigenleistung von den Baufamilien erstellt (eine Baufamilie schaffte es, in fünf Wochen 1500 Stück herzustellen). Das einzige Problem bei dieser Technik kann darin bestehen, dass vielleicht nicht immer genügend überdachte Lagerfläche zum Trocknen vorhanden ist.
In Ungarn wurden Leichtlehmsteine im Format 15 x 15 x 30 cm aus Lehm und Blähton mit Hilfe einer zur Herstellung von Betonsteinen gebräuchlichen Maschine, einem sogenannten „egg layer", gefertigt (Abb. 7.2-6). Diese Steine wurden sowohl als wärmedämmende Vormauerschale vor einer Stampflehmwand (Abb. 7.2-7) eingesetzt, als auch für eine tragende Außenwand im Obergeschoss eines Wohngebäudes in Tata, Ungarn, benutzt.
Abb. 7.2-8 zeigt vom Autor vorgeschlagene Querschnittsformen für großformatige Steine aus mineralischem Leichtlehm, die für Innenwände oder als Vormauerschale zur Erhöhung der Wärmedämmung bei Außenwänden gedacht sind. Die Ausbildung von Hohlräumen ist zur Gewichtsverminderung sinnvoll und trägt zur Erhöhung der Wärmedämmung bei. Am besten ist es, wenn die Hohlräume gleichzeitig als Grifflöcher beim Verlegen dienen können.
Für nichttragende Innenwände lassen sich 6 bis 12 cm dicke Lehmplatten z.B. in Formaten von 30 x 60 cm bis zu 62,5 x 100 cm verwenden, am besten aus Leichtlehm der Rohdichte 800 -1000 kg/m³. Leichtere Platten mit Rohdichten unter 800 kg/m³ sollten mit Holzstaken stabilisiert werden und ggfs. einen Kantenschutz aus Holzlatten erhalten, der vorteilhafterweise als „Feder" für die Verzahnung der Elemente mit den Stützen und untereinander dient.

7.2-7 Vermauern von Leichtlehmsteinen als äußere Wärmedämmung vor einer Stampflehmwand, Tata, Ungarn

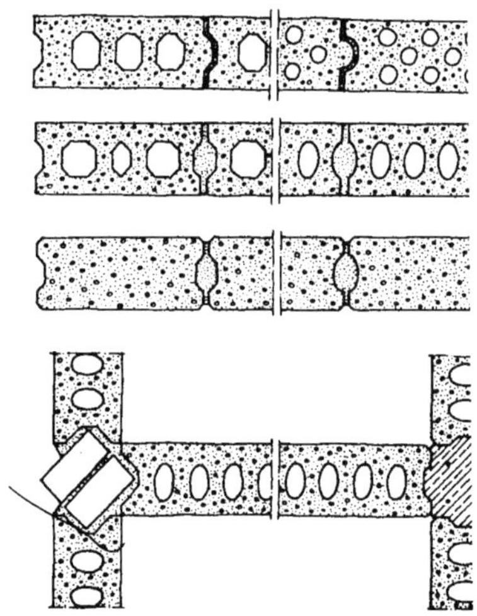

7.2-8 Leichtlehmsteine für Wandkonstruktionen

7.2-9 Lehmbauplatte Karphosit®

Die Karposit AG stellt eine maßgenaue Leichtlehmplatte aus Tonmehl und feinem Strohhäcksel her. Die Platte hat ein umlaufendes Nut- und Feder-Profil, weist eine Rohdichte von ca. 950 kg/m³ auf und misst 62,5 x 25 x 10 cm. Sie wird mit einem dünnflüssigen „Lehmkleber", der nur 2-3 mm dick mit einem Pinsel aufgetragen wird, vermauert (Abb. 7.2-9).
Ähnliche Platten, die 4, 8 oder 10 cm dick und 50 cm breit sind, stellt die Firma Fischer unter dem Namen „Casadobe" (Abb. 7.4-1) und die Firma Teraform Naturbaustoffe unter dem Namen „Leton" her. Sie haben Rohdichten von 900 - 1600 kg/m³ und werden als Hohlprofile in verschiedenen Längen extrudiert. Leichtlehmplatten aus Korkschrot und Lehm stellt das Epilepsiezentrum in Kehl-Kork her (vgl. Kap. 3.7-4).
Besonders interessant ist die Entwicklung der Firma HDB Weissinger, aus Restholz geschosshohe Holzrahmenelemente herzustellen, die bereits im Werk mit Holzleichtlehm gefüllt und mit zusätzlicher Wärmedämmung versehen werden und auf der Baustelle als komplettes Wandelement mit einer speziellen Verzahnung winddicht mit Hilfe eines Krans aufgestellt werden (Abb. 7.2-10). Die Holzrahmenmodule können auch mit Lehmbauplatten, Lehmsteinen oder Lehmschläuchen ausgefüllt werden. Die in Kapitel 15.11 vorgestellte Wohnhausgruppe sowie das in Kapitel 15.17 gezeigte Bürogebäude wurden aus diesen Holzrahmenelementen errichtet, die nachträglich mit Lehm ausgefüllt wurden.

7.2-10 Geschosshohe lehmgefüllte Holzrahmenmodule werden mit dem Kran angeliefert

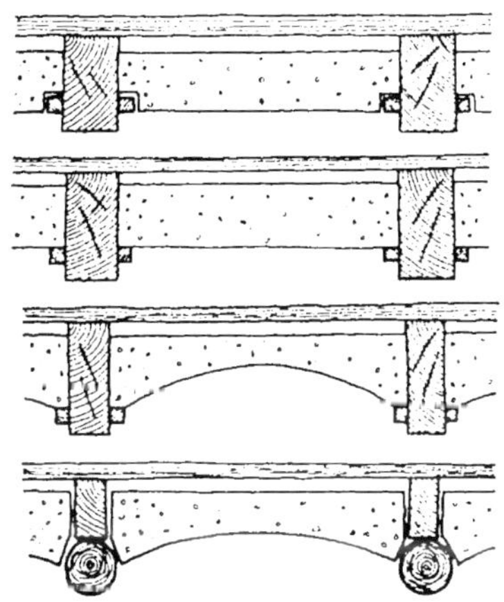

7.3-1 Deckeneinschubelemente aus Lehm

7.3 Deckenelemente

Als Einschubelemente für Decken eignen sich nichttragende Lehmbauteile, die zwischen die Deckenbalken gelegt werden und dazu dienen, den Schallschutz und ggfs. die Wärmedämmwirkung zu erhöhen, vgl. Abb. 7.4-1.
Tragende Deckeneinschubelemente mit zementstabilisiertem Blähton-Leichtlehm wurden vom Autor 1987 in Ungarn entwickelt. Abb. 7.4-2 zeigt einen Prototyp-Stein mit der entsprechenden Holzform. Weitere mögliche Ausbildungen, die auf vorgefertigten Stahlbetonträgern, Holzbalken oder Stahlträgern aufliegen, sind in Abb. 7.4-3 dargestellt.

7.3-2 Tragende Deckenelemente aus Leichtlehm, Ungarn

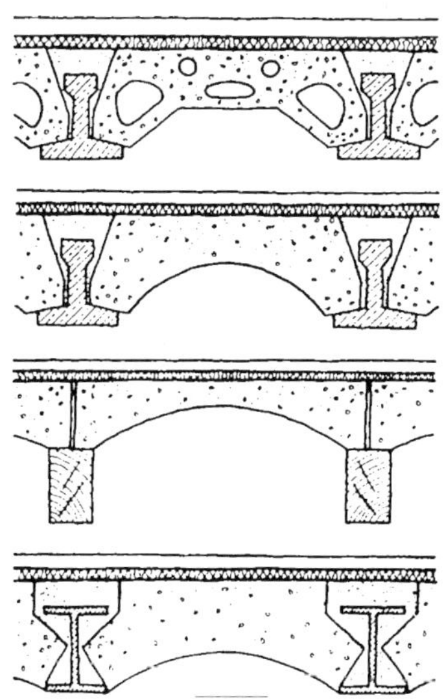

7.3-3 Tragende Deckenelemente für Schwerlehm oder stabilisierten Leichtlehm

7.4 Lehmplatten für den Trockenausbau

7.4-1 Leichtlehmplatte, Fa. Claytec

7.4-2 Massivlehmplatte, Fa. Claytec

In den letzten Jahren haben verschiedene Firmen Lehmplatten für den Trockenausbau auf den Markt gebracht. Inzwischen wurde dafür eine deutsche Norm, die DIN 18948 herausgegeben. Dabei handelt es sich um dünne, in der Regel 16 bis 26 mm dicke, 62,5 cm breite Platten mit Längen von bis zu 150 cm. Diese Platten können ähnlich wie Gipsfaser- oder Gipskartonplatten als innerer Abschluss von Außenwänden und Dachschrägen oder für leichte Innenwände verwendet werden. Um die Wärmedämmwirkung zu erhöhen können die Lehmplatten Schilfrohr, Strohhäcksel, Hanfschäben. Sägemehl, Perlite, Blähton oder ähnlich leichte Produkte enthalten. Die Rohdichten liegen dann zwischen 500 und 800 kg/m³. Massive Lehmplatten mit Rohdichten um 1500 kg/ m³ sind sinnvoll um die thermische Speicherwirkung von Leichtbau-Wänden zu erhöhen.

Leichte Platten mit ca. 700 kg/m³ stellt die Firma Claytec her. Sie sind 20 oder 25 mm dick und bestehen aus lehmüberzogenen Schilfrohrmatten mit einer äußeren Armierung aus Jutegewebe, Abb.7.4-1, ihr Lehmanteil ist allerdings sehr gering. Die Firma stellt ebenfalls massive Lehmplatten mit 16 bzw. 22 mm Stärke her, vgl. Abb. 7.4-2. Extrudierte Lehmplatten mit Sägemehl als Leichtzuschlag und Längsröhren in Dicken von 3,5 bis 10 cm und Längen bis zu 100 cm stellt die Firma Casadobe her, vgl. Abb. 7.4-3.
Die Lehmplatten werden mit Mörtel an eine Unterkonstruktion geklebt oder aber geschraubt. Die Stoßfugen sind in der Regel mit Nut und Feder versehen und können mit Lehm-Kleber bzw. dünnem Lehmmörtel verklebt werden. Lehmplatten mit integrierten Heizschlangen werden in Kapitel 14.13 vorgestellt.

7.4-3 Lehmplatten, Fa. Casadobe

7.5 Fußbodenplatten aus Lehm

Für Fußböden lassen sich begehbare Platten vorfertigen, die in Lehm- oder Kalkmörtel verlegt werden. Im Vergleich zu Stampflehmfußböden haben sie den Vorteil, dass keine Trockenschwindrisse entstehen, und der Fußboden schneller austrocknet. Miller, Grigutsch und Schulze (1947, S.55) empfehlen, den Lehm durch Hammerschlag (Fe_3O_4), Ochsenblut und Teergalle wisch- und abriebfest zu machen.
Untersuchungen des Forschungslabors für Experimentelles Bauen (FEB), Universität Kassel, zeigten, dass durch einen Zusatz von ca. 6% Leinölfirnis in Verbindung mit einer Oberflächenverdichtung und -behandlung mit Wachs eine sehr hohe Abriebfestigkeit erreicht werden kann.
In Finnland gibt es eine Manufaktur, die dünne Fußbodenplatten aus Lehm herstellt, die durch einen Leinölfirniszusatz wasserfest und abriebfest gemacht werden.

8 Direktes Formen mit Nasslehm

8.1 Allgemeines

Wie kein anderes Baumaterial hat Lehm die Eigenschaft, mit Wasser zu einem plastischen, beliebig formbaren Baustoff zu werden: Lehm ist deshalb eine Herausforderung für kreative Menschen.
Das manuelle Formen von Wänden aus Lehmklumpen oder dickbreiigem Lehm ist eine heute noch in Afrika und Asien weitverbreitete traditionelle Technik, die auch in Europa und Amerika bekannt war. Sie ist als die einfachste Lehmbautechnik anzusehen, da keine Geräte und Werkzeuge notwendig sind. Das Mischen des Lehms kann mit den Füßen erfolgen, die Lehmklumpen werden mit den Händen geformt.
Der Vorteil dieser direkten Lehmformtechnik, die zu den Nasslehmverfahren zählt, liegt darin, dass der gemischte Lehm ohne Zwischenlagerung verarbeitet wird (bei der Lehmziegelherstellung z.B. ist das Stapeln und Zwischenlagern der feuchten Ziegel ein zeit- und raumaufwendiger Prozess). Nachteilig ist allerdings das relativ hohe lineare Trockenschwindmaß, das bei mageren Lehmen mit 10 bis 15% Ton etwa 3 bis 6% beträgt. Je mehr Ton und Wasser im Lehm vorhanden sind, umso höher ist das Trockenschwindmaß. (Bei dickbreiigem, fettem Lehm kann das Trockenschwindmaß mehr als 10% betragen.)
Abb. 8.1-1 und 8.1-2 zeigen eine Sitzbank, bei der die Trockenschwindung nicht berücksichtigt wurde. Im folgenden wird erläutert, wie durch vorgegebene Trockenschwindfugen, kleinere Abmessungen und stärkere Krümmungen der Elemente solche Risse weitgehend vermieden werden können.

8.1-1 Formen einer Sitzbank aus plastischen Lehmsträngen

8.1-2 Schwindrisse nach dem Austrocknen des Lehms

8.2 Traditionelle Nasslehmtechniken

Während beim Lehmziegelbau getrocknete Lehmziegel mit Mörtel vermauert werden, wird beim direkten Formen mit Nasslehm plastischer Lehm ohne Mörtel durch Stampfen, Schlagen, Drücken oder Werfen mechanisch miteinander verbunden.
Die einfachste dieser Nasslehmtechniken ist heute noch in einigen Gegenden Südindiens gebräuchlich: Lehm wird mit Wasser und einer Hacke zu einem dickflüssigen Brei gemischt, in flachen Schalen auf dem Kopf transportiert, auf die zu errichtende Wand geschüttet und mit der Hand 2 bis 4 cm hoch verteilt. Da die Lehmschicht bei direkter Sonneneinstrahlung relativ schnell antrocknet, kann die Wand kontinuierlich Schicht für Schicht hochgezogen werden.
Im Nordosten Ghanas werden Lehm und Wasser mit den Füßen gemischt, mit der Hand zu Klumpen geknetet und dann zu runden Wänden geformt (Abb. 8.2-1 und 8.2-2).
Nach dem Trocknen wird die Wand innen und außen mit Lehmputz überzogen, und die noch etwas feuchte Oberfläche danach mit einem flachen, balligen Stein geglättet, so dass sie wie poliert wirkt und regenbeständiger ist.
Abb. 8.2-3 zeigt einen in gleicher Technik er-

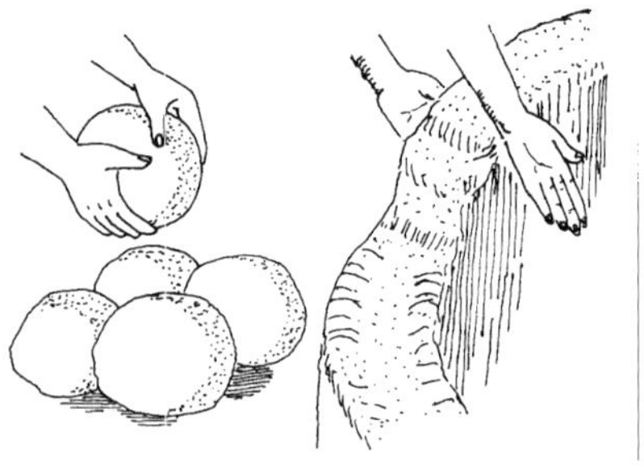

8.2-1 und 8.2-2
Formen einer Wand aus Lehmklumpen, Nordost-Ghana (nach Schreckenbach, o.J.)

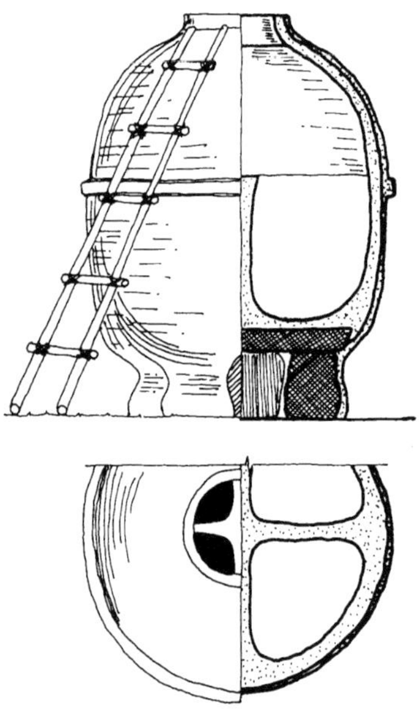

8.2-3 Getreidespeicher, Ghana (nach Schreckenbach, o.J.)

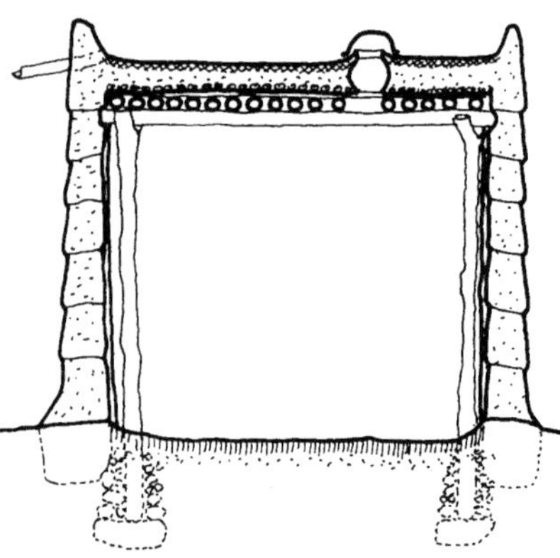

8.2-4 Traditionelle Nasslehmbauweise, Nordwest-Ghana, Schnitt durch ein Gebäude (nach Schreckenbach, o.J.)

stellten Getreidespeicher, dessen Wände aus Lehm, Kuhdung und Strohhäcksel bestehen. Bei einer traditionellen Nasslehmtechnik im Nordwesten Ghanas werden etwa 40 cm dicke Wände aus feuchten Lehmklumpen in Schichten aufgebaut, wobei die einzelnen Schichten deutlich zu unterscheiden sind, da die frischen die alten überlappen (Abb. 8.2-4). Die Grundrisse der Gebäude zeigen jeweils mehr oder weniger rechteckige Räume mit abgerundeten Ecken. Da die mit Lehm gedichteten Flachdächer von Balken und Stützen getragen werden, sind die Wände nichttragend, vgl. Abb. 8.2-5. Die gleiche Technik, jedoch ohne Überlappung der Schichten ausgeführt, ist im Sudan verbreitet (El-Hakim 1992).

In Nordjemen werden seit Jahrhunderten mehrgeschossige Häuser mit massiven Wänden in einer Nasslehmbauweise, der „Zabur-Technik", errichtet, die eine große Ähnlichkeit mit der Technik aus Ghana hat, vgl. Abb. 8.2-2: Handgeformte Lehmklumpen aus Strohlehm werden mit Schwung von oben auf die Wand geschleudert, so dass der Lehm verdichtet und zu einer homogenen Masse verbunden wird. Die Oberfläche wird zusätzlich durch Schlagen mit einem Schlagbrett verfestigt und geglättet (Abb. 8.2-7 und 8.2-8).

In der Slowakei, in Mähren und in Ungarn war mindestens seit dem Mittelalter eine Nasslehmtechnik bekannt, bei der mit der Hand walzenförmig oder konisch geformte Lehmklumpen im angetrockneten, aber noch feuchten Zustand zu Wänden aufgeschichtet wurden, vgl. Abb. 1.2-7. Die Schichten wurden waagerecht, häufig aber auch abwechselnd nach links und rechts schräg verlegt, so dass ein „Fischgrätenmuster" entstand (Mjartan, 1970 und 1972; Langer-Vareka, 1983; Mencl, 1980; Balassa-Ortutay, 1982).

Im Südwesten Englands, vorwiegend in Devonshire, war es seit dem 15. und bis ins 19. Jahrhundert verbreitet gewesen, aus Lehmklumpen Mauern zu errichten, vgl. Abb. 8.2-10, 8.2-11. Diese als „cob" bezeichnete Technik wird von Hill (1843) folgendermaßen beschrieben: Ein Mann steht mit einer dreizinkigen Heugabel auf dem Sockel der Wand, ein zweiter formt Lehmklumpen von der Größe zweier Fäuste, wirft sie dem ersten zu, der diese mit der Heugabel auffängt und auf der Mauer rückwärtsgehend platziert und gegebenenfalls etwas festtritt. Auf diese Weise wird die Wand in 50 - 60 cm hohen Lagen errichtet. Um eine ebene Fläche zu erhalten, werden die Außenflächen nach jeder Lage senkrecht abgestochen. Mit der zweiten Lage wird begonnen, sobald die erste soweit getrocknet ist, dass sie sich

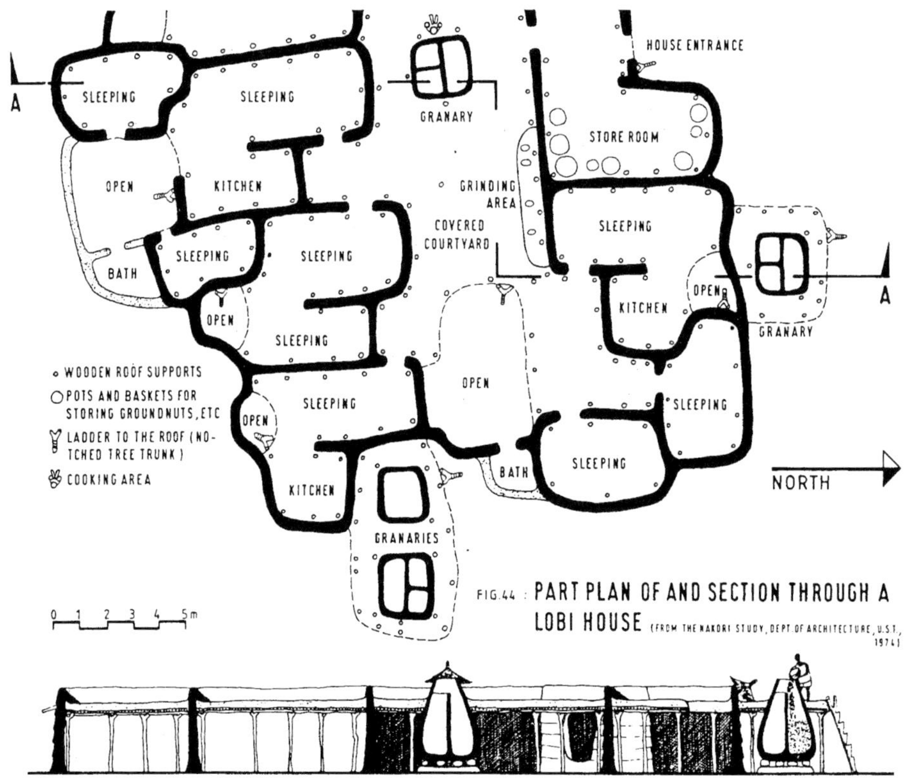

8.2-5 Typischer Gebäudekomplex aus Nordwest-Ghana (Schreckenbach, o.J.)

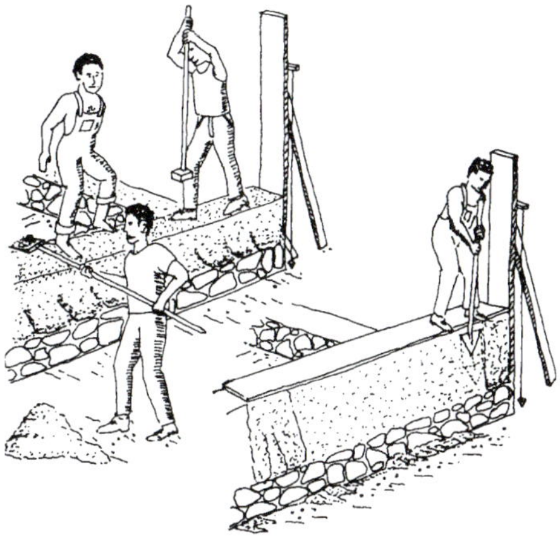

8.2-6 Lehmwellerbau

8.2-7 und 8.2-8 Herstellen von Lehmwänden in der Zabur-Technik

beim Begehen nicht mehr verformt. Die Stärke der Mauern beträgt meist etwa 45 cm, aber auch bis zu 60 cm dicke Mauern sind zu finden (McCann, 1983).
Ein ähnliches, seit dem Mittelalter insbesondere in Thüringen und Sachsen verbreitetes Nasslehmverfahren, das auch nach dem zweiten Weltkrieg in der DDR noch angewendet wurde, ist der „Lehmwellerbau". Dabei wird Strohlehm nicht wie bei der cob-Technik zu Klumpen geformt und durch Werfen verfestigt, sondern mit der Heugabel locker schichtweise aufgestapelt und mit den Füßen oder mit Stampfhölzern verdichtet (Abb. 8.2-6). Das Aufschichten erfolgt in „Sätzen" bis zu einer Höhe von etwa 80 - 90 cm. Diese Lage wird dann nach einigen Tagen Trockenzeit mit einem dreieckig zugespitzten Spaten senkrecht abgestochen und die nächsten „Sätze" entsprechend hergestellt.

8.2-9 Mit der Zabur-Technik in Nordjemen errichtete Lehmhäuser

8.2-10 Eines der ältesten Cob-Häuser, Cockington, Devon, England, 1410

8.2-11 Typisches Cob-Haus, Devon, England, 18. Jhd.

8.3 Dünner-Lehmbrote-Bauweise

In Afrika sind Nasslehmverfahren bekannt, die den beschriebenen Techniken aus der Slowakei und aus Jemen entsprechen. Gustav von Bodelschwingh ließ sich während seiner Zeit als Missionar in Nordafrika davon inspirieren und entwickelte eine für deutsche Verhältnisse angepasste Bauweise: die „Dünner-Lehmbrote-Bauweise", zuerst eingesetzt in Dünne bei Herford. Hierbei wurde der aufbereitete Lehm zu „Lehmbroten" geformt und diese im feuchten Zustand wie Ziegel im Mauerwerksverband - jedoch ohne Mörtel - aufgeschichtet (Abb. 8.3-1 bis 8.3-3). Beim Verlegen wurden die einzelnen Lehmbrote so aufeinander gedrückt, dass sie sich fest aneinanderfügten, die mit den Fingern hineingebohrten Löcher dienten und zur besseren Putzhaftung. Pro Tag konnten 3 bis zu 5 Schichten verlegt werden. Nach dem Austrocknen wurde dann ein mehrlagiger Kalkputz als Wetterschutz für die Wand aufgebracht.
Das erste Haus in dieser Technik entstand 1925 (Abb. 8.3-4), bis 1930 wurden mehr als 300 Häuser nach diesem Verfahren gebaut, in der Regel von Arbeitslosen, die in „Arbeiterheimstätten" organisiert waren. Auch die Kinder der Siedler halfen bei der Herstellung der Lehmbrote mit. Bei den späteren Bauten wurden die Lehmbrote aus Lehmsträngen durch eine Strangpresse geformt, die man durch einen Traktor über einen Keilriemen antrieb (Abb. 8.3-2). Die abgeschnittenen Lehmstränge wurden dann per Hand nachgearbeitet.
Ein wesentlicher Nachteil von Nasslehmverfahren zeigte sich bei dem Dünner Verfahren sehr schnell: feuchter Lehm ist durch Regen stark gefährdet. Deshalb errichtete man als Regenschutz zuerst das Dach, auf Stützen, die später innerhalb der Lehmwand verliefen. Bei den ersten Bauten wurde das Dach zunächst mit Keilen auf den Sützenköpfen hochgekeilt und nach dem Austrocknen der Lehmwände durch Entfernen der Keile wieder abgesenkt, so dass die Dachlast direkt von den Lehmwänden aufgenommen wurde. In der DIN 18951 wird die Dünner-Lehmbrote-Bauweise aber nur als Lehmständerbauweise, also als nichttragend, aufgeführt.

8.3-1 *unten*
Unverputzte Wand eines Schafstalls, Dünne

8.3-2 *oben* Dünner-Lehmbrote-Bauweise (Heimstätte Dünne)

8.3-3 *links* Wohnhaus Weertz, Dünne

8.4 Stranglehm-Verfahren

8.4.1 Allgemeines

Bei dem vom Forschungslabor für Experimentelles Bauen (FEB), Universität Kassel, entwickelten Stranglehmverfahren werden extrudierte Lehmstränge im plastischen Zustand ohne Mörtel Schicht für Schicht übereinandergelegt. Mit diesem Verfahren lassen sich Wände und Gewölbe, aber auch, wie in Kap. 14.10 beschrieben, Einbaumöbel und Sanitärobjekte herstellen.

8.4.2 Herstellung der Lehmstränge

In Zusammenarbeit mit einer Maschinenbaufirma wurde 1982 vom FEB aus einem handelsüblichen „Tonschneider" ein „Lehmstrangpressgerät" entwickelt, mit dem in einer Minute ein 2 m langer Lehmstrang mit einem Querschnitt von 8x16 cm produziert werden kann (Abb. 8.4-1), was einer Menge von ca. 1,4 m³/Stunde entspricht. Voraussetzung dafür ist jedoch eine Lehmmischung mit ausreichender Bindekraft und optimalem Wassergehalt. Vorteilhafterweise erhält die Lehmstrangpresse oben ein Doppelwalzen-Einzugsgerät, das die Lehmklumpen selbsttätig einzieht, sowie ein Rollenförderband, auf dem die extrudierten Stränge ohne wesentliche Reibung gleiten können (Näheres bei Minke, 1984 [b]).

Inzwischen wurde das Lehmstranggerät verbessert, so dass bei optimaler Lehmmischung pro Minute ein 3 m langer Lehmstrang extrudiert werden kann, was einer Leistung von ca. 2 m³/Stunde entspricht (Abb. 8.4-2). Das Gerät hat unter den beiden Einzugswalzen eine kontinuierliche Förderschnecke, im Zwischenteil ein Messerwerk, in dem ein teilweises Nachmischen erfolgt und vor dem Mundstück wieder eine geschlossene Schnecke, um einen ausreichenden Pressdruck zu erzeugen. An der Austrittsöffnung können verschiedene Mundstücke befestigt werden. Das beste Ergebnis brachte ein Lamellenmundstück mit Wasserführung, wie es bei Ziegelei-Strangpressen üblich ist. Das Gerät kostet ohne Mundstück ca. 5.000 €.

8.4.3 Optimierung der Lehmmischung

Versuche mit 30 Lehmmischungen, von denen einige auch Stroh, Sägespäne und Kiefernnadeln enthielten, ergaben, dass durch Zugabe von Faserstoffen das Trockenschwindmaß nur geringfügig verringert, und die Produktionsgeschwindigkeit nur wenig beschleunigt wurde, so dass sich in Anbetracht des größeren Arbeitsaufwandes für das Herstellen dieser Mischungen insgesamt kein Vorteil ergab. Eine etwas höhere Produktionsgeschwindigkeit konnte aber durch den Zusatz von Molke erreicht werden. Da Molke außerdem die Wasserfestigkeit und die Abriebfestigkeit des Lehms erhöht, könnte sie einen Teil des Anmachwassers vorteilhaft ersetzen, wobei anstelle von Molke auch mit Wasser verdünnter Magerquark verwendet werden kann.

Die Lehmmischung muss mehr Ton enthalten, als es für den Stampflehmbau und für handgeformte Lehmsteine üblich ist. Mischungen mit ca. 15% Ton erwiesen sich als günstig. Bei wesentlich niedrigeren Tongehalten ist die Bindekraft zu gering, so dass die Lehmstränge an den Kanten aufreißen. Mischungen, die mehr Ton enthalten, sind nicht empfehlenswert, da sie ein höheres Trockenschwindmaß und somit eine stärkere Rissbildung beim Austrocknen aufweisen. Der Wassergehalt muss genau eingestellt sein: ist er zu hoch, ist der Lehmstrang für

8.4-1 Stehendes Lehmstrangpressgerät, Prototyp, Fa. Heuser

8.4-2 Liegendes Lehmstrangpressgerät, Fa. Heuser

8.4-3 *unten*
Anwendung des Lehmstrangverfahrens bei dem Versuchsbau der Universität Kassel, 1982

8.4-6

8.4-7

8.4-8

8.4-5
8.4-5 bis 8.4-8
Herstellen und Verlegen der Lehmstränge

das Verlegen nicht fest genug, ist er zu niedrig, kann der Strang an den Kanten aufreißen.

8.4.4 Verlegen und Glätten der Stränge

Die Lehmstrangtechnik wurde erstmals 1982 in Kassel bei einem Versuchsgebäude des FEB angewandt, wobei ca. 2 m lange Stränge auf einem Brett extrudiert, zur Wand getragen und dort auf die bereits vorher verlegte Schicht gekippt, und die Fugen mit dem Handballen oder mit einem Modellierholz verstrichen wurden. Es konnten 4 bis 5 Stränge im frischen Zustand übereinandergelegt werden, ohne dass sich der unterste Strang merklich verformte. Damit die Stränge sich beim Austrocknen ohne starke Rissbildung zusammenziehen konnten, wurden die Enden der Wandelemente gekrümmt verlegt (Abb. 8.4-3, 8.4-4). Trotzdem war eine Rissbildung von insgesamt 3% der Länge der Elemente nicht zu vermeiden. Bei der nächsten Anwendung dieses Verfahrens für ein Wohnhaus, das 1984 in Kassel entstand, wurden nur noch lediglich 70 cm lange Stränge verwendet. Tests hatten ergeben, dass der Strang bei dieser Länge während des Austrocknens zwar auch um 3 bis 5% kürzer wird, aber keine Rissbildung mehr aufweist.
Die Abb. 8.4-5 bis 8.4-8 zeigen Herstellung, Transport und Verlegen der Stränge. Lehmmischer und Strangpresse standen

8.4-9
Durch Herausschneiden und Verformen plastisch gestaltete Stranglehmwände

beim Bau dieses Hauses in der zentralen Halle, so dass minimale Wege entstanden. Die Lehmstränge wurden mit einem Draht, einer Kelle oder einem Messer abgestochen und auf einem Unterlagebrett zur Wand getragen, wo sie auf den Sockel oder auf die vorher montierten Lehmstränge gekippt wurden.

Die 2,10 m langen Wände des Hauses bestehen aus drei Strängen (Abb. 8.4-10). Am vertikalen Stoß zweier Lehmstränge verlaufen senkrecht in der Wand zur Verzahnung der Teile 4 x 6 cm dicke Holzlatten. Neben diesen Latten wurde durch einen Schnitt mit der Kelle eine „Sollschwindfuge" erzeugt, die sich nach dem Austrocknen der Lehmstränge um 3 - 4 cm öffnet und mit einer Mischung aus Lehm, Kalk und Gips leicht wieder geschlossen werden kann (vgl. Kap. 8.4.5). Soll bei den Wänden der reine Lehmfarbton erhalten bleiben, können die Fugen auch während des Austrocknungsprozesses mehrmals mit feuchtem Lehm gleicher Konsistenz zugedrückt werden. Wenn gewünscht, kann die Stranglehmwand vor dem Austrocknen geglättet oder strukturiert werden:

Bei frisch verlegten und noch plastisch formbaren Strängen wird die Oberfläche am besten durch Schlagen mit einem Schlagholz, durch Streichen mit der Hand oder durch Abziehen mit Kelle, Modellierholz oder dergleichen bearbeitet. Halbtrockene Lehmstränge lassen sich am besten mit der Finne eines Maurerhammers oder einem ähnlichen Eisen abziehen, anschließend kann die Oberfläche mit Schwamm oder Bürste geglättet werden (Abb. 8.4-9). Fast trockener Lehm lässt sich allenfalls noch mit einem Hammer durch Schläge verformen. Die Oberflächenbearbeitung trockener Lehmstränge ist schwierig, der Lehm lässt sich dann nur noch mit groben Feilen, mit Sandpapier, Stahlwolle oder mit einem scharfen Eisen wie einem Spachtel bearbeiten. Leichter ist es, die Oberfläche mit Wasser vorsichtig – damit beim erneuten Austrocknen keine Risse entstehen – aufzuweichen und beispielsweise mit Schwamm oder Bürste zu glätten. Abb. 8.4-12 zeigt mit einem nassen Schwamm nachträglich behandelte Wände mit ausgefüllten senkrechten Sollschwindfugen. Stranglehmwände lassen sich im plastischen Zustand gut mit der Hand formen, und wenn sie noch feucht sind, können leicht Teile herausgeschnitten oder angefügt werden. Abb. 8.4-9 zeigt eine Schlafzimmerwand eines Wohnhauses in Kassel und Abb.

8.4-10 Stranglehmwände

8.4-11
Durch Herausschneiden und Verformen plastisch gestaltete Stranglehmwände

8.4-12 Glätten der Lehmstrangwand

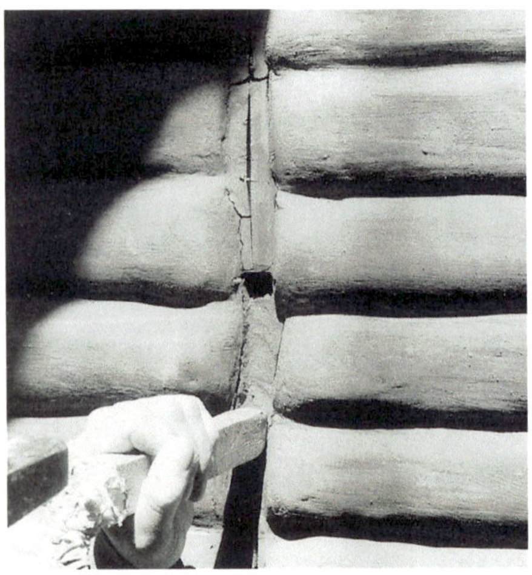

8.4-13 Verdichten einer Fuge mit dem Schlagholz

8.4-11 eine plastisch gestaltete Stranglehm-Außenwand auf dem Experimentiergelände des FEB, die von Lehmkursteilnehmern geformt wurde.
Werden geringere ästhetische Anspruche an die Ausbildung der Oberfläche gestellt, lässt sich bei diesem Verfahren sehr viel Zeit einsparen.
Aus wirtschaftlicher Sicht ist die Stranglehmtechnik mit dieser sehr einfachen Oberflächenbehandlung der Lehmziegelbauweise und der Stampflehmtechnik überlegen. Sollen die Wände anschließend verputzt werden, sind kleinere Risse bei Innenwänden nicht nachteilig, sie erhöhen sogar die Haftfähigkeit des Putzes.

8.4.5 Ausbessern von Rissen und Fugen

Wird die Wand später verputzt, brauchen Trockenschwindfugen nicht ausgebessert zu werden, soll sie gestrichen werden, wartet man am einfachsten das Austrocknen der Wand ab und verfüllt die Fugen anschließend mit einer schnell trocknenden Mischung aus Lehm, mindestens 10 Vol.% Gips und/oder Kalk sowie ggfs. mit grobem Sand, Sägemehl oder Zelluloseflocken als Zusatz. Gute Erfahrungen ließen sich mit folgender Mischung erzielen: 2-3 Teile grobsandiger Lehm, 1 Teil Gips und 0,5 bis 1 Teil Kalk. Es empfiehlt sich, die Fugen vorher mit Hilfe einer Sprühflasche anzufeuchten. Der Zusatz von Kalk kann bei Innenfugen entfallen. Er sollte jedoch bei Außenfugen wegen möglicher Feuchteansammlung durch Regen oder Kondenswasser zugesetzt werden, da er die Bildung von Mikroorganismen verhindert. Wird die Lehmoberfläche später nicht mehr farblich behandelt, werden die Fugen am besten, wie oben erwähnt, noch im plastischen Zustand mit Lehm gleicher Konsistenz verfüllt. Dieser Vorgang muss bei größeren Fugen jedoch mehrmals wiederholt werden. Wie Abb. 8.4-13 zeigt, lassen sich die Fugen auch nachträglich durch Schlagen mit einem Schlagholz oder Hammer verdichten.

8.4.6 Zeitaufwand

Erfahrungsgemäß ist der Zeitaufwand für die Erstellung einer Lehmstrangwand mit dem Mauern einer Sichtmauerwand aus Ziegeln vergleichbar. Dieser beträgt etwa 0,6 bis 0,7 Personenstunden je m^2 Wandfläche (4 bis 5 Stunden je m^3 Wand), vorausgesetzt, die Lehmmischung ist optimiert, und die Transportwege sind kurz. Das Nacharbeiten der Fugen und das Glätten der Oberflächen erfordern je nach ästhetischem Anspruch noch einmal 50 bis 100% dieser Zeit, dafür können aber die Putz- und Tapezierarbeiten entfallen. Kann die Oberfläche ungleichmäßig strukturiert sein, ist der Gesamtzeitaufwand nur etwa halb so hoch. Die Zeiten setzen voraus, dass die Ausführenden Erfahrung in dieser Technik haben.

9 Nasslehmfüllungen für Fachwerk- und Skelettbauweisen

9.1 Allgemeines

Zu einer plastischen Masse angerührter Lehm wird seit Jahrtausenden zum Schließen von Fugen bei Palisaden- und Blockbauweisen sowie zum Dichten von Flechtwerkwänden eingesetzt (Abb. 9.1-1). Im Fachwerkbau wird plastischer Lehm seit Jahrhunderten in den Gefachen benutzt, als Bewurfsmasse bei Flechtwerkfüllungen oder um Strohlehmwickel herzustellen. Heute werden diese Techniken in Europa nur noch bei Restaurierungsarbeiten ausgeführt, für Neubauten sind sie zu arbeitsaufwendig. Moderne Fülltechniken, die durch den Einsatz spezieller Geräte wesentlich weniger Arbeitszeit benötigen, sind in den Kapiteln 9.6 und 9.7 beschrieben.

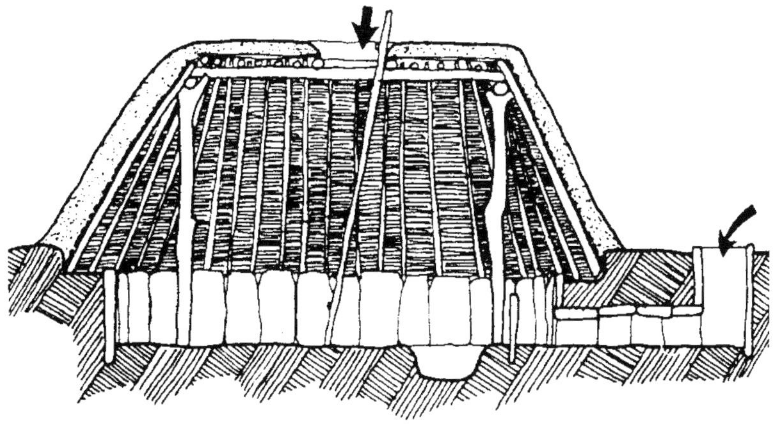

9.1-1 Schnitt durch ein „Pithouse", Wohnform der Pueblo-Indianer Nordamerikas aus dem 3.Jahrhundert n.Chr. (Bardou, Arzoumanian, 1978)

9.2 Lehmbewurf

Mit Lehm verfüllte Wandkonstruktionen aus horizontal und vertikal sich kreuzenden oder verflochtenen Rundhölzern, Ästen oder Zweigen sind in allen Kulturen der tropischen, subtropischen und gemäßigten Klimazonen verbreitet und vermutlich älter als der Stampflehmbau und der Lehmsteinbau. Im englischen Sprachgebiet wird diese Bauweise „wattle and daub", im spanischen „bahareque", „bajareque" oder „bareque" genannt, im deutschen spricht man von „Lehmbewurf".

Bei der traditionellen Lehmbewurf-Technik sind entweder alle senkrechten Profile tragend, oder, was häufiger der Fall ist, nur die in einem Abstand von 1 m bis 3,5 m angeordneten dickeren Stützen, die einen Balken als Auflager für die Decken- oder Dachkonstruktion tragen. Zwischen diesen Stützen bilden dünnere Holzprofile oder Rohre aus Bambus bzw. Schilfgras mit waagerechten Elementen ein engmaschiges Gitterwerk (Gittergröße: weniger als 10 x10 cm), das von beiden Seiten mit Lehmklumpen beworfen und anschließend glatt gestrichen wird.

9.2-1 Traditionelle Wandkonstruktion mit Lehmbewurf, Venezuela

9.2-2 Historische Strohlehmausfachung im Freilichtmuseum Kommern

9.3-1 Füllen von Gefachen mit Leichtlehmspritzputz

Überdeckt der Lehmputz die Holzprofile nicht um mindestens 2 cm oder ist er rissig, führt dies schnell zu einem Abspülen oder Abplatzen von Lehmteilen und somit zu einer geringeren Lebensdauer der Konstruktion (Abb. 9.2-1). Auf diese Weise hergestellte Bauteile erfordern deshalb einen großen Pflegeaufwand und im Vergleich zu Lehmbauteilen, die mit anderen Techniken hergestellt sind, ist ihre Lebensdauer gering.
Seit dem Mittelalter wurden in Deutschland die Gefache von Fachwerkhäuser meist so ausgefüllt, dass in die oberen und unteren waagerechten Holzprofile etwa 2 cm tiefe Kerben eingehauen, und in diese im Abstand von 15 bis 25 cm ca. 5 cm dicke Eichenholzstaken gesteckt wurden. Die Eichenholzstaken wurden mit 1 bis 2 cm dicken Weidenruten umflochten, das Geflecht dann von beiden Seiten mit einem Strohlehmmörtel zugeworfen und anschließend verputzt (Abb. 9.2-2). Strohlehmmörtel kann beispielsweise hergestellt werden aus 1 Raumteil Lehm und 6 bis 9 Raumteilen Häcksel aus losen, etwa 6 cm langen Strohhalmen und sollte, bevor er aufgetragen wird, 12 bis 24 Stunden lagern. Lässt man eine aus diesem Mörtel geformte Kugel von 10 cm Durchmesser aus einer Höhe von 1 m fallen und hat die Aufschlagfläche einen Durchmesser von 13 bis 14 cm, so ist seine Konsistenz richtig. Risse, und insbesondere die durch das Austrocknen an den Rändern entstandenen Fugen, werden angefeuchtet und mit einem Lehmmörtel, der kein Strohhäcksel enthält, verfüllt. Dem Mörtel können zur Schwindrissreduzierung 1 bis 2 cm lange Tierhaare oder Kokosfasern zugesetzt werden (vgl. Kap. 13.3 und 13.4). Um eine gleichmäßige Oberfläche im Gefach zu erhalten, ist es auch möglich, diese Mischung als dünnen Lehmputz auf die Strohlehmschicht aufzutragen.
Die Trockenzeit beträgt bei 14 bis 18 cm dicken Wänden 2 bis 6 Monate. Je mehr Fasern, Ton und Schluff die Mischung enthält, umso länger dauert die Austrocknung.

9.3 Lehmspritztechnik

Da die Lehmbewurftechnik sehr arbeitsaufwendig ist, wurden verschiedentlich Versuche unternommen, Lehm mit Putzmaschinen auf das Geflecht zu spritzen. Problematisch ist dabei jedoch, dass der Lehmmörtel relativ dünnflüssig sein muss und deshalb beim Austrocknen vermehrt Risse auftreten. Eine übermäßige Rissbildung lässt sich vermeiden, wenn grobkörnige und faserige Zuschlagstoffe in ausreichender Menge zugesetzt werden. Hanffaser-Lehm lässt sich beispielsweise in einem Arbeitsgang in einer Dicke von 5 cm maschinell auftragen (Meingast 1998). Die Firma Haacke verwendet bei ihrem Produkt Cellco eine Mischung aus Lehm, Korkschrot, Strohhäcksel und Zellulose. Ein ebenfalls spritzfähiger Leichtlehmputz, der überwiegend aus Sägemehl besteht, wurde von Hans-Bernd Kraus, Aachen entwickelt. Der Putz kann in Schichtdicken von 4 bis 6 cm aufgetragen werden und dient vor allem zum Füllen von Gefachen bei Fachwerk- und Holzständerbauten. Er wird von innen gegen eine zementgebundene Holzfaserplatte gespritzt, die als verlorene Schalung dient (Abb. 9.3-1). Ein weiterer Leichtlehm-Spritzputz wird in Kapitel 11.5 beschrieben.

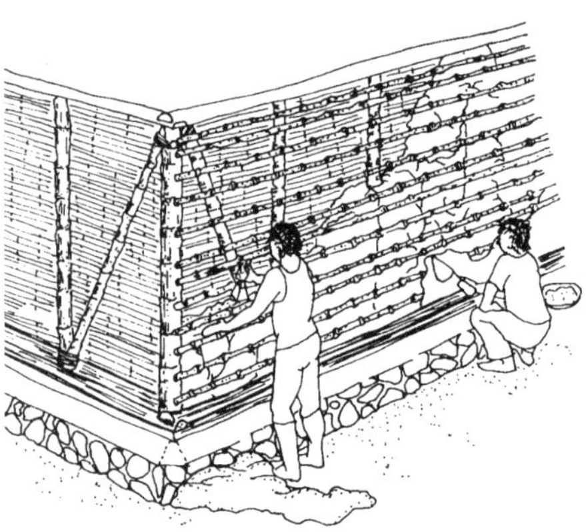

9.4-1 Lehmeinfülltechniken für Holzskelettkonstruktionen (nach Vorhauer, 1979)

9.4 Lehmverfülltechnik

Die Lehmverfülltechnik ist eine moderne Variante der traditionellen Lehmbewurftechnik und wird wegen ihres geringen Aufwandes an Geräten und Arbeitszeit heute in vielen Entwicklungsländern, insbesondere in Lateinamerika, eingesetzt. Dabei werden horizontale Bambus- oder Holzprofile im Abstand von 12 bis 20 cm beidseitig an Stützen befestigt und der sich bildende Zwischenraum mit Lehm ausgefüllt, entweder durch Einwerfen mit der Schaufel oder durch Eindrücken von Lehmklumpen mit der Hand, wobei der Lehm auch mit Stampfhölzern etwas verdichtet werden kann (Abb. 9.4-1). Abb. 9.4-2 zeigt ein entsprechendes System aus vorgefertigten Holzelementen eines Low-cost-housing-Projektes in Bahia, Brasilien.

9.5 Wickelstaken und Lehmflaschen

In Deutschland und in Frankreich sind in den Gefachen historischer Fachwerkhäuser auch Wickelstaken aus Strohlehm zu finden (Abb. 9.5-1). Bei geschosshohen Gefachen und entsprechender Ausbildung der Ständer ist diese Technik wesentlich weniger zeitaufwendig als das Ausfachen mit Staken, Rutengeflecht und Lehmbewurf.

Bei der überwiegend in Deutschland verbreiteten Technik wird ein Langstrohbündel in Lehmschlämme getaucht und mit drehender Bewegung herausgezogen. Dieses getränkte Strohlehmseil wird diagonal über eine Arbeitsplatte gelegt, mit einer 2 cm dicken Lehmmörtelschicht aus sandigem Lehm und Strohhäcksel bestrichen und um ein vorher ebenfalls in Lehmschlämme getauchtes Stakholz gewickelt (Abb. 9.5-2, links). Die 10 bis 15 cm dicken Wickel werden waagerecht in das Gefach eingelegt und Unebenheiten mit einem Strohhäcksellehmputz ausgeglichen.

Eine überwiegend in Frankreich verbreitete, einfacher erscheinende, aber größeres handwerkliches Geschick erfordernde Methode, Wickelstaken herzustellen, zeigen die Abb. 9.5-2 rechts und Abb. 9.5-3. Bei dieser Technik kann auch Ballenstroh verwendet werden, wenn kein Langstroh vorhanden ist.

Am Forschungslabor für Experimentelles Bauen (FEB), Universität Kassel, wurde bei einer Variante dieser Technik grobsandiger Lehmmörtel auf einen Putzträger aus Drahtgitter oder Kunststoffnetz ca. 2 cm dick ausgestrichen, alles zusammen um eine ca. 3 cm dicke Rundholz- bzw. Bambusstake gewickelt (Abb. 9.5-4 und 9.5-5) und diese Staken zwischen senkrechten Holzständern in Nuten eingeschoben (Abb. 9.5-6). Es bildete sich eine interessante plastische Oberfläche, ähnlich der, die bei Stranglehmverfahren (Kap. 8.4) entsteht. Im Vergleich zu Stranglehmverfahren hat die Wickelstaken-Technik allerdings den Vorteil, dass die Lehmwickel beim Austrocknen keine Risse bekommen – sofern die Mörtelmischung richtig eingestellt ist – und dass keine Geräte benötigt werden. Der Zeitaufwand zur Herstellung solcher Elemente ist höher als bei den extrudierten Lehmsträngen, aber geringer als bei traditionellen Strohlehm-Wickelstaken.

In Abb. 9.5-3 ist die traditionelle „Lehmflaschenbauweise" dargestellt: Hierbei werden als erstes in den Gefachen senkrechte Rundholzstangen oder auch Rechteckhölzer im Abstand von 15 bis 20 cm mit einem Heftnagel befestigt. Daraufhin werden Lehmklumpen von ca. 1,5 Liter auf den Verbindungspunkt zweier sich kreuzender Strohbüschel gelegt, die vier Enden der Strohbündel hochgenommen und dieses Gebilde allseitig mit Lehm umhüllt und zu einer Flasche geformt. Der Hals der Flasche wird um eine der Stangen im Gefach geschlungen, und das dicke Ende zwischen die Stangen über die Schlaufe gedrückt. Die Oberfläche wird eben gedrückt und kann nach dem Austrocknen mit einem Reibebrett geglättet oder mit einem Putz überzogen werden.

9.5-1 Wandkonstruktion aus Strohlehm-Wickelstaken (nach Houben, Guillaud 1984)

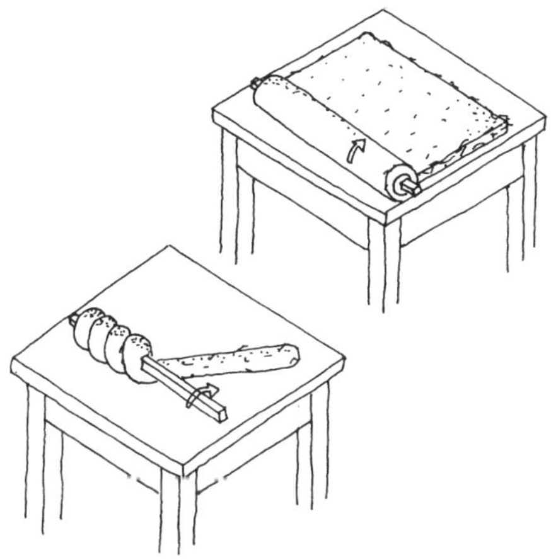

9.5-2 Traditionelle Verfahren zur Herstellung von Strohlehm-Wickelstaken aus Langstroh (nach Volhard 1983)

9.4-2 Vorgefertigte Holzskelettelemente, mit Lehm verfüllt, Brasilien

9.5-3 Traditionelle Lehmflaschen-Bauweise

9.6 Gefache mit Leichtlehmfüllungen

Die oben beschriebenen Nasslehmfüllungen für Gefache haben den Nachteil, dass sie eine geringe Wärmedämmung aufweisen und deshalb im Klima Mitteleuropas bei Außenwänden zusätzlich gedämmt werden müssen. Aus diesem Grunde werden heute Gefache vorzugsweise mit Leichtlehm ausgefüllt. Die Techniken, Leichtlehm in Schalungen zu stampfen, zu schütten und zu pumpen, werden in Kap. 10 beschrieben. Neuere, mit Leichtlehm ausgefüllte, erhöht wärmedämmende Holzständerkonstruktionen sind in Kap. 14.2.1 zu finden, Zuschlagstoffe für gut wärmedämmenden Leichtlehm werden in den Kap. 4.7.2 bis 4.7.5 aufgeführt.

9.7 Füllungen mit Stranglehm, Leichtlehmschläuchen und flexiblen Leichtlehmplatten

Gefache von Fachwerk- und Skelettbauten lassen sich auch mit extrudierten Lehmsträngen füllen, vgl. Kap. 8.4.
Ähnlich in der Erscheinung ist die neu entwickelte Technik, Leichtlehm in Schläuche zu pumpen und diese zur Ausfüllung von Skelettkonstruktionen zu verwenden (vgl. Kap. 10.7). Vorteilhaft dabei ist, dass keine Trockenschwindrisse auftreten und dass der Arbeitszeitaufwand relativ gering ist.

Die Fa. Haake, Celle, hat eine 15 cm dicke, plastisch verformbare Leichtlehmplatte entwickelt, die im feuchten Zustand vakuumverpackt wird und auf Grund ihrer leichten Verformbarkeit einfach in Gefache eingebaut werden kann. Die Dampfdiffusionswiderstandszahl μ kann je nach Bedarf zwischen 10 und 50 eingestellt werden. Der λ_R-Wert beträgt 0,08 oder 0,09 W/mK.

9.5-4 bis 9.5-6
Moderne Wickelstaken-Wandbauweise

9.5-5

9.5-6

10 Stampf-, Schütt- und Pumptechniken für Leichtlehm

10.1 Allgemeines

Im folgenden werden Stampf-, Schütt- und Pumptechniken zur Einbringung von Leichtlehm bei Wand-, Fußboden- und Deckenkonstruktionen beschrieben.
Die verschiedenen Leichtlehmarten sind in Kapitel 4.7.2 bis 4.7.5 aufgeführt. Wie Leichtlehm zur Ausfachung von Fachwerkkonstruktionen eingesetzt werden kann, ist in Kap. 9.6 erläutert, die Ausfachung von Dachschrägen mit Leichtlehm in Kap. 14.5 und seine Anwendung als Spritzputz in Kap. 11.5. Holzständerkonstruktionen mit erhöhtem Wärmeschutz werden in Kap. 14.2.1, und nachträgliche Wärmedämm-Maßnahmen von Wänden durch Leichtlehm in Kap. 13.6 beschrieben.

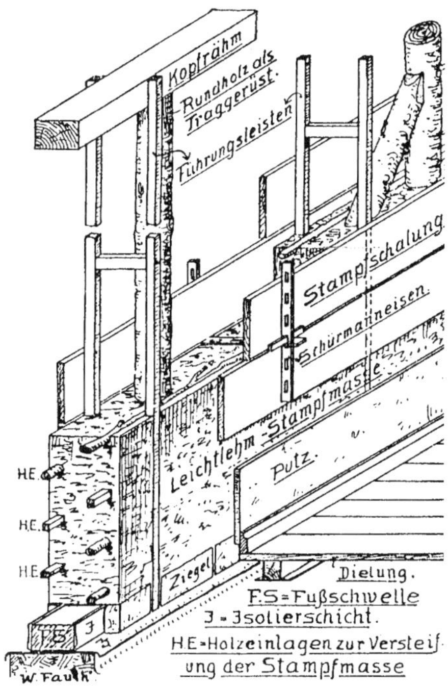

10.2-1 Schalungssystem für Strohleichtlehmwände (Fauth, 1948)

10.2 Schalungssysteme für Leichtlehmwände

Stampflehmwände aus Leichtlehm lassen sich mit beliebigen Schalungssystemen herstellen. Abb. 10.2-1 zeigt das von Fauth vorgeschlagene Schalungssystem mit Führungsleisten, die als Abstandshalter dienen. Bei diesem, als Leiterschalung bezeichnete System, kann auf die Traverseneisen verzichtet werden, wenn die Schalbretter bzw. -tafeln direkt an den Führungsleisten mit Schrauben oder Schraubzwingen befestigt werden.
Die Befestigung der Schaltafeln bzw. Schalbretter ist davon abhängig, ob die tragenden Holzstützen aus einem Rechteck- oder Rundprofil, aus Doppel-T-Stützen oder Bohlenständern bestehen (Abb. 10.2-2). Zusätzlich zu den tragenden Stützen sind Leitergerüste oder Bohlen zur Befestigung der Schalung notwendig. Bei üblichen Schaltafeln oder -brettern mit einer Dicke von 19 bis 24 mm sollte der Abstand der Führungsleisten und Anker nicht mehr als 1,0 bis 1,5 m betragen, da sich die Holzprofile sonst bei stärkerem Stampfen ausbeulen. Bei größeren Abständen sollten entsprechend dickere Bohlen verwendet werden.
Um Schalung einzusparen, können z.B. 50 cm hohe Schaltafeln einer Kletterschalung so montiert werden, dass sie zur Hälfte die bereits gestampfte Wand überdecken (Abb. 10.2-3). Das Verklammern der gegenüberliegenden Schalungsteile erfolgt mit handelsüblichen Ankern oder Zwingen. Damit keine Lehmteile kleben bleiben, sollten die Schaltafeln vor der Montage angenässt oder eingefettet und beim Abnehmen nach oben oder zur Seite geschoben werden. Aus Gründen des Zeitaufwandes empfiehlt es sich in der Regel, ein geschosshohes Joch zu verwenden (vgl. Abb. 10.2-3 C und 10.2-3 D) und auf das Abnehmen der unteren Schalungsbretter zu verzichten.
Nachteilig bei den im Strohlehmbau häufig eingesetzten Leiterjochen ist, dass die in der Wand verbleibenden senkrechten Führungsleisten in der Außenschicht der Wand bei Eindringen von Regenwasser und bei Kondenswasserbildung nicht gegen Verrotten geschützt sind. Empfehlenswerter sind

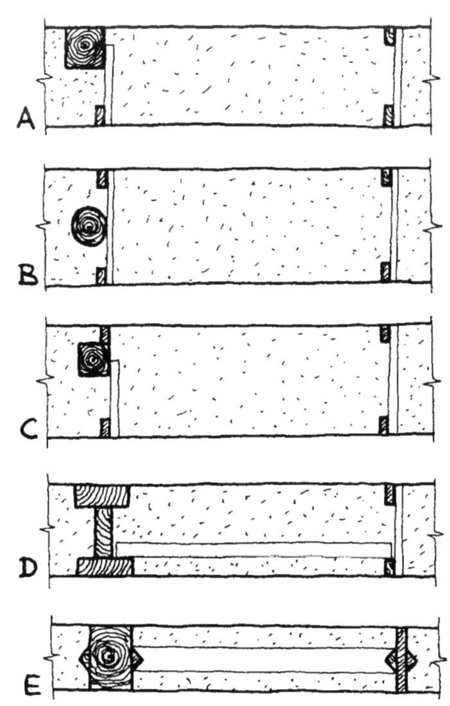

10.2-2 Horizontalschnitte mit Befestigungsmöglichkeiten für Schalungen

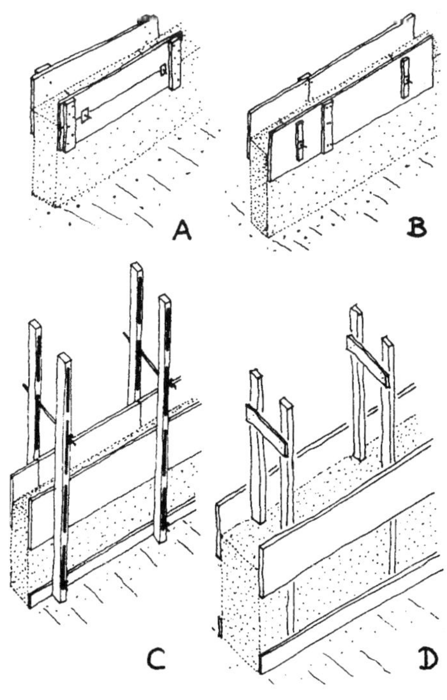

10.2-3 Kletterschalungssysteme (A, B nach Volhard 1983)

bei dem Klima in Mittel- und Nordeuropa Schalungssysteme mit außenliegenden abnehmbaren Jochen, wie sie im Stampflehmbau verwendet werden (vgl. Kap. 5.2 und 5.6.1).
Bei mineralischem Leichtlehm ist lediglich eine Sparschalung erforderlich, was den Zeitaufwand für das Ein- und Ausschalen verringert und die Austrocknung beschleunigt. Abb. 10.2-4 zeigt eine 30 cm dicke Leichtlehmwand aus einer relativ steifen, stark bindigen Blähton-Leichtlehmmischung, die ohne Innenschalung mit der Kelle in Schichten bis ca. 50 cm hoch aufgetragen wurde. Um ein Verformen durch den Druck des Eigengewichtes zu vermeiden, ist alle 50 cm eine 20 cm breite Bohle an die Rundholzstützen (mit Abstand) geschraubt. Mit dieser Technik war es möglich, die Wände kontinuierlich bis zur halben Geschosshöhe zu fertigen, ohne ein Trocknen abzuwarten. Als Außenschale dienten gepresste Steinwollplatten, die durch Latten gehalten waren.
Wird für gepumpten oder geschütteten mineralischen Leichtlehm beidseitig eine textile, verlorene Schalung verwendet, wie im folgenden Kapitel dargestellt, so lässt sich der Austrocknungsprozess wesentlich beschleunigen.

10.2-4 Erstellen einer Leichtlehmwand ohne Innenschalung

10.3 Gestampfte Wände aus Strohleichtlehm

Abb. 10.3-1 zeigt die Organisation einer Baustelle für Strohleichtlehm-Wände. Dabei wird fetter Lehm zu einer dünnflüssigen Schlämme aufbereitet und mit 10 bis 15 cm langem Strohhäcksel vermischt. (Die Herstellung von Strohleichtlehm wird in Kap. 4.7.2. genauer beschrieben)
Das Strohlehmgemisch wird mit der Hand oder mit einer Mistgabel in die Schalung geworfen, gleichmäßig in 10 - 20 cm hohe Schichten verteilt und mit Handstampfern verdichtet. Bei dünneren Wänden sowie bei dickeren mit hohem Strohanteil sind zur Aussteifung der Wand alle 40 bis 80 cm horizontale Profile zwischen die vertikalen Elemente zu klemmen oder zu nageln (Abb. 10.2-2, Lösung D und E).
Stark verdichteter Strohleichtlehm, der zudem relativ viel Lehm enthält, lässt sich sofort ausschalen. Leichte, wenig verdichtete Mischungen müssen vor dem Ausschalen erst etwas austrocknen, da sonst die Gefahr besteht, dass sich die Wand verformt oder gar zusammenbricht. Um ein Austrocknen zu ermöglichen, darf keine geschlossene Schalung verwendet werden, vorteilhaft sind Schalbretter mit offenen Fugen.
Setzungen nach dem Austrocknen können bei geringen Rohdichten bis zu 10% der Wandhöhe betragen, wie es auch bei dem 1 m hohen Testelement der Fall war (Abb. 10.3-3). Diese Setzfugen müssen nachträglich sorgfältig so lange gefüllt werden, bis keine neuen mehr entstehen. Werden die Setzfugen nicht geschlossen, kann es zu erheblichen Beeinträchtigungen der Wohnqualität durch mangelnden Schallschutz, mangelnde Winddichtigkeit und erhöhten Heizaufwand kommen; außerdem können durch die entstandenen Wärmebrücken Schimmelpilze und somit Bau- und Gesundheitsschäden entstehen.
Die Gefahr, dass infolge des hohen Strohanteils besonders leichte Leichtlehmwände verrotten können, sollte nicht unterschätzt werden. Abb. 10.3-4 zeigt ein Stück einer 30 cm dicken Außenwand eines Neubaus aus Friedberg-Heimatshausen von 1989, die äußerlich trocken und fachgerecht hergestellt erschien, jedoch bereits nach wenigen Monaten im Innern weitgehend verrottet war, obwohl die am Bauprozess Beteiligten versicherten, die Ausführung entsprechend der bei Volhard (1983) genannten Anweisungen durchgeführt zu haben (Schmitt, 1993). Der im vorderen Teil des Bildes gezeigte Querschnitt eines Holzständerprofils weist ebenfalls eine bis zu 2 cm tiefe Verrottung durch Mikroorganismen

10.3-1 Organisation einer Baustelle für Strohleichtlehmarbeiten (Fauth, 1948)

10.3-2

10.3-3

auf. Die Analyse einer nicht verrotteten Probe aus dieser Wand ergab eine Rohdichte von ca. 350 kg/m³. Wie Untersuchungen des Forschungslabors für Experimentelles Bauen (FEB) der Universität Kassel ergaben, speichert Stroh auf Grund seiner hohen Kapillarkraft das aufgenommene Wasser extrem lange, so dass trotz der Lehmummantelung der Kern einer 30 cm dicken Strohlehmwand über Monate hin feucht bleibt und ein ideales Milieu für Schimmelpilze bietet. Die Folge bei diesem Haus war, dass die Bauherren allen Strohleichtlehm entfernen und durch konventionelle Baumaterialien ersetzen mussten. Dass dies kein Einzelfall war, bestätigen weitere Berichte (u.a. Schmitt, 1993, S.21).
Dass es riskant ist, Strohleichtlehm mit Rohdichten unter 600 bzw. unter 500 kg/m³ zu verwenden, wird inzwischen auch von vielen Lehmbaufirmen bestätigt.

Wie Beobachtungen bei Leichtlehmwänden mit Rohdichten über 500 kg/m³ ergaben, können diese auch als Behausung für Bücherläuse dienen, die sich von dem Stroh ernähren und die Innenoberflächen der Wand bevölkern.
Im übrigen ist Strohleichtlehm kein „bewährtes historisches" Baumaterial, wie häufig angenommen wird. Der bei Ausfachungen in historischen Fachwerkhäusern verwendete Strohlehm hatte stets eine Rohdichte höher als 1200 kg/m³ und ist mit einem Strohleichtlehm von 500 kg/m³ (oder weniger) nicht vergleichbar.
Die Verwendung von Strohleichtlehm bei dünnen Innenwänden und Decken ist dagegen relativ unproblematisch, da diese schneller austrocknen und bei ihnen keine Gefahr der Durchfeuchtung durch Tauwasserbildung besteht.

10.3-2 1 m hohes Strohleichtlehmelement mit Setzfuge nach dem Austrocknen

10.3-3 Teil einer verrotteten Strohleichtlehmwand

10.4 Gestampfte und geschüttete Wände aus Holz-Leichtlehm

Holzhackschnitzel und Sägemehl, die Zuschlagstoffe für Holz-Leichtlehm, sind preiswert und leicht zu besorgen. Da auch die Herstellung der Mischung weniger aufwendig als bei Stroh-Leichtlehm ist, hat diese Technik die Stroh-Leichtlehm-Technik weitgehend verdrängt (vgl. auch Kap. 4.7.5).
Nachteilig ist jedoch gegenüber dem Stroh-Leichtlehm, dass das Holz eine geringere Wärmedämmwirkung aufweist und die Feuchtigkeit extrem lange hält, was zu Verrottungserscheinungen bzw. Zerstörung durch Pilzbefall führen kann.

Bei der mit Holz-Leichtlehm sanierten historischen Zehntscheune in Grebenstein führte diese Eigenschaft dazu, dass die Holzteile von Flechtwerkausfachung und Fachwerk nach 2 Jahren erheblich durch verschiedene Pilze zerstört worden waren (Abb. 10.4-1) und ein Schaden von mehr als 1 Mio. € entstand. Allerdings wurden dabei unzulässigerweise Wandstärken von bis zu 50 cm ausgeführt (ca. 17 cm Strohlehmbewurf, ca. 30 cm Holz-Leichtlehm), Holzhackschnitzel mit Rindenanteil verwendet und die Wände noch vor der vollständigen Austrocknung verputzt.

10.4-1 Von Pilzen zerfressenes Flechtwerk

10.5 Gestampfte, geschüttete und gepumpte Wände aus mineralischem Leichtlehm

• Allgemeines

Die unterschiedlichen Zuschlagstoffe für mineralischen Leichtlehm wurden in Kap. 4.7.3 beschrieben. Wie Strohleichtlehm und Holzleichtlehm lässt sich auch mineralischer Leichtlehm in Schalungen stampfen, darüber hinaus kann er in dünnerer Konsistenz aber auch geschüttet und gepumpt werden. Im Vergleich zu Strohleichtlehm und Holzleichtlehm hat er hingegen den Vorteil, dass er schneller austrocknet, keine Schimmelpilzbildung zeigt, höhere Festigkeit aufweist, einen höheren Dampfdiffusionswiderstand hat und leichter zu verputzen ist.

• Gestampfte Wände

Abb. 10.5-1 zeigt die Herstellung einer Stampfwand in Ecuador, bei der dem Lehm Bims als Leichtzuschlag zugegeben wurde. Die Wand konnte sofort nach Beendigung des Stampfens ausgeschalt werden und hatte eine sehr hohe Festigkeit. Trotzdem ließ sie sich nach dem Ausschalen noch gut bearbeiten, wie Abb. 10.5-2 zeigt: Das äußere Abschrägen des Fenstersims erfolgte sehr einfach mit einer Machete (Haumesser).

• Geschüttete Wände

Mineralischer Leichtlehm hat im Vergleich zu Strohleichtlehm den weiteren Vorteil, dass er sich ohne zu stampfen einfach in eine Schalung schütten lässt. Seine Konsistenz muss dabei etwas fester als bei Mörtel sein. Die Mischung braucht nicht gerüttelt zu werden, lediglich an den Ecken kann ein Stochern mit einer Dachlatte erforderlich sein, um ein besseres Fließen des Lehmbreis zu erreichen.

Die Abb. 10.5-3 und 10.5-4 zeigen eine einfache Methode: Der Leichtlehm wird in einem Zwangsmischer hergestellt, indem zunächst Lehm mit Wasser und ggfs. Sand aufbereitet und dann mit Blähton, Bims oder dergleichen vermengt wird. Dann wird die Mischung in Eimer gegossen und in die Schalung geschüttet. Noch schneller und einfacher geht es, wenn eine mit einem Rührwerk erzeugte fette Lehmschlämme (Abb. 10.5-5) über den in einem üblichen Freifallmischer (Betonmischer) rotierenden Blähton gegossen und die nach 4 Minuten fertige Leichtlehmmischung in einen größeren Behälter (z.B. Wäschetrog oder Mörtelwanne) und von dort in die Schalung geschüttet wird, vgl. Abb. 10.5-6 und 10.5-7. Der mineralische Leichtlehm hat eine so hohe Klebewirkung, dass der oberste Teil der Außenschalung 20 bis 30 cm weit offen bleiben, und der Leichtlehm in diesem Bereich mit der Kelle angeworfen und mit einem Stampfholz leicht angedrückt und geglättet werden kann (Abb. 10.5-8).

Bei dem in Tata, Ungarn, erstellten zweigeschossigen Wohnhaus mit 50 cm dicken, tragenden (statisch belasteten) Blähton-Leichtlehmwänden wurde die Leichtlehmmischung über einen üblichen Betontrichter in die Schalung geschüttet (Abb. 10.5-9). Eine sehr wirtschaftliche Methode, den

10.5-1 Herstellen einer Stampflehmwand aus Bims-Leichtlehm, Pujili, Ecuador

10.5-2 Abschrägen des Fenstersims mit einem Haumesser

10.5-3

10.5-4

10.5-5

10.5-3 und 10.5-4
Herstellen von Blähtonleichtlehm in einem Zwangsmischer und Schütten in die Schalung

10.5-5
Herstellen der Lehmschlämme mit einem Rührwerk

10.5-6 und 10.5-7
Mischen von mineralischem Leichtlehm in einem Freifallmischer und Schütten in die Schalung

10.5-8
Andrücken des angeworfenen Leichtlehms im obersten, nicht verschalten Bereich der Wand

10.5-9
Einbringen von mineralischem Leichtlehm für eine zweigeschoss. tragende Wand, Tata, Ungarn

10.5-6

10.5-7

10.5-8

10.5-9

10.5-10 Einfüllen von Leichtlehm in verlorene Schalung, die später als Putzträger dient

10.5-11 Einwerfen von mineralischem Leichtlehm in ein Gefach

Schalungsaufwand zu reduzieren, besteht darin, die Wand einseitig oder beidseitig mit einer Schilfrohrmatte zu versehen, die als verlorene Schalung dient und gleichzeitig Putzträger für den anschließend aufzubringenden Innenputz genutzt werden kann. Bei einer Schilfrohrschalung wird der Leichtlehm aber nicht gestampft, sondern eingeschüttet und muss eine entsprechend breiige Konsistenz aufweisen. Die Schilfrohrmatten sollten je nach Dicke und Höhe der Wand alle 50 bis 60 cm durch eine Holzlatte gegen Ausbeulen gehalten werden (Abb. 10.5.-10). Besonders wirtschaftlich ist es, bei kleineren Gefachen nur eine Seite zu verschalen und den mineralischen Leichtlehm von der anderen Seite anzuwerfen (Abb. 10.5-11). Dies ist leicht möglich, wenn der Lehm sehr fett ist und alle Zwischenräume zwischen den mineralischen Zuschlagstoffen (Bims, Blähglas, Blähton u. dgl.) ausfüllt.
Möglichkeiten, bei mineralischem Leichtlehm eine verlorene textile Schalung zu verwenden, sind in den Entwürfen des Autors in Abb. 10.5-12 bis 10.5-14 dargestellt. Dabei wird ein Jutegewebe, ein grobmaschiger Gardinenstoff oder ein Putzarmierungsgewebe an den Holzprofilen der Wand, dem Fußholz und dem Deckenbalken mit Nägeln oder verschraubten Leisten befestigt und zusätzlich durch Seile gehalten. Durch die Dehnung des Gewebes entstehen nach dem Füllen mit Leichtlehm kissenförmige Elemente. Diese Technik eröffnet eine Vielfalt individueller Gestaltung.

- **Gepumpte Wände**

Besonders für die gewerbliche Herstellung von Lehmbauteilen ist es von Vorteil, dass mineralischer Leichtlehm mit Mörtel-, Estrich- und Betonpumpen in eine Schalung gepumpt werden kann. Im Vergleich zu geschüttetem Leichtlehm muss seine Konsistenz zwar etwas breiiger sein, dafür lässt er sich aber in Schläuchen mehrere Meter hoch und viele Meter weit transportieren. Bei dem in Abb. 10.5-15 gezeigten, über 300 Jahre alten Fachwerkbau wurden die alten Gefachfüllungen vollständig entfernt und durch gepumpten Blähton-Leichtlehm ersetzt. Um die Wärmedämmung zu erhöhen, wurde die innere Schalung in einem Abstand von 10 bis 15 cm zum Holzfachwerk montiert und das Fachwerk innen durch eine Leichtlehmschicht abgedeckt. Bei dieser Technik ist zu beachten, dass bei nicht kontinuierlich arbeitenden Pumpen das offene Schlauchende wegen der Pump-

10.5-15 Pumpen von mineralischem Leichtlehm

10.5-12, 10.5-13
Modellstudien für Zimmerwände aus mineralischem Leichtlehm mit verlorener textiler Schalung

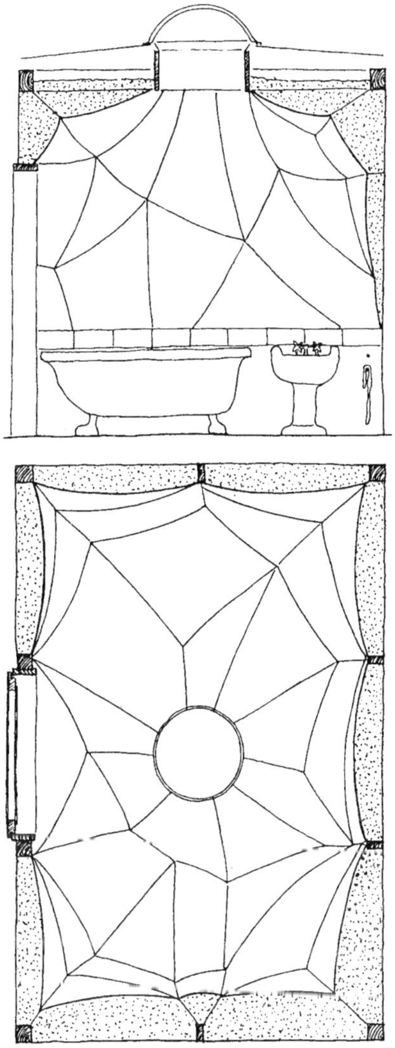

10.5-14
Schnitt und Deckenuntersicht für ein Badezimmer mit zentralem Oberlicht

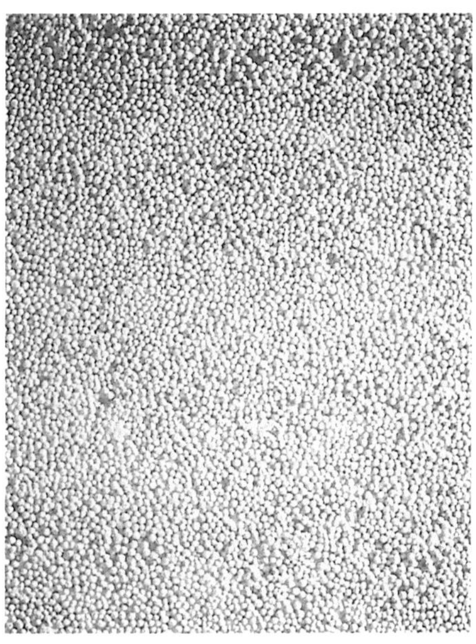

10.5-16
Oberfläche eines Blähton-Leichtlehms (Körnung 8-16 mm) nach dem Ausschalen

10.5-17
Aufrauhen einer Blähtonleichtlehmfläche mit einer Harke

stöße fixiert oder sehr gut festgehalten werden muss.

- **Oberflächenbehandlung**

Die Oberfläche von gestampften, geschütteten oder gepumpten Leichtlehmwänden mit Rohdichten von 600 bis 900 kg/m³ ist nach dem Ausschalen rau (Abb. 10.5-16). Sie lässt sich sehr leicht mit einem Dünnputz glätten, kann aber auch nur mit einer 1 - 3 mm dicken Lehm- oder Farbschlämme überstrichen werden.
Wird schwererer Leichtlehm mit einer Rohdichte von 1000 kg/m³ nach dem Ausschalen beispielsweise mit einer Harke aufgerauht, entsteht eine Oberfläche, wie sie sonst nur mit einem speziellen Strukturputz erreichbar ist (Abb. 10.5-17).

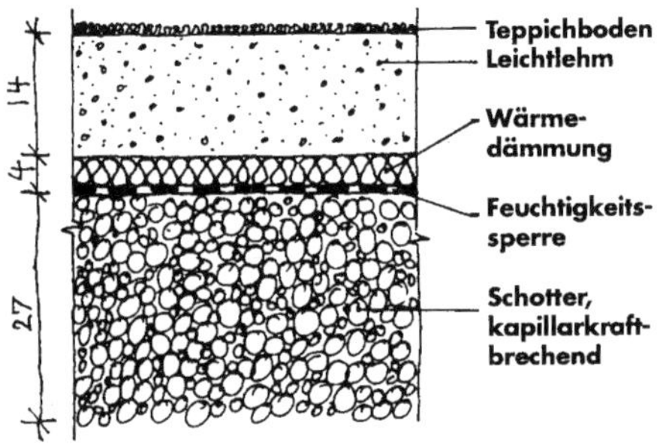

10.6-1 Fußbodenaufbau mit mineralischem Leichtlehm

10.6 Gepumpter Leichtlehm für Fußböden und Decken

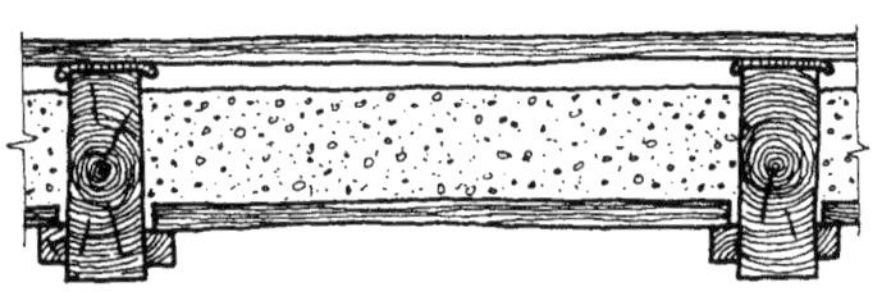

10.6-2 Mineralischer Leichtlehm als Füllmaterial für Holzbalkendecken

Mineralischer Leichtlehm, mit Pumpen gefördert, ist besonders zur Herstellung von Fußböden und Decken geeignet. Abb. 10.6-1 zeigt einen besonders fußwarmen Bodenaufbau mit mineralischem Leichtlehm, der zudem noch sehr kostengünstig ist.
Nach dem Gebäudeenergiegesetz ist die Wärmedämmwirkung des dargestellten Aufbaus jedoch nur ausreichend, wenn bei den übrigen Bauteilen erhöhte Dämmmaßnahmen getroffen und das Heizsystem optimiert ist. Aus wirtschaftlichen Gründen empfiehlt es sich deshalb die Wärmedämmschicht wesentlich dicker auszubilden.
Wird mineralischer Leichtlehm mit einer Rohdichte von 1000 bis 1200 kg/m³ als Deckenfüllung eingesetzt (Abb. 10.6-2), kann er wesentlich zur Luftschalldämmung, zur Wärmespeicherung und zum Feuchteausgleich beitragen.

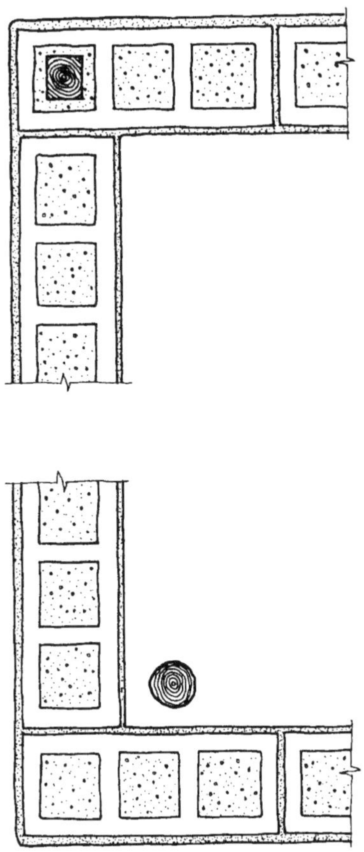

10.7-1 Mögliche Stützenstellungen bei lehmgefüllten Hohlkörperwänden

10.7 Lehmgefüllte Hohlkörper

Es gibt verschiedene großformatige Hohlkörper-Bausteine („Mantelbausteine") auf dem Markt, die in der Regel ohne Mörtel gesetzt und dann mit Beton ausgegossen werden. Sie bestehen beispielsweise aus zementgebundenem Bims oder Blähton (Leichtbeton), aus zementgebundenen Holzfasern, aus kalkgebundenem Sand (Kalksandstein), aus gebranntem Ton oder aus Polystyrolschaum.
Anstelle von Beton lässt sich auch Lehm zum Ausgießen verwenden, wenn die Wand nichttragend ist. Bei Skelettkonstruktionen können die Stützen sowohl innerhalb der Hohlkörperelemente als auch vor der Innenseite der Wand stehen (Abb. 10.7-1). Dabei lassen sich sowohl Rund- als auch Rechteckstützen aus Holz, Stahl oder Stahlbeton verwenden.
Eine besonders schwere Wand mit hoher Luftschalldämmung und großer Wärmespeicherfähigkeit entsteht, wenn die Hohlkörper mit einer breiigen Masse aus fettem Lehm, Putzsand und Kies gefüllt werden.
Wird eine sehr gut wärmedämmende, leichte Wand gewünscht, sollte die Lehmmischung aus fettem Lehm und mineralischen Leichtzuschlägen wie Bims, Blähglas, Blähton, Blählava oder dergleichen zusammengesetzt sein.
Das Füllen der Hohlkörperelemente kann entweder manuell oder maschinell mit den oben beschriebenen Schütt- und Pumptechniken erfolgen.

10.8 Leichtlehmschläuche

Eine neue Technik, die optisch eine große Ähnlichkeit mit der in Kap. 8.4 beschriebenen Stranglehmtechnik hat, aber nicht deren Nachteile aufweist, wurde 1992 vom Autor entwickelt und inzwischen bei mehreren Objekten im In- und Ausland angewendet. Dabei wird eine Mischung aus mineralischem Leichtlehm mit einer Putz- oder Estrichpumpe in weitmaschige, elastische Baumwollschläuche gepumpt. Verwendet wurde der Schlauchverband TG 7 der Firma Lohmann, der sich auf bis zu 14 cm Durchmesser dehnen lässt. Die gefüllten Schläuche werden in der gewünschten Länge abgeschnitten, die Enden verknotet und mit der Hand „abgestrichen", so dass der Lehmbrei aus den Gewebemaschen ausdringt und das Gewebe mit einer etwa 1 mm dicken Schicht überzieht. Hierbei lässt sich, falls gewünscht, der Querschnitt bzw. die Länge des Schlauches noch etwas verändern. Vorteilhaft ist, dass zur Herstellung der Lehmschläuche nur eine Person benötigt wird.

Das Füllen der Schläuche ist auch ohne Pumpe mit einem Trichter möglich (Abb. 10.8-1). Hat die Lehmmischung eine festere Konsistenz, muss dann allerdings eine zweite Person durch Stochern mit Hilfe eines Stempels das Nachrutschen des Lehms im Trichter bewirken.

Die gefüllten Schläuche lassen sich sehr einfach transportieren und in der gewünschten Form übereinanderlegen. Durch das Glattstreichen der Schläuche dringt etwas Lehmschlämme aus den Gewebemaschen an die Oberfläche, so dass die Schläuche sehr gut miteinander verkleben (Abb. 10.8-2, 10.8-3).

10.8-1 Füllen von Baumwolleschläuchen mit Leichtlehm mittels Schneckenpumpe

10.8-2 und 10.8-3 Herstellen einer Badezimmerwand aus gefüllten Lehmschläuchen

10.8-4 Fertige Badezimmerwand aus gefüllten Lehmschläuchen

10.8-5 Wintergarten-Speicherwand aus Lehmschläuchen

10.8-6 *rechts*
Horizontalschnitt durch eine Innenwandaus Leichtlehmschläuchen

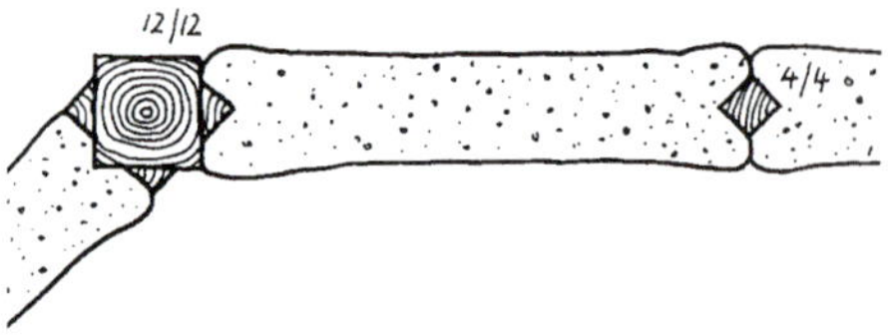

Da sie sich stark verformen lassen, bieten sich reizvolle Gestaltungsmöglichkeiten (vgl. Abb. 10.8-4 bis 10.8-9). Nach dem Verlegen wird die Oberfläche einfach mit einem Breitpinsel geglättet. Bei entsprechend trocken eingestellter Mischung können 5 bis 6 Schichten pro Tag verlegt werden. Wird der Austrocknungsprozess durch Zugabe von mineralischen Mehlen, wie beispielsweise Trasszement, beschleunigt, so lassen sich bereits nach einem halben Tag weitere Stränge verlegen. Sind ausreichend grobe Zuschlagstoffe vorhanden, lässt sich das Trockenschwindmaß auf Null reduzieren, was im Vergleich zu den üblichen Nasslehmtechniken ein erheblicher Vorteil ist.

Als gut pumpfähig hat sich eine Mischung aus 9 Teilen fettem Lehm mit 6 Teilen Estrichsand und 18 Teilen Blähton der Körnung 1 bis 4 mm erwiesen. Diese Mischung zeigte keine Trockenschwindung und weist mit ihrer Rohdichte von ca. 900 kg/m³ einen guten Schallschutz und eine gute Wärmespeicherwirkung auf. Soll die Luftschalldämmung und die Wärmespeicherfähigkeit weiter erhöht werden, so kann anstelle des Blähtons Kies gleicher Körnung zugesetzt werden.

Anstelle von Blähton lassen sich auch Bims, Blähschiefer und Blähglas sowie Hobelspäne und Korkschrot verwenden. Abb. 10.8-5 zeigt eine Anwendung dieser Technik in Brasilien, bei der Hobelspäne mit etwas Sägemehlzusatz verwendet wurde. In der Regel lassen sich nicht mehr als 3 bis 6 Lagen pro Tag verlegen. Sie sollten untereinander durch Bambusnägel oder dgl. „vernagelt" werden, um eine ausreichende Querstabilisierung der Wand zu gewährleisten (Abb. 10.8-7).

Wie einfach Leichtlehmschläuche zur Erhöhung der Wärmedämmung bei Altbauten verlegt werden können, wird in Kap.13.6.5 beschrieben.

10.8-7

10.8-8

10.8-9

10.8-7 Fixieren der Lehmschläuche mit Bambusnägeln

10.8-8 Sitzbank; Thessaloniki, Griechenland

10.8-9 Fassade einer Wohneinheit aus Strohballentonnen, Portugal

11 Lehmputze

11.1 Allgemeines

Lehmputze bestehen überwiegend aus Sand und Schluff und sollten nur so viel Ton enthalten, dass ihre Haftfähigkeit und Bindekraft ausreichend ist, was schon bei einem Tonanteil von 5% Ton der Fall sein kann; mehr als 10% Ton im Putz führt in der Regel zu unerwünschten Trockenschwindrissen.

Aussagen über eine ideale Zusammensetzung sind schwer zu treffen, da nicht nur das Mengenverhältnis von Ton, Schluff und Sand einen entscheidenden Einfluss auf die Eigenschaften des Putzes hat, sondern vor allem die Korngrößenverteilung des Sandes, der Wassergehalt, die Art des Tones, die Aufbereitung und die Zuschläge, wie beispielsweise Fasern. Um den bestmöglichen Lehmputz zu erhalten, empfiehlt sich deshalb, Putzproben aus unterschiedlichen Mischungen anzufertigen.

Lehmputze können sowohl auf Lehmoberflächen als auch auf ausreichend rauhen Ziegel-, Kalksandstein- Naturstein- und Betonflächen aufgebracht werden, wo sie vor allem aus raumklimatischen Gründen (Feuchteausgleich) eingesetzt werden (vgl. Kap. 1.4). Daneben übernehmen sie wie jeder Putz ästhetische Funktionen.

Für das Klima in Deutschland gilt, dass Putzmörtel möglichst wenig Wasser aufnehmen und dabei eine möglichst hohe Wasserdampfdurchlässigkeit aufweisen soll. Der Wasseraufnahmekoeffizient (s. Kap. 2.3.5) sollte ≤ 2,0 kg/m² $h^{0,5}$ sein („wasserhemmend"), die Dampfdiffusionswiderstandszahl (s. Kap. 2.4.2) ≤ 10.

Lehm-Mauermörtel sollte gröbere Bestandteile aufweisen als Lehm-Putzmörtel, um das Setzmaß beim Mauerwerk zu reduzieren.

11.1-1 Nankansi-Hof, Nordghana

11.2 Vorbehandlung der Oberfläche

Die zu verputzenden Oberflächen müssen genügend rau sein, da Lehm keine chemische Verbindung mit seinem Untergrund eingeht. Bei Mauerwerk sollten die Lagerfugen mindestens 1 cm tief ausgekratzt werden. Am einfachsten ist es, wenn der Fugenmörtel im feuchten Zustand mit einer unter 45° gehaltenen Kelle „ausgeschnitten" wird, vgl. Abb. 11.2-1. Mauerwerk aus glatten Lehmsteinen in den Formaten 2 DF und größer wird am besten zusätzlich genässt und dann mit einem Nageleisen oder Nagelbrett diagonal „geritzt", vgl. Abb. 11.2-2 und 11.2-3.

Zu verputzende Stampflehmwände sollten noch im feuchten Zustand ebenfalls mit einem Nageleisen bzw. Nagelbrett oder aber durch Einschlagen von Löchern aufgerauht werden.

Der Putzuntergrund muss frei von losen Partikeln sein und, falls erforderlich, abgebürstet werden. Oberflächen aus Lehm und anderen stark saugenden Materialien sollten vorher genässt werden, damit dem Lehmputz die Feuchtigkeit nicht einseitig schnell entzogen wird, sondern ein gleichmäßiges Austrocknen gewährleistet ist.

Ist, wie bei Beton-, Ziegel- und Natursteinoberflächen, ein Aufrauhen des Untergrundes nicht möglich oder zu aufwendig, lässt sich die gewünschte Rauhigkeit durch einen fetten Zementspritzbewurf mit 50% Deckung erreichen. Dabei wird ein dünnbreiiger Zementputz aus 1 Teil Zement und 4 bis 5 Teilen Estrichsand oder groben Putzsand mit einem Breitpinsel (Quast) aufgespritzt. Bei Lehmuntergründen ist unter Umständen auch ein Spritzputz aus einer fetten Lehmschlämme möglich, die etwas mit scharfem Sand gemagert wurde.

Eine ausreichende Haftvermittlung mit dem Untergrund kann außerdem durch das Anbringen eines Putzträgers aus verzinktem Draht („Hühnerdraht", „Kaninchendraht"), Ziegeldraht, Kunststoffgitter oder Schilfrohrmatten geschaffen werden. Bei einem Lehmaußenputz sollten Schilfrohrmatten wegen Verrottungsgefahr und möglichem Insektenbefall jedoch nicht eingesetzt werden.

Zum Überputzen von Stützen oder Balken aus Holz, Stahl oder Beton bei Fachwerk- und Skelettbauten sind Putzträger zwar notwendig, sie können jedoch beim Verputzen von Lehmgefachen im Fachwerkbau zu Bauschäden führen: Bei Bewegungen des Holzgefüges besteht dann eine erhöhte Gefahr, dass sich die Putzschicht vom Untergrund löst.

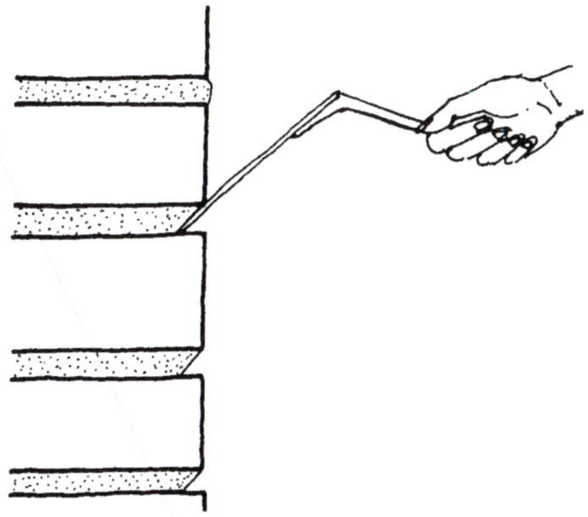

11.2-1 Ausschneiden der Lagerfugen mit einer Kelle

11.2-2 Aufrauhen der genässten Lehmsteinoberflächen mit einem Nageleisen

11.2-3 Geräte zum Aufrauhen von genässten Lehmoberflächen

11.3 Zusammensetzung des Lehmputzes

Um einen schwindrissfreien Lehmputz zu erhalten, muss folgendes beachtet werden:

- Im Lehm sollten große Mengen Grobsand enthalten sein.
- Dem Putz sollten tierische oder menschliche Haare, Kokos- oder Sisalfasern, Stroh- oder Heuhäcksel zugefügt werden.
- Bei Innenputzen können zur Magerung auch Getreidespreu, Sägespäne, Sägemehl oder Zellulosefasern zugesetzt werden.
- Um eine befriedigende Bindekraft zu erreichen, sollte die Mischung ausreichend, durch Auffrühren gleichmäßig verteilten Ton enthalten.
- Bei richtiger Zusammensetzung und Konsistenz muss der Putz an der senkrecht gehaltenen Kelle kleben bleiben, beim Anwerfen aber gut von der Kelle gleiten und an der Wand haften bleiben (ein hoher Haar- oder Faserzusatz reduziert das Haftvermögen sehr stark).

Um die Eigenschaften eines Lehmputzes zu testen, kann als Vorversuch ein einfacher Hafttest dienen: Dabei wird der Lehmputz 2 cm dick auf einen trockenen, gebrannten, relativ glatten Ziegelstein aufgetragen. Der Putz muss bis zum völligen Austrocknen (48 bis 72 Stunden) auf dem hochkant gestellten Ziegel haften bleiben. Löst er sich plattenförmig vom Stein, ist er zu tonhaltig und sollte mit Sand (Grobsand) stark gemagert werden. Löst er sich in kleinen Teilen ab, wenn der Ziegel kräftig aufgestoßen wird, so hat er keine ausreichende Bindekraft und muss mit Ton angereichert werden. Bleibt er haften und zeigt feine Risse, ist er etwas zu fett und kann allenfalls als Unterputz verwendet werden, als Oberputz sollte er mit Grobsand abgemagert werden. Bleibt er jedoch haften und zeigt keine Schwindrisse,

Bestandteile	Unterputz	Oberputz	Innenputz
fetter Lehm	4 Eimer	2 Eimer	1 Eimer
Sand	2 Eimer	4 Eimer	1 Eimer
Pferdemist	2 Eimer	-	-
Haare	0,4 kg	0,1 kg	-
Kalk	-	1 Eimer	-
Roggenmehl	-	-	0,6 kg

Tabelle 11.1 Alte Rezepte für Lehmputze

Bestandteile	Mischung[1]				
	A	B	C	D	E
Lehmbrei[2]	10	10	10	10	10
Sand (0-2)	25	25	25	25	25
Isofloc	-	5	5	-	5
Kaseinleim[3]	1	-	-	-	1
Magerquark	-	-	-	1	-
Harnstoff	-	-	0,2	-	-
Na-Gluconat	-	0,2	-	-	-

[1] Alle Angaben in Volumenteilen
[2] aus 1 Teil fettem Lehm u. 2 Teilen Estrichsand
[3] aus 4 Teilen Magerquark und 1 Teil Kalk, 1-2 Minuten miteinander verquirlt

Tabelle 11.2 Bewährte Mischungen für Lehmputze

ist die Mischung in der Regel brauchbar. Es empfiehlt sich, dann mit dieser Mischung eine größere, ca. 1 m breite und 2 m hohe Putzprobe auszuführen. Sollten hier Risse entstehen, muss die Mischung danach weiter gemagert bzw. mit Fasern versetzt werden.

Innenputze aus Lehm sind wesentlich unproblematischer als Außenputze. Sie werden gewöhnlich bis zu 1,5 cm stark aufgebracht, und da sie nicht wetterfest sein müssen, können feine Schwindrisse beispielsweise durch Überstreichen mit Wandfarbe geschlossen werden. Die Putzoberflächen lassen sich nach dem Antrocknen mit einem in Wasser getauchten Breitpinsel glätten.

Soll der Putz mehr als 1,5 cm dick aufgetragen werden (zum Beispiel, um unebene Flächen auszugleichen), so empfiehlt sich zunächst eine Schicht „Grobputz" aus fettem Lehm und Grobsand als Unterputz aufzubringen. Sie kann ruhig etwas reißen, denn Risse verbessern die Haftung der zweiten Putzlage.

Für die Gebäude der Deutschen Reichsbahn wurden um 1940 die Tabelle 11.1 aufgeführten Rezepte für Lehmputze festgelegt (nach Schuh, 1944).

Die Zugabe von Roggenmehl beim Innenputz verbessert die Verarbeitbarkeit des Putzes und erhöht die Wisch- und Abriebfestigkeit der Lehmoberfläche. Nach eigenen Erfahrungen kann der Sandanteil in den von Schuh genannten Rezepten erhöht werden. Vorteilhaft zur Reduzierung der Trockenschwindrisse ist ferner, wenn der Sand überwiegend Grobsand und außerdem etwas Feinkies der Körnung 2-4 mm enthält (vgl. Kap. 4.2.4).

Wie Untersuchungen des Autors ergaben, lassen sich die Verarbeitbarkeit sowie die Abrieb- bzw. Oberflächenfestigkeit von Lehmputzen durch Zugaben von Kaseinleim aus 1 Teil Kalk und 4 bis 6 Teilen Magerquark, durch Borax, Harnstoff, Natriumgluconat und Zellulosefasern wesentlich verbessern. Bewährt haben sich dabei die in Tabelle 11.2 aufgeführten Mischungen.

Kalk reagiert mit dem im Magerquark enthaltenen Kasein: es bildet sich ein Kalkalbuminat, das wasserfest ist. Eine ähnliche chemische Reaktion entsteht zwischen dem in Isofloc enthaltenen Borax und Kasein. Natrium-Gluconat wirkt als Flussmittel, das heißt, dass die Anmachwassermenge verringert und somit die Gefahr der Trockenrissbildung etwas reduziert werden kann. Eine Zugabe von Harnstoff kann insbesondere bei stark schluffhaltigem Lehm eine nicht unerhebliche Erhöhung der Druckfestigkeit und der Biegezugfestigkeit bewirken, vgl. Kapitel 4.5.

Zellulosefasern in Form von Altpapierflocken bewirken beim Mörtel vor allem eine bessere Verarbeitbarkeit, aber auch eine geringfügige Verringerung der Rissbildung beim Austrocknen. Die Mischungen B, C und E ließen sich am besten verarbeiten.

Bei den Mischungen A und E ist es vorteilhaft, wenn der Kaseinleim mit den Altpapierflocken und dem Anmachwasser gemischt und 1 Stunde stehengelassen wird, bevor Lehm und Sand zugegeben werden.

Bei allen Mischungen erwies es sich als vorteilhaft, wenn die Nachbehandlung, das heißt das Abreiben und endgültige Glätten der Oberfläche, erst nach einigen Stunden bzw. nach einem Tag erfolgt.

Stabilisierte Lehmputze für Außenflächen werden in Kap. 11.13 behandelt.

11.4 Regeln zum Aufbringen des Putzes auf Lehmwände

Da reiner Lehmputz mit seinem Untergrund keine chemische Verbindung eingeht, ist es notwendig, den Untergrund so vorzubehandeln, dass der Lehm ausreichend haftet. Dabei müssen folgende Regeln beachtet werden:

1. Die zu putzende Lehmwand muss soweit ausgetrocknet sein, dass keine Setzungen bzw. Schwindvorgänge mehr auftreten.
2. Loses Material auf der Oberfläche der Lehmwand wird durch Abbürsten, Abfegen o.ä. entfernt.
3. Der Putzgrund muss ausreichend rau sein. Falls notwendig, wird der Untergrund genässt und eingeritzt, bei Lehmsteinen werden die Fugen ausgeschnitten (vgl. Kap. 11.2).
4. Unmittelbar vor dem Aufbringen des Lehmputzes ist der Putzgrund ausreichend zu nässen, so dass die Oberfläche aufquillt und der angeworfene Putzmörtel etwas eindringen kann. Außerdem wird durch diese Maßnahme dem Putz weniger Feuchtigkeit entzogen.
5. Der Lehmputz muss mit Kraft angewor-

fen werden, so dass sich die Lehmteilchen von Putz und vorgenässtem Untergrund vermengen und durch die Bindigkeit des Lehms eine ausreichende Haftung auf dem Untergrund entsteht.
6. Reiner Lehmputz, der dicker als 1 cm sein soll, wird in der Regel in 2 oder gar in 3 Lagen aufgebracht, um die Rissbildung beim Austrocknen zu vermindern.
7. Zur Reduzierung der Schwindrissbildung beim Austrocknen sollte der Lehmputz genügend Grobsand und ggfs. Feinkies sowie Zusätze von Fasern oder Haaren enthalten (siehe Kap. 4.2.4).
8. Zur Erhöhung der Festigkeit gegen mechanische Beschädigungen, Abrieb und Wassereinwirkung sollen dem Oberputz Kuhdung, Kalk, Kasein oder andere Mittel zugesetzt werden (siehe Kap. 4.3 und 4.6).
9. Reine Lehmputzoberflächen sind in jedem Falle zusätzlich durch Anstriche zu verfestigen (siehe Kap. 12.3).
10. Bei allen Zusätzen und Anstrichen ist die Veränderung der physikalischen Eigenschaften des Lehms zu beachten, insbesondere die Reduzierung der Wasserdampfdiffusion (siehe Kap. 12.3.4).

11.6-1 Aufbringen von Leichtlehmputz mit einem Putzgerät

11.5 Trockenschwindverhalten

Es muss hier angemerkt werden, dass Lehmmörtel beim Austrocknen in der Regel sehr viel mehr schwindet als Gips-, Kalk- und Kalkzementmörtel. Dies muss beim Verarbeiten berücksichtigt werden. Es wird empfohlen das Trockenschwindverhalten vor der Anwendung zu prüfen (vgl. Kap. 2.3). Ein hohes Schwindmaß des Mörtels kann bei Lehmmauerwerk zu starken Setzerscheinungen führen, was wiederum zu Rissen führen kann. Bei Lehmputzen entstehen häufig Schwindrisse, die ein aufwendiges Nachbessern erfordern.
Die am Forschungslabor für Experimentelles Bauen (FEB) Universität Gesamthochschule Kassel, durchgeführten Tests zeigen, dass die handelsüblichen Lehmmauermörtel und Lehmputzmörtel bei der untersuchten Verarbeitungskonsistenz in der Regel ein sehr großes Trockenschwindmaß von über 1% und bis zu 3,6% aufweisen, während die getesteten Kalkzementmörtel und Gipsfertigputze in der Regel ein Trockenschwindmaß von weniger als 0,1% ergaben, siehe Abb. 11.14-1.
Lehmputze sollten bei einem Ausbreitmaß von 140 mm beim Trocknen nur um maximal 20 mm/m (= 2%) schwinden. Auf höhere Trockenschwindmaße sollten die Hersteller ausdrücklich hinweisen, um sich gegen Regressansprüche abzusichern.
Möglichkeiten, das Schwinden zu reduzieren, sind in Kap. 11.14.3 beschrieben.

11.6 Leichtlehm-Spritzputz

Vom Autor wurde mit gutem Erfolg ein spritzfähiger, wärmedämmender Leichtlehmputz getestet, der überwiegend aus Altpapierflocken besteht. Er kann mit einem Putzgerät in einem Arbeitsgang bis zu 3 cm dick aufgetragen werden, vgl. Abb. 11.6-1. Zum schnelleren Abbinden wurde diesem Putz etwas Trasskalk und Gips zugesetzt (Minke 1987 (c)). Weitere Leichtlehm-Spritzputze, die in erster Linie zum Verfüllen von Gefachen verwendet werden, sind in Kap. 9.3 beschrieben.

11.7 Blähton-Leichtlehmputz

Um eine gleichmäßige, feinkörnige Wandoberflächenstruktur zu erhalten, eignet sich ein feinkörniger Blähton- oder Blähglas-Lehmputz, vgl. Abb. 11.7-1. Dieser Lehmputz wurde beispielsweise aus 1 - 4 mm großen Blähtonpartikeln, Blähtonsand und Lehm mit einem Zusatz von 5% Trasskalk angemischt, und in einer 8 mm dicken Schicht manuell aufgetragen. Durch den Zusatz von Trasskalk werden die Abbindezeit und die Wasserdampfdiffusion vorteilhaft verringert.
Noch besser wärmedämmend, jedoch auch weniger fest, ist ein Leichtlehmputz mit fol-

11.7-1 Blähton-Lehm-Feinputz

11.8-1 und 11.8-2
Lehm-Wurfputz zur Erhöhung der Feuchte- und der Wärmeregulierung eines Wintergartens, Kassel

11.9-1 Aufbringen der ersten Putzlage

gender Zusammensetzung: 25 Teile Blähton der Körnung 1 - 4, 10 Teile fette, dickflüssige Lehmschlämme, 10 - 15 Teile Altpapierflocken mit Boraxzusatz und 2 Teile Kaseinleim (aus 1 Teil Kalk und 5 Teilen Magerquark, 2 Minuten verquirlt).
Das Glätten der Oberfläche erfordert bei Blähtonlehmputzen eine gewisse Geschicklichkeit, da die Blähtonkugeln beim Reiben leicht „Ziehspuren" hinterlassen und herausfallen können. In diesem Falle sollte der Anteil an Altpapierflocken und Kaseinleim etwas erhöht werden.

11.8 Wurfputz

Aus Afrika ist eine Putztechnik bekannt, bei der Lehmklumpen dicht an dicht auf die zu putzende Fläche angeworfen werden. Voraussetzung für diese Technik ist, dass die Lehmmischung eine ausreichende Bindekraft besitzt, dass der Untergrund genügend rau ist und dass die Klumpen kräftig aufprallen. Abb. 11.8-1 und 11.8-2 zeigen die in Kap. 14.8 beschriebene Lehmspeicherwand eines Wintergartens, bei der diese Technik angewendet wurde. Der Untergrund besteht hier aus Holzwolleleichtbauplatten, zur besseren Haftvermittlung dienen Bambusdübel.

11.9 Verputzen von Strohballenwänden

Strohballenhäuser sind in Nebraska, USA, seit dem Ende des 19. Jahrhunderts bekannt und haben in den 80iger Jahren dieses Jahrhunderts eine Renaissance erfahren. Inzwischen gibt es auch in Frankreich und Skandinavien viele Selbstbauer, die die Wände ihrer Häuser aus Strohballen errichten. Die historischen Strohballenhäuser der USA wiesen tragende (statisch belastete) Strohwände auf. Bei den Bauten der letzten Jahre wurden die Ballen meist als Füllungen oder Vorsatzschalen von Holzskelettkonstruktionen verwendet (Näheres bei Steen et al.).
Am wirtschaftlichsten werden die Strohoberflächen mit einem 2- oder 3-lagigen Lehmputz oder bei stärkerer Regenbelastung mit einem Kalk- oder Kalk-Zement-Putz überzogen. Die einfachste Art, den Lehmputz aufzutragen, besteht darin, ihn mit der Hand kräftig anzuwerfen oder ihn mit einer Pumpe aufzuspritzen (Abb. 11.9-

1). In beiden Fällen entsteht dann, bedingt durch die Form und Lage der Strohballen, eine relativ unebene Oberfläche (Abb. 11.9-2). Soll eine glattere Oberfläche erreicht werden, so ist es sinnvoll, anschließend die Fugen und andere Unebenheiten mit einem Strohlehmgemisch zu füllen. Häufig werden die Putzflächen dann mit einem Maschendraht- oder einem Kunststoff-Putzträger überzogen, auf dem der Putz dann manuell oder maschinell aufgebracht wird. Dabei ist aber darauf zu achten, dass der Putz dünnflüssig genug ist und kräftig genug angeworfen bzw. angespritzt wird, um durch den Putzträger zu dringen und die Strohhalmenden einzubinden.

11.9-2 Geglättete Putzoberfläche nach dem ersten Sprühen

11.10 Lehmputz als Brandschutz

In Hamburg-Othmarschen wurde das Reetdach des Röperhofs von innen mit einem dreilagigen 2,5 bis 3 cm dicken Lehmputz überzogen und somit nicht nur die Winddichtigkeit des Reetdaches und damit ein U-Wert von 0,19 W/m²K, sondern auch die Brandschutzforderung F30 erreicht, die im Brandtest an der TU Braunschweig nachgewiesen wurde. An der Brandversuchsanstalt der MA 39 in Wien wurde bestätigt: „Als beidseitig verputztes Bauteil erreicht Stroh die Brandwiderstandsklasse F90".
Näheres hierzu bei Minke/Krick: Handbuch Strohballenbau.

11.11-1 Demonstrationswand, Forschungslabor für Experimentelles Bauen (FEB), Universität Kassel

11.11 Plastisches Gestalten mit Lehmputzen

Da Lehmputz relativ lange plastisch formbar bleibt und die Hände nicht angreift, wie beispielsweise Kalk- oder Zementputz, eignet er sich sehr gut für eine individuelle plastische Gestaltung, die auch mit den bloßen Händen ausgeführt werden kann. Die Abb. 11.11-1 und 11.11-2 zeigen einige Gestaltungsmöglichkeiten.

11.12 Kantenschutz

Da Lehmputz empfindlich gegen mechanische Verletzungen ist, sollten Außenecken durch Holzprofile, Ziegel o.ä. geschützt werden (Abb. 11.12-1). Der Einbau von Putzleisten, wie bei Gips- und Kalkputzen üblich, empfiehlt sich weniger, da diese nicht ausreichend wirksam sind.

11.11-2 Lehmputz mit integrierten Lampen. Stroballenkuppel Forstmehren

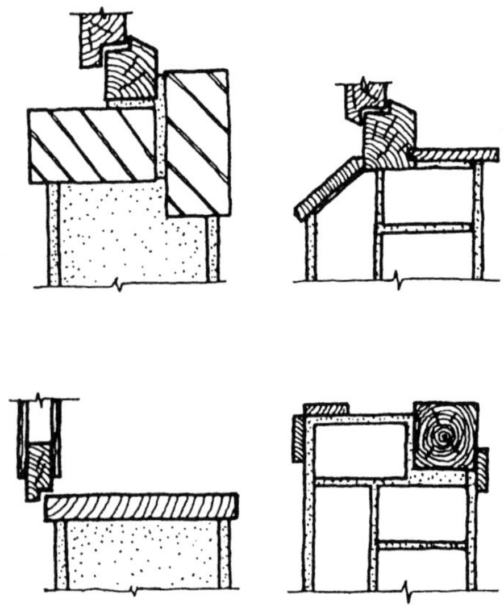

11.12-1 Kantenschutz für Lehmwände

11.13 Stabilisierte Lehmaußenputze

11.13.1 Allgemeines zu Außenputzen

Außenputze dienen als Wetterschutz für die Wandkonstruktion, sie müssen auf Grund ihrer Zusammensetzung entweder ausreichend wetterfest sein oder einen wetterfesten Anstrich erhalten. Wichtig ist, dass Außenputz und Anstrich ausreichend wasserdampfdurchlässig sind, damit eventuell in der äußeren Schicht der Wand auftretendes Tauwasser aus kondensiertem Wasserdampf nach außen abgeleitet werden kann. Ferner muss der Außenputz „elastischer" sein als die Schicht, auf der er aufgebracht wurde, damit er die Bewegungen, die durch thermische und hygrische Einflüsse auftreten, mitmachen kann, ohne dass sich Haarrisse bilden.

Als Außenputz sind Lehmputze nur geeignet, wenn sie rissfrei sind und nicht für Wetterseiten verwendet werden. Es sei denn, der Dachüberstand ist ausreichend groß und der Lehm wird durch einen zusätzlichen Anstrich geschützt. Im Spritzwasserbereich, das heißt unterhalb einer Linie von 30 bis 50 cm über Geländehöhe, sind Lehmputze nicht sinnvoll. Ecken sind wegen der leichten mechanischen Verletzbarkeit des Lehmputzes rund zu putzen oder mit einem Kantenschutz zu versehen. Bei sehr großen Außenputzflächen empfiehlt es sich, in regelmäßigen Abständen Fugen vorzusehen, die nach dem Austrocknen mit elastischen Fugendichtmassen gefüllt werden. Diese Fugen wirken als Dehnungsfugen und vermeiden, dass durch ein temperatur- und feuchtigkeitsbedingtes Ausdehnen und Zusammenziehen des Putzes Risse entstehen.

Möglichkeiten, die Schwindrissbildung zu reduzieren und Wetterfestigkeit, Abriebfestigkeit und Wischfestigkeit durch Zusätze zu erhöhen, sind in den Kap. 4.2, 4.3 und 4.6 beschrieben.

Lehmbauteile, wie beispielsweise die Gefache historischer Fachwerkbauten werden in der Regel mit Kalk- oder Kalk-Kasein-Putzen (siehe Kap. 12.5) versehen.

11.13.2 Stabilisierte Lehmaußenputze

Als stabilisierte Lehmputze werden Putze bezeichnet, die außer Ton noch weitere mineralische oder organische Bindemittel wie beispielsweise Kalk, Zement, Gips, modifizierte Stärke, Metylcellulose, Kuhdung, Öle, Harze, Bitumenemulsion oder synthetische Bindemittel enthalten. Sie sind nach dem Aushärten nicht mehr in Wasser auflösbar. Stabilisierte Lehmaußenputze können an Gebäudeaußenflächen mit geringer Regenbelastung angewendet werden. Bei Lehmputzen, die mit Leinölfirnis oder Bitumenemulsion gegen Wettereinflüsse stabilisiert sind, ist darauf zu achten, dass sie eine starke dampfbremsende Wirkung haben und deshalb in der Regel für Gebäude in Klimazonen mit großen jahreszeitlich bedingten Temperaturschwankungen nicht geeignet sind. Die ideale Menge der Zusätze ist vor allem von der Zusammensetzung des verwendeten Lehms abhängig und sollte jeweils vor Anwendung getestet werden. Vorteilhafte Mischungen, die vom Autor für ein mildes Klima in Kolumbien als geeignet getestet wurden, sind in Tabelle 11.3 angegeben. Dabei zeigte sich, dass die Lehme

Tabelle 11.3
Bestandteile stabilisierter Lehmaußenputze (Volumen-Verhältnisse)

Bestandteile	Putz A		Putz B		Putz C		Putz D		Putz E		Putz F	
	1. Lage	2. Lage[1)]	1. Lage	2. Lage	1. Lage	2. Lage	1. Lage	2. Lage	1. Lage	2. Lage	1. Lage	2. Lage
Toniger Lehm, gemaukt			2	2	1	1	1	1	1	1	1	1
Grobsand (0 – 4 mm)	1,5	1	3	3	1	0,5	1,5	1,5	1,5	1	1,5	1,5
Feinsand (0-1 mm)	1	1	1	1	1	1,5	1	1,5	1	1,5	1	1
Rinderkot, feucht, 1:1 mit Lehmbrei gemischt, fermentiert	1	1	1	1							0,5	1
Kalk									5%	5%		
Zement									5%	5%		
Bitumenemulsion							5%	6%				
Gekochter Weizenmehlkleber					3%	4%						
Kaseinbrei mit Kalk 1:1 verrührt											3%	3%
Leinölfirnis			4%	4%								

1) mit Schwammbrett als Schlämme eingerieben

mit Leinölfirnis und mit Kalk/Zement schwieriger zu mischen und zu verarbeiten waren als die übrigen Lehme. Die Zugabe von 6% Bitumenemulsion-Paste ergab die beste Festigkeit. Der Weizenkleber wurde nach folgendem Rezept angefertigt: 1 Teil Mehl wird in 1 Teil kaltem Wasser klumpenfrei verrührt und mit 2 Teilen kochendem Wasser verdünnt. Dieser Brei wird so lange auf niedriger Flamme gekocht, bis er nahezu glasig wird. Bei dem Gemisch aus Rinderkot und Lehm ist es wichtig, dass dieses in feucht-nassem Zustand mehrere Tage ruht um ausreichend zu fermentieren. Dadurch erhöht sich die Abriebfestigkeit und die Widerstandsfähigkeit gegen Regen, wie vom FEB eindeutig nachgewiesen wurde.

Tab. 11-2 zeigt die Ergebnisse von Schlagregentests (vgl. Kap. 2.6.7) und Abriebtests (vgl. Kap. 2.3.6), die am FEB an stabilisierten Lehmputzen durchgeführt wurden. Dei der Schlagregensimulation zeigte der nicht stabilisierte reine Lehmputz bereits nach 3 Sekunden eine Erosion, während einige stabilisierte Putze auch nach 6 Tagen Wasserstrahleinwirkung keinerlei Erosion aufwiesen.
Auffallend sind die unterschiedlichen Oberflächenfestigkeiten gegen mechanischen Abrieb; in der rechten Hälfte der Tab. 11-2 sind die entsprechenden Abriebmengen (in Gramm) nach dem in Kap. 2.3.6 beschriebenen Test dargestellt.

11.13-1 Mit Bitumenemulsion stabilisierter Lehmputz an einem Wohnhaus in Santa Fé, USA

	Lehmputz	Einsetzen der Regenerosion bei Beregnung nach ...	Abriebmenge in g beim Abriebtest
1	ohne Zusatz	3 sec	3,1
2	mit 4% Bitumen-Emulsion	20 min	1,7
3	mit 6% Bitumen-Emulsion	20 h	0,3
4	mit 8% Bitumen-Emulsion	68 h	0,2
5	mit 8% Kalk-Kasein-Brei (1RT Kalk / 4 RT Mager-Quark)	50 min	0,4
6	mit 6% Kalk-Kasein-Brei (1RT Kalk / 4 RT Mager-Quark) + 0,4% Leinölfirnis	23 h	1,2
7	mit 8% Kalk-Kasein-Brei (1RT Kalk / 4 RT Mager-Quark) + 0,4% Leinölfirnis	70 h	0,6
8	mit 6% Kalk-Kasein-Brei (1RT Kalk / 8 RT Mager-Quark)	35 min	0,5
9	mit 8% Kalk-Kasein-Brei (1RT Kalk / 8 RT Mager-Quark)	90 min	0,5
10	mit 6% Kalk	> 6 Tage	0,1
11	mit 6% Zement	> 6 Tage	0,2
12	mit 4% Kalk + 2% Zement	> 6 Tage	2,9
13	mit 1,5% Weizenmehl-Kleister	5 sec	1,7
14	mit 3% Weizenmehl-Kleister	10 sec	0,1
15	mit 4,5% Weizenmehl-Kleister	15 sec	0,1
16	mit 4% Leinölfirnis	> 6 Tage	0,02
17	mit 6% Leinölfirnis	> 6 Tage	0,03
18	mit 10% Natrium-Wasserglas (1 : 8 mit Wasser verdünnt)	5 min	4,4
19	mit 6% Borax-Kasein-Leim (700 g Quark + 17,5 g Borax in 0,1 l Wasser)	1 min	0,6
20	mit 8% Borax-Kasein-Leim (700 g Quark + 17,5 g Borax in 0,1 l Wasser)	1 min	0,7
21	mit 4% Gluten-Kalk (1:1)	5 min	0,1
22	mit 8% Gluten-Kalk (1:1)	40 h	0,1
23	mit 4% Gluten-Kalk (2:1)	> 6 Tage	0,8
		0 6 12 18 24 30 36 42 48 h	0 1 2 3 4 5 g

Tabelle 11.4 : Abrieb und Regenerosion von stabilisierten Lehmputzen

11.14 Vergleichende Betrachtung von Lehmputzen

11.14.1 Vorbemerkung

Bei Lehmputzen und bei Lehmmauerwerk traten in den letzten Jahren immer mal wieder Mängel auf, die zu gerichtlichen Auseinandersetzungen führten. Bei Lehmsteinmauerwerk wurden vor allem Setzrisse und „Absanden" des Lehmmörtels, bei Lehmputzen Rissbildung, Schimmelpilzbildung und Absanden beanstandet. Ein Teil der Mängel ist auf Ausführungsfehler zurückzuführen, ein anderer auf nicht ausreichende Qualität der Lehmprodukte. Für den Verarbeiter können die unterschiedlichen Zusammensetzungen und die nicht deklarierten Stoff-Kennwerte von Lehmbaustoffen zum Verhängnis führen. Aus der Analyse mehrere Schadensfälle ergeben sich die im folgenden beschriebenen Forderungen.

11.14.2 Deklaration der Inhaltsstoffe

1. Die Inhaltsstoffe müssen vollständig in Gewichtsprozenten bezogen auf das Gesamtgewicht des Produktes angegeben werden.
2. Es muss deutlich werden, wenn neben dem Ton als natürlichem Bindemittel in Lehm noch weitere organische oder mi-

neralische Bindemittel, wie beispielsweise Zellulose, Kasein, tierische Exkremente, Zement, Kalk oder Gips zugefügt werden. Dieser Hinweis ist notwendig, da diese Mörtel keine reinen Lehmmörtel sind. Sie können nach dem Abbinden der zusätzlichen Bindemittel nicht mehr aufgearbeitet bzw. weiterverarbeitet werden.

3. Art und Menge der organische Zuschlagstoffe wie Strohhäcksel, Getreidespelzen, Pflanzenfasern, Sägemehl, Hobelspäne müssen angegeben werden, da diese zur Schimmelpilzbildung beitragen können.

11.14.3 Trockenschwindmaß

Das Trockenschwindmaß ist eines der wichtigsten Kriterien zur Beurteilung von Lehmmauermörteln und Lehmoberputzen, da ein hohes Trockenschwindmaß zu einer entsprechend starken Rissbildung führt. Ein Zusatz von Langstroh oder Strohhäcksel reduziert nur indirekt die Rissbildung, da dadurch eine Abmagerung, d.h. eine relative Reduzierung des Tongehaltes, erfolgt. Feine Fasern beeinflussen die Art der Rissbildung: anstelle von größeren Rissen treten mehrere kleine auf.

Für Lehmmauermörtel bedeutet ein hohes Trockenschwindmaß, dass der Verarbeiter nur wenige Schichten pro Tag mauern kann oder aber den Mörtel weiter abmagern muss, was allerdings ein erhöhtes Absanden der Fugen zur Folge hat.

Für den Oberputz (Deckputz) hat ein hohes Trockenschwindmaß zur Folge, dass dieser nur in einer dünnen Lage aufgebracht werden kann und die entstehenden Risse durch kräftiges Aufreiben der Oberfläche mit nassem Reibebrett noch in feuchtem Zustand nachgearbeitet werden müssen. Während das lineare Trockenschwindmaß bei Kalk, Kalkzement, Zement- und Gipsputzen in der Regel weniger als 0,1% beträgt, gibt es Lehmputzmörtel auf dem Markt, die über 3% aufweisen, siehe Abb. 11.13-1. Ein Wert von 2%, gemessen bei einem Ausbreitmaß von 140 mm entsprechend DIN 1060 Teil 3, sollte bei Lehmmörteln nicht überschritten werden. Wenn dies der Fall ist, sollte der Hersteller einen Hinweis aufbringen, dass der Mörtel vor Gebrauch abgemagert werden muss.

11.14.4 Abriebfestigkeit

Neben dem Schwinden des Lehms während des Trockenprozesses und der damit verbundenen möglichen Rissbildung ist die Abriebfestigkeit der Lehmoberfläche das wichtigste Kriterium zur Beurteilung der Oberflächenqualität von Lehmsteinen, Lehmplatten, Lehmputzen und von Stampflehm. Lehmmischungen für Putze und für Stampflehmwände sind in der Regel sehr stark abgemagert, um die Rissbildung beim Austrocknen zu minimieren. Das heißt, sie besitzen nur einen geringen Tonanteil von oft nur 3 – 5% und einen hohen Anteil an groben Zuschlagstoffen. Dies hat zur Folge, dass die Abriebfestigkeit und die Kratzfestigkeit relativ gering sind. Die Oberflächen „sanden" leicht ab und werden bei mechanischer Beanspruchung leicht beschädigt. Als Gegenmaßnahme müssen dann besondere Zusätze oder Anstriche vorgesehen werden. Das Verfahren zur Ermittlung der Kantenfestigkeit von Lehmoberflächen wird in Kapitel 2.6.6 erläutert.

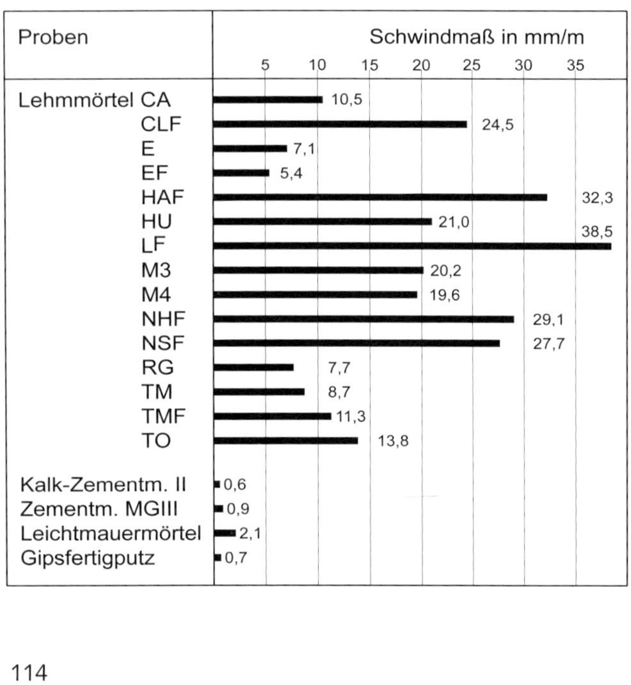

11.14-1
Schwindmaße von Lehmmörteln (Ausbreitmaß 140 mm) im Vergleich zu anderen meneralischen Mörteln (Ausbreitmaß 180 mm).

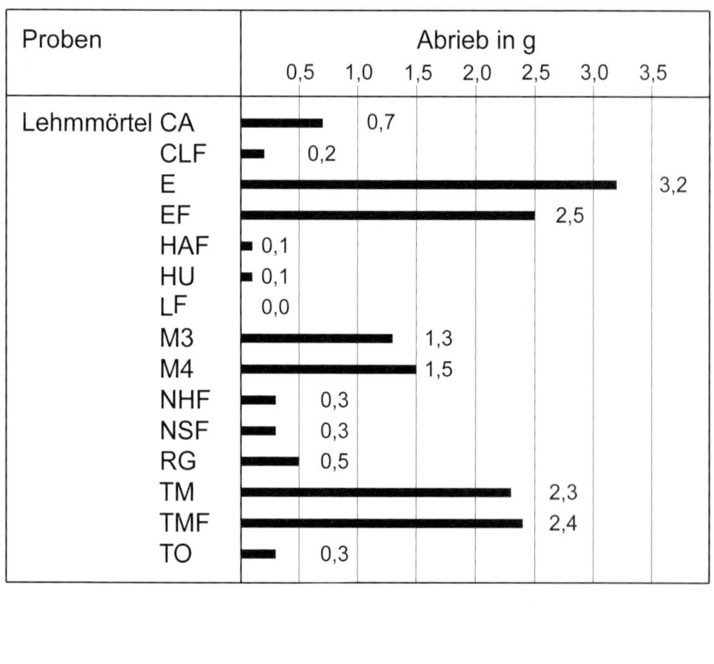

11.14-2
Abriebmengen bei marktüblichen Lehmputzen

Abb. 11.14-2 zeigt die ermittelten Abriebmengen bei einem Bürstendruck von 2 kg und 20 Umdrehungen.
Bei einer Abriebmenge von mehr als 1 g sollte der Hersteller empfehlen, dass die trockene Lehmoberfläche mit einer weichen Bürste abgebürstet und anschließend durch einen Anstrich mit einem organischen oder mineralischen Bindemittel verfestigt wird.

11.14.5 Druckfestigkeit
Bei Lehmputzmörtel wird die Druckfestigkeit in der Regel an den 16 cm x 4 cm x 4 cm großen Prüfkörpern gemessen, wie sie für den Biegezugfestigkeitstest hergestellt werden. Aus Abb. 11.14-3 geht hervor, dass die Druckfestigkeit nur bedingt mit der Zug- und der Biegezugfestigkeit korreliert. Beim Lehmmauerwerk wird die Druckfestigkeit laut DIN 18953 Blatt 2 an Probekörpern ermittelt, die aus zwei aufeinander gemauerten Steinen bestehen. Entsprechend kann auch die Festigkeit des Lehmmauermörtels ermittelt werden, wenn dieser zwischen Vollziegeln getestet wird.

11.14.6 Biegezugfestigkeit
Die Biegezugfestigkeit von trockenem Lehm ist für Baulehme von geringer Bedeutung, da Lehmbauteile nicht biegebeansprucht werden sollten. Bei der Beurteilung von Lehmputzen und bei der Beurteilung der "Kantenfestigkeit" von Lehmsteinen spielt die Biegezugfestigkeit jedoch eine gewisse Rolle. Je höher die Biegezugfestigkeit ist, um so geringer ist die Gefahr, dass Putzteile bei entsprechender mechanischer Beanspruchung zerbrechen bzw. reißen. Des gleichen werden die Kanten von Lehmsteinen durch mechanische Beanspruchung bei Transport und Montage seltener abbrechen.
Montmorillonit-Ton weist eine höhere Biegezugfestigkeit als Kaolinit-Ton auf. Bentonit, der als handelsübliche Sackware bezogen werden kann, ist wegen seines hohen Montmorillonitanteils als Zusatz für Lehme zur Erhöhung der Biegezugfestigkeit besonders geeignet. Allerdings muss dabei beachtet werden, dass sich dadurch auch das lineare Trockenschwindmaß erhöht. Die Biegezugfestigkeit schwankt bei den getesteten Mörteln zwischen 12% und 34% ihrer Druckfestigkeit, vgl. Abb. 11.14-3

11.14.7 Sorption von Luftfeuchte
Die Sorptionsfähigkeit d.h. die Fähigkeit bei hoher relativer Luftfeuchte Feuchtigkeit aus der Luft aufzunehmen und diese bei "trockener" Luft wieder abzugeben, ist bei ungebrannten Lehmsteinen wesentlich höher als bei gebrannten Ziegeln. Sie ist bis zu 50 mal höher als bei Klinkern und ca. 10 mal höher als bei Hochlochziegeln, vgl. Kapitel 1.4.4.
Bei Lehmmauermörtel und bei Lehmputzmörtel ist die Sorptionsfähigkeit in der Regel sehr viel geringer, da die Mörtel weniger Tonanteile haben. Die ermittelten Werte der getesteten Lehmmörtel schwanken zwischen 56,9 und 133,5g/m², der ungebrannte Lehmstein ergab dagegen 297g/m². Die Sorptionswirkung ist bei Putzen nur relevant, wenn es sich um dickere Schichten und um eine kurzfristige Feuchteänderung handelt.
Abb. 11.14-4 zeigt die Sorptions- und Desorptionswerte von Lehmmörteln im Vergleich zur Sorption eines Lehmsteins, gemessen bei einer Erhöhung der Raumluftfeuchte von 50% auf 80% und der anschließenden Absenkung auf 50%.
Die getesteten Lehmmörtel erreichen nur 19% bis 68% der Werte des Lehmsteins. Dabei ist anzumerken, dass die Lehmmörtel mit den höchsten Sorptionswerten diese dem Zusatz von feinen Fasern verdanken. Während das 15 mm dicke Material des Lehmsteins auch nach 48 Stunden noch sehr viel mehr Feuchtigkeit absorbieren kann, sind die faserlosen Lehmmörtel nach 2 Tagen nahezu gesättigt (ihre Sorptionskurve verläuft nach 48 Stunden nahezu waagerecht.
Entscheidend für die Sorptionswirkung ist aber nicht nur der Tonanteil, sondern vor allem die Tonart (Dreischichttone wie Montmorillonit sorbieren wesentlich mehr Feuchte als Zweischichttone wie Kaolinit), sowie Zusätze von organischen Stoffen wie Zellulose, gemahlenes Stroh und Kokosfasern. Die Sorptionsfähigkeit kann beispielsweise durch Zusatz von organischen Stoffen wie Zellulose, gemahlenes Stroh und Kokosfasern erhöht werden. In Abb. 11.14-4 weist ein F in der Bezeichnung darauf hin, dass der Lehmmörtel Fasern enthält.

	Festigkeit in N/mm²		
	Druck (1)	Biegezug	Zug
Lehmstein D (2)	4,4	1,3	0,5
Lehmmörtel G	6,1	1,6	0,6
CA	1,69	0,23	–
CM	2,63	0,85	0,35
CLF	3,04	0,36	–
E	1,05	0,19	–
EF	1,47	0,18	–
G	2,02	0,69	0,21
HU	2,99	0,29	–
LF	1,00	0,28	–
M3	2,06	0,47	–
M4	1,65	0,18	–
NHF	1,87	0,42	–
NSF	2,61	0,40	–
RG	1,51	0,20	–
TM	1,61	0,25	–
TMF	1,21	0,21	–

(1) Prismendruckfestigkeit (4x4x4 cm)
(2) nach Boenkendorf (1995), alle anderen: FEB

11.14-3 Festigkeitswerte von Lehmsteinen und Lehmmörtel.

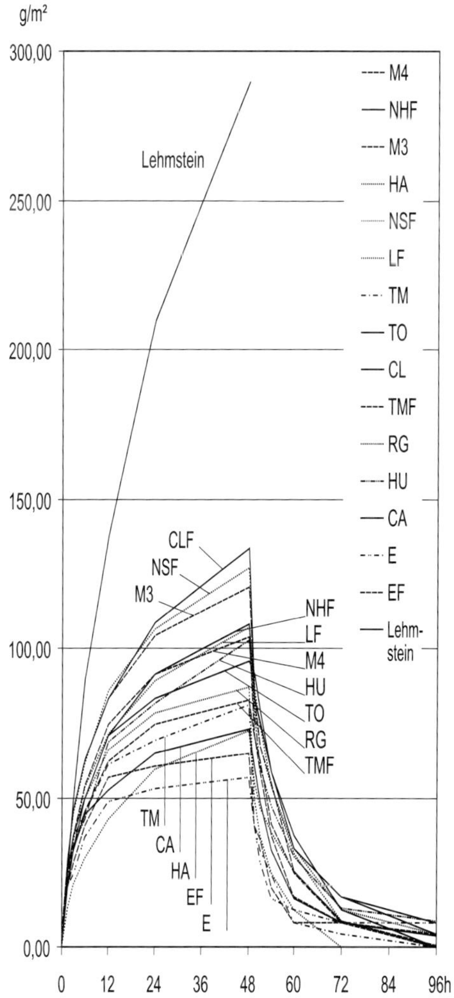

11.14-4
Sorptions- und Desorption von 15 mm dicken Baustoffproben im Vergleich zu einer gleich dicken Lehmsteinscheibe bei einer Temperatur von 21°C und einer Zunahme der Raumluftfeuchte von 50% auf 80% in Abhängigkeit von der Zeit.

12 Witterungsschutz für Lehmoberflächen

12.1 Vorbemerkung

Um bei Lehmbauteilen eine bessere Wetterfestigkeit oder Abriebfestigkeit zu erreichen, sind Zusätze im Lehm, wie in Kap. 11.13 beschrieben, nicht immer notwendig. Häufig genügt bereits eine Oberflächenbehandlung durch einen Anstrich oder durch eine Putzschicht. Im folgenden wird beschrieben, wie die Widerstandsfähigkeit von Innen- und Aussenoberflächen erhöht werden kann.

Über die Möglichkeiten, wasserfeste Waschbecken aus hydrophobiertem Lehm herzustellen, wird in Kap. 14.11 berichtet.

12.2 Verdichten der Oberfläche

Die einfachste Möglichkeit, die Widerstandsfähigkeit der Oberfläche von Lehmbauteilen gegen Regen- und Winderosion zu erhöhen, besteht darin, sie zu verdichten und zu glätten. Bei feuchtem, fetten Lehm kann dazu beispielsweise eine Kelle unter starkem Druck über die Fläche gezogen werden. Bei traditionellen Lehmbauweisen in Indien und Afrika geschieht das Verdichten und Glätten der Oberfläche häufig mit einem flachen, abgerundeten Stein, der unter Druck in kreisenden Bewegungen über die Fläche geführt wird. Die behandelte Fläche sollte dann speckig glänzend wirken und ohne sichtbare, offene Poren oder Risse sein. Durch diese Behandlung wird die Gefahr, dass die Lehmoberfläche durch Regen abgespült wird, erheblich reduziert.

12.3 Anstriche

12.3.1 Allgemeines

Anstriche auf Lehmoberflächen, die dem Wetter ausgesetzt sind, müssen in regelmäßigen Abständen erneuert werden. Der dünne Film wird mechanisch von Wind und Frost sowie chemisch durch Zersetzung infolge der ultravioletten Strahlung des Lichtes oder durch die Einwirkung des sauren Regens zerstört.

Außenanstriche sollen wasserabweisend und gleichzeitig offenporig sein, d.h. ein durchgängiges Mikroporengefüge haben, damit die Wasserdampfdiffusion nur wenig behindert wird. Dies ist notwendig, damit Feuchtigkeit, die durch Schlagregen oder Wasserdampfkondensation in die Wand eingedrungen ist, nach außen entweichen kann.

Latex-, Kunststoff- und Dispersionsfarben sind deshalb als Außenanstriche für Lehm in der Regel ungeeignet.

Bei Innenwänden können beliebige Anstriche verwendet werden. Da Lehmoberflächen sehr saugfähig sind, haften wasserlösliche Farben besonders gut.

Im folgenden werden einige bewährte Anstriche näher beschrieben. Weitere Informationen finden sich bei Wehlte, 1985.

12.3.2 Grundierung

Enthält der zu streichende Lehmputz sehr viel Feinkornanteile, wie es z.B. bei Lößlehmputz der Fall ist, so empfiehlt es sich, vor dem Aufbringen eines Kalk-Anstrichs eine Haftbrücke anzubringen. Diese besteht darin, dass auf die leicht angetrocknete, aber noch feuchte Lehmoberfläche eine Kalk-Kasein-Milch dünn aufgestrichen und mit dem Glättbrett eingerieben wird. Der Haftbrücken-Anstrich besteht vorteilhafterweise aus 2 Teilen eingesumpftem Kalk, 1 Teil Magerquark und ca. 15 Teilen Wasser.

Vor einem Leimfarbenanstrich ist eine Grundierung sinnvoll, um die Saugfähigkeit des Untergrundes zu vermindern. Dafür eignet sich beispielsweise ein dünner Kaseinanstrich aus 1 Teil Kasein und 5 Teilen Wasser oder „Leimwasser" aus 1 Teil Zelluloseleimpulver und 60 - 80 Teilen Wasser.

12.3.3 Vorteilhafte Anstriche

- **Reiner Kalkanstrich**

Bei Kalkanstrichen muss darauf geachtet werden, dass die Kalkschlämme sehr dünnflüssig angerührt wird, so dass kein deckender Anstrich entsteht, da ein dickflüssiger, deckender Kalkanstrich nach dem Austrocknen leicht abblättert. Es empfiehlt sich, 3 bis 4 dünnflüssige Lagen Kalkmilch aufzubringen. Dabei wird ein Sack (50 kg) Kalkhydrat in 50 bis 60 Liter Wasser eingerührt. Günstig ist die Zugabe von 1 - 2 kg Kochsalz, um den Anstrich lange feucht zu halten und somit den Carbonatisierungsprozess zu beschleunigen. Bei historischen Anstrichen wurde häufig Heringslake zugesetzt, die auf Grund ihres hohen Salzgehaltes eine entsprechende Wirkung hat (zusätzlich ergibt sich durch die Eiweißbestandteile der Lake eine wetterfeste Kalk-Albuminat-Bildung, wie beim Kalk-Kasein-Anstrich).

Der erste Anstrich soll noch stärker mit Wasser verdünnt sein, damit die Kalkmilch möglichst tief in die Lehmoberfläche eindringt. Kalk ergibt ein sehr helles Weiß. Zum Abtönen können Tonpulver, feiner Lößlehm oder andere kalkfeste Erdfarbenpigmente verwendet werden. Als Außenanstrich hält ein Kalkanstrich im Klima Mitteleuropas etwa zwei bis vier Jahre. Reine Kalkanstriche sind nicht wischfest.

- **Kalk-Kasein-Anstrich**

Eine wesentlich haltbarere und wischfestere Oberfläche entsteht, wenn der Kalkmilch Molke, Magerquark oder Kaseinpulver zugesetzt wird. Magerquark, der mit Lab aus Magermilch ausgefällt wird, enthält ca. 11% Kasein. Kalk geht mit Kasein eine chemische Bindung ein, es entsteht Kalk-Albuminat. Historische Kalkanstriche bestehen häufig aus Sumpfkalk, der in Magermilch oder Molke angerührt wurde.
Bewährt haben sich Mischungen aus 1 Teil Magerquark, 1 bis 3 Teilen Kalk und 1,5 bis 2,5 Teilen Wasser. Ein geringer Zusatz von Leinölfirnis (maximal 10% vom Magerquarkanteil) erhöht die Wischfestigkeit des Anstrichs, erschwert aber die Verarbeitung. Der Leinölfirnis muss sehr gut untergerührt werden (möglichst mit einem Quirl), so dass eine feincremige Emulsion entsteht. Da sich der Leinölfirnis leicht wieder entmischt, muss die Farbe in kürzeren Abständen erneut aufgerührt werden. Durch den Leinölfirnis wird die Konsistenz der Mischung verändert. Der Anstrich sollte innerhalb von 2 bis 4 Stunden verarbeitet werden. Der entstehende weiße Anstrich kann mit Lehmpulver oder anderen Erdfarben abgetönt werden (Achtung: Leinölfirnis reduziert die Wasserdampfdiffusion).
Als Schlämme zum Überstreichen von Blähton-Leichtlehmwänden, Sichtmauerwerk und Leichtlehmschläuchen eignet sich eine Mischung aus 1 Teil Kalk, 5 Teilen Magerquark und 5 Teilen Lehm.
Bei Kalk-Kasein-Anstrichen sollte darauf geachtet werden, dass der Untergrund trocken ist, da es sonst zu einer Schimmelpilzbildung kommen kann.
Für Feuchträume empfiehlt sich folgender Kalk-Kaseinleim-Anstrich: 1 Teil Sumpfkalk wird mit 5 Teilen Magerquark ohne Wasserzugabe 1 bis 2 Minuten lang verquirlt, dann mit 20 Teilen Kalk unter Zugabe von 2 bis 4% Leinölfirnis verrührt und anschließend mit Wasser verdünnt. Zwei Anstriche ergeben eine wischfeste, wasserabweisende Schicht. Ein Teil des Kalks kann durch kalkechte Pigmente ersetzt werden.
Will man einen farblosen Anstrich erhalten, so muss man 1 Teil Quark mit 8 bis 10 Teilen Magerquark vermischen. Nach dem Austrocknen ergibt sich dann ein schwacher Seidenglanzeffekt.

- **Borax-Kaseinanstrich**

Anstelle von Kalk kann dem Kasein-Anstrich auch Borax zugesetzt werden, das ähnlich wie Kalk eine nahezu wasserfeste Verbindung mit dem Kasein ergibt. Bei zu hohem Boraxanteil kann es zu einem optisch erkennbaren Auskristallisieren kommen. Vorteilhaft ist Borax vor allem dann, wenn dem Anstrich Farbpigmente zugesetzt werden sollen, da es im Gegensatz zu Kalk keine aufhellende Wirkung hat. Zum Andicken und Aufhellen kann Kreidepulver zugesetzt werden. Ein geringer Zusatz von Tonpulver verbessert die Streichfähigkeit und verhindert ein Absetzen der Kreide.
Wird Kaseinpulver anstelle von Quark benutzt, muss dieses erst ca. 3 Stunden lang in Wasser aufquellen (320 g Kaseinpulver pro Liter Wasser). Danach werden 65 Gramm Borax in 1 Liter heißem Wasser aufgelöst, in den Kaseinbrei eingerührt und die Mischung anschließend mit 12 Liter Wasser verdünnt.

- **Farbloser Kaseinanstrich**

Will man den natürlichen Lehmfarbton erhalten und eine wischfeste Oberfläche erreichen, so empfiehlt sich ein Anstrich mit einer Mischung aus 1 Teil Magerquark und 1,8 bis 2 Teilen Wasser, der man 1/8 bis 1/9 Teil Kalkpulver zufügt. Es entsteht dann eine farbneutrale bis schwach milchige Oberfläche mit einem Seidenglanzeffekt, der durch eine feine Kristallstruktur erzeugt wird. Die Mischung reicht für ca. 20 m^2 Wandfläche.

- **Kalk-Talg-Anstrich**

Aus Nepal stammt folgendes Rezept für einen dickbreiigen, wetterfesten Außenanstrich: In einen Behälter mit 15 kg ungelöschtem, pulverförmigem Kalk werden 6 kg geschmolzenen Rindertalg zusammen mit 36 Litern Wasser gegeben. Diese Mischung wird vorsichtig gerührt (Achtung, der Kalk kann heftig reagieren, Spritzer sind stark ätzend!). Nach der Zugabe von 6 kg Kochsalz und erneutem Umrühren wird diese Mischung 24 Stunden in nicht zu kalter Umgebung stehengelassen. Danach wird die obenstehende Wasserschicht abgegossen. Der cremige Rest wird mit 3 kg Quarzsand vermischt und dann mit einer Bürste oder einem Quast in einem Arbeitsgang in einer ca. 3 bis 5 mm dicken Schicht auf die Lehmwand aufgetragen (Manandhar, 1983). Dieser Streichputz benötigt mehrere Wochen zum Aushärten. Nach Zeugenaussagen soll dieser Anstrich in Nepal 4 bis 6 Jahre halten. Ähnliche Rezepte wurden auch in Australien angewendet (Department of Housing, 1981).
Tests des Forschungslabors für Experimentelles Bauen (FEB), Universität Kassel, ergaben, dass dieser Anstrich auf einer rauhen, mageren Lehmputzschicht gut haftet, auf einer Stampflehmkuppel aus relativ fettem Lehm kam es jedoch nach mehrmonatiger Bewitterung und Frosteinwirkung zum teilweisen Abplatzen des Anstrichs. Dies wurde darauf zurückgeführt, dass der fette Lehm ein Eindringen des wasserhaltigen Anstrichs verhindert und die relativ glatte Oberfläche keinen ausreichenden mechanischen Verbund von Stampflehm und Anstrich bot.

- **Weitere stabilisierte Kalkanstriche**

Wird Kalk anstatt mit Molke mit Jauche angerührt, so soll laut historischer Quellen ebenfalls eine gute Verfestigung der Oberfläche eintreten. Nach Untersuchungen von Weiss (1963) wird bei Kaolinit-Tonen die Festigkeit durch Harnstoff und Ammoniumacetat wesentlich erhöht. Diese Erkenntnis wurde bereits vor Jahrtausenden in China bei der Herstellung von extrem dünnem Porzellan verwendet, dem faulender Urin beigefügt wurde.
Bewährt hat sich nach Jain et al (1978) der Zusatz von 70 g tierischem Leim, in einem halben Liter kochendem Wasser gelöst und mit 1 kg Kalk vermischt.
Folgende pflanzliche Zusätze erhöhen ebenfalls die Abrieb-, die Wisch- und die Wetterfestigkeit von Kalkanstrichen.

- Roggenmehlkleister, aus 15 l Roggenmehl in 220 l Wasser gekocht und mit etwas Zinksulfat versetzt,
- Saft von Agaven,
- Saft von gekochten Bananenblättern,
- Saft des Feigenkaktus (opuntia),
- Saft der euphorbia lactea (Wolfsmilchgewächs),
- Kapoköl,
- Leinöl,
- Leinölfirnis.

In Auroville, Indien, hat sich folgender Anstrich für Lehmkuppeln bewährt: Eiweiß von 60 Eiern wird mit 2 Liter Buttermilch und 5 Liter Palm-liquor (Palmen-Melasse, alternativ auch Terpentinöl oder Eichenrindensud) verquirlt und in diese Mischung 40 Liter Muschelkalk und 4 Liter Zement eingerührt (Pingel 1993).

- **Leimfarben- und Schlemmkreideanstriche**

Übliche Leimfarb- und Schlemmkreideanstriche eignen sich nur für Innenräume. Sie sind nicht wischfest. Bei Leimfarben empfiehlt sich eine Grundierung.

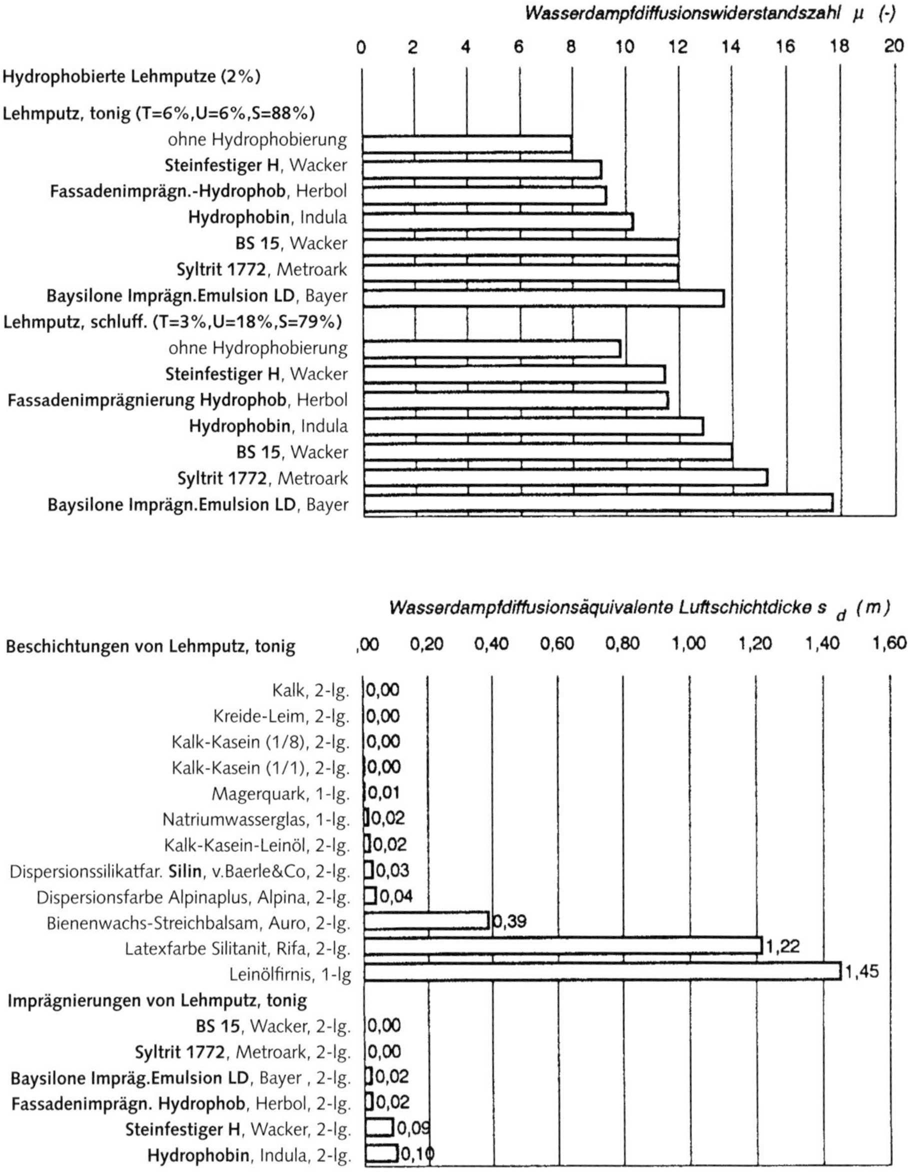

12.3-1 s_d-Werte von Anstrichen und μ-Werte von hydrophobierten Lehmputzen

- **Bitumenanstrich**

Bitumen-Emulsionen sind dunkelbraun bis schwarz und bieten einen guten Schutz gegen Regen. Am Central Building Research Institute Roorkee, Indien, wurde folgender Bitumen-Anstrich für Lehmoberflächen erfolgreich getestet: 1 Teil Bitumen 80/100 wird erhitzt und in einen Behälter mit 2 Teilen Petroleum eingerührt. Diese Lösung wird dann mit einer Bürste auf die trockene Lehmoberfläche aufgetragen. Nach dem Austrocknen erfolgt ein zweiter Anstrich. Um die entstehende schwarze Oberfläche gegen die Sonnenstrahlung zu schützen, wird ein Deckanstrich aus Kalk empfohlen, dem je kg 70 g tierischer Leim, in 0,5 Liter kochendem Wasser aufgelöst, zugesetzt wird (Jain et al., 1978).

12.3.4 Einfluss auf die Wasserdampfdiffusion

Anstriche können die Wasserdampfdiffusion durch Wände stark reduzieren, so dass bei massiven Außenwänden darauf geachtet werden muss, dass der Außenanstrich möglichst einen geringeren Wasserdampfdiffusionswiderstand als der Innenanstrich hat, vgl. Kapitel 2.4.2.

Leider sind bei marktüblichen Produkten die Wasserdampfdiffusionswiderstände nicht angegeben, so dass man auf Erfahrungen oder eigene Untersuchungen zurückgreifen muss.

In Abb. 12.3-1 sind einige vom FEB ermittelte Wasserdampfdiffusionswiderstandszahlen (μ-Werte) bzw. diffusionsäquivalente Luftschichtdicken (s_d-Werte) für Anstriche und für Hydrophobierungen von Lehmputzen zusammengestellt. (Die s_d-Werte des Lehmputzes sind dabei nicht berücksichtigt).

Anstrich	Auftrag g/m²	w-Wert kg/m² $h^{0.5}$	Bemerkung
ohne Anstrich	0	9,5	
Leinölfirnis	400	0,0	
Kalk-Kasein 1:1	420 / 350	0,6 / 1,5	0 - 6 h/6 - 24 h
Kalk-Kasein 1:8	300 / 300	0,7	
Silin-Farbe (van Baerle)	700 / 250 / 310	0,3	+ Fixativ
Hydrophob (Herbol)	390/390	0,0	
Baysoline LD (Bayer)	400/290	0,2	
Syltrit (Metroark)	350/320	0,0	
BS 15 (Wacker)	450/430	0,1	
Steinfestiger H (Wacker)	290/290	0,0	

Tabelle 12.1 w-Werte von Lehmputz mit Oberflächenbehandlungen

12.3.5 Einfluss auf die Wassereindringzahl

Die kapillare Wasseraufnahme von Lehmoberflächen kann durch Anstriche wesentlich verändert werden. In der Tab. 12.1 sind einige vom FEB ermittelte Wasseraufnahmekoeffizienten (w-Werte) unbehandelter und behandelter Lehmputze zusammengestellt.

Welche besonderen Vorkehrungen getroffen werden müssen, um bei Lehmprüfkörpern den w-Wert zu bestimmen, wird in Kap. 2.3.5 beschrieben.

12.4 Hydrophobierung

12.4.1 Hydrophobierungsmittel

Die Imprägnierung einer Materialoberfläche mit einer farblosen Flüssigkeit wird als Hydrophobierung bezeichnet. Die wasserabstoßende Eigenschaft der Oberfläche kommt dadurch zustande, dass der Benetzungswinkel des Wassertropfens gegenüber der imprägnierten Materialoberfläche größer als 90° wird, vgl. Abb. 12.4-1. Das Hydrophobierungsmittel dringt in die Poren des Materials ein, ohne diese zu schließen. Die kapillare Saugfähigkeit wird stark reduziert, während die Wasserdampfdurchlässigkeit nicht wesentlich verringert wird. Die Mittel sind in der Regel in organischen Alkoholen, in Kohlenwasserstoffverbindungen oder in Wasser gelöst.
Folgende Hydrophobierungsmittel werden unterschieden:

- Silane bzw. Siloxane
- Polysiloxane (Siliconharze)
- Siliconate
- Acrylharze
- Kieselsäureester mit hydrophobierenden Zusätzen
- Silikate mit hydrophobierenden Zusätzen

Silane, Siloxane und Siliconharze reagieren chemisch mit mineralischen Baustoffen und sind sehr witterungsbeständig. Sie reduzieren die Wasseraufnahme um mehr als 90%, die Wasserdampfdurchlässigkeit jedoch nur um 5 - 8%.

Kieselsäureester und Acrylharze zeigen eine ähnlich gute Hydrophobierungswirkung, reduzieren aber die Wasserdampfdurchlässigkeit um 15 - 30%.
Da die meisten marktüblichen Hydrophobierungsmittel unterschiedlich zusammengesetzt und außerdem - je nach Zusammensetzung des Lehms - unterschiedlich wirkungsvoll sind, sollten sie an Probeflächen getestet werden.
Die w-Werte der vom FEB getesteten, mit Hydrophobierungsmitteln zweifach gefluteten Lehmputze liegen zwischen 0,0 und 0,2 $kg/m^2h^{0,5}$, vgl. Tab. 12.1.

12.4.2 Aufbringen der Hydrophobierung

Hydrophobierungsmittel werden in mindestens zwei Arbeitsgängen im sogenannten „Flutverfahren" nass-in-nass mit Walzen so aufgetragen, dass die Flüssigkeit vor der nach unten bewegten Walze abläuft. Dabei ist darauf zu achten, dass die Oberflächen trocken, nicht kälter als ca. 8°C und nicht wärmer als ca. 25°C sind. Bei Silanen und Siloxanen sollte die Oberfläche feucht, aber nicht nass sein. In jedem Fall sind die Anwendungsrichtlinien der Hersteller zu beachten. Bei Nachlassen der hydrophobierenden Wirkung nach einem oder mehreren Jahren kann das Mittel erneut aufgebracht werden.

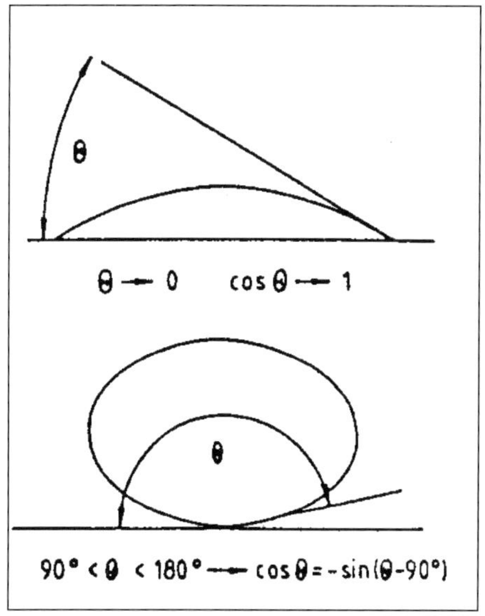

12.4-1
Wassertropfen auf einer nicht hydrophobierten Oberfläche (Benetzungswinkel Θ <90°) und auf einer hydrophobierten Oberfläche (Benetzungswinkel Θ >90°)

12.5 Kalkputze

12.5.1 Allgemeines

Sollen Lehmwände durch einen Außenputz vor Wettereinflüssen geschützt werden, so sind dafür Lehmputze, wie sie in Kap. 11 beschrieben werden, nur dann geeignet, wenn sie rissfrei ausgeführt und durch eine Oberflächenbehandlung wetterfest gemacht wurden. Auf ungeschützten Wetterseiten sollten keine Lehmputze verwendet werden, hier empfehlen sich Kalkputze. Ungeeignet sind Zementputze, da sie zu spröde sind und bei starker thermischer und mechanischer Beanspruchung zur Bildung von Haarrissen neigen. Durch diese dringt Wasser in die darunterliegenden Lehmschichten ein und ruft dort ein Quellen hervor, das wiederum zu größeren Rissen im Putz oder zum Abplatzen von Putzteilen führt.

Bei dem ältesten deutschen Stampflehmbau, 1795 in Meldorf erbaut (Abb. 1.2-8), stellte sich bei der 1992 ausgeführten Restaurierung heraus, dass die gewaltigen Frostschäden, die Stampflehmwände bis zu einer Tiefe von 20 cm zerstört hatten, lediglich durch die im Zementputz vorhandenen Risse entstanden waren. Der Zementputz war im Zuge einer falschen Sanierung vor mehreren Jahrzehnten aufgebracht worden. Ähnliches berichtete Bourgeois (1991) aus Neu Mexiko, USA, über die Lehmkirche in Ranchos de Taos (Abb. 12.5-1), die 1815 erbaut, und 1967 mit einem Zementputz überzogen wurde. Elf Jahre später musste der Zementputz wieder entfernt werden, da der Lehm darunter erhebliche Nässeschäden aufwies.

Prüfung	Anforderung
Konsistenz / Ausbreitmaß	17 ± 0,5 cm
Wasserrückhaltevermögen WRV	> 90%
Haftzugfestigkeit $ß_{HZ}$	≥ 0,05 N/mm²
Wasserdampfdiffusions-widerstandszahl μ	≤ 12
Wasseraufnahmekoeffizient w	≤ 0,5 kg/m²·h^0,5
Druckfestigkeit $ß_D$	3-5 N/mm²
Biegezugfestigkeit $ß_{BZ}$	1 - 1,5 N/mm²
Zugfestigkeit $ß_Z$	≥ 0,5 N/mm² bzw. je nach E-Modul
Elastizitätsmodul E_{dyn}	≤ 8000 N/mm²
Schwinden ε_s	≤ 0,3 mm/m
Dichte	≤ 2,0 g/cm³

Tabelle 12.2
Anforderungen an Putzmörtel auf Lehmuntergrund

Für die schnelle Entfeuchtung von Außenwänden nach Feuchteaufnahme durch Regen oder Kondenswasser ist es wichtig, dass der Wasserdampfdiffusionswiderstand des Außenputzes einschließlich Anstrich niedrig ist und geringere Werte aufweist als der des Innenputzes einschließlich Anstrich.
Wasserabweisende Putze müssen nach DIN 18550 Teil 3 folgende Bedingungen erfüllen:

Bezüglich des Wasseraufnahmekoeffizienten w gilt:
- bei alten Putzen $w \leq 0{,}5\ kg/m^2 \cdot h^{0,5}$,
- bei frischen Putzen nach 28 Tagen $w \leq 1{,}0\ kg/m^2 \cdot h^{0,5}$.

Die diffusionsäquivalente Luftschichtdicke s_d muss $\leq 2{,}0$ m und das Produkt $w \cdot s_d \leq 0{,}2\ kg/m \cdot h^{0,5}$ sein.
Boenkendorf und Knöfel (1993) haben die in Tab. 12.2 aufgeführten Anforderungen an Putzmörtel aufgestellt.
Im folgenden werden einige Putze beschrieben, die keinen Lehm enthalten, und Hinweise gegeben, die bei der Vorbehandlung der Lehmoberflächen und dem Auftragen des Putzes beachtet werden sollten.

12.5.2 Vorbehandlung der Lehmoberflächen

Zu verputzende Lehmbauteile sollen vollständig durchgetrocknet sein und eine ausreichend rauhe Oberfläche haben, damit sich der Putz mit dem Untergrund verzahnen kann. Glatte Oberflächen werden mit Wasser besprüht und darauf mit einem Nagelbrett oder Rilleneisen diagonal sich kreuzende, 2 bis 3 mm tiefe Rillen im Abstand von 1 bis 3 cm gezogen, vgl. Abb. 11.2-2 und 11.2-3.
Nach dem Antrocknen soll die Oberfläche möglichst noch im feuchten Zustand mit stark verdünnter Kalkmilch gestrichen werden, so dass der Kalk mehrere Millimeter in den Putzgrund eindringen kann. Dieser Anstrich dient als Haftbrücke für Kalk-Putze. Bewährt hat sich auch ein Anstrich aus 0,5 bis 1 Liter Quark, 2 Liter Kalkpulver und 30 Liter Wasser.
Wird der Kalkputz starken thermischen Beanspruchungen ausgesetzt, ist die Putzfläche sehr groß oder der Haftgrund schlecht, so sind Putzträger wie Ziegeldraht, verzinktes Flachrippenstreckmetall o.ä. vorzusehen. Das Rippenstreckmetall ist dabei umgekehrt als üblich zu verwenden, so dass der Putz in die offene Rippe eindringen kann. Der Putz sollte kein Größtkorn über 2 mm Durchmesser enthalten.
Außer an Wetterseiten sind auch Schilfrohrmatten als Putzträger möglich, allerdings sollten diese gegen ein Verrotten durch Mikroorganismen vorher in Kalkmilch getränkt und nur einlagig verwendet werden.

12.5-1 Kirche San Francisco de Asis, Ranchos de Taos, USA

12.5.3 Putzarmierung

Bei größeren Putzflächen, die starken thermischen Beanspruchungen ausgesetzt sind, empfiehlt sich eine Putzarmierung. Dafür geeignet ist verzinktes Rabitzdrahtgeflecht oder verzinktes Drahtgewebe mit sechseckigen Maschen, sogenannter „Kaninchendraht". Häufig ziehen Handwerker als Armierung Kunststoffgitter vor, die den Vorteil haben, nicht durch Korrosion zerstört zu werden. Allerdings werden sie nicht von allen Fachleuten empfohlen.

12.5.4 Zusammensetzung

Kalkputz besteht nach DIN 18550 aus 1 Volumenteil Kalk und 3 bis 4 Volumenteilen Sand. Als Kalk kann handelsüblicher, feingemahlener gelöschter Kalk (Kalkhydrat) verwendet werden.
Viele Handwerker empfehlen Sumpfkalk,

der aus ungelöschtem Stückkalk durch monate- oder jahrelanges Einsumpfen hergestellt wird. Beim Sumpfen, dem Lagern nach dem Löschvorgang im breiigen Zustand, setzen sich die gröberen Bestandteile am Boden des Gefäßes ab. Die oberen Schichten des gesumpften Kalks ergeben einen besonders geschmeidigen Putzmörtel, der nach dem Abbinden eine hohe Elastizität hat. Auch handelsüblicher, feingemahlener gelöschter Kalk wird besser mehrere Tage eingesumpft, bevor er als Putzmörtel verwendet wird. Die sich im Behälter absetzende unterste Schicht, die die gröberen Kalkbestandteile und Verunreinigungen enthält, sollte nicht zum Putzen, sondern nur als Mauermörtel verwendet werden.
In Veröffentlichungen, die sich mit der Sanierung von Fachwerkhäusern beschäftigen, wird häufig ein Trasskalkputz anstelle des reinen Kalkputzes empfohlen, beispielsweise bei Bühring (o.J.) und Gerner (1983). Dabei wird ein Unterputz aus 1 Teil Trasskalk und 6 Teilen Sand und ein Oberputz aus 1 Teil Trasskalk und 2,5 Teilen Sand empfohlen.
Trasskalk ist ein hochhydraulischer Kalk aus Kalkhydrat und Trasspulver, der neben der typischen Kalk-Aushärtung durch CO_2-Aufnahme auch durch Wasseraufnahme hydraulisch aushärtet. Der Vorteil des zusätzlich hydraulisch abbindenden Kalkputzes liegt darin, dass er relativ schnell eine hohe Anfangsfestigkeit erhält. Nachteilig ist seine Sprödigkeit, er kann sich nicht wie der reine Kalkputz noch monatelang geringfügigen Setzungen des Fachwerks anpassen. Von einigen Handwerkern wird er aus diesem Grund inzwischen bei Neubauten nicht mehr eingesetzt, andere empfehlen eine Mischung aus einem Teil Trasskalk und zwei Teilen Kalk.
Analysen historischer Kalkputze, die häufig mehrere hundert Jahre dem Wetter standgehalten haben, ohne saniert werden zu müssen, zeigen, dass sie nicht ausschließlich Sumpfkalk als Bindemittel enthalten, sondern dass beispielsweise Verunreinigungen bzw. Zusätze von Ton ihre Festigkeit erhöht haben. Dieses ist darauf zurückzuführen, dass die sauren Bestandteile des Tons, die sogenannten Hydraulefaktoren wie Kieselsäure, Aluminiumoxid, Eisenoxid o.ä., hydraulisch abbinden und die Festigkeit und Wetterbeständigkeit des Kalkputzes erhöhen (Wisser und Knöfel 1988). Bei historischen Kalkputzen finden sich auch Zusätze von puzzolanischen Stoffen wie Puzzolanerde und Trass, von Aschen und von Ziegelmehl, die zusammen mit Kalk ebenfalls hydraulisch abbinden, vgl. Kap. 4.3.2.
Ziegelmehl aus den heute üblichen, bei hohen Temperaturen gebrannten Ziegelprodukten wirkt mit Kalk aber nicht hydraulisch, da die Brenntemperaturen viel zu hoch sind, um hydrationsfähige Silicium-, Eisen- und Aluminiumverbindungen zu erhalten. Anders ist es bei niedertemperaturig gebrannten Ziegeln. In Indien, wo Ziegel vorwiegend im „Feldbrand" bei niedrigen Temperaturen gebrannt werden, ist der als „surkhi" bezeichnete Ziegelmehl-Kalk-Putz aus 1 Teil Kalk und 2 bis 4 Teilen Ziegelmehl bzw. Ziegelsand weit verbreitet.
Historische Rezepte für Kalkputze gehen meist von einem höheren Sand- und Kiesanteil aus als die DIN 18550 vorsieht, wobei bei Unterputzen ein Kieskorn bis 8 mm und bei Oberputzen ein Kieskorn bis 4 mm Durchmesser üblich waren. Allerdings haben diese Putze dann weitere Zusätze von Tierhaaren bzw. Borsten und Kasein. Kasein, das früher in Form von Molke, Mager- oder Buttermilch zugegeben wurde, geht mit Kalk eine chemische Verbindung ein, es entsteht ein wasserfestes Kalkalbuminat. Heute empfiehlt sich die Verwendung von Magerquark oder Frischkäse mit maximal 1,5% Fett. Magerquark enthält etwa 11% Kasein. Durch den Kasein-Zusatz wird die Wasseraufnahmefähigkeit des Kalkputzes reduziert, was insbesondere für Putze auf der Wetterseite wichtig ist. Nachteilig ist jedoch, dass der Kaseinzusatz auch die Wasserdampfdiffusionsfähigkeit etwas verschlechtert.
Leszner und Stein (1987) empfehlen für den Kalk-Kasein-Putz folgende Mischung:

- 3 Eimer Sand (0 - 2 mm)
- 3 Eimer Estrichkies (0 - 7 mm für Unterputz, 0 - 4 mm Oberputz)
- 1 Eimer Sumpfkalk
- 250 g Magerquark
- 0,25 Eimer Tierhaare oder Borsten.

Zunächst sollten in einem Zwangsmischer Kalk und Quark mit etwas Wasser verrührt und dann Sand und Kies zugegeben werden. Zum Schluss werden die Haare oder Borsten eingestreut.
Leichter zu verarbeiten als Tierhaare und Borsten sind Kokosfasern. Bei Innenputzen können auch, wie bei Lehmputzen, Sägemehl, Getreidespelzen, Flachsfasern, Lärchennadeln und andere organische Faserzusätze verwendet werden.
Einige Handwerker empfehlen, dem Kalkputz außer Kasein auch etwas Leinölfirnis zuzusetzen, allerdings wird hierdurch die Wasserdampfdiffusionsfähigkeit reduziert, vgl. Kapitel 12.5.6. Am FEB wurde ein Kalk-Kasein-Putz mit wesentlich höherem Kaseinanteil als wetterfester Außenputz erfolgreich getestet: Magerquark : Kalk : Sand (0 - 2) = 1 : 10 : 40 Raumteile. Dabei muss zunächst der Quark mit dem Kalk ohne Wasserzugabe mit einem Quirl zu einer dickcremigen Paste verrührt werden.
Bei diesen Putzen ist jedoch die reduzierte Wasserdampfdiffusionsfähigkeit zu beachten, vgl. Kap. 12.5.6.
Zum Ausbessern von Rissen und als dünner Streichputz, der mit dem Breitpinsel (Quast) aufgetragen wird, bewährte sich eine noch „fettere" Mischung folgender Zusammensetzung: Magerquark : Kalk : Sand (0 - 1 mm) = 1 : 6 : 25 Raumteile.

Kalkpulver	Trasskalk	Estrichsand 0 - 4	Magerquark	Leinölfirnis	fetter Lehm tonig	Kuhdung	ermittelter μ-Wert
1	-	3	-	-	-	-	11,2
-	1	3	-	-	-	-	10,8
1	-	6	0,5	-	-	-	6,2
1	-	15	0,5	-	3	-	9,7
1	-	3	-	0,05	-	-	15,2
1	-	3	0,25	0,05	-	-	28,5
1,5	-	10	-	-	2	6	8,0

Tabelle 12.3 μ-Werte von Kalkputzen (Putzzusammensetzung i. Raumteilen)

12-5-2 Typische Bauschäden
Wenn der Kalkputz nicht rissfrei ist, kann Regen in die Risse eindringen. Das hat zur Folge, dass der Lehmputz darunter Wasser aufnimmt und quillt. Dadurch können die Risse weiter aufplatzen oder größere Kalkputzflächen abplatzen.

In warmen Ländern wird dem Kalkputz häufig etwas Kochsalz zugefügt. Dieses bewirkt, dass der Putz länger feucht bleibt und der Kalk somit schneller und besser abbindet. In Deutschland wurde früher Heringslake als Zusatz verwendet, die durch ihren hohen Salzgehalt ähnlich wirkt. Daneben ergeben die in der Heringslake enthaltenen Proteine auch noch eine geringe stabilisierende Wirkung.

12.5.5 Aufbringen des Putzes

Vor dem Aufbringen von Kalk-Putzen wird die Lehmoberfläche vorgenässt, damit der Lehm dem Kalkputz möglichst wenig Feuchtigkeit entzieht. Der Außenputz wird dann in zwei Lagen „nass in nass" in einer Dicke von insgesamt 20 mm aufgebracht. Bei der ersten Lage, beim „Unterputz", kann bei reinem Kalkputz etwas Zement zugefügt werden, damit dieser schneller abbindet. Die zweite Lage wird auf den noch nassen, aber bereits etwas fest gewordenen Unterputz aufgebracht. Damit eine abdichtende Kalkhaut entsteht, wird die letzte Lage nicht mit dem Glättbrett abgerieben, sondern mit der Kelle von unten nach oben geglättet. Treten nach einigen Stunden Trockenrisse auf, werden diese mit einem in Kalkmilch getauchten Breitpinsel genässt und mit der Kelle oder dem Reibebrett unter leichtem Druck zugerieben. Die Oberfläche sollte dann erneut von unten nach oben mit der Kelle geglättet werden. Kalkputze binden mit dem Kohlendioxid (CO_2) der Luft ab. Dieser Vorgang erfolgt aber nur im feuchten Zustand; ist der Mörtel trocken, so „verbrennt" er und härtet nicht aus. Das bedeutet, dass er vor Wind und direkter Sonneneinstrahlung geschützt und eventuell durch vorgehängte feuchte Tücher oder durch Besprühen über längere Zeit feucht gehalten werden muss. Durch Zugabe von etwas Kochsalz bleibt der Putz länger feucht und bindet schneller ab. Innenputze werden entsprechend ausgeführt, können jedoch einlagig sein. Desweiteren sind für Innenwände auch Gipsputze oder Kalk-Gips-Putze mit und ohne Kaseinzusatz in unterschiedlichster Mischung geeignet, Zementputze sind jedoch auch hier zu vermeiden.

12.5.6 Einfluss auf die Wasserdampfdiffusion

Vom FEB wurde getestet, inwieweit Zusätze von Leinölfirnis und Kasein die Wasserdampfdiffusionsfähigkeit von Kalkputzen reduzieren. Die ermittelten μ-Werte sind in Tab. 12.3 enthalten.

12.6 Verschalungen / Verkleidungen / Vorsatzschalen

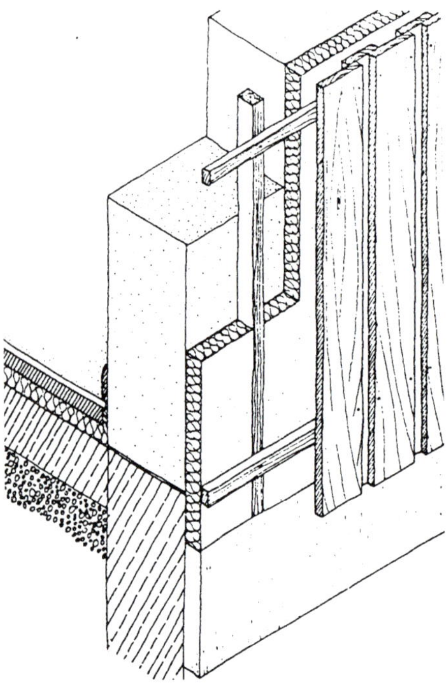

12.6-1 Lehmwand mit äußerer Wärmedämmung und hinterlüfteter Holzverschalung

Als Wetterschutz für Wandkonstruktionen aus Lehm können neben Anstrichen und Putzen auch Verschalungen aus Brettern oder Schindeln, Verkleidungen mit großflächigen Tafeln oder Vorsatzschalen aus gebrannten Ziegeln dienen. Diese Lösungen bieten sich insbesondere dann an, wenn vor der Lehmwand außen eine zusätzliche Wärmedämmung angebracht wurde. Die in Abb. 12.6-1 dargestellte Verschalung ist eine allgemein übliche Lösung. Die Latten, auf denen die Konterlattung verschraubt wird, können direkt im Lehm mit Nägeln oder mit Dübeln und Schrauben befestigt werden.
Die Abb. 12.6-2 und 12.6-3 zeigen zwei der vom FEB getesteten Möglichkeiten, Schindeln aus Altreifen herzustellen. Diese Schindeln können mit Hilfe eines Klammerschussgerätes an Holzlatten, die direkt an die Lehmwand angebracht sind, befestigt werden. Auch Tonnengewölbe können mit den aufgetrennten Laufflächen von Altreifen abgedeckt werden (Abb. 12.6-3). Abb. 12.6-5 zeigt das Gerät, mit dem vom rotierenden Reifen mittels eines Messers die Lauffläche von den Seitenflächen getrennt wird. Altreifen sind nahezu unverrottbar und müssen daher in Deutschland auf Sonderdeponien gelagert werden. Deshalb sind sie kostenlos bei Reifenhändlern und Tankstellen zu beziehen.
Für die Abdeckung von kuppelförmigen Lehmgewölben wurde am FEB eine besondere Schindeltechnik entwickelt: Gebrauchte Aluminium-Offsetdruckplatten werden an zwei Seiten mit einem Doppelfalz versehen, so dass sie dort wasserdicht übereinander greifen und gegen Abheben gesichert sind. Sie können mit einem einzigen verdeckten Nagel befestigt werden - das heißt, der Nagel ist nicht der Witterung ausgesetzt - und in den Falzen soweit gegeneinander verschoben werden, dass sich damit sowohl einseitig gekrümmte tonnenförmige wie auch zweiseitig gekrümmte

12.6-2

12.6-3

12.6-4

12.6-5

12.6-2 und 12.6-3 Schindeln aus Altreifen

12.6-4 Lehmgewölbe mit Schindeln aus gebrauchten Offset-Druckplatten abgedeckt, Forschungslabor für Experimentelles Bauen, Universität Kassel

12.6-5 Gerät zum Auftrennen von Altreifen, Forschungslabor für Experimentelles Bauen, Universität Kassel

kuppelförmige Flächen abdecken lassen (Abb.12.6-4).
In Mesopotamien erhielten Lehmsteinwände häufig eine wetterfeste Außenhaut, indem sie außen mit gebrannten glasierten Ziegeln verblendet wurden. Eine ähnliche Lösung lässt sich mit Bruchsteinmauerwerk erreichen. In beiden Fällen kann die Lehmschicht auch aus Stampflehm bestehen und gegen das als „verlorene" Schalung dienende Mauerwerk gestampft werden. In regenreichen Gebieten empfiehlt es sich, die Vorsatzschale von der Lehmwand durch eine ca. 5 cm dicke Luftschicht zu trennen, damit eventuell durch die Fugen eindringende Feuchtigkeit von der Lehmwand ferngehalten wird.

12.7 Konstruktive Maßnahmen

12.7.1 Schutz gegen Regen

Maßnahmen, die indirekt verhindern, dass Regen an die Außenoberflächen von Lehmwänden gelangt, werden als konstruktive Maßnahmen bezeichnet. Dazu gehört der Dachüberstand, der verhindert, dass Regen die Wand berührt, und vor allem der Spritzwasserschutz im Sockelbereich, mit dem vermieden wird, dass die vom Boden nach oben spritzenden Regentropfen an die Lehmwand gelangen. Dieser Sockel sollte mindestens 30 cm, besser 50 cm hoch sein. Bei der Ausbildung des Sockels ist darauf zu achten, dass das Wasser an der Fassade ungehindert ablaufen kann und nicht, wie bei der Lösung A in Abb. 12.7-1, auf der Sockelkante stehenbleibt und in die Lehmwand eindringen kann. Die Konstruktionen B und C sind zwar besser, aber auch nicht empfehlenswert. Die Lösungen D bis F sind richtig ausgeführt, wobei Konstruktion F den besten Schutz bietet. Die horizontale, gestrichelte Linie deutet die Sperre gegen aufsteigende Feuchte im Mauerwerk an, die senkrechte, gestrichelte Linie einen wasserabweisenden Anstrich bzw. Putz am Sockel (bei den Darstellungen geht es lediglich um den Fußpunkt der Lehmwand, nicht um mögliche Wand- oder Fußbodenausbildungen).

12.7.2 Schutz gegen aufsteigende Nässe

Außenwände aus Lehm müssen ebenso wie Wände aus Stein- oder Ziegelmauerwerk gegen aufsteigende Nässe aus den Fundamenten bzw. aus dem Sockel durch eine horizontale Feuchtigkeitssperre geschützt werden (vgl. Abb. 12.7-1). Als Materialien werden dafür üblicherweise bituminöse Bahnen, im Ausnahmefall auch Kunststoff- oder Metallfolien, verwendet. In vielen Ländern der Dritten Welt dient als Ersatz für diese Baustoffe eine 3 bis 4 cm dicke Zementestrichlage mit einem Bitumen- oder Altölanstrich.

12.7.3 Schutz gegen Wasser im Innenraum

In Bädern und Küchen sollte im Sockelbereich ein wasserdichter Schutzstreifen aus Ziegeln, Fliesen, Zementestrich oder Bitumen vorgesehen werden, um im Falle einer Überschwemmung bei Wasserrohrbrüchen, defekten Waschmaschinen oder überlaufender Becken ein Aufsteigen der Nässe in der Lehmwand zu vermeiden.

12.7-1 Falsche und richtige Sockelausbildungen

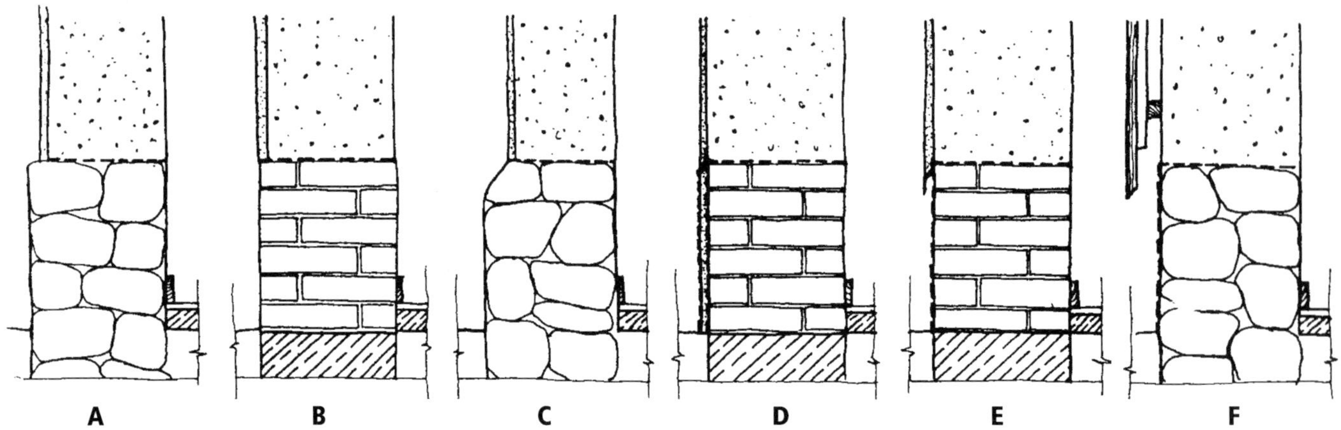

13 Ausbessern von Lehmbauteilen – Altbausanierung mit Lehm

13.1 Vorbemerkung

Das Ausbessern von schadhaften Lehmbauteilen, insbesondere von Rissen und größeren Fugen, erfordert besondere Maßnahmen, die nicht mit Reparaturen vergleichbar sind, wie sie beispielsweise beim Ziegelmauerwerk oder bei Kalkputzen auftreten. Im folgenden werden allgemeine lehmspezifische Probleme bei Reparaturarbeiten beschrieben, sowie die speziellen Erfordernisse bei der Altbausanierung, insbesondere bei nachträglichen Wärmedämm-Maßnahmen mit Leichtlehm im Fachwerkbau.
Hinweise zur Erneuerung historischer Lehmgefache mit Nasslehm-Fülltechniken sind in Kap. 9 zu finden.

13.2 Zum Entstehen von Schäden an Lehmbauteilen

Schäden an Lehmbauteilen können durch unterschiedliches Schwinden beim Austrocknen, durch thermische Beanspruchungen, durch Feuchteeinwirkungen und durch mechanische Verletzungen entstehen.
Wenn sich ein Putz beim Austrocknen zusammenzieht, eine zu geringe Haftung auf dem Untergrund hat und relativ spröde ist, wie beispielsweise Zementputz, kann er sich beim Austrocknen vom Untergrund lösen. Solche Stellen sind akustisch leicht durch Klopfen mit dem Fingerknöchel auf dem ausgetrockneten Putz herauszufinden, da der Klopfton bei einem vom Untergrund abgelösten Putz tiefer ist.
Risse können beim Putz sowohl durch das Schwinden beim Austrocknen, als auch bei extremen thermischen Beanspruchungen auftreten, wenn der Putz und sein Untergrund verschiedene thermische Ausdehnungskoeffizienten haben.
Kondensieren größere Mengen an Feuchtigkeit im äußeren Teil einer Lehmwand und kann diese Feuchtigkeit nicht ausreichend schnell nach außen abgeführt werden (bedingt durch einen im Vergleich zum Lehm wasserdampfdichteren Putz oder Anstrich, quillt der Lehm und bewirkt ein Abplatzen des Putzes bzw. Anstriches.
Ein solcher Schaden kann auch entstehen, wenn Wasser über Risse oder mechanische Beschädigungen von außen in die Lehmwand eindringt und ein Quellen des Lehms hervorruft.
Ist die Lehmwand durchfeuchtet, können bei Frosteinwirkung durch das Ausdehnen des gefrierenden Wassers Lehmteile und damit auch der Putz bzw. der Farbanstrich abplatzen.
Dabei ist es wichtig zu wissen, dass sich gefrierendes Wasser bei geringer Durchfeuchtung und großer Porosität des Lehms in den Luftporen ausdehnen kann, ohne dass Lehmteile abgesprengt werden. Dies ist gewöhnlich bei handgefertigten Lehmsteinen aus stark sandigem Lehm der Fall. Grünlinge, das heißt ungebrannte Lehmziegel aus der Ziegelei, haben eine geringere Porosität, sind deshalb nicht frostfest und dürfen aus diesem Grund auch nicht bei Außenwänden in der äußeren Schicht verwendet werden.

13.3 Ausbessern von Fugen mit Lehm

13.3.1 Allgemeines

Fugen beziehungsweise Risse in trockenen Lehmbauteilen lassen sich nicht mit plastischem Lehm ausbessern, da dieser keine Verbindung mit dem trockenen Lehm eingeht. Beim Austrocknen würden zwischen dem vorhandenen und dem hinzugefügten Lehm Risse entstehen, so dass sich der Lehm nach dem Austrocknen wieder aus der Fuge löst. Deshalb ist es wichtig, den Untergrund vorzubehandeln und die Fugenmasse so einzustellen, dass sie beim Austrocknen möglichst wenig schwindet.

13.3.2 Fugenmassen

Bei der Zusammensetzung der Ausfüllmasse für Fugen und Risse soll folgendes beachtet werden:

1. Die Fugenmasse muss eine ausreichende Bindekraft haben, um sich mit den Lehmpartikeln der angenässten Fugenoberflächen zu verbinden.
2. Der Grobsandanteil soll sehr hoch, und die Mischung so trocken wie möglich sein, damit das Trockenschwindmaß minimiert und somit vermieden wird, dass sich in der Fugenmasse beim Austrocknen Risse bilden. Anstelle von Grobsand oder zusätzlich zum Grobsand kann bei Innenfugen auch Getreidespreu, Sägemehl, Zelluloseflocken o.ä. zugesetzt werden.
3. Bei breiten Fugen können der Ausfüllmasse zur Reduzierung der Rissbildung kurze, feine Faserstoffe zugesetzt werden. Bewährt haben sich Kälber- und Menschenhaare, sowie Sisal- und Kokosfasern.
4. Zum schnelleren Abbinden kann dem Lehm Gips, Kreide, Kalk oder Zement zugesetzt werden. Diese Zusätze bewirken außerdem ein „Magern", was zur Schwindrissverminderung beiträgt. Nachteilig dabei ist jedoch, dass die Bindekraft und häufig auch die Festigkeit reduziert werden.

Für Fugen im Innenraum hat sich eine Mischung aus 1 Teil Lehm, 0,5 bis 1 Teil Kalk und 0,5 bis 1 Teil Gips bewährt. Bei Fugen, die der Witterung ausgesetzt sind, kann dem Lehm Zement, Trasskalk, Kalk oder eine Mischung dieser Stoffe mit einem Gesamtanteil von 8 bis 20% zugesetzt werden. Auch Zusätze von 5 bis 7% Leinölfirnis haben sich bewährt; diese Masse bleibt wochenlang oder sogar monatelang plastisch.

13.3.3 Vorbehandlung der Fugen

Um eine Verbindung zwischen dem trockenen alten und dem plastischen neuen Lehm herzustellen, werden die Risse bis zu einer Breite von etwa 1 cm (bei tiefen Rissen entsprechend mehr) vergrößert, lose Partikel entfernt und die Fugenränder so lange genässt, bis der alte Lehm quillt und plastisch wird. Für das Ausbessern mit Leinölfirnis-Lehm müssen die Ränder mit Leinölfirnis vorgestrichen werden.

13.3.4 Ausfüllen der Fugen

Die plastische Lehm-Masse wird mit einem Messer o.ä. zunächst an den Rändern der Fugen aufgetragen und in die aufgequollene, plastische Oberfläche eingedrückt bzw. mit dem alten Lehm verknetet. Der Rest der Fuge wird am besten mit einer etwas trockeneren Masse gefüllt, die mit einem „Holzstempel" oder einem Hammer in die Fuge gedrückt oder geschlagen wird.
Es ist empfehlenswert, die Fuge mit etwas mehr Material zu füllen als notwendig ist. So lange die Masse noch plastisch formbar ist, können dann feine Risse, die während des Austrocknens entstehen, durch erneutes Komprimieren mit dem Hammer oder Holzstempel geschlossen werden.

13.4 Ausbessern von Fugen ohne Lehm

13.4.1 Allgemeines

Da das Ausbessern von Fugen in Lehmbauteilen mit reinem Lehm sehr arbeitsaufwendig ist, werden im folgenden Fugenmassen aufgeführt, die während des Austrocknens nicht schwinden und die besser auf trockenen Lehmoberflächen haften.

13.4.2 Fugenmassen

Als Alternative zu Füllungen aus Lehm eignen sich vor allem Materialien, die auch für Putze verwendet werden. Als Bindemittel kommen beispielsweise Kalk, Trasskalk, Trasszement, Zement, Gips, Kasein, Zellulose und Leinölfirnis in Frage, als Zuschlagstoffe Schluff, Sand und ggfs. auch Feinkies. Aber auch organische Zuschlagstoffe wie Kork, Sägemehl, Getreide- oder Reisspelzen und Zelluloseschnitzel eignen sich als Füllstoffe.

Füllmaterialien für Außenfugen sollten möglichst keine organischen Bestandteile enthalten oder möglichst hohe ph-Werte aufweisen, damit diese nicht von Mikroorganismen zersetzt werden.
Zum Schließen von Fugen in Lehmbauteilen eignen sich auch dauerelastische Füllmassen auf Silikon- oder Acrylbasis. Silikon haftet erfahrungsgemäß besonders gut auf Lehm, vorausgesetzt, dieser ist trocken und frei von losen Partikeln.

13.5 Ausbessern von großflächigen Beschädigungen

13.5.1 Allgemeines

Kanten oder größere Flächen, die auf Grund von Auswaschungen, durch Frosterosion oder durch mechanische Beschädigungen an Lehmbauteilen entstanden sind, können wie Fugen ausgebessert werden. Zusätzlich sind die nachfolgend aufgeführten Aspekte zu beachten.

13.5.2 Ausbessern mit Lehm

Großflächige Abspülungen oder Abplatzungen lassen sich bis zu einer Tiefe von 5 cm am besten mit Lehmmörtel ausbessern. Die Vorbehandlung der Lehmoberflächen und die Ausführung der Reparaturarbeiten erfolgt entsprechend der in Kapitel 11 beschriebenen Maßnahmen. Wichtig ist, dass vorher alle losen Lehmpartikel entfernt und die Oberflächen gut vorgenässt werden.
In der Regel sollte eine Lehmputzlage nicht dicker als 1 bis 1,5 cm sein. Sind die Beschädigungen mehr als 4 - 6 cm tief, ist es empfehlenswert, die beschädigten Stellen so weit zu vertiefen, dass sie mit Lehmsteinen und Mörtel ausgefüllt werden können. Dies erspart mehrere Arbeitsgänge und verringert die Schwindrissbildung und die Austrocknungszeit.
Bei der Wahl der Lehmsteine muss beachtet werden, dass nur handgefertigte Lehmsteine aus mageren Lehmen und ausreichendem Porenanteil dafür geeignet sind (Grünlinge sind nicht frostfest und dürfen deshalb nicht für die äußere Schicht von Außenwänden verwendet werden).

13.5.3 Haftbrücken für Anstriche

Außenflächen erhalten in der Regel einen Kalkanstrich (Kap. 12.3). Soll ein Lehmputz neu gestrichen werden, müssen vorher alte Farbreste vollständig entfernt, und als Haftbrücke ein Anstrich mit Kalk-Kasein-Milch aufgebracht werden. Bei sehr sandiger, weicher Oberfläche kann eine Kalk-Kasein-Leim-Grundierung geeigneter sein. Dafür wird 1 Teil Sumpfkalk mit 5 Teilen Magerquark ohne Wasserzugabe 1 Minute mit einem Quirl verrührt, anschließend mit Wasser 1:5 verdünnt und dünn aufgetragen (ein dicker Auftrag behindert die Dampfdiffusion zu stark). Der Leim sollte innerhalb einer Stunde verarbeitet werden (Leszner und Stein 1987, S.145f).

13.6 Nachträgliche Verbesserung der Wärmedämmung durch Leichtlehm

13.6.1 Vorbemerkung

Im folgenden werden einige allgemeine bauphysikalische und konstruktive Aspekte bei der nachträglichen Verbesserung der Wärmedämmung durch Leichtlehm erörtert.
Näheres über Leichtzuschläge ist in Kap. 4.7 zu finden. Die Anwendung von Leichtlehm zum Ausfachen von Fachwerkkonstruktionen wird in Kap. 4.10, die Ausbildung moderner hochwärmegedämmter Leichtlehmaußenwände in Kap. 14.2.1 beschrieben.

13.6.2 Ursache erhöhter Tauwasserbildung

Die in den letzten Jahrzehnten vermehrt auftauchenden Schäden an den Wandkonstruktionen historischer Fachwerkhäuser sind in erster Linie Schäden, die auf erhöhte Kondenswasserbildung zurückzuführen sind, bedingt durch eine veränderte Gebäudenutzung und stärkere Raumheizung. Auch die Feuchteproduktion in Küche und Bad ist heute um ein Vielfaches höher als früher: An die Stelle des Waschens in der Waschschüssel ist das Duschen getreten, und an die Stelle des wöchentlichen Wäschewaschens im Waschhaus oder in der Waschküche der Gebrauch der Waschmaschine in Küche oder Bad. Wäschetrockner produzieren weitere Feuchtigkeit im modernen Haushalt.
Bei einer Erhöhung der Wärmedämmung sind deshalb zur Vermeidung von Bauschäden bei Fachwerkwänden die Wasserdampfdurchlässigkeit der äußeren Wandschichten und die kapillare Wasserleitfähigkeit der Wandbaustoffe von ausschlaggebender Bedeutung. In historischen Fachwerkbauten kommt der richtigen Wahl von Heizsystem und Heizkörpern (sowie deren Anordnung im Raum) eine besondere Bedeutung zu, ebenso wie der mechanischen Ableitung von feuchter Luft aus Bädern und Küchen mit Hilfe von Abluftanlagen.

13.6.3 Wärmedämm-Maßnahmen

Außenwände von Fachwerkbauten mit Ausfachungen aus Ziegelsteinen, Lehmsteinen oder aus Flechtwerk mit Strohlehmbewurf sind in der Regel zwischen 14 und 20 cm dick. Der Wärmedurchgangskoeffizient k der Gefache liegt zwischen 2,0 und 2,7 W/m²K, das ergibt je nach Holzanteil in der Wand einen U-Wert für die Wandfläche von 1,2 bis 2,2 W/m²K. Somit ist der Transmissionswärmeverlust durch die Wand etwa 3 bis 6 mal so hoch wie nach heutigen Erkenntnissen vertretbar. Zusätzlich entstehen durch die ungenügende Fugendichtigkeit große Lüftungswärmeverluste (unkontrollierte Lüftung). Die einfachste und bauphysikalisch beste Lösung, die Wärmedämmung bei einem Altbau dieser Art ausreichend zu erhöhen, besteht darin, das Gebäude von außen mit einer Wärmedämmschicht einzuhüllen.
Wird eine Außendämmung aus ästhetischen bzw. denkmalpflegerischen Gründen abgelehnt, bleibt nur die innere Wärmedämmung übrig, die problematisch ist, da sich in der Praxis bei Fachwerkhäusern Wärmebrücken und Wasserdampfbrücken nicht an allen Stellen vermeiden lassen. Diese führen in vielen Fällen zu einer partiellen Durchfeuchtung der Wand bzw. der Holzteile und sind dann potentielle Ursachen für weiterreichende Bauschäden. Bei länger anhaltender Durchfeuchtung besteht aber nicht nur die Gefahr von Bauschäden, auch gesundheitliche Beeinträchtigungen durch Schimmelpilzbildung sowie finanzielle Belastungen durch erhöhte Heizkosten können die Folge sein.
Die *Außendämmung* ist bauphysikalisch und baukonstruktiv die bessere Lösung, weil dadurch die tragende Konstruktion im warmen und trockenen Bereich liegt. Sie kann als Wärmedämmputz, als „Thermohaut" oder in Form einer Dämmung mit hinterlüfteter Vorhangfassade (Verschalung, Verschindelung etc.) ausgeführt werden.
Durch eine Ausmauerung der Gefache mit porösen Baustoffen (Porenbetonsteine, Bimssteine, Leichtziegel) lässt sich die Wärmedämmung zwar wesentlich erhöhen; die damit erzielbaren U-Werte von 0,9 bis 1,5 W/m²K sind jedoch nach heutigen Anforderungen nicht mehr ausreichend, so dass bei dieser Lösung auch nicht auf zusätzliche Dämm-Maßnahmen verzichtet werden kann.
Bei der *Innendämmung* muss beachtet werden, dass bei den Innenwand- und Deckenanschlüssen Wärmebrücken fast unvermeidlich sind, vor allem dort, wo Balkenköpfe die Wand durchdringen. Deshalb sollte die wärmedämmende Wirkung hier nicht zu hoch sein. Zusätzlich ist es - zumindest nach der Theorie und der DIN - notwendig eine Dampfsperre einzubringen. In der Praxis ist dies aber nur bedingt sinnvoll, da an den Wärmebrücken auch Dampfbrücken entstehen, so dass hier eine erhöhte Tauwasserbildung auftritt, die zu Bauschäden

13.6-1 Einbringen von mineralischem Leichtlehm mit Hilfe einer Estrichpumpe

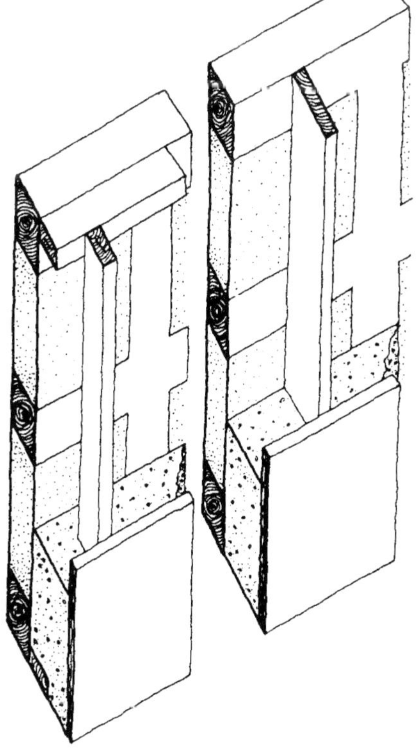

13.6-2 Innendämmung einer Fachwerkwand mit Leichtlehm

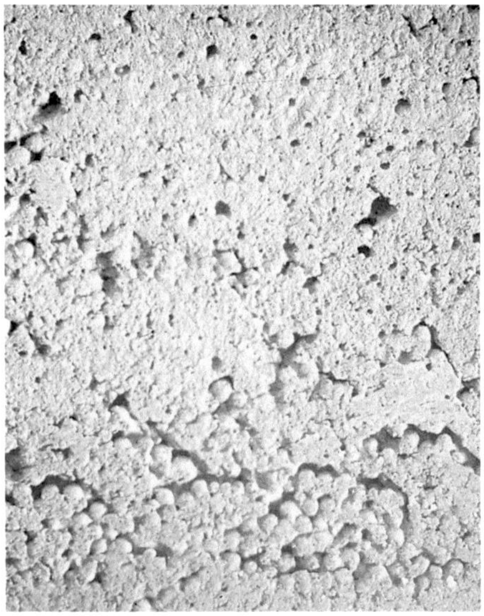

13.6-3 Oberfläche der Blähton-Leichtlehm wand mit der Rohdichte 1000 kg/m³

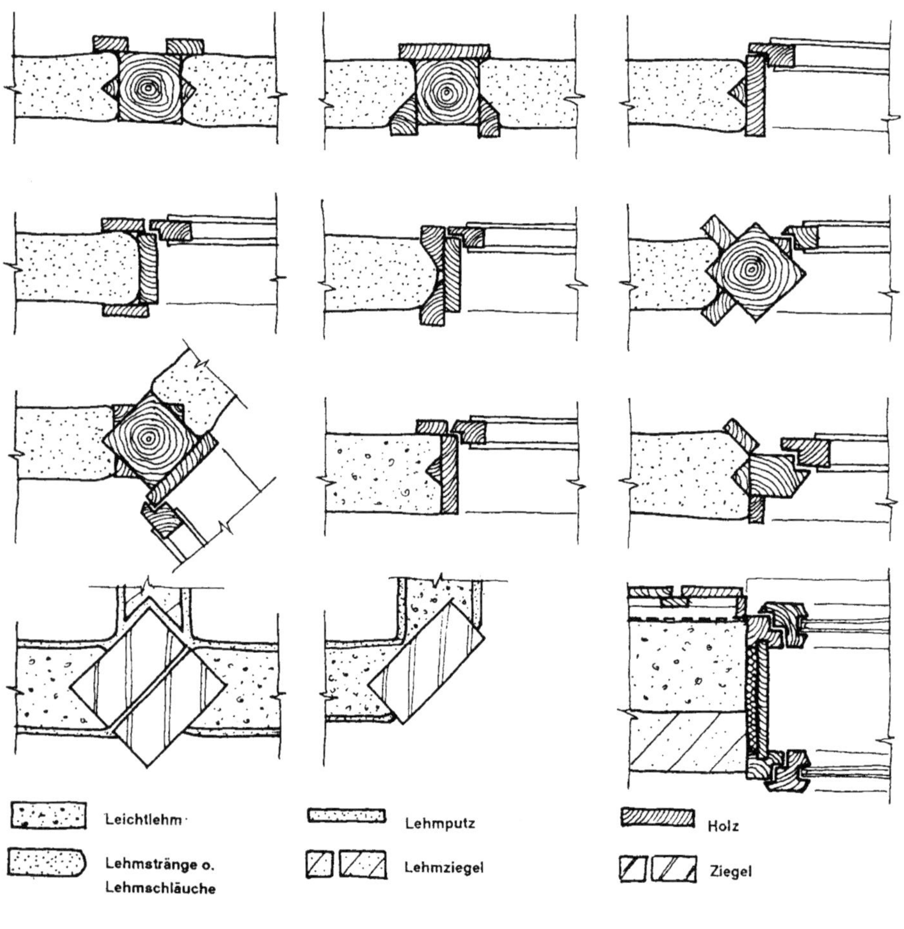

14.1-1 Anschlussmöglichkeiten bei Lehmwänden aus Lehmsträngen bzw. Lehmschläuchen, Lehmsteinen und Stampf- bzw. Schüttlehm (Horizontalschnitte)

an den konstruktiven Holzbauteilen führen kann.

13.6.4 Vorgesetzte Leichtlehmschalen

Eine Variante der Innendämmung, bei der auf den Einbau einer besonderen Dampfsperre verzichtet werden kann, ist das Vorsetzen einer Leichtlehmschale auf der Innenseite der Wand. Dabei sollte der Leichtlehm direkt an die Wand anschließen, so kann er infolge seiner guten kapillaren Wasserleitfähigkeit und seines großen Wasseraufnahmevermögens ggfs. entstehendes Tauwasser aufnehmen und die Austrocknung nach innen und außen beschleunigen. Eine Luftschicht oder eine Kerndämmung würden den kapillaren Feuchtetransport nach außen unterbrechen. Damit der Dampfdiffusionswiderstand von Außenputz und Anstrich nicht höher ist als der der inneren Wandschale, sollte die Innenwand mit einem Putz bzw. Anstrich versehen werden, dessen Dampfdiffusionswiderstand entsprechend groß ist.

Vor dem Aufbringen der Leichtlehmschale sind auf der alten Wandoberfläche Tapete bzw. Anstrich und Putz zu entfernen und die so gesäuberte Oberfläche mit einer dünnen Lehmschlämme zu streichen. Vor die Wand werden der Dicke des Leichtlehms entsprechende senkrechte Bohlen, Kanthölzer oder Latten montiert, an denen die Schalung befestigt wird (Abb. 13.6-2). Die Leichtlehmschale sollte, abhängig von den bauphysikalischen Bedingungen, 15 bis 25 cm dick sein und ihre Rohdichte in der Regel nicht unter 800 kg/m³ liegen. Es kann dabei sinnvoll sein, die Wasserdampfdiffusionsfähigkeit des Leichtlehms durch Zusätze zu reduzieren oder eine entsprechende Wirkung durch diffusionshemmende Innenanstriche zu erreichen.

Als Leichtzuschlag für den Leichtlehm können alle in Kap. 4.7 beschriebenen Materialien verwendet werden. Bei dem Einsatz von Strohleichtlehm ist der erforderliche Zeitaufwand am größten, während sich mineralischer Leichtlehm, mit Estrichpumpen in die Schalung eingebracht, vergleichsweise schnell verarbeiten lässt, vgl. Kap. 10.

Bei der in Abb. 13.6-1 gezeigten Sanierung eines Fachwerkhauses wurden 60 m² Wandfläche in 8 Stunden von 5 Personen mit Blähton-Leichtlehm gefüllt. Bei der Verwendung von Strohleichtlehm wäre der Zeitaufwand etwa viermal so hoch gewesen. Abb. 13.6-3 zeigt die Oberfläche des Leichtlehms nach dem Ausschalen. Die Rohdichte wurde mit 1000 kg/m³ so gewählt, dass ausreichend Schallschutz, gute Wärme- und Feuchtespeicherung gegeben ist und dass der Wasserdampfdiffusionswiderstand ausreichend hoch ist.

Sprechen keine denkmalpflegerischen Gründe gegen eine äußere Verkleidung des Gebäudes, so ist auf jeden Fall eine Außendämmung vorzuziehen. Auch dafür eignet sich eine gegossene Vorsatzschale aus mineralischem Leichtlehm, die, ähnlich wie die beschriebene Innenschale, direkt an die bestehende Oberfläche anschließt.

Einfacher ist jedoch das Mauern einer Vorsatzschale aus stabilisierten Leichtlehmsteinen oder großformatigen Leichtlehmfertigteilen, vgl. Kap. 7.2. Die Oberfläche kann dabei durch einen wetterfesten Putz oder eine hinterlüftete Schalung gegen die Witterung geschützt werden.

Strohleichtlehm ist als Außendämmung nicht empfehlenswert, da ein entsprechend gut dämmender Strohleichtlehm wegen des hohen Strohanteils zur Schimmelpilzbildung neigt und bei Durchnässung durch Regen- oder Tauwasser verrotten kann, insbesondere wenn die konservierende alkalische Wirkung des Lehms durch das Eindringen von saurem Regen im Laufe der Zeit neutralisiert wird.

14 Spezielle Lösungen

14.1 Anschlüsse

Schließen Lehmbauteile an Pfosten, Stützen, Balken oder Fensterrahmen an, so verlangt die Detailausbildung eine besondere Beachtung: Bei Nasslehmtechniken bildet sich eine Fuge auf Grund des Schwindens beim Austrocknen des Lehmes. Wird frisches Bauholz verarbeitet, entstehen jedoch durch das sehr viel langsamere Schwinden des Holzes auch dann noch Fugen, wenn der Lehm längst trocken ist. Bei Neubauten, die in Holzständerbauweise errichtet werden, ist das Holz in der Regel erst nach 2 Jahren soweit ausgetrocknet, dass es nicht mehr schwindet, während dieser Zustand bei Lehm bereits nach 2 bis 12 Wochen erreicht ist.
Abb. 14.1-1 zeigt Möglichkeiten für die Gestaltung von Anschlüssen von Lehmsträngen bzw. Lehmschläuchen, Lehmsteinen und Stampflehm- bzw. Schüttlehmwänden an Stützen bzw. Pfeiler und Tür- bzw. Fensterrahmen.

Bei Außenwänden ist zu beachten, dass die Fugen nicht winddicht sind und dass die Winddichtheit durch Überklebungen oder durchgehende Putzschichten gewährleistet sein muss.
Liegen Sparren auf einer tragenden Lehmwand, muss zur gleichmäßigen Verteilung der Kräfte eine Druckverteilungsschwelle eingeplant werden, vgl. Lösung A in Abb. 14.1-2. Ist bei einer Holzständerkonstruktion mit dem Schrumpfen der Stützen zu rechnen, kann ein elastischer Streifen zwischen Dachpfette und Lehmwand erforderlich sein, beispielsweise aus Blähkork, Jutefilz, Kokosfilz oder dergleichen, vgl. Lösung B. Eine einfachere Lösung für dieses Problem besteht darin, dass die Lehmwand außerhalb der Holzkonstruktion verläuft (Abb. 14.1-2, C). In diesem Fall ist die Wand beispielsweise durch eine am Sparren befestigte Knagge gegen das Umkippen nach außen zu sichern.

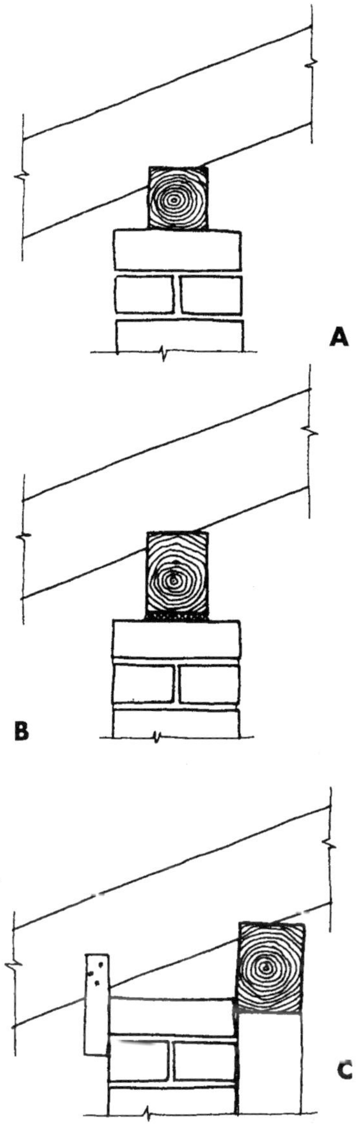

14.1-2 Obere Anschlüsse von tragenden und nichttragenden Lehmwänden (Vertikalschnitte)

14.2 Spezielle Wandkonstruktionen

14.2.1 Lehmwände mit zusätzlicher Wärmedämmwirkung

Üblicher Stampflehm ohne Gesteinsbrocken sowie massive Lehmsteine haben eine Rohdichte von 1800 bis 2000 kg/m³ und eine Wärmeleitfähigkeit λ von etwa 0,9 W/mK. Der Wärmedurchgangskoeffizient U einer unverputzten, 0,3 m dicken Stampflehmwand beträgt demnach:

$$U = \frac{1}{1/h_i + s/\lambda + 1/h_e} = \frac{1}{0{,}13 + 0{,}33 + 0{,}04}$$
$$= 1{,}99 \text{ W/m}^2\cdot\text{K}$$

Eine 50 cm dicke massive Lehmwand, beidseitig verputzt, hat einen U-Wert von 1,3 W/m²K; erst bei einer Wanddicke von 1,65 m wird ein U-Wert von 0,5 W/m²K erreicht. Das bedeutet, dass massiver Lehm in Nord- und Mitteleuropa für Außenwände nur dann sinnvoll ist, wenn außen zusätzlich eine Wärmedämmung aufgebracht wird oder wenn die Wand aus stark wärmedämmendem Leichtlehm besteht.
In Abb. 14.2-1 sind Wandaufbauten dargestellt, die einen U-Wert von ca. 0,3 W/m²K erreichen und genügend Lehm-Masse für den Schallschutz, zur Wärmespeicherung und zur Feuchteregulierung im Innenraum aufweisen.
Die Lösungen E und F zeigen tragende, die übrigen nichttragende Lehmwände. Außenwände mit Leichtlehm auf der Innenseite tragen bei niedriger Außentemperatur zur Behaglichkeit im Raum bei, da auf Grund ihrer geringen Wärmeleitfähigkeit die Oberflächentemperatur der Wand nur geringfügig unter der Raumlufttemperatur liegt und die Wärmeabstrahlung vom menschlichen Körper zur Wand gering ist.
Die Lösungen G bis K weisen darüber hinaus einen sehr guten Schallschutz auf. Die als äußere Wärmedämmung dienende zementgebundene Holzwolleleichtbauplatte in Lösung G kann als verlorene Schalung für den mineralischen Leichtlehm und gleichzeitig als Putzträger dienen. Als verlorene Schalung können auch bituminierte Holzfaserleichtbauplatten, Korkplatten oder gepresste Steinwolleplatten dienen, wenn eine hinterlüftete Schalung als Wetterschutz vorgesehen wird. Eine höhere Wärmedämmwirkung und somit eine geringere Leicht-

lehmdicke kann mit einer „Thermohaut" erreicht werden, vgl. Lösung H.
Einfacher, bauphysikalisch sehr gut und in der Regel auch wirtschaftlicher sind die Wandkonstruktionen J und K, die nur aus verputztem Leichtlehm bestehen. Für Wetterseiten sollte jedoch ein ausreichend großer Dachüberhang als Regenschutz oder aber statt des Putzes eine hinterlüftete Schalung vorgesehen werden.
Anstelle der bei A bis F gezeigten hinterlüfteten Holzschalung, kann auch eine andere hinterlüftete Konstruktion, beispielsweise aus Schindeln, zementgebundenen Spanplatten oder Vormauerziegeln eingesetzt werden.

Bei Außenwänden ist zu beachten, dass die Fugen nicht winddicht sind und dass die Winddichtigkeit durch Überklebungen oder durchgehende Putzschichten gewährleistet sein muss.
Nach der in Deutschland seit 2002 geltenden Energieeinsparverordnung ist eine Aussenwand mit U-Werten von 0,3 W/m²K in der Regel nicht ausreichend gedämmt. Das bedeutet, dass es unter wirtschaftlichen Aspekten sinnvoll ist, die in Abb. 14.2.1 A bis F angegebenen Dicken der Wärmedämmung wesentlich zu erhöhen und die Lösungen I und K ggf. mit einer zusätzlichen äußeren Wärmedämmung zu versehen.

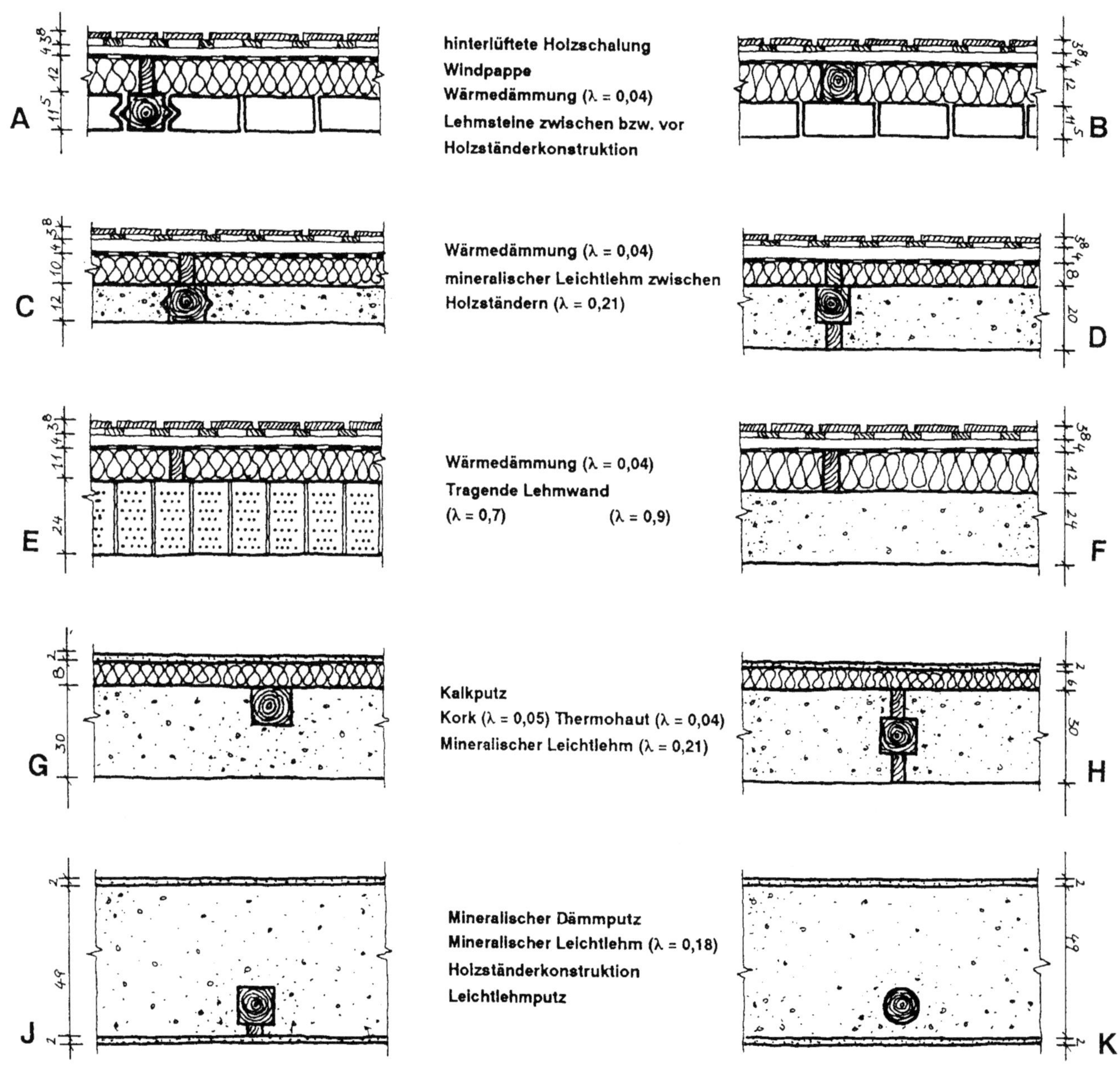

14.2-1
Horizontalschnitte von verschiedenen Wandausbildungen für einen U-Wert von 0,3 W/m²K

14.2.2 Wände aus lehmgefüllten Altreifen

Auf die Möglichkeit, Hohlkörperelemente mit wärmedämmendem Leichtlehm zu füllen und damit Wände zu errichten, wurde in Kap. 10.6 hingewiesen. Sind die Anforderungen an den Wärmeschutz gering, so lassen sich diese Elemente auch mit krümeligem, erdfeuchten, unverdichteten Lehm füllen, oder es kann ein Lehmbrei mit groben Zuschlagstoffen eingeschüttet bzw. eingepumpt werden.

Michael E. Reynolds setzte in New Mexiko, USA, bei mehreren Wohnbauten erdgefüllte, gebrauchte Autoreifen zur Errichtung von Wänden ein. Bei dem in Abb. 14.2-2 dargestellten Projekt von 1978 wurden die Reifen überlappend gestapelt und mit dem durch den Aushub gewonnenen Lehm gefüllt. Zur Stabilisierung der Wand sind die oberen Reifen mit Magerbeton ausgegossen und mit einem aus Holzbohlen hergestellten Ringanker verbunden, auf dem die Dachkonstruktion aufliegt. Die innere Oberfläche wurde mit Streckmetall überzogen und verputzt.

14.2-2 *oben* und 14.2-3 *unten*
Wand aus lehmgefüllten Altreifen, USA

14.2-4 Sandsackkuppel

14.2.3 Lehmgefüllte Gewebeschläuche

Am Forschungslabor für Experimentelles Bauen wurden unterschiedliche Möglichkeiten untersucht, mit sand- und lehmgefüllten Gewebeschläuchen Wände und Kuppeln zu erstellen. Abb. 14.2.4 zeigt die 1977 erstellte Kuppel aus Polyestergewebeschläuchen, die mit Sand btw. Erde gefüllt wurden. Abb. 14.2.5 zeigt eine Wand frs 1978 errichteten Versuchsbaus der Univer-

14.2-5 Versuchsbau FEB Kassel

14.2-6 Füllen der Schläuche mit Erde

14.2-7 Stampfen

14.2-8 Gebäude aus Superadobe, Brasilien

sität Kassel, bei dem Juteschläuche mit Bimserde gefüllt wurden. Um ein Verrotten des Jutegewebes zu vermeiden, wurde dieses zunächst mit einer dünnen Kalkmilch und dann mit 2 weiteren Anstrichen mit Kalk und Feinsand versehen.
Der Architekt Nader Khalili hat diese Technik in den 80er Jahren weiterentwickelt: Er nahm Polyestergewebeschläuche, wie sie für Zucker- und Reissäcke verwendet werden, füllte diese mit Erde und verdichtete die Erde durch Stampfen, jeweils bevor ein neuer Schlauch gelegt wurde (Abb. 14.2.6 und 14.2-7). Diese Technik verbreitete sich in den Ländern Südamerikas unter dem Namen „Superadobe" (Abb. 14.2-8).

14.3 Deckenkonstruktionen mit Lehm

14.3.1 Traditionelle Deckenkonstruktionen

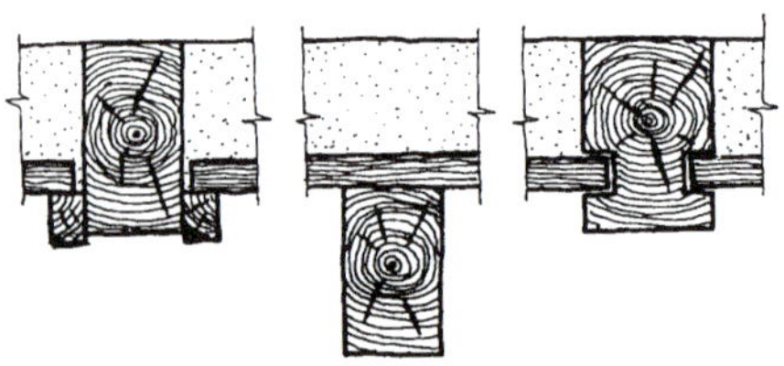

14.3-1 Stampflehmdecken auf tragenden Hölzern

Bei den historischen Fachwerkbauten wurden die Decken zur Verbesserung des Brand-, Schall- und Wärmeschutzes mit Lehmfüllungen versehen. Da die im folgenden beschriebenen traditionellen Techniken relativ arbeitsaufwendig sind, werden sie heute in der Regel nur noch aus denkmalpflegerischen Gründen bei Sanierungsmaßnahmen angewendet.

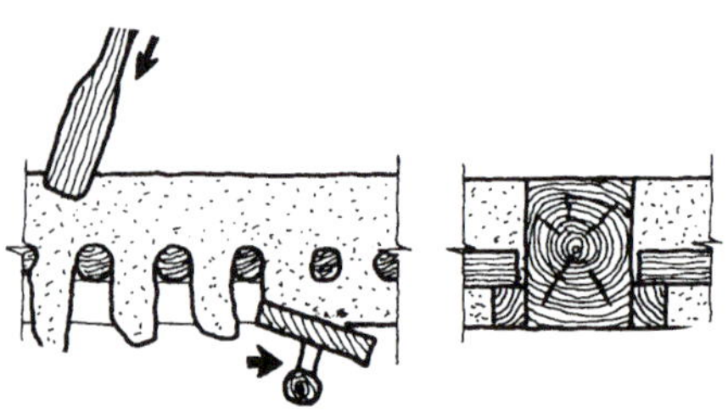

14.3-2 Spalierdecke

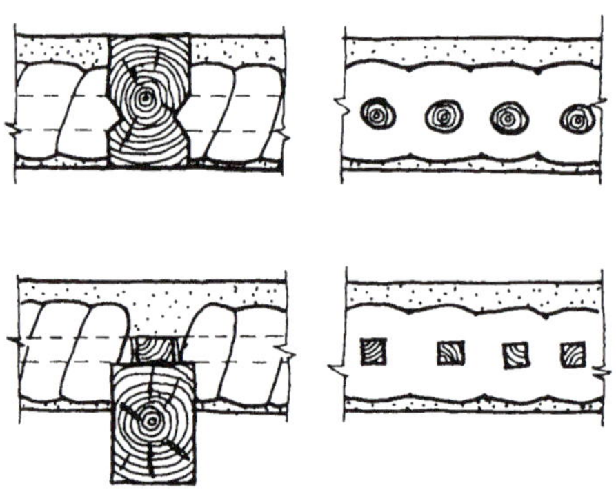

14.3-3 Wickeldecken (nach Volhard 1983)

- *Stampflehmdecke auf tragenden Hölzern*

Bei historischen Stampflehmdecken liegen die tragenden Bretter entweder direkt auf den Holzbalken auf, oder sie sind an Leisten befestigt bzw. in Nuten eingeschoben (Abb. 14.3-1). Auf diese Bretter wird erdfeuchter, krümeliger Lehm geschüttet und durch Stampfen leicht verdichtet. Damit keine Lehmteile durch die Fugen der Bretter rieseln, wurde früher als Rieselschutz eine dünne Lage Stroh oder aber ein fetter, ca. 2 cm dicker Strohlehmputz auf die Bretter aufgebracht. Heute werden dafür Ölpapiere, Vliese oder Folien verwendet.
Leichtlehm von geringer Dichte darf nicht direkt belastet werden und bringt einen nur geringen Luftschallschutz. Als Stampfmasse ist er nur sinnvoll, wenn an die Decke erhöhte Anforderungen bezüglich des Wärmeschutzes gestellt sind.

- *Spalierdecke*

Bei der historischen Spalierdecke übernehmen aufgelegte oder eingeschobene Rund-

14.3-5 Lehmsteinschicht auf einer Holzbalkendecke

hölzer, Kanthölzer oder Spalthölzer (sogenannte „Staken") die Deckenlasten. Sie werden im Abstand von 3 - 6 cm verlegt. Der oben aufgebrachte Strohleichtlehm wird mit Stampfhölzern durch die Zwischenräume gedrückt, so dass 8 - 10 cm lange Zungen herunterhängen, die von unten mit einem Reibebrett angedrückt werden (Abb 14.3-2).

- *Gestampfte Stakendecke*

Bei der gestampften Stakendecke wird Strohlehm auf einer horizontal beweglichen Gleitschalung um Staken gestampft. Dabei gleitet die Schalung entweder unter oder zwischen den Deckenbalken. Die Schalung wird am einfachsten von unten mit Stielen und Keilen gegen die Balken oder gegen die Auflagerleisten der Staken gedrückt.

- *Wickeldecken*

Bei der historischen Wickeldecke werden Staken aus Rundholz, Spaltholz oder Latten mit Strohleichtlehm umwickelt (siehe Abb. 9.5-3) und zwischen die Deckenbalken in Nuten eingeschoben oder auf die Balken aufgelegt. Oben auf die Wickelstaken wird eine Strohlehmschicht aufgebracht (Abb. 14.3-3).

14.3.2 Neuere Deckenkonstruktionen

Lehm in Holzbalkendecken erhöht die Luftschalldämmung, die Wärme- und die Feuchtigkeitsspeicherung. Anstelle der früher häufig verwendeten losen Lehmschüttung oder der mit Strohlehm umwickelten Holzstaken lassen sich auch Lehmsteine einsetzen. Ihr Vorteil liegt darin, dass keine Feuchtigkeit in die Decke mit eingebaut wird, und dass keine Geräte für die Aufbereitung und den Transport des Lehmes notwendig sind.
In Abb. 14.3-4 A ist ein einfacher Deckenaufbau dargestellt, der sich auch von Laien im Selbstbau ausführen lässt, Abb. 14.3-5 zeigt das Muster der dabei flach verlegten Grünlinge. Bei der in Abb. 14.3-4 B aufgeführten Alternative ist die geringere Deckenhöhe von Vorteil, diese Lösung ist jedoch arbeitsintensiver.
Bei den in der Abb 14.3-6 unter A, B und C gezeigten Kappendecken übertragen die Lehmsteine die Deckenlast wie ein flaches Tonnengewölbe in die Balken. Die Lösung D stellt eine „falsche" Kappendecke dar, da der Lehm hier lediglich als Füllung, also nichttragend, eingesetzt ist. Er wird vorteilhafterweise auf eine verlorene Schalung aus Schilfrohrmatten geschüttet, die gleichzeitig als Putzträger dient.

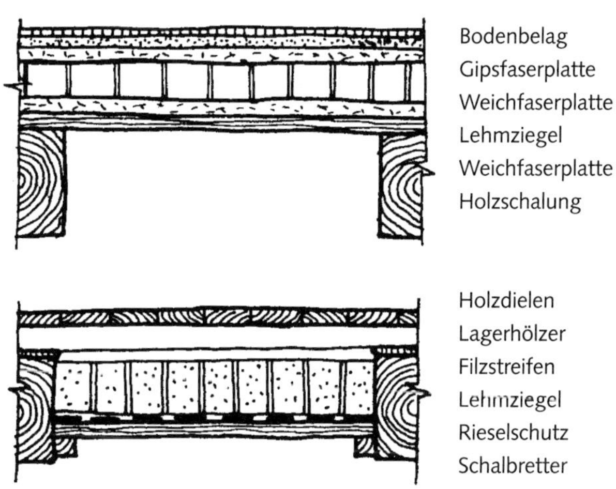

14.3-4 Holzbalkendecken mit Lehmsteinen

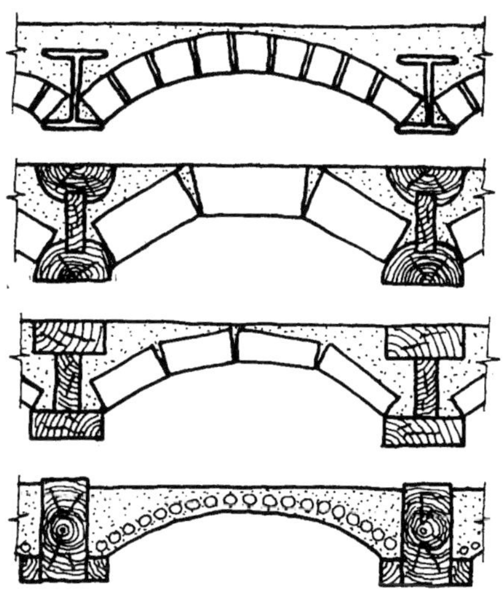

14.3-6 Kappendecken

14.4 Lehmfußböden

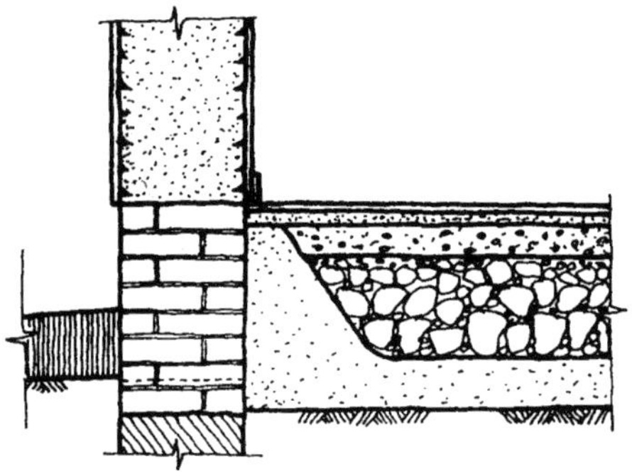

14.4-1 Fußbodenaufbau für Wohnräume (nach Niemeyer 1946)

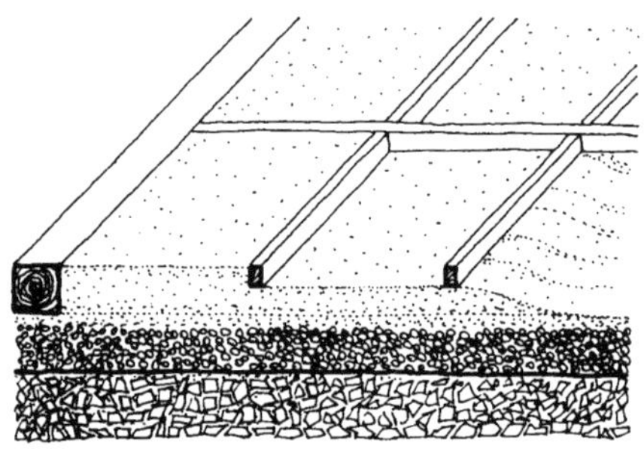

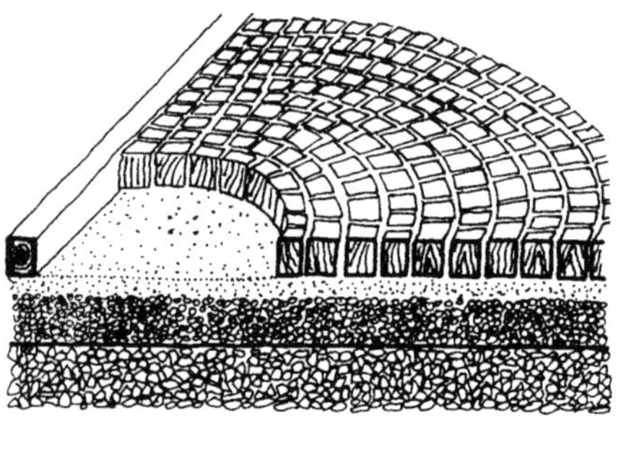

14.4-2 Lehmfußböden (Minke 1985 (b))

14.4.1 Allgemeines

Begehbare Fußboden-Oberflächen haben sehr hohe Anforderungen zu erfüllen: Sie müssen in der Regel druckfest, abriebfest, wasserfest und rissfrei sein. Solche Oberflächen aus Lehm herzustellen, ist nicht einfach, bei sorgfältiger Ausführung aber möglich.

Bei Lehmfußböden ist es am schwierigsten, eine ausreichende Abriebfestigkeit zu erreichen (siehe auch Kap. 2.6.6). Es ist einfacher, die gewünschte Oberflächenqualität durch das Einlegen von Holz- oder Ziegelpflaster in den Lehm zu schaffen oder aber die Lehmoberfläche mit einem Fußbodenbelag (Teppichboden, Korkplatten oder dgl.) zu schützen.

14.4.2 Traditionelle Lehmfußböden

Die Abb. 14.4-1 zeigt den Aufbau eines traditionellen Lehmfußbodens nach Niemeyer (1946): Die Sperrschicht gegen drückendes Wasser besteht aus fettem Lehm und ist mindestens 15 cm dick. Sie wird in zwei Lagen aufgebracht und während des Austrocknens so lange durch Schlagen oder Stampfen verdichtet, bis keine Risse mehr sichtbar sind. Die ca. 20 cm dicke Schotterschicht hat kapillarkraftbrechende Wirkung und verhindert das Aufsteigen von Feuchtigkeit infolge Kapillarwirkung. Darüber liegt eine ca. 10 cm dicke Leichtlehmschicht aus fettem Lehm mit Strohhäcksel, Spreu, Flachs, Sägemehl oder Holzspänen. Zur Aufnahme größerer Lasten dient die ca. 4 cm dicke „Vorsatzmasse", die nach Niemeyer aus der gleichen Leichtlehm-Masse und Zusatz von Zement und Sand im Verhältnis 1 : 6 hergestellt wird.

Als abschließenden Estrich empfiehlt Niemeyer eine 2 cm dicke Schicht aus je einem Teil Sand, Sägemehl und Zement. Die Estrichoberfläche lässt sich, solange sie noch nicht vollständig abgebunden ist, durch einen zweimaligen dünnen Anstrich mit Wasserglas härten. Nach einer mindestens zweimonatigen Austrocknungszeit sollte die Oberfläche mit Wachs gestrichen und gebohnert werden.

Historische, befahrbare Böden in Bauernhäusern waren ähnlich aufgebaut, hatten jedoch statt des Zementestrichs einen Lehmestrich aus fettem Lehm, Grobsand und Splitt (Feinschotter), der erdfeucht ca. 7 cm dick aufgebracht und durch Stampfen verdichtet wurde. Die während des Austrocknens entstehenden Risse wurden mit einem Schlagholz aus einem halbierten Rundholzstück mit schräg aufgesetztem Stiel zugeschlagen und die Oberfläche damit so lange verdichtet, bis sie glatt war und glänzte. Zur Erhöhung der Abriebfestigkeit wurde in die oberste Schicht Hammerschlag (Fe_3O_4), das beim Schmieden von Eisen entsteht, Rinderblut, Rindergalle oder Teer mit eingeschlagen.

14.4.3 Zeitgemäße Lehmfußböden

Vom Forschungslabor für Experimentelles Bauen (FEB), Universität Kassel, wurden 1984 einige Lehmfußböden hergestellt und getestet: Der in Abb. 14.4-2 oben dargestellte Fußboden hat eine direkt begehbare Stampflehmoberfläche, die durch ein Holzrost aufgeteilt ist, so dass beim Austrocknen innerhalb der 30 x 30 cm großen Stampflehmfelder keine Risse auftreten. Bei dem darunter abgebildeten Lehmfußboden besteht die begehbare Fläche aus einem Hirnholzpflaster, das in den Lehm eingestampft wurde. Außerdem wurden Rundholzscheiben und flache Kieselsteine als Pflaster getestet. Letztere Lösungen erwiesen sich jedoch als sehr arbeitsaufwendig und sind für eine Wohnraumnutzung weniger geeignet. Der Unterbau der Fußböden ist jeweils gleich: Er beginnt mit einer 15 cm dicken, kapillarkraftbrechenden Schicht aus Schotter, die ein Aufsteigen der Bodenfeuchtigkeit durch kapillare Saugwirkung verhindert. Sie wird oben mit einer 3 cm dicken Ausgleichsschicht aus Grobsand versehen, die mit Handstampfern oder Rüttelplatten verdichtet wird. Darüber wird entsprechend der Vorschrift eine Feuchtigkeitssperre (Kunststoff- oder Bitumendachbahn) verlegt, auf die eine 10 cm dicke Wärmedämmschicht aus Blähtonpartikeln aufgebracht wird. Auf diese Schicht, deren Oberfläche durch leichtes Stampfen und ggf. durch eine zusätzliche dünne, breiige Lehmschicht verfestigt wird, kann dann in drei Lagen der 12 cm dicke Stampflehmfußboden aufgebracht werden.

Auf die erste Stampflehmschicht wurde ein Rost aus 10 x 10 cm dicken Kanthölzern im Rastermaß von 1,80 x 1,80 m gelegt und auf die zweite ein Hartholzrost aus 2 x 4 cm dicken Leisten, in dessen 30 x 30 cm große Felder die dritte Stampflehmschicht eingebracht wurde, vgl. Abb. 14.4-4. Für das Stampfen der einzelnen Schichten erwies

14.4-3

14.4-4

14.4-5

sich der in Kap. 5.3 beschriebene elektrische Vibrationsstampfer als besonders geeignet (Abb. 14.4-3). Übliche Rüttler, wie sie zum Verdichten im Tiefbau verwendet werden, sind in der Regel zu schwer. Bei dickeren Schichten werden diese am Rand des Rüttlers eher aufgebrochen als verfestigt. Randzonen lassen sich am besten mit einem Handstampfer bearbeiten (vgl. Abb. 14.4-4). Die oberste Stampflehmschicht erhielt eine Zugabe von 6-8 Volumenprozent Leinölfirnis. . Leinölfirnis verringert nicht nur das Trockenschwindmaß, sondern schafft vor allem die geforderte Wasserfestigkeit der Oberfläche und eine relativ hohe Abriebfestigkeit . Die Oberfläche muss zum Schluss mit einer Kelle unter starkem Druck abgezogen werden, so dass eine „speckige" Oberfläche entsteht (Abb. 14.4-5).
Um die Abriebfestigkeit des Leinölfirnis-Lehms zu erhöhen, empfiehlt es sich, die Oberfläche nach einigen Monaten, wenn der Firnis weitgehend verharzt ist, mit einer dünnen Hartwachsschicht zu versehen.
Der Zeitaufwand für die Herstellung von 1 m2 Stampflehmboden mit dem beschriebenen Aufbau einschließlich des Unterbaus betrug etwa 16 Stunden, der Aufwand für den Hirnholzpflasterboden (Abb. 14.4-6) etwa 10 Stunden/m2. Wenn auch die benötigte Zeit bei entsprechender Erfahrung wesentlich reduziert werden kann, liegt doch der Schluss nahe, dass sich Stampflehmfußböden auf Grund der hohen Arbeitsintensität nur für den Selbstbau eignen.
Wesentlich schneller ließ sich der vom Autor getestete Fußbodenaufbau aus mineralischem Leichtlehm und einer 3 - 4 cm dicken, begehbaren Lehmmörtelschicht herstellen (Abb. 14.4-7): Der Aufwand für die Herstellung betrug ohne Unterbau lediglich 1 $^{3}/_{4}$ Stunden pro m^{2}. Die Leichtlehm-Mischung aus Lehmmörtel, Estrichsand und Blähton der Körnung 1 - 8 mm konnte im normalen Betonmischer (Freifallmischer) hergestellt und wie ein Estrich auf die 5 cm dicke Wärmedämmung geschüttet und abgezogen werden (Abb. 14.4-8). Anmerkung: Durch das Gebäudeenergiegesetz muss die Wärmedämmschicht unter dem Leichtlehm heutzutage in der Regel wesentlich dicker sein.
Zur Beschleunigung der Austrocknung wurden 4% Zement zugesetzt. Die Lehmmischung für die begehbare Mörtelschicht muss sehr sorgfältig eingestellt werden, damit einerseits keine Trockenschwindrisse entstehen und andererseits eine hohe Abriebfestigkeit gewährleistet ist, was sich normalerweise ausschließt. Der Mörtel wurde in 2 Lagen aufgebracht. Die untere, 2 - 3 cm dicke Lage wurde aus einem mit Estrichkies (Körnung 0 - 4 mm) stark gemagerten Lehm hergestellt, der lediglich 7% Ton und 10% Schluff enthielt. Die Mischung wurde relativ trocken eingebracht und entweder mit Handstampfern oder in 2 Schichten unter starkem Druck mit vibrierender, schwach stampfender Bewegung mit einer Kelle verdichtet (Abb. 14.4-9). Die nach dem Austrocknen entstandenen geringen Schwindrisse erwiesen sich als nicht nachteilig, da sie die Verbundwirkung mit der Deckschicht erhöhen. Es ist vorteilhaft, wenn die Oberfläche der 1. Lage vor dem Antrocknen durch Ritzen aufgerauht wird. Für die 1 cm dicke Deckschicht wurde eine nahezu gleiche Mischung erstellt, anstelle von Estrichkies wurde jedoch Estrichsand (Körnung 0 - 2 mm) genommen. Um eine ausreichende Abrieb- und Druckfestigkeit zu erhalten, wurden für die Deckschicht fünf Zusätze getestet: 6 Masse-% Styrolbutadi-

14.4-3 bis 14.4-5
Herstellen eines Stampflehmfußbodens mit nachträglicher Verfestigung der Oberfläche

14.4-6 Herstellen eines Lehmfußbodens mit Hirnholzpflaster

en-Emulsion (dünnflüssiger Tischlerleim), 6 Masse-% Natrium-Wasserglas (1 : 1 mit Wasser verdünnt), 6 Masse-% Leinölfirnis, 6 Masse-% Kalk-Kasein-Leim (1 Teil Kalk, 5 Teile Magerquark) und 6 Masse-% Kalk-Kasein mit 10 Masse-% Kreidepulver. Die Abriebtests ergaben keine großen Unterschiede. Wasserglas stabilisierte am wenigsten, da es zu wenig verdünnt war, Kalk-Kasein-Kreide am besten. Leinölfirnis entwickelt eine starke und lang anhaltende Geruchsbelästigung und hat eine lange Aushärtezeit. Bei Styrolbutadien ist die Geruchsbelästigung gering und nach 2 - 4 Wochen verschwunden. Die Deckschicht wurde nach dem völligen Austrocknen mit Hartwachs behandelt.

14.4-7 bis 14.4-9
Aufbau und Herstellung eines geschütteten Leichtlehmfußbodens mit begehbarem, wischfestem Lehmmörtel

14.4-7

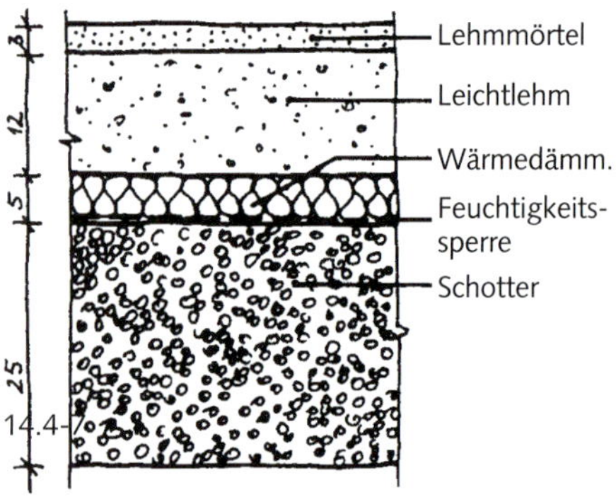

14.4-10
Verdichten des Lehmbodens mit einem leichten Rüttler

Bewährt hat sich außerdem nach Erfahrungen des Autors eine Stabilisierung der obersten Lehmschicht mit 6 bis 8% Bitumenemulsion sowie mit Kuhdung.
Bei Kuhdung sind folgende Schritte zu beachten:

- Fetter Lehmbrei und breiiger Kuhdung wird im Verhältnis 1:1 vermischt und mehrere Tage (je nach Umgebungstemperatur) ruhen gelassen, um einen Fermentationsprozess zu ermöglichen, bei dem ein Ionenaustausch zwischen den Metallionen der Tone und den Stickstoffionen des Kuhdungs stattfindet.
- Davon wird 1 Teil mit 1 Teil groben Sand und 1 Teil feinen Sand vermischt.
- Diese Masse wird im möglichst trockenen Zustand als Mörtel aufgetragen.
- Beim Austrocknen entstehende feine Risse werden in schwach feuchtem Zustand mit der Kelle zugedrückt.
- Sind nach dem Austrocknen feine Risse vorhanden, werden diese mit einem feuchten Schwammbrett mit kreisenden Bewegungen zugerieben.
- Zusätzlich kann die Oberfläche auch mit einem Schwammbrett geglättet werden, das mit einer dünnen Schlämme der fermentierten Kuhdung-Lehm-Mischung getränkt ist.

14.4-11
Verlegung von leinölstabilisierten Lehmplatten im Lehmmörtelbett

Weitere Tests zeigten, dass eine Stabilisierung der Lehmoberfläche durch Zusätze nicht immer notwendig ist, sondern dass auch ohne Zusätze eine ausreichende Abriebfestigkeit erreicht werden kann, wenn der Lehm eine optimale Kornverteilung mit hohem Grobsandanteil aufweist und wenn die Oberfläche in fast trockenem Zustand unter hohem Druck mit der Kelle verdichtet und nach dem Austrocknen mit einer dünnen Hartwachsschicht eingerieben wird.
Eine sehr wirtschaftliche Lösung für einen entsprechend der Energieeinsparverordnung gut gedämmten Stampflehmfußboden wurde 2010 im Rahmen eines vom Autor geleiteten Workshops realisiert. Dabei wurde anstelle einer Bodenplatte eine 50 cm dicke Schicht aus leicht verdichtetem Glasschaumschotter eingebracht, die gleichzeitig als Kapillarkraft brechende Schicht, als Fundament für ein lasttragendes Strohballengewölbe und als Wärmedämmung (λ = ca. 0.08 W/mK) dient. Darauf wurde ein Geotextil ausgebreitet und darüber in zwei 7 -8 cm dicken Lagen erdfeuchter Grubenlehm mit hohem Kiesanteil der Körnung 0 – 22 mm verdichtet, so dass ein 10 cm dicker kompakter Lehmboden entstand. Die Verdichtung erfolgte mit einem leichten Rüttler, der eine relativ niedrige Frequenz aufwies (Abb.14.4-10). Darauf wurden 2 cm dicke leinölstabilisierte von Piet Karlstedt entwickelte Lehmplatten in einem dünnen Lehmmörtelbett verlegt (Abb. 14.4-11).

14.5 Transparente Wärmedämmung mit Lehmspeicherwand

Bei einem Studentenwohnheim in Kassel wurde die verglaste Südfassade als transparente Wärmedämmung (TWD) im Selbstbau erstellt. Die Sonnenstrahlen werden dabei durch eine 10 cm dicke Wärmedämmschicht aus Polycarbonatröhrchen geleitet und gelangen auf eine 24 cm dicke Lehmwand, die mit einem dünnen, mit schwarzer Absorberfarbe gestrichenem Lehmputz versehen ist. Nach außen ist das System mit einer Glasscheibe abgedeckt (Abb. 14.5-1). Bei unerwünschter Sonneneinstrahlung kann außen vor der Glasscheibe ein reflektierendes Rollo heruntergezogen werden. Die Kollektorfläche beträgt je Raum mit ca. 20 m² Nutzfläche etwa 5 m². Erstaunlich war die Erfahrung der Bewohner, dass gerade bei extrem niedrigen Temperaturen von –10°C im Winter die normale Heizung abgestellt werden konnte, da bei diesen Temperaturen der Sonnenenergieeintrag genügend Heizenergie lieferte.

Bei einem 223 m² großen Wohnhaus in Hochdorf, Kanton Luzern, in der Schweiz wurde 1997 eine ähnliche Lösung realisiert. Bei den im Verhältnis sehr viel kleineren TWD-Flächen wurde ein Wärmegewinn von 8640 MJ während der Heizperiode Oktober bis April ermittelt. Das ergab 46 MJ/(m²·a) und entsprach 29% des Heizwärmebedarfs (Überschlag 1999). Obwohl an der Absorberfläche eine maximale Temperatur von 78°C gemessen wurde, entstanden keine hitzebedingten Risse an der verputzten Lehmwand.

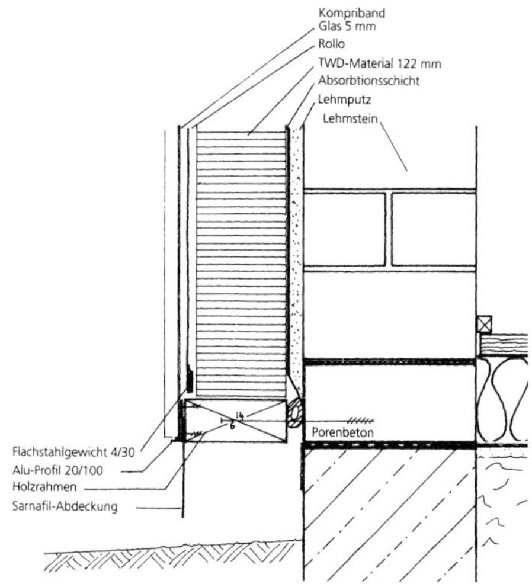

14.5-1 Lehmsteinwand mit transparenter Wärmedämmung

14.6 Dächer aus Lehm

14.6.1 Allgemeines

Flachdächer aus Lehm gehören in den meisten trocken-heißen Klimazonen seit Jahrhunderten zur traditionellen ländlichen Architektur.

Geneigte, wetterfeste Lehmdächer auch für regenreiche Gebiete zu entwickeln, ist eine der wichtigsten Aufgaben für das Bauen in ländlichen Gebieten von Entwicklungsländern. Dort betragen die Baukosten für die üblichen Dachkonstruktionen aus Beton, Asbestzement oder Ziegeln 25 - 30% der gesamten Baukosten eines Wohnhauses, wie Untersuchungen des Autors in Guatemala, Brasilien, Ecuador und Mittel-Indien ergaben. In Deutschland wurden zu Beginn dieses Jahrhunderts Lehmschindeldächer propagiert und dafür sogar eine DIN-Vorschrift entworfen, die Vornorm DIN 18957, vgl. Kap. 7.6. Im folgenden werden einige traditionelle Lehmdächer und neuere Experimente für wetterfeste Dachdeckungen aus Lehm beschrieben.

14.6.2 Traditionelle Dachkonstruktionen

In vielen subtropischen, gemäßigten und kalten Klimazonen der Erde werden heute noch Flachdächer, in manchen Gegenden auch geneigte Dächer, in jahrhundertelanger Tradition aus Lehm erstellt, so die Flachdächer der Pueblo-Völker aus New-Mexico, USA (Abb. 6.2-1) und die Flachdächer der Dogon aus Mali, Afrika (Abb. 14.6-1).

Der Dachaufbau ist immer ähnlich: Rundholzstämme oder Bambusrohre bilden die

14.6-1 Flachdächer eines Dogon-Dorfes, Shanga, Mali

14.6-2 Traditionelles Lehmdach aus Nord-Venezuela

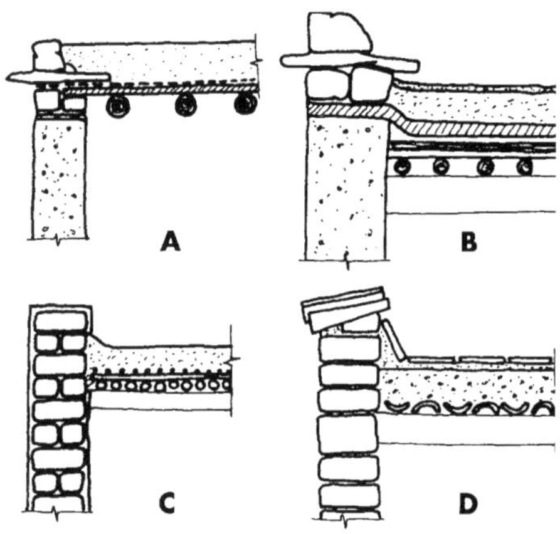

14.6-3 Traditionelle Flachdachaufbauten mit Lehm

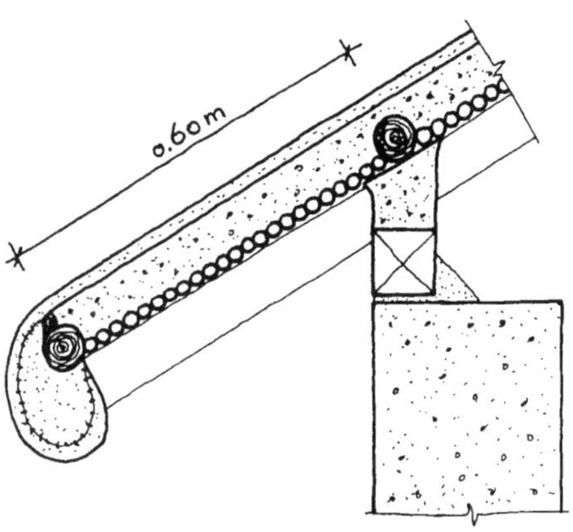

14.6-4 Lehmdachaufbau, Low-cost-housing-Prototyp Pujili, Ecuador

Haupttragelemente. Darüber liegen Äste und Zweige, auf denen Strohlehm gestampft wird. Die Deckschicht besteht aus einem mehrlagigen, fetten, sorgfältig geglätteten Lehmputz, der in der Regel viel Grobsand (manchmal auch Tierhaare) enthält, um die Rissbildung zu minimieren. In Gebieten, in denen es wenig regnet, spielen feine Risse in der Oberfläche keine Rolle: dringt Wasser ein, quillt der Lehm und schließt die Risse. In der Regel wird kein wetterfester Anstrich aufgebracht, nur in Ausnahmefällen werden die Dächer mit einem Kalk- oder Kalk-Kasein-Anstrich geschützt.

In Anatolien, Türkei, wird zur Abdichtung der Flachdächer ein besonders ton- und salzhaltiger Lehmschlamm aus dem Ufer der Salzseen benutzt. Dieser Lehm bleibt auf Grund der hygroskopischen (wasseranziehenden) Wirkung des Kochsalzes sehr lange feucht und bildet dann eine wasserdichte Schicht. Sollte die oberste Schicht etwas austrocknen und Trockenschwindrisse entstehen, so werden diese bei einem Regenfall durch das Quellen des Lehms wieder geschlossen. Wird das Salz im Laufe der Jahre durch den Regen aus der obersten Schicht herausgespült, wird von den Bewohnern Salz auf das Dach gestreut, oder das Dach mit Salzwasser begossen (Dalokay 1969).

Bei Flachdächern mit Lehmabdeckungen muss beachtet werden, dass die Ränder durch mechanische Verletzungen, insbesondere durch Winderosion, zusätzlich beansprucht werden. Dies kann durch eine Randausbildung aus Natursteinen oder gebrannten Ziegeln vermieden werden, vgl. Abb. 14.6-3. Dient das Dach auch als Terrasse, empfiehlt es sich, auf dem Lehm Platten aus Keramik oder Naturstein als Abriebschutz zu verlegen (Abb. 14.6-3, Konstruktion D).

Im Norden Venezuelas wird Lehm auch zur Abdichtung geneigter Dächer eingesetzt (Abb. 14.6-2): Zunächst wird eine Lage Lehmmörtel in die darunter befindliche Reisigschicht eingedrückt, dann werden weitere Mörtelschichten bis zu einer Dicke von insgesamt 8 bis 12 cm aufgetragen. Der Lehmmörtel besteht hier aus einem fetten, grobsandigen Lehm mit einem hohen Anteil an Pflanzenfasern. Zur Verbesserung der Regenbeständigkeit wird gewöhnlich Kuhdung zugesetzt. Der nach der Regenzeit abgespülte Lehmputz wird jeweils wieder erneuert.

14.6.3 Neue Lösungen für geneigte Dächer

In regenreichen Gebieten, in denen geneigte Dächer üblich sind, wurden beim traditionellem Bauen Abdeckungen aus Lehm vermieden, da Lehm zu schnell durch Regen abgespült wird. Neuere Experimente, den Lehm durch Zusätze gegen Regenerosion zu stabilisieren, bieten allenfalls für Gebiete mit geringen und schwachen Regenfällen mögliche Lösungen.

Aufbauend auf die in Kapitel 3.3 beschriebenen Testergebnisse des FEB wurde für einen Low-cost-housing-Prototyp in Pujili, im Hochland Ecuadors, vom Autor in Zusammenarbeit mit der Gruppe funhabit, Quito, eine äußerst wirtschaftliche Dachkonstruktion aus Rundholz und Schilfrohr mit einer ca. 8 cm dicken Lehmmörtelabdeckung erfolgreich getestet, vgl. Abb. 14.6.4.

Die unterste Lage der Lehmabdeckung besteht aus einem fetten Lehm, der mit Bims der Körnung 0 bis 12 mm gemagert und mit etwas Altöl vermengt wurde (52 Teile Lehm, 28 Teile Bims, 1 Teil Altöl. Altöl wurde aus Kostengründen verwendet, anstelle des Altöls kann auch Leinölfirnis genommen werden). Diese Schicht, die relativ trocken aufgebracht und durch Schlagen leicht verdichtet wurde, dient in erster Linie zur Wärmedämmung und als Pufferschicht, um Bewegungen der Dachkonstruktion aufzunehmen. Damit ein Abrutschen dieser Schicht auf dem ca. 30° geneigten Dach verhindert werden konnte, wurden alle 60 cm 4 bis 6 cm dicke Rundholzstangen befestigt. Als wetterfeste Deckschicht wurde ein 2 bis 3 cm dicker Lehmmörtel mit folgender Zusammensetzung aufgetragen: 72 Liter Lehm, 36 Liter Bims (Körnung 0 bis 4 mm), 12 Liter Kuhdung, 12 Liter Eseldung, 8,5 Liter Altöl, 6 Liter Sisalfasern (locker, 3 bis 5 cm lang), 1 Liter Leinölfirnis. Diese Masse wurde im plastischen Zustand mit der Hand und mit einer Kelle aufgestrichen. Nach einigen Tagen, nachdem die Oberfläche angetrocknet aber noch geringfügig plastisch verformbar war, wurde sie mit einer Kelle unter starkem Druck noch einmal geglättet, um die an einigen Stellen entstandenen feinen Schwindrisse zu schließen und um ein schnelles Ablaufen von Regenwasser zu gewährleisten.

14.7 Gewölbe aus Lehmsteinen

14.7.1 Allgemeines

Gemauerte Gewölbe als Dachabschluss sind in Mitteleuropa fast nur bei Sakralbauten erstellt worden. In südlichen Ländern Europas und Asiens sowie in Afrika tauchen sie dagegen häufiger auch bei Wohn-, Geschäfts- und Sozialbauten auf, vgl. Abb. 1.2-1, 1.2-3, 14.7-1 und 14.7-2. Der Vorteil dieser Bauform für trocken-heiße Klimazonen, und insbesondere für Gebiete mit starken Temperaturschwankungen liegt in der guten natürlichen Klimatisierung, die sich durch die relativ große Raumhöhe in der Mitte ergibt, in der sich die leichtere, warme Luft sammelt und dort durch Öffnungen abgeführt wird. Hinzu kommt, dass Gewölbe im Verhältnis zum umschlossenen Volumen eine kleinere Oberfläche als entsprechende kubische Bauten gleichen Inhalts haben, sich somit weniger stark durch Sonne aufheizen und zur Herstellung weniger Baumaterial benötigen. Gemauerte Gewölbekonstruktionen sind in nahezu allen Entwicklungsländern billiger als übliche Mauerwerkskonstruktionen mit Flachdächern oder flachgeneigten Dächern.

Die französische Organisation „La Voute Nubienne" mit Sitz in Burkina Faso hat bewiesen, dass die nubische Tonnenbauweise eine besonders kostengünstige und klimatisch ideale Lösung für einfache Bauten in 6 Ländern der Sahelzone in Nordafrika ist. Unter ihrer Leitung wurden bis 2008 über 500 Tonnengewölbe errichtet und über 100 Handwerker ausgebildet, die dadurch neue Erwerbsmöglichkeiten erhielten.

Aber auch im Klima Mitteleuropas bieten Gewölbe Vorteile: Dadurch, dass die Oberfläche von Räumen mit gewölbten Decken im Vergleich zu kubischen Räumen gleichen Rauminhalts kleiner ist, sind auch das zu heizende Volumen und die wärmeabgebenden Hüllflächen kleiner. Gewölbe können also dazu beitragen, Heizenergie einzusparen. Hinzu kommt, dass Räume mit Gewölbedecken auf den Nutzer eine angenehme psychologische Wirkung haben: sie wirken weniger „bedrückend" und sind „beruhigender" als übliche kubische Räume.

Lehmgewölbe wurden bislang ausschließlich aus Lehmsteinen errichtet, mit Ausnahme der Stampflehmkuppel, die in Kap. 5.7 beschrieben wurde.

In vielen trockenen Zonen unserer Erde, in denen Holz als Baumaterial fehlt, sind Bauweisen für Gewölbekonstruktionen aus luftgetrockneten Lehmsteinen entwickelt worden, mit denen ein schützendes Dach nicht nur ohne Holzbalken, sondern auch ohne Schalung erstellt werden kann. Die verschiedenen Techniken werden in den folgenden Abschnitten erläutert.

14.7.2 Geometrie von Gewölben

Unter einem Gewölbe wird ein flächiges, gekrümmtes Gebilde verstanden, das zum oberen Abschluss eines Raumes dient und das im Gegensatz zu einer biegebeanspruchbaren Schalenkonstruktion lediglich Druckkräfte übertragen kann. Ist es einseitig (ein-achsig) gekrümmt, wird es als Tonnengewölbe (Abb. 14.7-3 links) bezeichnet, ist es zweiseitig (zweiachsig) gekrümmt als Kuppelgewölbe (Abb. 14.7-3 rechts). Gewölbe können auch aus verschiedenen geometrischen Grundformen zusammengesetzt

14.7-1 Lehmkuppelgewölbe in einem Dorf bei Aleppo, Syrien

14.7-2 Dorf in Siestan, Afghanistan

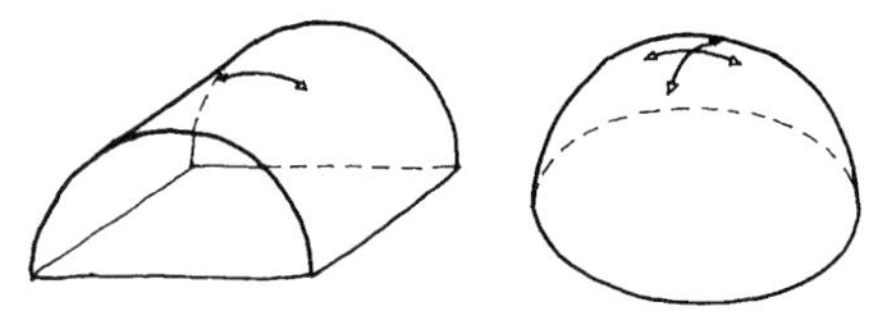

14.7-3 Tonnengewölbe und Kuppelgewölbe

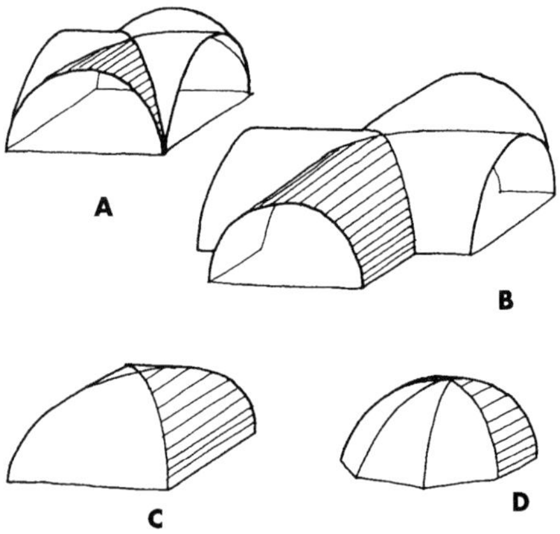

14.7-4 Aus Tonnenflächen zusammengesetzte Gewölbeformen

sein: Abb. 14.7-4 zeigt Kreuzgewölbe (A,B) und Klostergewölbe (C,D), die aus der Kombination von Tonnenflächen entstanden sind.
Bei Kuppeln, die Rotationsflächen darstellen, d.h. deren Form aus der Rotation einer Kurve - in der Regel eines Kreisbogens - um eine senkrechte Achse entstanden ist und die über quadratischen Räumen liegen, besteht das geometrische Problem darin, einen Übergang vom kreisförmigen Querschnitt der Kuppel in den quadratischen Querschnitt der Wandflächen zu finden. Dafür gibt es vier prinzipielle Lösungen, die in Abb. 14.7-5 am Beispiel einer Halbkugelkuppel dargestellt sind. Bei der Stutzkuppel wird die Halbkugel an vier Seiten so weit durch senkrechte Schnitte gestutzt, dass die vier Schnitte sich auf dem Grundrisskreis der Halbkugel treffen. Es entstehen vier senkrechte halbkreisförmige Flächen.
Bei der Pendentifkuppel liegt eine Kuppel mit kreisförmiger Grundlinie auf dem unteren Teil einer Stutzkuppel auf. Es entstehen vier sphärische Dreiecke, die sogenannten Pendentifs (auch Zwickel genannt). Bei der Trombenkuppel berührt der Grundrisskreis der Kuppel das Quadrat der Wandflächen nicht an den Ecken, sondern in der Mitte der Seiten. Es entsteht eine diagonal gestellte Stutzkuppel, der Übergang von der Kuppel zum Quadrat wird durch sogenannte Tromben (Trompen) gebildet, die kegelförmig sind.
Die Glockenkuppel bildet einen kontinuierlichen Übergang vom kreisförmigen Querschnitt im obersten Bereich zum quadratischen Querschnitt beim Auflager der Kuppel. Diese Kuppelform zeigt im senkrechten Schnitt, von Ecke zu Ecke geführt, eine sogenannte „Glockenkurve", d.h. die Kurve wechselt von einer konkaven zu einer konvexen und wieder zu einer konkaven Krümmung.

14.7.3 Statik von Gewölbekonstruktionen

Statisch betrachtet sind Gewölbe gekrümmte, flächige Gebilde, die fast ausschließlich Druckkräfte übertragen (biegebeanspruchbare bzw. druck- und zugbeanspruchbare, gekrümmte Flächentragwerke werden als Schalen bezeichnet). Gewölbe werden in der Regel aus Ziegeln oder flachen Steinen gemauert, wobei die Fugen senkrecht zur Gewölbeoberfläche stehen. Von „falschen" Gewölben wird gesprochen, wenn die Ziegel bzw. Steine horizontal verlegt sind und nach innen auskragen. Sie sind dann auch biegebeansprucht (Abb. 14.7-6 bis 14.7-8).
Das Hauptproblem beim Bau von Gewölben ist die Ableitung der Gewölbekräfte in die Fundamente. Jedes Gewölbe hat an seinen Fußpunkten schräg nach unten verlaufende Schubkräfte, die in eine Horizontal- und eine Vertikalkomponente zerlegt werden können. Die Größe der Horizontalkraft hängt nicht nur von der Größe der Schubkraft, sondern auch wesentlich von deren Neigungswinkel ab, vgl. Abb. 14.7-9: Je steiler die Kraft in das Fundament geleitet wird, umso geringer ist die Horizontalkraft und umso einfacher ist die Fundamentausbildung. Als Faustregel gilt: die resultierende Kraft aus Gewölbeschub und Wandlast muss im inneren Drittel der Sockelsohle und

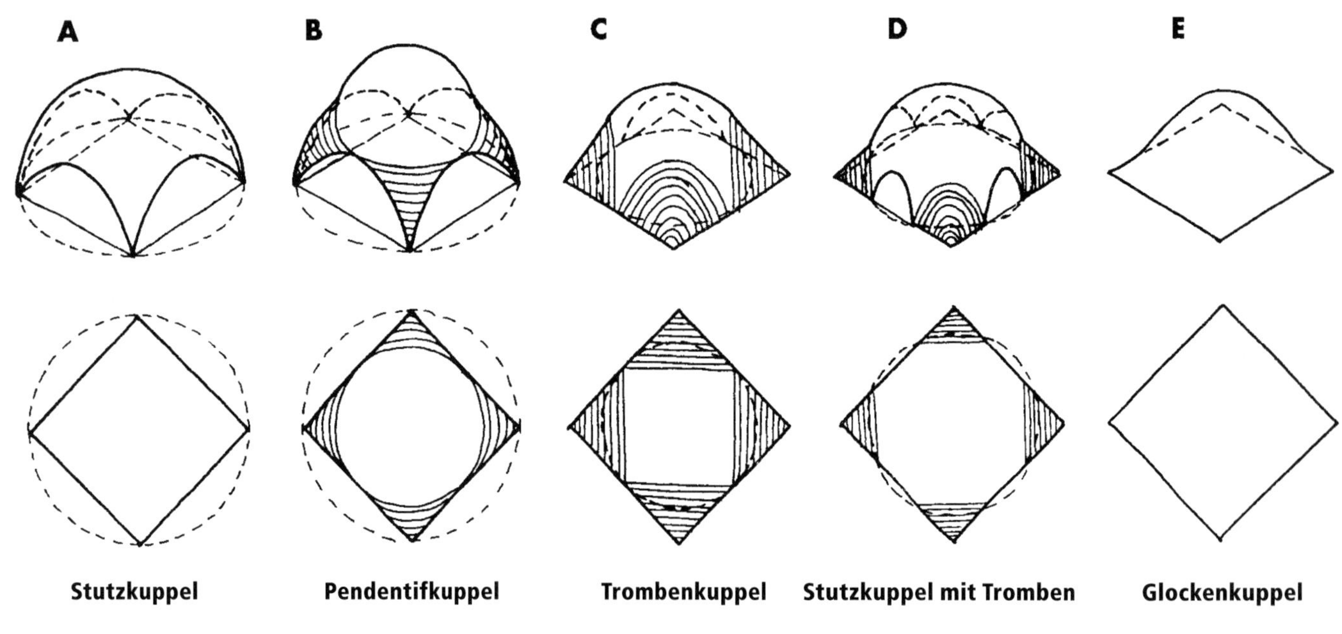

14.7-5
Kuppeltypen über quadratischem Grundriss

der Fundamentsohle ankommen, d.h. die Außermittigkeit darf nicht mehr als 1/6 der Breite betragen, vgl. Abb. 14.7-10.
Da dies unter Umständen ein sehr breites und somit teures Fundament ergeben würde, kann es sinnvoll sein, zusätzliche konstruktive Maßnahmen zu planen; einige davon sind in Abb. 14.7-11 dargestellt. Die Neigung der resultierenden Kraft lässt sich beispielsweise durch Auflasten verringern (Lösung A). Eine zweite einfache Lösung ist in der Abbildung unter B dargestellt: Strebepfeiler leiten die Kräfte in partiell verbreiterte Fundamente. Dabei ist allerdings darauf zu achten, dass der Abstand der Strebepfeiler untereinander nicht so groß sein darf, dass die dazwischenliegende Wandfläche die entstehende Biegebeanspruchung nicht mehr aufnehmen kann. Günstig ist dann die unter C gezeigte Lösung einer bogenförmigen Verbindung der Stützpfeiler. Konstruktion D zeigt die Aufnahme der entstehenden Horizontalkräfte durch zugbeanspruchte Elemente im Fußboden (z.B. Stahlbetonplatte). Bei Lösung E verlaufen einzelne Zugbänder durch den Raum. Dabei muß aber zwischen den Zugbändern oberhalb der senkrechten Wand ein biegebeanspruchbares Element aus Holz, Stahl oder Stahlbeton vorhanden sein. Die Konstruktionen F und G zeigen zwei Möglichkeiten, den Gewölbeschub der zentralen Kuppel durch niedrigere seitliche Gewölbe abzuleiten. Stoßen zwei gleiche Tonnen in einem Streifenfundament zusammen, so heben sich die durch das Eigengewicht entstehenden Horizontalkomponenten des Gewölbeschubs auf, es entsteht eine resultierende Kraft, die senkrecht verläuft (vgl. Abb. 14.7-12 rechts). Bei verschiedenförmigen Tonnen heben sich die Horizontalkomponenten in der Regel nur teilweise auf, wie Abb. 14.7-12 links zeigt.
Da Lehmsteingewölbe nur geringe Zugkräfte aufnehmen können, ist es wichtig, dass die Form der Gewölbe so ausgebildet wird, dass im Gewölbe nahezu ausschließlich Druckkräfte entstehen. Bei einem *Tonnengewölbe*, das nur durch sein Eigengewicht belastet ist, ist dies der Fall, wenn der Querschnitt die Form der „umgekehrten Kettenlinie" aufweist. Eine Kette bildet unter dem Einfluss ihres Eigengewichts die ideale Hängeform, bei der lediglich Zugkräfte entstehen. Klappt man diese Linie so herum, dass eine „stehende" Kurve entsteht, so erhält man die „Stützlinie", die ideale Querschnittsform für ein Tonnen-Gewölbe, in dem unter dem Einfluss des Eigengewichts nur Druckkräfte entstehen, vgl. Abb. 14.7-13.
Die Kettenlinie lässt sich mit einer aufgehängten feingliedrigen Kette experimentell oder aber mathematisch nach der Formel $y = a \cdot \cosh(x/a)$ ermitteln. Sie ist lediglich durch die Lage der beiden Auflagerpunkte und des Scheitelpunktes bestimmt, vgl. Abb. 14.7-14.
Bei einem halbkreisförmigen Tonnengewölbe entstehen unter dem Einfluss des Eigengewichtes Biegekräfte. Verläuft die Linie der aus dem Eigengewicht resultierenden Kräfte, die „Stützlinie", teilweise am Rande oder sogar außerhalb des Mauerwerks, so besteht die Gefahr, dass die Tonne sich dort verformt und auseinanderbricht, vgl. Abb. 14.7-15 A. Ist das Mauerwerk so dick, dass die Stützlinie noch im inneren Drittel des

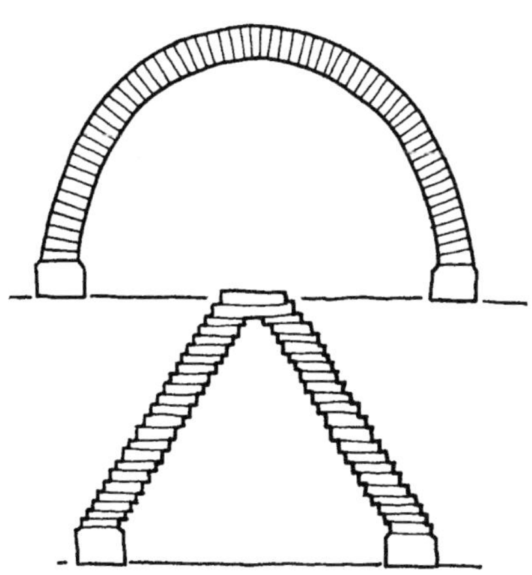

14.7-6 „Echtes" und „falsches" Gewölbe

14.7-7 und 14.7-8
Modell eines Gebäudes mit „falschen" Gewölben

14.7-7

14.7-8

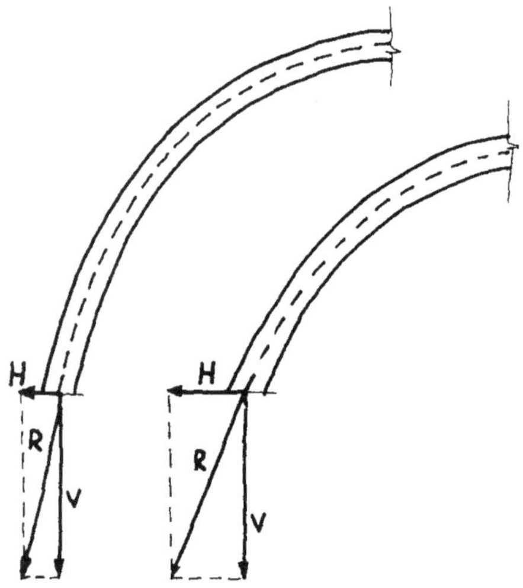

14.7-9 Zerlegung der Kräfte am Auflager

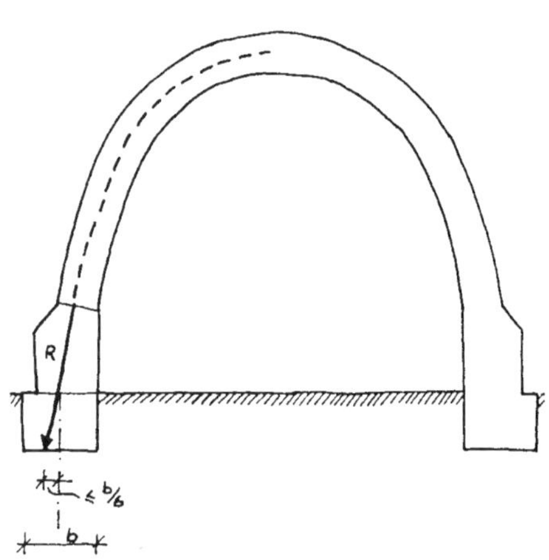

14.7-10 Ableitung der resultierenden Schubkraft in das Fundament

Gewölbes verläuft, so besteht die Gefahr nicht, vgl. Abb. 14.7-15 B.

Bei einem *Kuppelgewölbe* ist die ideale Querschnittsform in der Regel diejenige, bei der unter dem Einfluss des Eigengewichtes nur nach unten gerichtete Druckkräfte erzeugt werden, bei der also keine Ringzug- oder Ringdruckkräfte entstehen. Hat der Querschnitt die Form einer umgekehrten Kettenlinie, so entstehen Ringdruckkräfte, was bei der Ausbildung von größeren Tür- oder Fensteröffnungen nachteilig ist. Teilt man einen bogenförmigen Ausschnitt einer Tonne in gleich lange Abschnitte, wie in der Abbildung 14.7-16 links dargestellt, so lassen sich diese durch gleichgroße Einzelkräfte ersetzen. Wird eine Kuppel entsprechend geteilt, so entstehen sphärische Dreiecke. Teilt man diese - im Querschnitt betrachtet - in gleich lange Abschnitte, so werden sie nach unten zu immer breiter. Das bedeutet, sie werden schwerer, die Kräfte werden also zunehmend größer. Will man den idealen Querschnitt, der der Stützlinie entspricht, für die Kuppel experimentell ermitteln, so muss man die Glieder einer dünnen Kette mit zunehmenden Gewichten (entsprechend der zunehmenden Fläche der Kuppelteile) belasten, vgl. Abb. 14.7-17, und die dann entstehende Kurve „umklappen". Da die Teilflächen nur bei einer Kugelgeometrie mathematisch exakt ermittelt werden können, stellt diese experimentell über ein Belastungsmodell ermittelte Kurve nur eine näherungsweise richtige Lösung dar. Die Teilflächen lassen sich über die in Abb. 14.7-18 dargestellte Formeln bestimmen.

Soll eine weitere Annäherung an die optimale Kurve erreicht werden, was in der Praxis nur bei größeren Spannweiten notwendig ist, muss berücksichtigt werden, dass die im Modell entstandene Kurve von dem ursprünglich angenommenen Halbkreis abweicht und jeder gewählte Teilabschnitt einen geringfügig veränderten Radius aufweist. Mit den Radien der einzelnen Teilabschnitte, die sich zeichnerisch annähernd genau ermitteln lassen, kann man dann mit Hilfe der in Abb. 14-7-18 gezeigten Formeln die einzelnen Teilflächen und damit die sie ersetzenden Einzellasten genauer bestimmen. Werden die einzelnen Gewichte des Kettenmodells entsprechend geändert, so entsteht die in zweiter Annäherung verbesserte Kurve. Eine weitere Annäherung unter Berücksichtigung der wiederum veränderten Radien ist für die Praxis des Kuppelbaus nicht notwendig.

Ist die Kuppelhöhe ungleich dem Kuppelradius, so lassen sich die Teilflächen auch in erster Annäherung nicht mit den genannten Formeln berechnen. Für diesen Fall empfiehlt es sich, von einer Elipsenform auszugehen, wobei der Mittelpunkt unterhalb der Grundlinie liegen muss, vgl. Abb. 14.7-19. Damit ist die optimale Kuppelform bereits annähernd erreicht. Bestimmt man nun die Radien der Teilflächen geometrisch und setzt diese Werte in die Formel für die Kugelmantelfläche ein, so erhält man die entsprechenden Gewichte. Somit lässt sich die

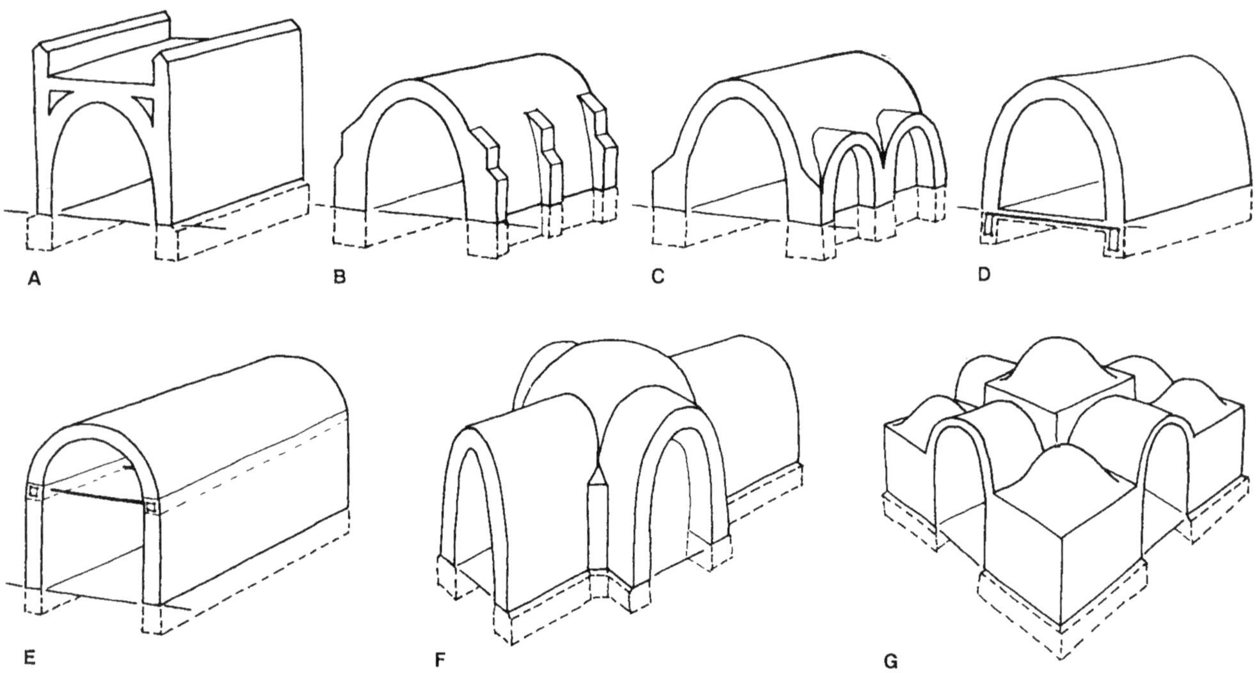

14.7-11 Konstruktive Maßnahmen zur Ableitung der Schubkräfte bei Gewölben

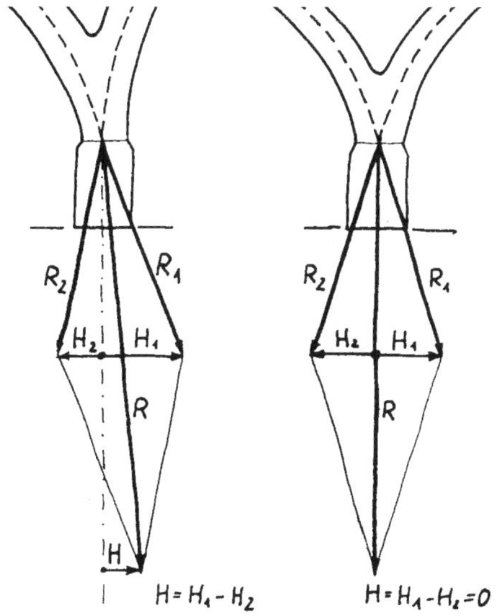

14.7-12 Resultierende Schubkräfte

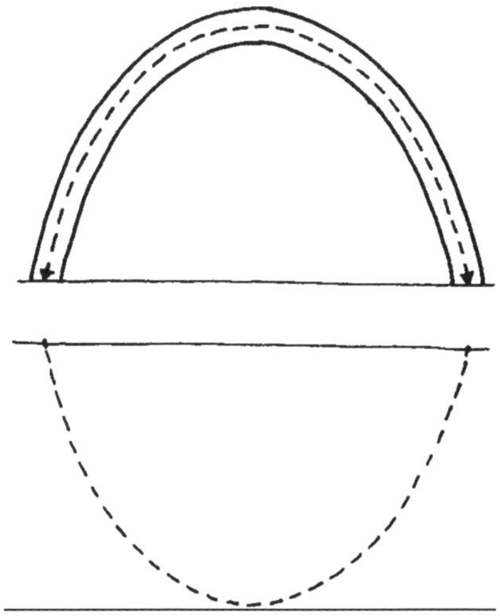
14.7-13 Hängelinie und Stützlinie für Tonnengewölbe unter Eigenlast

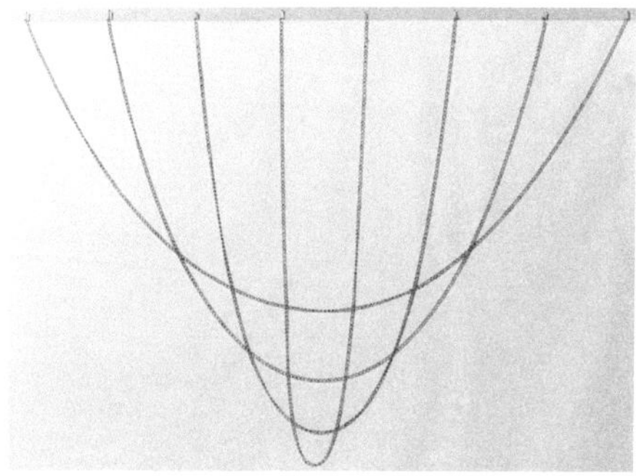
14.7-14 Kettenlinien gleicher Länge bei unterschiedlicher Auflagerdistanz

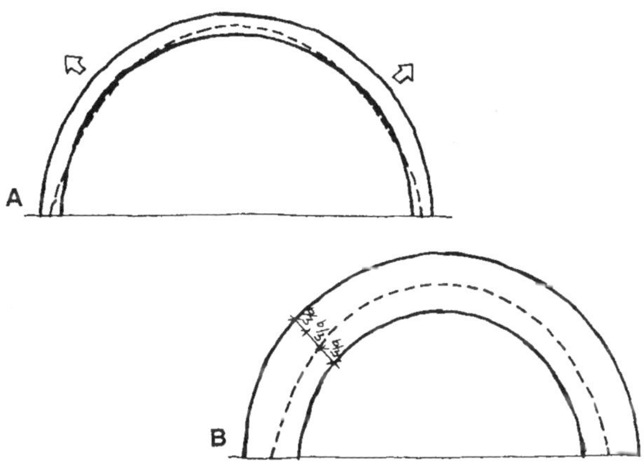

14.7-15 Verformungsgefahr beimTonnengewölbe

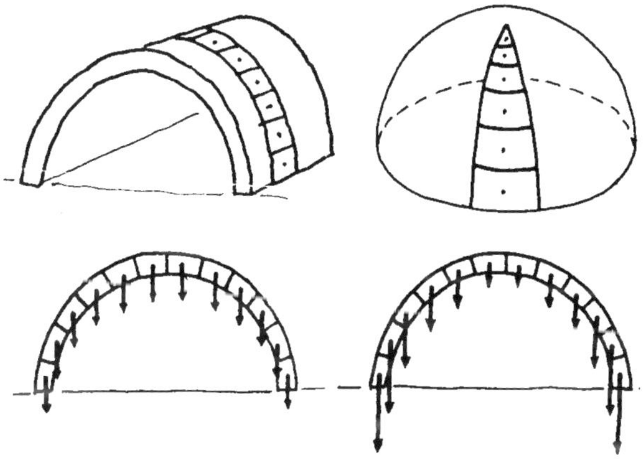
14.7-16 Zerlegung des Eigengewichtes in Einzelkräfte bei Tonne und Kuppel

optimale Kuppelform modelltechnisch bereits in erster Annäherung ausreichend genau ermitteln.

Genauer lässt sich die ideale Stützlinie für eine Kuppel, die nur durch das Eigengewicht belastet wird, durch die Methoden der graphischen Statik und mit einem entsprechenden Computerprogramm ermitteln. Die Abb. 14.7-20 zeigt den Verlauf dieser Linie im Vergleich zum Halbkreis, zur Parabel und zur umgekehrten Kettenlinie, für den Fall, dass die Scheitelhöhe der Kuppel genau so groß ist wie ihr Grundrißradius. Wie der Abbildung zu entnehmen ist, verläuft die Stützlinie im unteren Bereich steiler und im oberen Bereich flacher als die Kettenlinie.

Wenn die Kuppelquerschnittslinie außerhalb der Stützlinie verläuft, wie im unteren Teil der Halbkugelkuppel, so entstehen dort Ringzugkräfte, was bei Lehmkuppeln zum Einsturz führen kann. Verläuft der Kuppelquerschnitt innerhalb der Stützlinie, wie bei der umgekehrten Kettenlinie, so entstehen dort Ringdruckkräfte. Dieser Fall ist bei Lehmkuppeln ungefährlich, vorausgesetzt, die Kuppelfläche ist nicht durch größere Fenster- oder durch Türöffnungen unterbrochen.

In Abbildung 14.7-19 sind die mit Hilfe eines Computerprogramms ermittelten Stützlinienquerschnitte für elf verschiedene Proportionen der Kuppelhöhe h zum Kuppelradius r (von h = 1,5 r bis h = 0,5 r) dargestellt. Dabei wurde jeweils eine Oberlichtöffnung berücksichtigt, deren Radius 1/5 des Kuppelradius beträgt.

In Tab. 14.7.1 sind die Koordinaten für sieben Kuppeln ohne Oberlichtöffnungen angegeben, mit Scheitelhöhen h, die von 0,8 r (= Grundflächenradius) bis 1,4 r reichen.

Bei der Festlegung des Kuppelquerschnitts

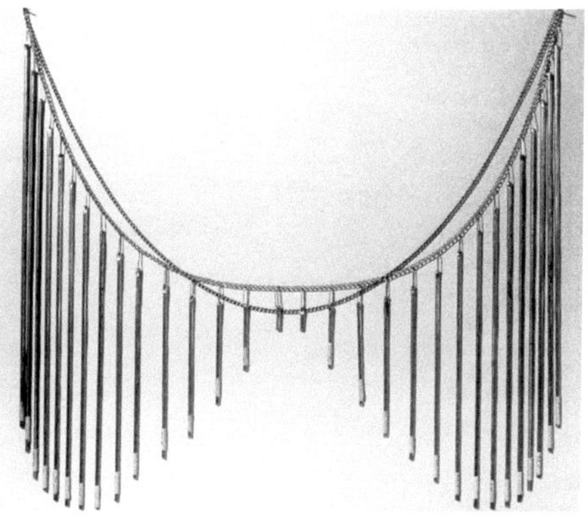
14.7-17 Experimentelle Ermittlung der idealen Querschnittsform für eine lediglich eigengewichtsbelastete Kuppel im Hängeversuch

Kugelabschnitt

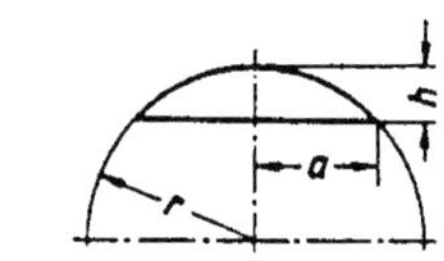

Kappe $M = 2\pi r h$
$= \pi (a^2 + h^2)$

Kugelschicht

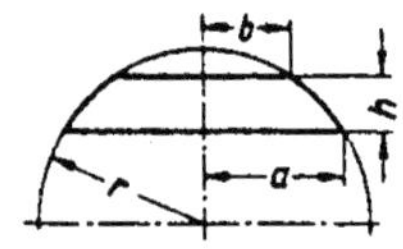

$M = 2\pi r h$

$$r = \sqrt{a^2 + \left(\frac{a^2 - b^2 - h^2}{2h}\right)^2}$$

14.7-18
Berechnung der Flächen von Kugelabschnitten und Kugelschichten (Wendehorst, 1991)

Tabelle 14.7.1
Koordinaten verschieden hoher Stützlinienkuppeln

Nr.	y	x	y	x	y	x	y	x	y	x	y	x	y	x
1	0,0000	1,0000	0,0000	1,0000	0,0000	1,0000	0,0000	1,0000	0,0000	1,0000	0,0000	1,0000	0,0000	1,0000
2	0,0452	0,9854	0,0454	0,9875	0,0479	0,9885	0,0470	0,9902	0,0422	0,9912	0,0494	0,9918	0,0469	0,9929
3	0,0973	0,9674	0,0982	0,9720	0,1013	0,9750	0,1007	0,9783	0,1016	0,9807	0,1036	0,9823	0,1013	0,9844
4	0,1489	0,9483	0,1508	0,9556	0,1544	0,9608	0,1543	0,9658	0,1555	0,9696	0,1578	0,9724	0,1556	0,9755
5	0,2001	0,9279	0,2030	0,9381	0,2073	0,9456	0,2077	0,9526	0,2093	0,9579	0,2118	0,9620	0,2098	0,9662
6	0,2506	0,9061	0,2548	0,9195	0,2600	0,9295	0,2610	0,9386	0,2629	0,9456	0,2657	0,9511	0,2640	0,9565
7	0,3005	0,8827	0,3061	0,8996	0,3123	0,9124	0,3139	0,9237	0,3164	0,9326	0,3195	0,9396	0,3180	0,9462
8	0,3495	0,8575	0,3569	0,8782	0,3642	0,8940	0,3667	0,9079	0,3697	0,9188	0,3732	0,9274	0,3720	0,9354
9	0,3974	0,8303	0,4069	0,8552	0,4156	0,8744	0,4191	0,8911	0,4227	0,9041	0,4267	0,9145	0,4258	0,9241
10	0,4441	0,8011	0,4562	0,8305	0,4665	0,8533	0,4711	0,8730	0,4755	0,8885	0,4800	0,9008	0,4795	0,9121
11	0,4893	0,7695	0,5043	0,8038	0,5167	0,8306	0,5226	0,8536	0,5280	0,8718	0,5331	0,8863	0,5331	0,8993
12	0,5327	0,7355	0,5513	0,7749	0,5660	0,8060	0,5736	0,8328	0,5800	0,8540	0,5859	0,8708	0,5864	0,8858
13	0,5738	0,6987	0,5967	0,7436	0,6143	0,7795	0,6239	0,8103	0,6316	0,8347	0,6384	0,8542	0,6396	0,8714
14	0,6124	0,6592	0,6402	0,7097	0,6613	0,7507	0,6733	0,7860	0,6827	0,8140	0,6905	0,8364	0,6924	0,8561
15	0,6479	0,6170	0,6815	0,6731	0,7067	0,7194	0,7217	0,7596	0,7330	0,7917	0,7422	0,8173	0,7450	0,8397
16	0,6799	0,5721	0,7200	0,6337	0,7502	0,6855	0,7688	0,7309	0,7825	0,7674	0,7932	0,7966	0,7971	0,8220
17	0,7081	0,5246	0,7554	0,5913	0,7913	0,6487	0,8143	0,6998	0,8309	0,7411	0,8436	0,7743	0,8488	0,8030
18	0,7322	0,4750	0,7872	0,5462	0,8296	0,6090	0,8578	0,6658	0,8780	0,7124	0,8930	0,7500	0,8999	0,7825
19	0,7522	0,4235	0,8149	0,4984	0,8646	0,5663	0,8988	0,6290	0,9234	0,6811	0,9414	0,7235	0,9503	0,7602
20	0,7680	0,3707	0,8384	0,4485	0,8957	0,5207	0,9369	0,5891	0,9667	0,6470	0,9883	0,6947	0,9998	0,7360
21	0,7801	0,3168	0,8576	0,3967	0,9227	0,4725	0,9716	0,5461	1,0076	0,6099	1,0336	0,6632	1,0482	0,7096
22	0,7887	0,2624	0,8725	0,3436	0,9452	0,4221	1,0023	0,5002	1,0453	0,5696	1,0767	0,6287	1,0951	0,6807
23	0,7944	0,2076	0,8836	0,2896	0,9633	0,3700	1,0286	0,4517	1,0795	0,5262	1,1172	0,5912	1,1403	0,6491
24	0,7978	0,1526	0,8912	0,2350	0,9771	0,3165	1,0504	0,4009	1,1095	0,4799	1,1544	0,5505	1,1830	0,6145
25	0,7994	0,0975	0,8961	0,1801	0,9870	0,2623	1,0675	0,3485	1,1350	0,4309	1,1879	0,5065	1,2236	0,5768
26	0,8000	0,0425	0,8987	0,1251	0,9936	0,2075	1,0804	0,2948	1,1557	0,3798	1,2170	0,4596	1,2606	0,5358
27	0,8000	0,0000	0,8998	0,0700	0,9974	0,1526	1,0894	0,2404	1,1719	0,3270	1,2415	0,4101	1,2933	0,4915
28			0,9000	0,0000	0,9993	0,0975	1,0951	0,1856	1,1836	0,2731	1,2611	0,3585	1,3222	0,4443
29					0,9999	0,0425	1,0983	0,1306	1,1916	0,2185	1,2761	0,3054	1,3459	0,3944
30					1,0000	0,0000	1,0997	0,0755	1,1965	0,1636	1,2867	0,2513	1,3648	0,3425
31							1,1000	0,0205	1,1990	0,1086	1,2936	0,1966	1,3789	0,2892
32							1,1000	0,0000	1,1999	0,0535	1,2976	0,1416	1,3887	0,2349
33									1,2000	0,0000	1,2995	0,0865	1,3949	0,1801
34											1,3000	0,0315	1,3983	0,1251
35											1,3000	0,0000	1,3997	0,0700
36													1,4000	0,0150
37													1,4000	0,0000
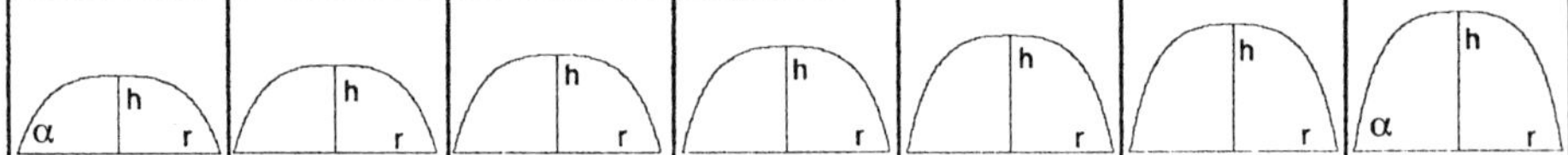	h = 0,8 r		h = 0,9 r		h = 1,0 r		h = 1,1 r		h = 1,2 r		h = 1,3 r		h = 1,4 r	
α	72,6	Grad	75,0	Grad	76,9	Grad	78,5	Grad	79,7	Grad	80,7	Grad	81,6	Grad
A	5,3374	r^2	5,7789	r^2	6,2195	r^2	6,6941	r^2	7,1685	r^2	7,6426	r^2	8,1514	r^2
V	16,1064	r^3	18,2911	r^3	20,4262	r^3	22,6921	r^3	24,9307	r^3	27,1455	r^3	29,5145	r^3

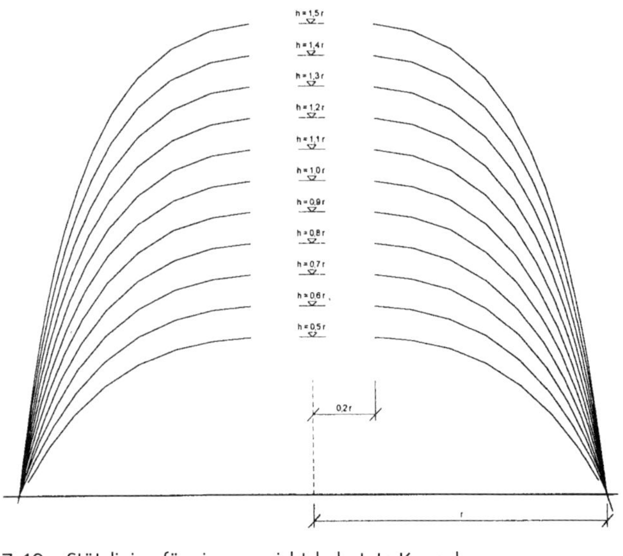

14.7-19 Stützlinien für eigengewichtsbelastete Kuppeln unterschiedlicher Höhe

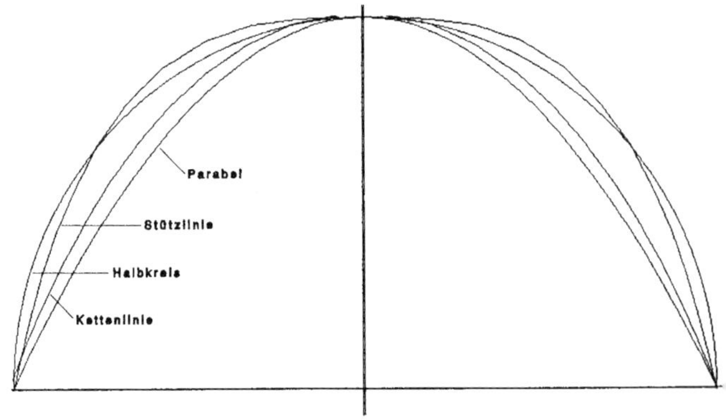

14.7-20 Vergleich von Halbkreis, Parabel, Kettenlinie und Stützlinie für eine Kuppel

sollte dieser vorsichtshalber geringfügig innerhalb der für das Eigengewicht ermittelten Stützlinien-Kurve verlaufen, damit bei Wind-, Verkehrs- und anderen Einzellasten keine Ringzugkräfte entstehen. Die gleiche Wirkung wird erreicht, wenn für eine Kuppel mit Oberlichtöffnung die Koordinaten der Stützlinienkuppel ohne Öffnung verwendet werden.
In der Praxis hat sich folgende geringfügige Änderung der theoretisch ermittelten Stützlinie bewährt. Diese erzeugt geringe Ringdruckkräfte unter Eigenlast und gleicht beispielsweise bei einem Gründach die zusätzliche Belastung der Kuppel durch den Erddruck im unteren Bereich aus:
Dabei können der Abstand vom Fußpunkt der Lehre bis zum Kurvenpunkt unter 15°, 30°, 45°, 60° bzw. 75°, beispielsweise wie in Abb. 14.7-21 angegeben, verkürzt und die so ermittelten Punkte durch eine harmonische Kurve verbunden werden.

Winkel	reduzierter Radius
15°	0,006 r
30°	0,012 r
45°	0,018 r
60°	0,024 r
75°	0,018 r

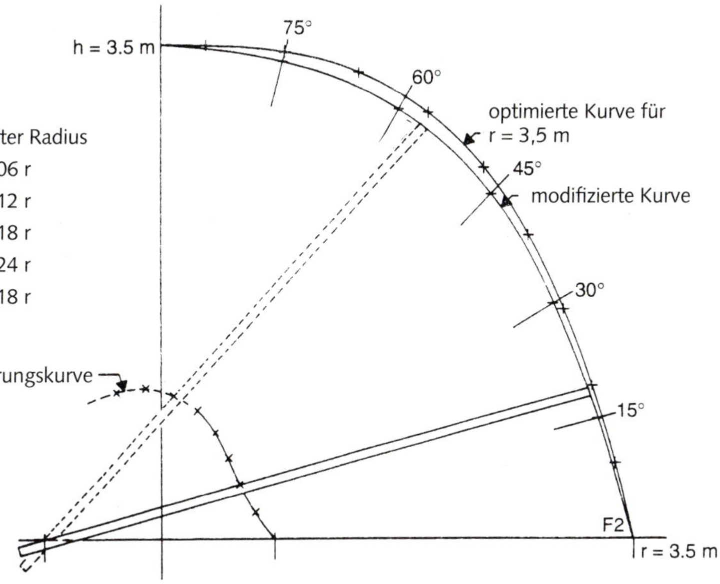

14.7-21 Für die modifizierte Kurve wird die oben aufgeführte Reduzierung des Radius vorgeschlagen

14.7.4 Nubische Tonnenbauweise

Bei der „Nubischen Tonnenbauweise", die in Oberägypten seit Jahrtausenden Tradition hat, werden flache Lehmsteine in geneigten Bögen vermauert, ohne dass ein Stützgerüst bzw. eine Schalung während des Errichtens der Bögen notwendig ist. Bild 14.7-22 zeigt das ca. 3200 Jahre alte Gewölbe im Totentempel Ramses II bei Luxor, das aus viel übereinanderliegenden Lehmsteinschichten besteht. Wie Untersuchungen des Autors an verschiedenen historischen Bauten ergaben, haben die Ziegel stets eine Breite von 15 cm, eine Länge von 25 cm und eine Dicke von 5 bis 6 cm. Das bedeutet, sie haben bei relativ geringem Gewicht eine große Mörtelfläche, die das Abrutschen der Steine in der Schräglage verhindert. Entscheidend ist bei dieser Technik, dass die Bögen schräg angeordnet sind. Sie stehen bei allen untersuchten historischen Gebäuden in einem Winkel von 65 bis 70° zur Horizontalen. Werden sie flacher gemauert, so stürzen sie im unteren Bereich nach innen ein, steiler gemauert rutschen oder kippen die Steine im oberen Bereich ab, wie Tests zeigten.

Das nubische Tonnengewölbe benötigt entweder eine oder zwei senkrechte „Anlehnwände", an die man die schräg gemauerten Bögen anlehnen kann, oder einen mittleren „Anlehn-Bogen", der bereits die Form des Gewölbequerschnitts hat, vgl. Abb. 14.7-23 und 14.7-24. Der Querschnitt eines nubischen Tonnengewölbes, das überwiegend durch sein Eigengewicht belastet ist, sollte die Form einer umgekehrten Kettenlinie aufweisen, damit es lediglich druckbeansprucht ist.
Aufgrund der Untersuchungen des FEB wurde die traditionelle Nubische Technik an zwei Stellen verbessert: Anstelle des rechteckigen Steinformates wurde eine quadratische Form mit den Abmessungen 20 x 20 x 6 cm für die unteren Steine und eine konische Form mit einer unten um 1,5 cm verkürzten Seite für die übrigen Steine gewählt. Dadurch konnten der Arbeitsaufwand und die notwendige Mörtelmenge reduziert werden (in den Stoßfugen ergab sich eine Mörteleinsparung von über 50%). Bei optimaler Mörtelkonsistenz ist es auch möglich, bis zu 8 cm dicke Steine zu ver-

14.7-22 3200 Jahre altes Lehmgewölbe, Ägypten

14.7-23 Nubische Tonnengewölbe mit Anlehnwänden und mit Anlehnbogen (Seitenansichten)

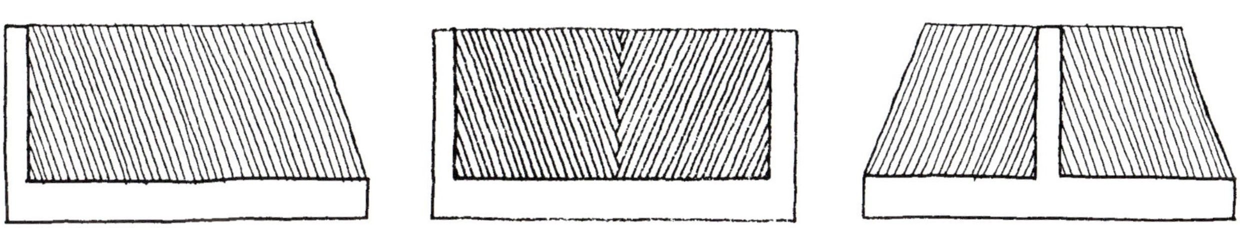

14.7-24

14.7-25

14.7-24, 14.7-25
Herstellen eines Nubischen Tonnengewölbes mit Anlehnbogen

14.7-26

14.7-26 bis 14.7-28
Herstellen eines Afghanischen Kuppelgewölbes

14.7-27

14.7-28

wenden, was zu einer weiteren Zeitersparnis führt.
Die zweite Verbesserung dieser Technik besteht darin, dass zur Kontrolle der Bogenform Schnüre von einer Anlehnwand zur anderen gegenüberliegenden (bzw. zu einem entsprechenden Gerüst) gezogen werden. Dabei ist es wesentlich, dass diese Schnüre an einer Seite durch eine Öse geführt werden und durch ein Gewicht - einfacherheitshalber einen Lehmstein - straff gehalten werden. Dann kann sich die Schnur beim Dagegenstoßen verformen, wird aber durch das bewegliche Gewicht sofort wieder in die richtige Lage gezogen. Sind die Schnüre an beiden Enden fixiert, so werden sie beim Dagegenstoßen schlaff oder sie reissen, was zu einer wesentlichen Behinderung des Bauprozesses führen würde.
Abb. 14.7-24 zeigt die Herstellung eines Nubischen Gewölbes, bei dem zunächst ein mittiger, senkrechter Bogen mit Hilfe einer Lehre errichtet wurde. Dieser hat die Form einer umgekehrten Kettenlinie. Danach wurden ohne Schalung und ohne Lehre von beiden Seiten unter 65° geneigte Bögen an diesen zentralen Bogen gemauert. Beim Mauern erhält die Stoßfuge nur sehr wenig Mörtel. Es muss gewährleistet sein, dass sich die Steine an einer Ecke berühren und dass an der anderen Ecke, sofern ein Spalt entsteht, dieser mit einem kleinen Keilstein geschlossen wird, vgl. Abb. 14.7-25. Nur so kann der Bogen sofort Druckkräfte übernehmen und ein Abrutschen der Ziegel im feuchten Mörtel ausgeschlossen werden. Der Schlussstein kann sehr leicht mit einem Maurerhammer oder mit einem Beil zurechtgeschlagen werden.

14.7.5 Afghanische und persische Kuppelbauweisen

Eine weitere Technik, mit der Gewölbe ohne Lehren und ohne Schalungen gemauert werden können, ist die „Afghanische Kuppelbauweise“, mit der quadratische Räume überdeckt werden können. Dabei werden flache Lehmsteine in einer Ebene, die um ca. 30° zur Horizontalen geneigt ist, bogenförmig gemauert. Die Abb. 14.7-26 bis 14.7-28 zeigen den Herstellungsprozess einer Kuppel mit einem Grundriss von 4 x 4 m, die von 5 bis 6 Arbeitern in einem halben Tag erstellt werden kann.
Bei dieser Technik ist es wie bei der nubischen Tonnenbauweise wichtig, dass sich die benachbarten Steine an ihren unteren und oberen Kanten berühren. Entstehen an den oberen Kanten keine direkten Berührungen, so sind Keilsteine einzuführen. Dadurch ist gewährleistet, dass die Bögen belastbar sind, noch bevor der Lehmmörtel abgebunden hat. Bei konsequenter Beachtung dieser Regel kann man mit mehreren Personen auf den frisch gemauerten Bögen stehen, ohne dass sich diese verformen, vgl. Abb. 14.7-27.
Dass man mit der afghanischen Mauertechnik auch andere Kuppelgewölbe herstellen und diese auch mit der nubischen Tonnenbauweise kombinieren kann, zeigen die in Abb. 14.7-29 bis 14.7-31 dargestellten Modellstudien, die am FEB durchgeführt wurden.
Die in Abb. 14.7-32 gezeigte Technik ist eine Variante der Afghanischen Kuppelbauweise, die im Iran früher häufig angewendet wurde und als „Persische Kuppelbauweise“ bezeichnet wird. Dabei werden über einem quadratischen Grundriss nicht zwei, sondern vier unter 30° geneigte Bögen, je-

14.7-29a

14.7-29 a,b und 14.7-30
Kuppelformen, die in der afghanischen Kuppelbautechnik errichtet werden können

14.7-29 b

14.7-30

14.7-31 Kombination der nubischen Tonnenbau-weise mit der afghani-schen Kuppelbauweise

14.7-32 Persische Kuppelbauweise

14.7-33 a bis c Ohne Schalung gemauertes Lehmgewölbe im Wintergarten

weils von den Ecken ausgehend, gemauert. Bei dem gezeigten Modell wurden am Scheitel vier Öffnungen integriert, die zum Einfangen des Windes dienen („wind catcher").

Die in Abb. 14.7-33 gezeigte Kuppel über einem sechseckigen Grundriss wurde vom Autor in Bad und Wintergarten seines Hauses (vgl. Kap. 15.8) realisiert und stellt eine abgewandelte afghanische Kuppeltechnik dar. Dabei wurden die Bogen ohne Schalung unter ca. 45° Neigung gemauert und die Bogenlage im mittleren Bereich um 90° gedreht, um die Kuppel in gleicher Technik zu schließen.

14.7-33 b

14.7-33 c

14.7.6 Nubische Kuppelbauweise

Bei der „Nubischen Kuppelbauweise", die in Oberägypten ebenfalls seit Jahrtausenden bekannt ist, werden horizontale Lehmsteinringe mit einer beweglichen Hilfslehre verlegt, vgl. Abb. 14.7-34. Die Steine liegen dabei verkantet; sie können beim Vermauern nicht abrutschen, da sie sich jeweils am Nachbarstein abstützen und der letzte Stein durch die Lehre gehalten wird. Allerdings müssen bei dieser Technik aus geometrischen Gründen zwischendurch immer wieder keilförmige Steine verwendet werden, deren Herstellung sehr zeitaufwendig ist. Die Abb. 14.7-35 zeigt die Aufsicht von drei Ringen der Kuppel in verschiedenen Höhen, mit der entsprechenden Lage der Steine und Keilsteine. Wegen des dadurch bedingten hohen Zeitaufwandes wurden die meisten Kuppeln dieser Art jedoch in einer vereinfachten Bauweise ausgeführt, bei der die Steine nicht verdreht, sondern rechtwinklig zum Kreisbogen verlegt wurden. Der Hauptnachteil der nubischen Kuppelbauweise liegt darin, dass damit nur kugelförmige Kuppeln hergestellt werden können, Kuppeln, deren Form einer Halbkugel oder einem kleineren (flacheren) Kugelabschnitt entspricht. Da bei dieser Form, wie in Kap. 14.7.3 erläutert wurde, im unteren Randbereich Ringzugkräfte auftreten, müssen dort bei größeren Spannweiten Stahlbänder, Stahlbetonringanker oder andere stabilisierende Elemente angebracht werden, um die Standsicherheit der Kuppel zu gewährleisten. Wird dieses nicht beachtet, kann die Kuppel einstürzen, wie Fälle aus der Praxis gezeigt haben. Die in dieser Bautechnik errichtete Kuppel (Farbabb. F-8, Seite 253) der von Hassan Fathy entworfenen Moschee in Neu Gourna bei Luxor, Ägypten, ist nur deshalb stabil, weil sie relativ dick ausgebildet wurde, weil sie wie Stützpfeiler wirkende, bogenförmig überspannte, herausgezogene Mauerscheiben an den Fensteröffnungen aufweist und weil sie durch den abgetreppten und vorgezogenen Unterbau zusätzlich ausgesteift wird. Die Gruppe Development Workshop aus Lauzerte, Frankreich, setzte vor allem im Niger bei Wohn-, Büro- und Sozialbauten eine vorteilhafte Variante der traditionellen Nubischen Kuppelbauweise ein (Farbabb. F-7, Seite 253 und 14.7-36). Dabei wurde anstelle der zentrisch angeordneten Lehre (Abb. 14.7-34) ein außermittig fixierter, drehbarer Stab als Lehre benutzt (Abb. 14.7-36), wodurch eine Querschnittsform entsteht, die von der Kugelfläche abweicht. Sie ist im unteren Bereich stärker geneigt und bildet oben in der Mitte eine Spitze. Bei richtiger Wahl der Exzentrizität können die bei der traditionellen Bauweise im unteren Bereich entstehenden Ringzugkräfte vermieden werden. Zur Sicherheit wurde die Wandstärke nach unten hin vergrößert. Die im oberen Bereich von der Kugelfläche abweichende Form erzeugt jedoch Ringdruckkräfte, die bei größeren Öffnungen und größeren Spannweiten gefährlich werden können.

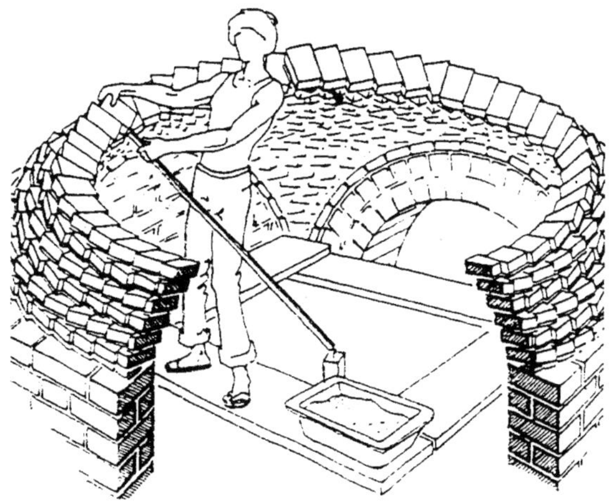

14.7-34
Nubische Kuppelbauweise
(CRATerre, 1979)

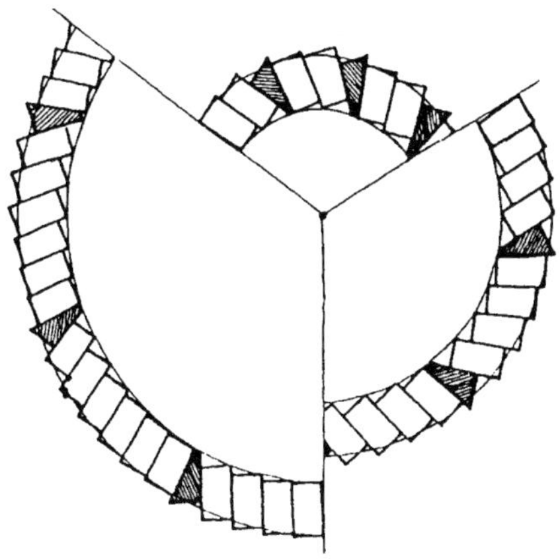

14.7-35
Nubische Kuppelbauweise
(CRATerre, 1979)

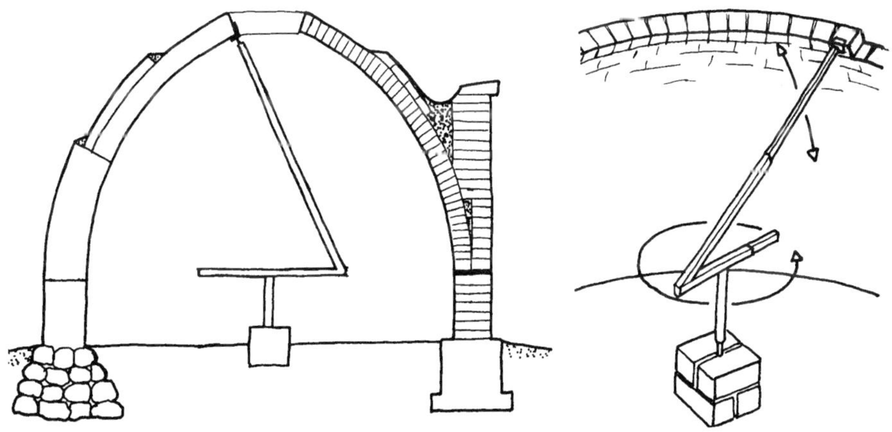

14.7-36 Exzentrische Stab-Lehre für die abgewandelte Nubische Kuppelbauweise

14.7-37

14.7-38

14.7-39

14.7-40

14.7.7 Stützlinien-Kuppeln

Um die Nachteile der kugelförmigen Nubischen Kuppeln zu vermeiden, wurde am FEB eine Rotations-Lehre entwickelt, mit der sich von der Kugelgeometrie abweichende, statisch optimale Kuppelformen ohne Schalung errichten lassen.

Diese Rotationslehre hat einen Winkel, der parallel zu der inneren Kuppeloberfläche verschiebbar und in der Horizontalen drehbar gelagert ist. Er gleitet auf einem gebogenen T-Profil , dessen Kurve dem gewünschten Querschnitt der Kuppel entspricht. Diese Gleitschiene ist durch Abstandshalter an einer senkrechten Achse drehbar gelagert. Die gekrümmte Gleitschiene ist auswechselbar, sie wird entsprechend dem gewünschten Kuppelquerschnitt geformt. Somit lassen sich mit dieser Lehre Rotationsformen verschiedenster Geometrie erzeugen.

Die Abb. 14.7-37 bis 14.7-40 zeigen die Anwendung dieser Technik bei einem 1992 in Kassel errichteten Versuchsbau der Universität Kassel. Die errichtete Kuppel hat einen lichten Durchmesser von 7 m, eine Höhe von 6 m und ist mit einem pyramidenförmigen Oberlicht versehen. Ihre Wandstärke beträgt lediglich 20 cm. Die Querschnittsform wurde mit Hilfe eines Computerprogramms ermittelt und stellt die statisch optimale Form der Stützlinie für die Eigengewichtsbelastung dar. Das heißt, die Schubkräfte aus dem Eigengewicht der Kuppel verlaufen in Gewölbemitte, es entstehen weder Biegekräfte noch Ringzugkräfte. Eine genaue Abhandlung zur geometrischen Ermittlung der Stützlinie ist in Kap. 14.7.3 zu finden. Um ein Abrutschen der Lehmsteine im oberen Bereich zu verhindern, verläuft die Neigung der Steine nicht rechtwinklig zur Krümmung des Kuppelquerschnitts, sondern vom untersten bis zum obersten Ring kontinuierlich zunehmend verringert, so dass die oberste Steinlage um etwa 20° weniger geneigt ist als bei einer üblichen Gewölbekonstruktion. Das hat zur Folge, dass die Steine jeweils mit ihrer unteren Kante gegenüber der darunterliegenden Schicht etwas auskragen. Diese „Lagekorrektur“, die durch die veränderte Winkeleinstellung erreicht wurde, hat darüberhinaus zwei weitere Vorteile: der reflektierte Schall wird stärker gestreut, und

14.7-37 bis 14.7-40
Herstellen einer Stützlinien-Kuppel mit Hilfe einer Rotationslehre, Versuchsbau der Universität Kassel

14.7-41 und 14.7-42 Herstellen eines Kappengewölbes auf einer Sparschalung 14.7-42

es entsteht eine reizvolle ästhetische Wirkung (vgl. Kap. 16).
Die konischen Lehmsteine sind 11,2 cm hoch, 18 bzw. 20 cm breit und 20 cm lang, sie wurden mit Hilfe eines speziellen Mundstückes in der Strangpresse einer Ziegelei hergestellt.
Um das Auftragen des Lehmmörtels auf die Lagerfugen zu beschleunigen, wurde ein Mörtelauftraggerät entwickelt. Dieses kann bis zu 20 Liter Mörtel fassen, wird auf Rollen über die Steinlage geschoben und bestreicht diese dabei mit einer 1 bis 3 cm dicken, im Querschnitt konischen Mörtelschicht, vgl. Abb. 14.7-39.
Noch einfacher ist das Aufbringen mit einem Schlauch und einer entsprechenden Mörtelpumpe. Um die Akustik in Lehmkuppel zu verbessern, wurden vom Autor spezielle „Akustik-Lehmsteine" mit abgerundeten Katen entwickelt, die mit einer Neigung vermauert werden, vgl. Kapitel 6.11.

14.7-43 Herstellen eines Lehmsteinkuppel auf einem Sandbett

14.7.8 Gewölbebauweisen mit Schalung

Schalungen für kuppelförmige, das heißt zweiseitig gleichsinnig gekrümmte Gewölbe herzustellen, ist im allgemeinen sehr aufwendig und wurde deshalb bei historischen Gewölbekonstruktionen selten angewendet. Eine Ausnahme bildet das sogenannte „Katalanische Gewölbe" (im Indischen „funecular shells" genannt), bei dem extrem flache Gewölbe quadratische, rechteckige oder auch dreieckige Felder überspannen.
Bei kleinen Spannweiten lassen sich komplette Schalungen beispielsweise aus Glasfaserpolyester oder Blech herstellen. Einfacher ist es, bei kleinen Spannweiten ein Sandbett zu formen und darauf die Kuppel zu mauern, Abb. 14.7-43.
Bei Tonnengewölben ist die Herstellung und Verwendung von Schalungen wesentlich einfacher und wirtschaftlicher, da diese nur einseitig gekrümmt sind. Außerdem wird für die Herstellung eines Tonnengewölbes nur ein einziges kurzes Schalungsteil benötigt, wenn dieses als Gleitschalung verschiebbar konzipiert ist.

14.7-44 Desert Research Institute, Sadat City, Ägypten

14.7-45 Desert Research Institute, Sadat City, Ägypten

14.7-46 Ausstellungsgebäude New Delhi

Diese Technik wird vor allem bei den in Abb. 14.3-6 dargestellten „preußischen Kappengewölben" für Deckenkonstruktionen angewendet.
Bei dem in Abb. 14.7-41 und 14.7-42 gezeigten Kappengewölbe eines Wohnhauses in Kassel wurde eine sogenannte „Sparschalung" aus dünnen Latten hergestellt, die lose auf senkrechte Bogenelemente gelegt waren und lediglich die Kanten der Lehmsteine unterstützten. Die Lehmsteine wurden ohne Mörtel auf dieser Sparschalung verlegt und die Fugen nachträglich von oben mit Mörtel ausgestrichen.

14.7.9 Verfestigung von Lehmkuppeln durch nachträgliches Brennen von innen

Der in Teheran geborene Architekt Nader Khalili hat bei mehreren Bauten im Iran und den USA versucht, aus Lehmsteinen gemauerte Gewölbe durch ein im Innenraum entzündetes Feuer nachträglich zu brennen und somit zu verfestigen. Die Verwendung der vier Elemente Erde, Wasser, Luft und Feuer zur Erstellung von Räumen, auf die er hinweist, gibt seinen Bauten zwar einen mystischen Gehalt, hat aber erhebliche Nachteile für die Umwelt und das Innenraumklima. Bei dem Verbrennen von Holz, Zweigen und Ästen entsteht eine starke Umweltverschmutzung und ein erheblicher Verbrauch an Sauerstoff. Durch das Brennen der Steine schließen sich die meisten Poren des Materials und die Aufnahme- und Abgabefähigkeit von Wasserdampf, die feuchteregulierende Wirkung des Lehms, wird drastisch reduziert, so dass die beiden Hauptvorteile von Lehm als Baumaterial - die Reduzierung der Umweltverschmutzung und die Verbesserung des Innenraumklimas - durch das Brennen verloren gehen. Außerdem führt der Brennvorgang zu einem ungleichmäßigen Erhitzen der Lehmsteine, was Rissbildungen und damit eine Schwächung des statischen Gefüges zur Folge hat.

14.7.10 Beispiele moderner Lehmkuppelbauten

Im folgenden werden einige Lehmbauten vorgestellt, deren Gestalt durch die Kombination unterschiedlicher Kuppelformen geprägt ist. Weitere Lehmkuppelbauten werden in Kapitel 15 vorgestellt.
Das in den Abb. 14.7-44 und 14.7-45 gezeigte Institutsgebäude, das von Hassan Fathy entworfen und 1979 in Sadat City, Ägypten, gebaut wurde, beherbergt das Desert Research Institute der Amerikanischen Universität Kairo. Alle Räume sowie die Laubengänge sind mit nubischen Kuppeln oder nubischen Tonnen überdeckt. Die Wände der Lehmsteinmauern sind mit einem Kalkputz überzogen, die Lehmsteinkuppeln mit einem Bitumenanstrich und darüber mit einem Kalk-Zement-Putz gegen die Witterung geschützt.
In Neu Delhi entstand das Indira Gandhi National Centre for Arts (Architekt: Sanjay Prakash), Abb. 14.7-46. Dieses Gebäude, dessen Wände und Gewölbe aus nicht stabilisierten, mit Handhebelpressen hergestellten Lehmsteinen 1990 als Provisorium errichtet wurde, sollte ursprünglich nach der Ausstellung wieder abgerissen werden.
Abb. 14.7-47 und 14.7-48 zeigen Tonnen- und Kuppelgewölbe des Wissa Wassef Centre in Kairo (Architekt: Wissa Wassef). Weitere Kuppelbauten werden in Kap. 15 vorgestellt.

14.7-48 Wissa Wassef Centre, Kairo

14.7-47 Wissa Wassef Centre, Kairo

14.8-1 Wärmespeicherwand aus unbehandeltem Lehm

14.8-2 Verlegen der Lehmbrote im plastischen Zustand

14.9-1 Lehmtapete über einer Badewanne

14.8 Lehmspeicherwand im Wintergarten

Um die Wärmespeicherung und die Feuchtigkeitsregulierung in dem 20 m^2 großen Wintergarten eines Wohnhauses in Kassel zu verbessern, wurden Lehmspeicherwände errichtet, die nur 10 m^2 Wand bedecken, deren Oberfläche jedoch durch ihre plastische Ausbildung und die tiefen Fugen mehr als 20 m^2 groß ist. Für die Speicherwand wurden etwa 20 cm lange und 14 cm breite, mit einer Lehmstrangpresse erzeugte „Lehmbrote" ohne Mörtel und ohne Verstreichen der Fugen im plastischen Zustand aufeinandergelegt. Zur Stabilisierung der Wand dienen Bambusrohre, die jeweils nach acht Schichten in die Lehmbrote eingedrückt und mit Drahtankern mit der dahinterliegenden Wand verbunden werden (Abb. 14.8-2).
Die Wandflächen über den Glastüren (vgl. Abb. 14.8-1) sind mit dem in Kap. 11.7 beschriebenen Wurfputz versehen, der in Form von Klumpen an die Wand geworfen wurde.
Die Speicherwand, die nachträglich eingebaut wurde, trägt wesentlich zur Verbesserung des Innenraumklimas bei, da durch sie sowohl die Temperatur- wie auch die Feuchtigkeitsschwankungen im Wintergarten erheblich verringert werden.
Die beiden angewendeten Lehmbautechniken sind vor allem für den Selbstbau geeignet. Sie sind arbeitsintensiv, benötigen aber kaum handwerkliche Erfahrungen und verursachen keine Material- und Gerätekosten, wenn der Lehm lokal in richtiger Zusammensetzung vorhanden ist und die Lehmbrote mit der Hand geformt werden.

14.9 Badezimmer aus Lehm

Die Aussage, dass ein Badezimmer mit Lehmwänden hygienischer als ein gekacheltes Bad ist, mag zunächst verblüffen. Langjährige Erfahrungen mit Badezimmerwänden aus Lehm sowie Laboruntersuchungen haben dies aber inzwischen bestätigt. Die Beobachtungen zeigten, dass in einem gekachelten Bad der Spiegel nach dem Duschen bei geschlossenen Fenstern und Türen 30 bis 60 Minuten beschlagen bleibt, während in einem Bad mit Lehmwänden der Spiegel bereits nach 3 bis 6 Minuten wieder klar ist. Dies liegt daran, dass die

Lehmwände die überschüssige Luftfeuchte relativ schnell aufsaugen. Sie geben diese ebenso schnell wieder ab, wenn die Luftfeuchtigkeit sinkt.
Die am FEB durchgeführten Untersuchungen zur Sorption von Luftfeuchte durch Lehm (vgl. Kap. 1.4.4) haben gezeigt, dass eine nur 1,5 cm dicke Lehmschicht pro m^2 bei einem plötzlichen Anstieg der Raumluftfeuchte von 50 auf 80% in 48 Stunden 300 g Wasser aus der feuchten Luft aufnehmen kann. Bei den Versuchen hat sich weiterhin herausgestellt, dass ein Lehmstein selbst bei 6-monatiger Lagerung in einer Klimakammer mit 95% Luftfeuchte nicht mehr als 5 bis 8% Wasser, je nach Zusammensetzung des Lehms, aufnimmt. Er kann also niemals quellen oder weich werden, da dies erst bei 10 bis 12% Wassergehalt beginnt.
In einem Bad mit Lehmwänden wird die Luftfeuchtigkeit also so schnell abgebaut, dass an den Wänden keine Schimmelpilze entstehen können, während sich bei großflächig gekachelten Bädern in den Fugen der Fliesen relativ schnell Schimmelpilze bilden, die durch ihre Sporenproduktion eine Gesundheitsgefährdung darstellen. Sind die Fugen mit fungizid eingestellter Dichtmasse gefüllt, so wird die Pilzbildung zwar eine Zeit lang verhindert, dafür entstehen aber in der Regel formaldehydhaltige Ausdünstungen im Bad. Formaldehyd gilt als krebserregend.
Selbst die Wand hinter einer Dusche kann aus Lehm bestehen, wenn die Dusche rundherum von einem Duschvorhang umgeben ist. Auch im spritzwassergefährdeten Bereich über der Badewanne muss nicht auf Lehm verzichtet werden, wenn die Lehmoberfläche in diesem Bereich durch Hydrophobierung wasserabstoßend gemacht wurde.
Abb 14.9-2 zeigt einen Ausschnitt aus einem vom Autor gestalteten Bad, in dem alle Wände aus leichtlehmgefüllten Baumwollschläuchen (vgl. Kap. 10.8) und die Decken aus Lehmsteingewölben bestehen. In dem Bad steigt die relative Luftfeuchtigkeit auch nach langem Duschen nicht über 70%, da Wände und Decken die überschüssige Feuchtigkeit schnell aufnehmen. Auch war es möglich, den angrenzenden 4 m^2 großen Raum, der als „begehbarer Kleiderschrank" dient, offen, also ohne Tür und ohne Belüftung auszubilden und die Kleider problemlos offen hängen zu lassen. In einem Bad ohne Lehmwände würden die Kleider bald zu riechen anfangen und Stockflecken bekommen.

14.9-2 Badezimmer mit Lehmwänden und Lehmgewölbe

Abb. 14.9-1 zeigt eine „Lehmtapete" über der Badewanne: Ein alter, ausgedienter Vorhangstoff wurde in eine fette Lehmschlämme getaucht und in feuchtem Zustand an die Außenwand angedrückt. Durch Verschieben des Gewebes lassen sich plastische Effekte erzielen. Genauso geeignet dafür ist ein grobmaschiges Jutegewebe.

14.10 Einbaumöbel aus Lehm

Die in Abb. 14.10-1 dargestellte Schlafzimmerwand ist Außenwand und Einbauschrank zugleich. Sie besteht aus Stranglehmelementen (vgl. Kap. 8.4), die quergestellten Wandscheiben dienen als Seitenwände für die Einbauschränke und zugleich zur Aussteifung der Außenwand. Die während der Herstellung eingebaute Bambusstange wirkt nicht nur als Stabilisierungselement für die Seitenwände, sie bildet gleichzeitig die Kleiderstange. Bei dem rechten Teil der Schlafzimmerwand wurden in den halbtrockenen Lehm mit dem Messer Ablagen und Bildernischen eingeschnitten, vgl. Abb. 14.10-2.

Bei der Bettrückwand aus Lehmsträngen in Abb. 14.10-3 sind während der Herstellung die Vertiefungen ebenfalls mit dem Messer ausgeschnitten worden, die ohrenähnliche Gebilde – Blendschutz für die Leselampen – sind mit der Hand bzw. mit einem Modellierholz aufgetragen.

Regale zwischen Lehmstrangwänden (vgl. Kapitel 8.4) oder Lehmschläuchen (vgl. Kapitel 10.7) lassen sich sehr einfach herstellen, indem man die Ablagebretter beim Verlegen der Stränge bzw. Schläuche mit einbaut. Die Abb. 14.10-4 zeigt eine solche Ablage in einem Badezimmer. Dass sich auch Spiegel und Lampen einfach mit einbauen lassen, zeigt Abb. 14.10-5.

Abb. 14.10-6 zeigt ein Badezimmer, in dem die zentrale Dusche, der danebenstehende Pflanzbehälter und die Badewanne durch Leichtlehmschläuche „verkleidet" wurde.

14.10-1 Offener Einbauschrank aus Lehmsträngen

14.10-2 Lehmstrangwand, die während des Austrocknens plastisch gestaltet wurde

14.10-3 Plastisch gestaltete Bettrückwand aus Lehmsträngen

14.10-4 und 14.10-5 mittlere Reihe Wanddetails im Badezimmer

14.10-4 Mit Leichtlehmschläuchen verkleidete Sanitärobjekte

14.10-5 Regale, Spiegel und Lampe, eingebaut in Lehmschläuche

14.11 Waschbecken aus Lehm

Auch Handwaschbecken können aus ungebranntem Lehm hergestellt werden: Das in Abb. 14.11-1 dargestellte Waschbecken besteht aus Lehm spezieller Kornzusammensetzung, der mit 1% eines Hydrophobierungsmittels versetzt und nachträglich noch mit diesem Hydrophobierungsmittel gestrichen wurde, so dass der Lehm seine offenporige Oberfläche behält, aber kein Wasser über kapillare Saugwirkung mehr aufnehmen kann. Die weiteren „Aufbauten", die zur Aufnahme von Zahnbürsten, Zahncreme, Spiegelleuchte sowie zur Umrandung eines Spiegels dienen, wurden aus dem gleichen Lehm geformt. Um die normalerweise beim Austrocknen entstehenden Schwindrisse zu vermeiden, wurden folgende Maßnahmen getroffen:

- Die Lehmmischung weist eine spezielle Kornverteilungskurve mit hohem Sandgehalt der Körnung 1 bis 2 mm auf.
- Die Mischung wurde relativ trocken verarbeitet.
- Am Waschbecken waren zusätzlich 4 „Sollschwindfugen" eingeplant, die sich beim Austrocknen öffneten und mit einer schwach-elastischen Lehm-Silikon-Mischung geschlossen wurden. Durch dieses „kontrollierte Schwindverhalten" konnten Risse in den übrigen Teilen vollständig vermieden werden. Die spezielle Lehmzusammensetzung für das Waschbecken hat sich bewährt: Nach sechsjähriger Benutzung sind keine Abrieb- oder Abschlämmerscheinungen aufgetreten. Der Wassereinlauf, der Anschluss an das

14.11-1 Handwaschbecken aus ungebranntem Lehm

14.11-2 Waschbeckenumrandung aus ungebranntem Lehm

Abflussrohr, erfolgt über eine durchbohrte Keramikschüssel.

Bei der in Abb. 14.11-1 gezeigten Waschbeckenumrandung wurde ein spezieller sandiger Lehmmörtel hoher Bindigkeit verwendet, bei dem es gelang, die Schwindrissbildung während des Trockenprozesses nahezu vollständig zu vermeiden. Sollschwindfugen einzuplanen, war in diesem Fall nicht notwendig gewesen. Der Lehmmörtel wurde nur mit einer minimalen Menge Wasser angerührt und dann mit 6% Leinölfirnis versetzt. Das in Abb. 14.11-2 gezeigte Waschbecken ist ebenfalls mit Leinölfirnis wasserfest gemacht worden, während das in Abb. 10.11-3 abgebildete mit einer 6%-igen Zugabe von Kalk-Kasein-Leim stabilisiert wurde. Die Oberfläche wurde mit einem Löffel geglättet und einmal mit Hartwachs gestrichen, um sie leichter reinigen zu können.
Alle abgebildeten vom Autor gestalteten Waschbecken zeigten auch nach fast 30-jähriger Benutzung keine Erosionserscheinungen.

14.11-3 Waschbecken aus ungebranntem Lehm

14.12 Öfen und Herde aus Lehm

14.12.1 Allgemeines

Die Begriffe Herd und Ofen sind nicht eindeutig zu trennen. Es hat sich aber eingebürgert, eine Feuerstelle zum Kochen als Herd und eine zum Heizen oder Backen als Ofen zu bezeichnen.
Häusliche Feuerstellen zum Heizen, Kochen und Backen - Herde und Öfen - sind im traditionellen ländlichen Bauen Europas bis ins 19. Jahrhundert häufig aus Lehm errichtet worden. In Osteuropa dienten Herde traditionell sowohl zum Heizen als auch zum Kochen und häufig auch zum Backen. Sie bildeten den Mittelpunkt des Hauses, den warmen Kern, an den Sitzbänke und häufig auch Schlafplätze gebaut wurden. In Westeuropa wurden für die Funktionen Heizen, Kochen und Backen relativ früh getrennte Feuerstellen errichtet.
In Deutschland sind in den letzten Jahren viele Lehmherde und Lehmöfen selbst gebaut worden, inzwischen gibt es auch Firmen, die sich auf ihre Herstellung spezialisiert haben.

14.12.2 Ein feuerholzsparender Lehmherd für Entwicklungsländer

Aufgrund der Analyse erprobter Lehmherde in Indien und Guatemala wurde am FEB 1978 ein verbesserter Lehmherd entwickelt und in verschiedenen Varianten in Deutschland, Guatemala und Ecuador erfolgreich getestet. Abb. 14.12-1 zeigt den Lehmherd mit einem für europäische Verhältnisse geeigneten Aufbau, Abb. 14.12-2 eine für die Verhältnisse in Guatemala abgewandelte Version für längeres Brennholz und für die dort übliche Tortilla-Backpfanne („comal"). Abb. 14.12-3 zeigt eine Variante, die der Autor 2008 für Kolumbien entwickelt hat.
Auf dem Lehmherd können gleichzeitig drei Töpfe bzw. Pfannen erhitzt werden. Die erste und größte Öffnung befindet sich direkt über der Feuerstelle und ist besonders zum Braten und zum schnellen Erhitzen größerer Töpfe geeignet. Die beiden kleineren Kochstellen über dem bogenförmigen, bis zum Schornstein verlaufenden Heißluftkanal dienen zum Erhitzen kleinerer Gefäße und zum Warmhalten von Speisen oder Wasser.

Der Sockel sollte etwa 60 cm hoch sein und kann aus Bruchsteinen, Mauerziegeln, Abschnitten von Holzstämmen und dgl. gemauert werden. Es ist auch möglich, einen tischartigen Unterbau zu schaffen.
Es ist vorteilhaft, wenn im unteren Bereich ein Hohlraum zum Stapeln von Feuerholz vorgesehen wird. Dieser Raum bietet gleichzeitig den für ein bequemes Arbeiten notwendigen Platz für die Fußspitzen. Ist kein Hohlraum geplant, so sollte sich der Sockel unten verjüngen. Beim Herstellen des Sockels muss eine Aussparung für den Aschenbehälter vorgesehen werden, die am einfachsten mit parallel angeordneten, 6 bis 10 mm dicken Stahlstäben im Abstand von 3 bis 4 cm abgedeckt wird.
Die Größe und Lage der Kochstellen wird entsprechend der zu verwendenden Töpfe bzw. Pfannen festgelegt, wobei folgendes zu beachten ist:

- Der Herd soll so kompakt wie möglich sein.

- Die Gesamtlänge der Rauchgänge darf nicht zu lang und deren Richtungsänderung nicht zu stark sein.
- Der Heißluftstrom sollte stets diagonal unter den Topföffnungen durchgeführt werden.
- Die Wandstärke zwischen Gängen, Topföffnungen und Außenflächen soll nicht weniger als 5 cm, aber möglichst auch nicht mehr als 10 cm betragen.
- Um ein schnelles Anheizen zu ermöglichen und um das Entweichen von Rauch während des Anheizens oder während ungünstiger Witterungsverhältnisse zu vermeiden, wird ein direkter Kanal von der Feuerstelle zum Schornstein geführt, der durch einen Schieber wahlweise geöffnet oder geschlossen werden kann.

Um die Schwindrissbildung beim Austrocknen des Lehms so gering wie möglich zu halten, ist es gut, wenn der Lehm viel Grobsand, wenig Schluff und wenig Ton enthält, möglichst trocken („erdfeucht") verarbeitet und gut verdichtet wird. Die Bindekraft des mageren Lehms lässt sich am besten mit Kuhdung erhöhen. Man kann anstelle des Anmachwassers aber auch Molke zugeben. Als vorteilhaft hat sich eine Lehmmischung folgender Zusammensetzung erwiesen:

- 10 Eimer grobsandiger Lehm mit hoher Bindekraft (Tongehalt 8 bis 15%),
- 12 Eimer gehäckseltes Stroh (5 bis 10 cm lang, locker),
- 1 Eimer Sägemehl,
- 2 Eimer Kuhdung breiiger Konsistenz.

Falls anstelle des grobsandigen tonigen Lehms ein stark tonhaltiger Lehm ohne Grobsandanteil vorliegt, muss der Lehm mit Grobsand bis zum Verhältnis 1:1 abgemagert werden.

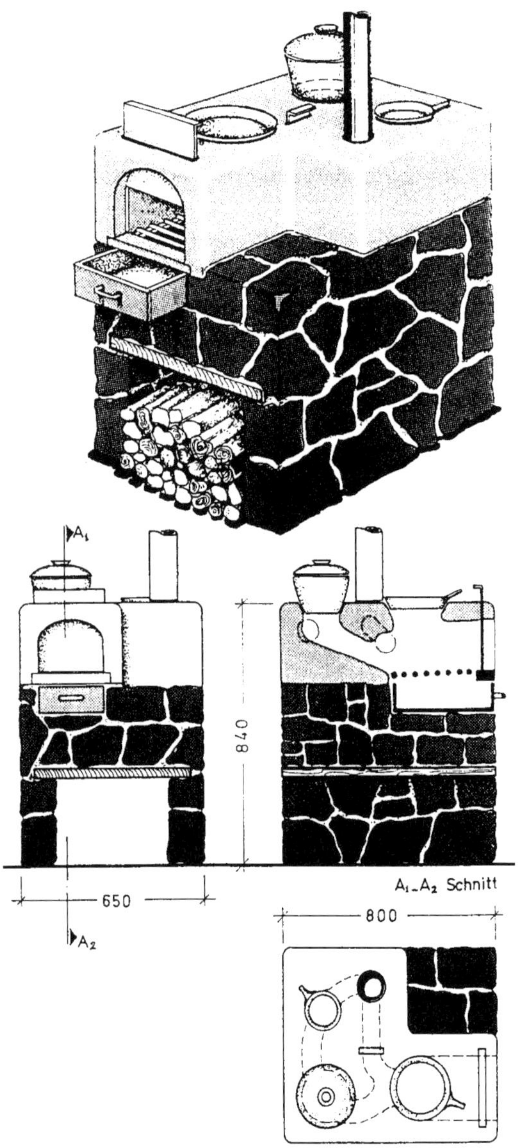

14.12-1 Feuerholzsparender Kochherd aus Lehm

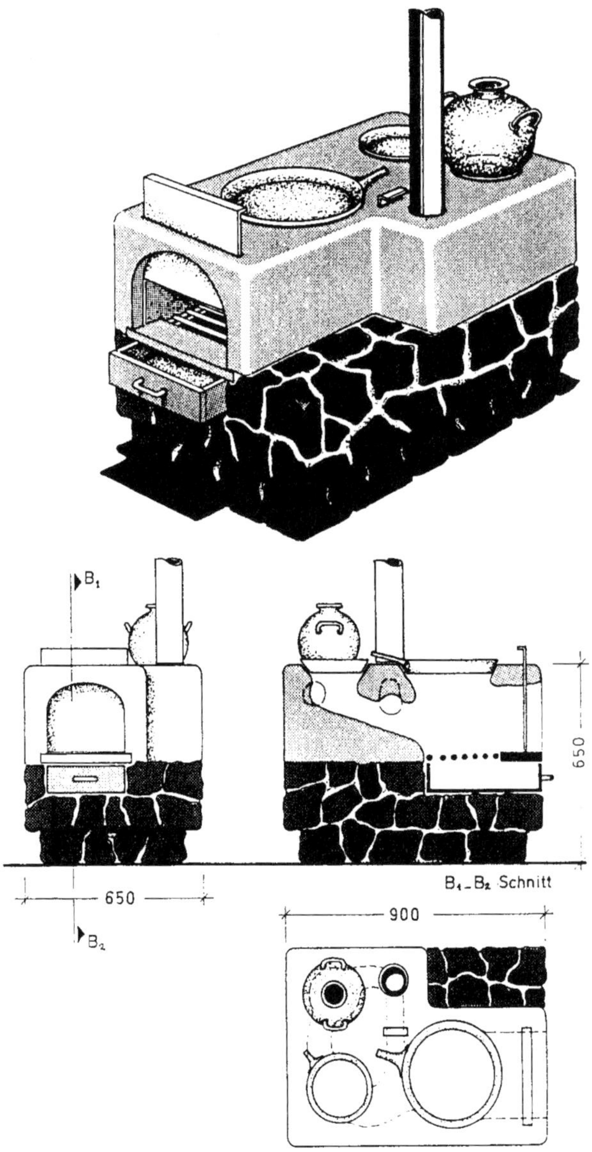

14.12-2 Feuerholzsparender Kochherd aus Lehm

• *Zum Herstellungsprozess:*
Auf dem Sockel wird aus Brettern eine Schalungsform errichtet und die gut durchgemengte Lehmmischung eingestampft. Da die Lehmmischung beim Stampfen auf etwa 60% des Ausgangsvolumens zusammengepresst wird, muss fast doppelt so viel Mischung angesetzt werden, wie in ungestampftem Zustand in die Schalung passt. Die Holzschalung sollte relativ stabil und nach außen abgestützt sein, da durch das Stampfen des Lehms ein großer Druck auf die Schalung ausgeübt wird. Der Rost wird zunächst mit Pappe, Holz, Flaschen oder dgl. abgedeckt, damit beim Stampfen kein Lehm in die Aschenöffnung gepresst wird. Dann wird die Lehmmischung jeweils in 10 cm dicken Lagen in die Schalung geschüttet und mit einfachen Stampfhölzern aus Rund- oder Kantholz verdichtet. Um ein schnelles Austrocknen des Herdblocks zu ermöglichen und um Material zu sparen, können dort, wo die späteren Topf- und Feueröffnungen sein sollen, Ziegelsteine oder Flaschen so mit eingestampft werden, dass sie sich nachträglich leicht wieder herausziehen lassen. Die Oberfläche des Herdblocks wird mit einem großen Messer oder einer Kelle geglättet.
Die Schalung sollte nach Fertigstellung des Herdblocks sofort abgenommen werden, damit der Lehm schnell austrocknen kann. Nach dem Ausschalen werden die Umrisse der Kochstellen mit einem Nagel in die glatt abgezogene Lehmoberfläche eingeritzt. Es ist vorteilhaft, wenn die Öffnungen für die Kochstellen gleich nach dem Ausschalen herausgeschnitten werden, weil sich der feuchte Lehm wesentlich leichter bearbeiten lässt und weil sich dadurch der Austrocknungsprozess beschleunigt. Allerdings sollten die Öffnungen zunächst etwas kleiner sein, da sich die Geometrie des Herdes mit dem Austrocknen noch ändert. Aus den gleichen Gründen sollten auch die Heißluftgänge nur „vorgebohrt" werden und noch nicht die endgültige Form erhalten. Das Herausschneiden des Lehms erfolgt mit einem größeren Küchenmesser. Die Schlitze für die Regulierklappen werden erst dann eingeschlagen, wenn der Lehm bereits halbtrocken ist. Dafür lässt sich am besten ein Spachtel oder ein sehr dünnes Messer verwenden.
Bei dem Herausschneiden der Feuerholzöffnung ist größte Vorsicht geboten, da der darüber befindliche bogenförmige Abschluss im feuchten Zustand sehr leicht zusammenbricht oder sich stark verformt. Es empfiehlt sich, in der vorderen Fläche zunächst nur ein rundes Loch von ca. 10 cm Durchmesser herzustellen und diese Öffnung erst nach fortgeschrittenem Austrocknen schrittweise zu vergrößern. Bei trockenem und warmem Wetter ist der Herdblock bereits nach einer Woche soweit ausgetrocknet, dass die Topföffnungen und Heißluftgänge in ihrer endgültigen Form ausgearbeitet werden können. Beim Austrocknen entstehende Risse sollten gleich nach Erscheinen mit einer Kelle oder mit dem Fingernagel zugedrückt werden.
Bei der Anordnung des Gangsystems und der Öffnungen für die Töpfe ist folgendes zu beachten:

- Die Topföffnungen müssen exakt an die Töpfe angepasst werden, damit kein Rauch entweichen kann.
- Die Töpfe sollen tief genug in den Heißluftstrom hineinreichen können.
- Die Öffnung unter dem Topf muss durch eine konvexe Erhöhung so verengt werden, dass die Querschnittsfläche unter dem Topf nicht wesentlich größer als die Querschnittsfläche des Heißluftkanals ist.
- Die Gänge sollten einen Durchmesser von 8 bis 10 cm haben, sie können jedoch auch einen entsprechenden ovalen Querschnitt erhalten.

Für den Rauchabzug eignet sich ein normales Ofenrohr mit 10 cm Durchmesser. Dieses muss sehr gut in den Herd eingepasst und bis über den First des Hauses geführt werden. Die Höhe des Schornsteins ist für das Funktionieren des Herdes sehr wichtig, denn ein zu niedriger Schornstein ergibt zu wenig „Zug".
Es ist vorteilhaft, wenn die Luftzufuhr an der Feueröffnung durch eine Klappe oder einen davorgestellten Ziegelstein reguliert werden kann.
Für größere Herde, wie sie in kleinen Restaurants in Kolumbien häufig verwendet werden, entwickelte der Autor 2008 einen länglichen Herd, vgl. Abb. 14.12-4.
Dabei stehen die Töpfe auf Eisenstäben im Flammen- bzw. Heißluftstrom. Abgedeckt wird der Feuerraum durch Bleche mit runden Öffnungen, die exakt dem Durchmesser der Töpfe entsprechen und die sich gegenseitig überlappen und somit das Entweichen von Rauch verhindern. Das vordere Blech hat keine Öffnung und dient zum Backen von Fladenbrot bzw. Pfannkuchen.

14.12-3 Feuerholzsparender Herd, Kolumbien

14.12-4 Feuerholzsparender Herd, Kolumbien

14.12-5 Herdofen mit beheizter Bank und Liegefläche

14.12.3 Ein Herdofen mit integrierter Sitzbank und Schlafstelle

Der in Abb. 14.12.5 dargestellte Ofen ist so konzipiert, dass er den Raum durch Strahlungswärme aufheizt und die eiserne Platte über dem Feuerraum als Herdplatte benutzt werden kann. Seine heißen Rauchgase erwärmen außerdem eine Sitzbank, ein Bett und einen Wasserbehälter. Er wurde 1982 in dem Demonstrations-Lehmhaus des FEB in Kassel errichtet. Der massive Lehmkörper wurde aus Stampflehm mit Hilfe des in Kap. 5.3 beschriebenen Vibrationsstampfers hergestellt. Der Brennraum ist mit Schamottesteinen ausgemauert und mit einer Stahlplatte abgedeckt.

Für die Führung der Rauchgase gibt es drei einzeln zuschaltbare Heizzüge, die entweder direkt zum Schornstein führen und einen den Schornstein umschließenden Wasserbehälter (aus einem alten Badezimmerofen) erwärmen, oder aber unter der Sitzbank bzw. unter der Schlafstelle verlaufen. An die Stelle der Heizzüge wurde ein blähtongefüllter Folienschlauch gelegt, der problemlos mit eingestampft werden konnte. Nach der Fertigstellung des Stampflehmblocks wurde der Blähton mit Hilfe eines Staubsaugers über die seitlichen Revisionsöffnungen abgesaugt und die Folienschläuche herausgezogen. Die endgültige Gestalt des Herdofens einschließlich Sitzbank und Schlafstelle wurde im feuchten Zustand mit Messer und Kelle geformt.

Der eingebaute „Fallzug" für die Rauchgase erwies sich als ungünstig, da die durch den relativ niedrigen Schornstein entstehende Sogwirkung nicht ausreichte, um den beim Anheizen entstehenden Rauch vollständig abzusaugen. Bei ungünstigen Wetterlagen war auch bei erwärmtem Schornstein die Sogwirkung nicht ausreichend, so dass die Heizgase nicht durch die Sitzbank und das Bett, sondern auf dem kürzesten Weg in den Schornstein geleitet werden mussten. Der Ofen müsste also einen wesentlich höheren Schornstein erhalten. Anzumerken ist ferner, dass nach den gesetzlichen Bestimmungen in Deutschland Rauchgase nur direkt in einem Rohr und nicht durch Hohlräume im Stampflehm geführt werden dürfen (Näheres bei Oestereich 1984).

14.12.4 Brot- und Pizzabackofen

Lehmöfen zum Backen von Brot oder Pizza lassen sich sehr einfach herstellen. Dafür benötigt man beispielsweise einen aus Bruchsteinen, Feldsteinen oder Ziegel gemauerten Sockel, auf dem eine ebene, glatte Stein- oder Betonplatte liegt. Eine leichte Neigung dient der besseren Einsicht auf das Backgut und erleichtert die Reinigung. Über dieser wird ein kuppel- oder tonnenförmiger Ofenraum aus Lehmsteinen oder Strohlehmklumpen gemauert. Als Schalung kann ein Geflecht aus Weiden- oder Haselnussruten und/oder Baustahl dienen. Das Lehmgewölbe sollte genügend Speichermasse aufweisen und möglichst durch eine äußere Wärmedämmschicht vor schnellem Abkühlen bewahrt werden.

Abb. 14.12-6 und 14.12-7 zeigen einen vom Autor entwickelten Backofen, der ohne Schalung errichtet werden kann. Die Kuppel wird dabei halbkugelförmig mit Hilfe eines Abstandholzes, das im Mittelpunkt der Bodenplatte gelenkig befestigt ist, aus Lehmsteinen errichtet. Über die fertig gestellte Kuppel wird anschließend eine ca. 12 cm dicke Leichtlehmmischung aus Stroh und Hobelspänen als Wärmedämmung aufgebracht. Die obere Rauchabzugsöffnung wird, nachdem nur noch Glut im Ofen ist, mit einem Keramiktopf verschlossen. Zur Lagerung des Feuerholzes ist im Sockel ein tonnenförmiger Hohlraum geschaffen worden.

14.12.5 Mit Lehm verkleidete Grundöfen

Lehmöfen zum Heizen von Räumen bestehen in der Regel aus einem üblichen Grundofen, der mit Lehm verkleidet ist (Abb. 14.12-8, 14.12-9, 14.12-10).

Bei einem Grundofen liegt das Brennholz nicht auf einem Rost, sondern auf einem muldenförmigen Boden, dem Grund. Das Holz vergast oberhalb des Glutbettes und wird durch die dort zugeführte Verbrennungsluft verbrannt. Der Tagesbedarf an Brennholz soll in einer möglichst kurzen Zeit mit hoher Temperatur (800 bis 1000°C) verbrennen, um möglichst wenig Schadstoffe zu produzieren. Die entstehende Strahlungswärme des Feuerraumes und die Hitze der Rauchgase werden im Ofenkörper und in den gemauerten Kanälen weitgehend gespeichert. Nach dem flammenerzeugenden Abbrand muss die Zuluft gestoppt werden. Der Ofen sollte zur Abgabe der Strahlungswärme eine möglichst große Oberfläche erhalten, die Rauchkanäle werden in der Regel sowohl im Ofenkörper wie in den „Anbauten" mehrfach umgelenkt. Der Schornstein muss deshalb über eine entsprechend große Saugkraft verfügen.

14.12-6 und 14.12.7
Brot- und Pizzaofen, Kolumbien

14.12-8 und 14.12-9
Individuell gestaltete lehmverkleidete Grundöfen (Fa.Neidlinger, Fa.Niermann)

14.13-1 Lehmplatte mit integriertem Heizrohr, Fa. naturbo

14.13-2 Deckenheizung mit Lehm-Heizplatten, Fa. WEM

14.13-3 Lehm-Wandheizung, Fa. Casadobe

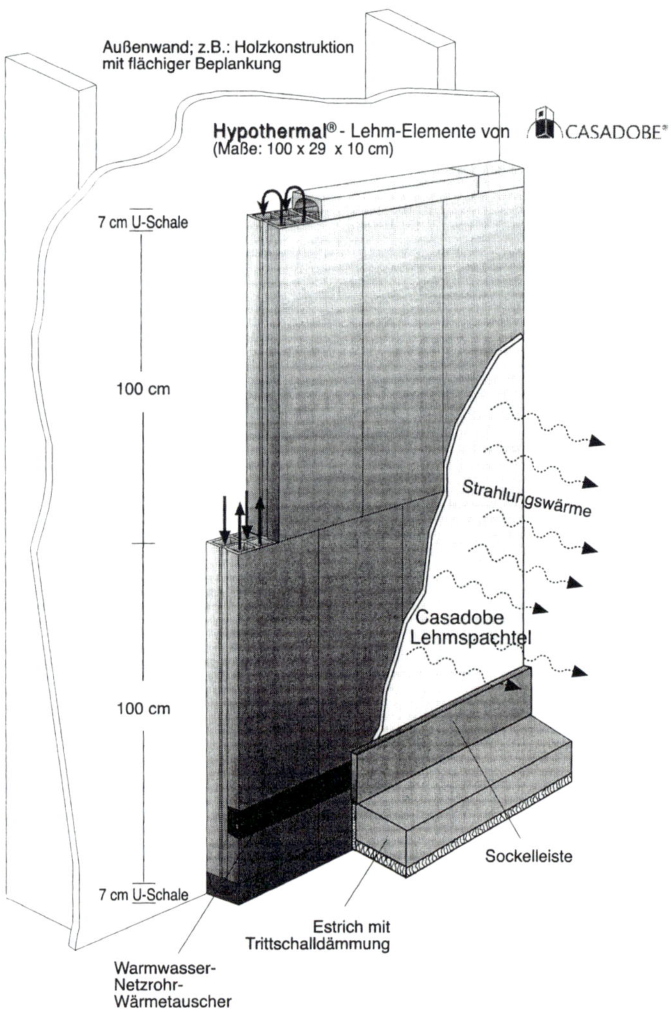

14.13 Lehm-Heizplatten

Die erheblichen Vorteile der Wandstrahlungsheizung gegenüber der Fußbodenheizung (geringere Herstellungskosten, größere Reparaturfreundlichkeit, geringere Trägheit, gesünderes Strahlungsklima, geringere Staubaufwirbelung) haben dazu geführt, dass inzwischen mehrere Firmen Wandheizungssysteme entwickelt haben, bei denen vorteilhafterweise der Baustoff Lehm verwendet wird.

Eine einfache Möglichkeit besteht darin, dünne Wasserrohre in Mäanderform, Spiralform oder Registerform auf der Wand zu verlegen und diese mit Lehmmörtel zu überputzen. Dabei ist folgendes zu beachten: Die Heizung muss beim Einbau in Betrieb sein. Dünne Rohre benötigen weniger Putz, erfordern aber eine höhere Pumpenleistung (Pumpen verbrauchen Strom und haben häufig nur eine Lebensdauer von 6 Jahren). Register sind teurer in der Herstellung, erfordern aber einen geringeren Pumpendruck.

Dickere Rohre bestehen meist aus einem Aluminiumkern mit beidseitiger Kunststoffbeschichtung (innen und außen).

Es gibt vorgefertigte Lehm-Plattenelemente, die an die vorhandene Wand geschraubt werden, es gibt aber auch geschosshohe Wandelemente auf Holzrahmen mit einem integrierten Heizrohrsystem, das mit einer speziellen Lehmmischung überzogen ist.

Die Firma naturbo stellt 31 mm dicke und 62,5 cm breite Lehmplatten mit Kanälen her, in die die Heizschlangen gelegt und mit Lehmmörtel eingebettet werden, vgl. Abb. 14.13-1. Die Firma WEM produziert ähnliche Platten mit eingepressten Heizrohren, die 80, 160 oder 200 cm lang sind. Abb. 14.13-2 zeigt die Anwendung dieser Platten als Deckenheizung. Der einzige Nachteil dieser Systeme ist, dass die Rohre beim Bohren von Dübellöchern verletzt werden können.

Diesen Nachteil vermeidet ein System, bei dem die Wärme über warme Luft in die Wand eingebracht wird. Abb. 14.13-3 verdeutlicht das System: über das Warmwasser-Netzrohr wird Luft erwärmt, die in einem Lehm-Hohlkammer-Profil nach oben steigt, dort umgelenkt wird und abgekühlt auf der Rückseite nach unten fällt. Dort wird sie wieder erwärmt und steigt erneut auf. Somit zirkuliert die Luft im geschlossenen System ohne künstlichen Antrieb durch Ventilatoren.

14.14 Teichabdichtungen mit Lehm

14.14.1 Allgemeines

Fetter Lehm mit mindestens 30% Tonanteil eignet sich zum Abdichten von Teichen, Sumpfgräben und Mülldeponien als Alternative zu den üblichen Kunststofffolien oder kunststoffbeschichteten Geweben. Auch wenn die Abdichtung mit Lehm zeit- und kostenaufwendiger ist, so ist sie aus ökologischen Gründen zu bevorzugen. Sie ist vor allem für den Selbstbau geeignet.
Beachtet werden muss, dass die zu erstellende Tonschicht mindestens 10 cm dick ist und dass sie im feuchten Zustand keine Fugen oder Risse aufweist. Damit die Lehmschicht nicht durch Begehen beschädigt oder durch Wellenschlag oder Wasserströmung ausgespült wird und im Uferbereich nicht durch Sonne und Wind austrocknet, wird auf ihr, bevor Trockenrisse entstehen können, eine 10 bis 15 cm dicke Lage Kies als Schutzschicht aufgebracht. Diese dient gleichzeitig als Verankerungsschicht für die Wurzeln der Wasserpflanzen.
Für die Herstellung einer Teichabdichtung aus Lehm werden im folgenden fünf Möglichkeiten beschrieben.

14.14.2 Stampflehmabdichtung

Ist fetter Lehm in erdfeuchter, krümeliger Konsistenz vorhanden, so kann er in einer 15 bis 18 cm dicken Schicht auf dem Boden des Teiches aufgebracht und festgestampft werden. Die verdichtete Schicht soll eine Dicke von 10 bis 12 cm haben. Das Stampfen erfolgt am besten mit Erdverdichtungsgeräten, kann aber auch mit Handstampfern geschehen. Schwierig ist das Verdichten an Schrägen, hier empfiehlt es sich, den Lehm in zwei oder drei dünneren Lagen aufzubringen und mit einem Schlagholz zu verdichten. Denkbar ist auch das Verdichten mit schmalen Walzen. Damit die verdichtete Schicht gleichmäßig dick ist und die Mindestdicke von 10 cm eingehalten wird, sollten alle 1 bis 2 m dünne Messstäbchen senkrecht zur Teichbodenfläche eingeschlagen werden. Nach dem Verdichten sind diese zu entfernen und die entstehenden Löcher mit Lehm auszufüllen.
Bei dieser Technik ist es wichtig, den Wassergehalt des Lehms richtig einzustellen: Der Lehm darf nicht zu trocken sein, er muss sich relativ leicht zu einer dichten plastischen Masse verdichten lassen. Er darf aber wiederum auch nicht so nass sein, dass die Schuhe beim Betreten mehr als 1 cm in den verdichteten Lehm eindringen.

14.14.3 Verlegen von feuchten Lehmfertigteilen

Abb. 14.14-1 zeigt das Verlegen 10 cm dicker, 27 cm breiter und 30 cm langer Teichbauelemente. Sie haben seitlich eine ca. 5 cm starke Überlappung und schräg geschnittene Vorder- und Hinterkanten, so dass sie sich - im feuchten bzw. „lederharten" Zustand - allseitig überlappend verlegen lassen. Anschließend wird die Fläche mit einem motorbetriebenen Stampfer, wie er zur Erdverdichtung verwendet wird, solange gestampft, bis die Fugen geschlossen und die Elemente fest miteinander verbunden sind. Bei der Planung ist darauf zu achten, dass die Böschungen nicht stärker als 30° geneigt sind.
In Abb. 14.14-2 ist das Verlegen und Feststampfen von 87 x 42 x 10 cm großen Elementen der Fa. Diekmann zu sehen. Das Verlegen erfolgt mit einem Verlegekran, zum Verdichten wird vorteilhafterweise eine Schaffußwalze eingesetzt.

14.14.4 Abdichtung durch tonhaltige Vliese

Zur Abdichtung von Teichen, Wasserrückhaltebecken und Kanälen wurde ein spezielles geotextiles Abdichtungssystem entwickelt. Es ist aus zwei Lagen mechanisch verdichtetem Vliesstoff aus PES- bzw. PE-hd-Fasern gefertigt, zwischen denen eine Bentonitschicht eingeschlossen ist. Bentonit besteht zu etwa 70% aus dem besonders quellfähigen Tonmineral Montmorillonit. Je nach Ausführung liegt das Flächengewicht dieser Vliesmatte zwischen 3,6 und 4,1 kg/m^2, die Dicke zwischen 8 und 10 mm. Im nassen Zustand quillt die Matte um bis zu 50% auf und bildet eine nahezu wasserdichte Schicht. Geliefert wird die Matte in Rollen von 2,25 m x 25 m.
Der Vorteil dieses verpackten, besonders quellfähigen Tons besteht darin, dass die Abdichtung relativ schnell verlegt werden kann und der Ton gegen Abschwemmen durch fließendes Wasser recht gut geschützt ist. Die Matte sollte aber trotzdem wie die anderen Teichabdichtungen mit einer zusätzlichen Schutzschicht aus Grobsand oder Feinkies abgedeckt werden.

14.14-1 Verlegen von Lehmfertigteilen als Teichdichtung (Fa. Diekmann, Peine)

14.14-2 Verlegen von Lehmfertigteilen als Teichdichtung (Fa. Diekmann, Peine)

14.14-1

14.14-2

15 Neue Lehmhäuser

Vorbemerkung

Wie im folgenden gezeigt wird, haben „Lehmhäuser", d.h. Häuser, deren prägendes Baumaterial Lehm ist, keine besondere Erscheinungsform, sondern können wie andere Gebäude auch, konventionell, schlicht, modisch, modern oder exklusiv wirken.
Im Klima West-, Ost- und Nordeuropas muss die Hüllfläche von Wohngebäuden eine hohe Wärmedämmfähigkeit aufweisen, d.h. der Baustoff Lehm ist hier in der Regel nicht von außen sichtbar, sondern bildet die innere Schicht der Außenwand und wird für Innenwände und gegebenenfalls in Decken und Fußböden eingesetzt.
Die nachfolgend vorgestellten Gebäude aus Lehm zeigen eine Auswahl neuerer Bauten unterschiedlichster Nutzungen und Erscheinungsformen aus mehreren Ländern. Weitere Lehm-Kuppelbauten wurden bereits in Kapitel 14.7-10 gezeigt.

Wohnhaus in Helensville, Neuseeland
(*Architekt:* Graeme North)

15.1 Wohnhaus in La Paz, Bolivien

Das Wohnhaus liegt am Rande der bolivianischen Hauptstadt in einer Höhe von ca. 3.700 m. Die Wände und Tonnengewölbe sind aus handgeformten Lehmsteinen gemauert und ergeben eine gute Wärmespeicherung und eine positive zeitliche Verzögerung des Wärmedurchgangs von 6 – 8 Stunden. Das bedeutet, dass bei der herrschenden starken Sonneneinstrahlung die Wärme erst abends bzw. nachts bis zum Innenraum durchdringt und die Räume nachts, wenn die Umgebungsluft stark abkühlt, erwärmt. Das Gewölbe ist mit einem hydrophobierten Putz und einem elastischen Kunststoffanstrich gegen Regenerosion geschützt.

Entwurf: Raúl Sandoval, La Paz
Fertigstellung: 1999
Wohnfläche: 84 m²

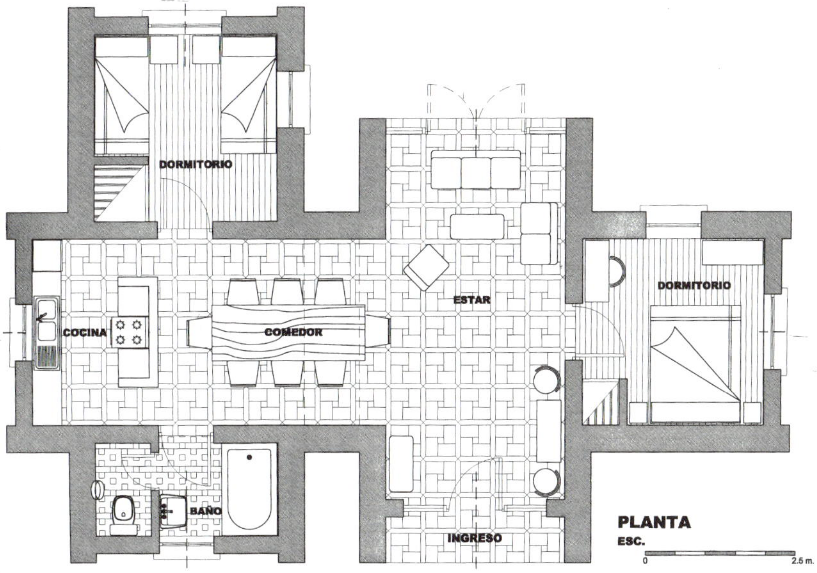

15.2 Wohnhaus in Turku, Finnland

Das teilweise zweigeschossige Wohnhaus steht in einer Siedlung am Rande der Stadt und beherbergt eine fünfköpfige Familie. Das Gebäude wurde als Holzständerkonstruktion mit einer äußeren Schale aus 40 cm dicken Strohleichtlehmquadern errichtet. Als Wetterschutz dient eine Holzschalung bzw. ein Kalkputz. Die Quader wurden vor Ort in einer selbst gebauten Presse hergestellt. Sie haben eine Rohdichte von 450 kg/m³; der U-Wert der Außenwand beträgt 0,28 W/m²K.

Entwurf: Teuvo Ranki, Finnland
Fertigstellung: 1999
Wohnfläche: 127 m²

Ansichten von Westen

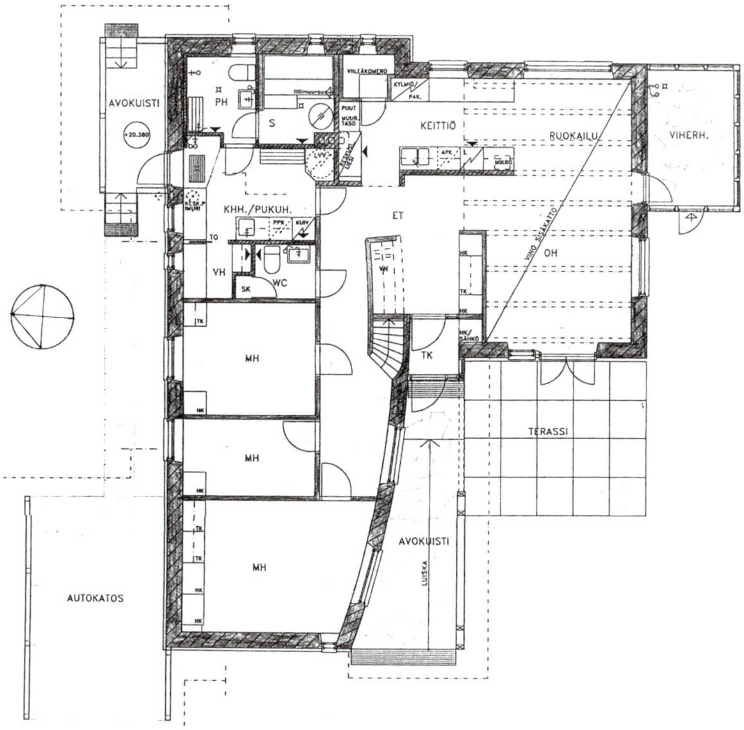

Grundriss

Vermauern der Strohleichtlehmsteine

Ansichten des Wohnhauses in Turku, Finnland

15.3 Wohnhaus in Des Montes, New Mexico, USA

Das ländliche Wohnhaus liegt in der Nähe von Taos, in einer Gegend, in der die Adobe-Architektur eine lange Tradition aufweist. Ein kreisförmiges Wohnzimmer mit zentralem Ofen, eine Wohnküche und zwei große überdeckte Terrassen prägen den Grundriss. Hinzu kommen zwei Schlafräume sowie ein Gästebereich und eine Aussichtsterrasse im Obergeschoss. Alle Wände bestehen aus handgefertigten Lehmsteinen (adobes) und sind mit Lehmputz überzogen. Passive Sonnenenergienutzung sowie Warmwasserkollektoren bieten die notwendige Heizenergie zusammen mit dem zentralen Holzofen. Das auf dem Dach gesammelte Wasser dient zur Bewässerung des Gartens.

Architekt: Joaquin Karcher, Taos, USA
Fertigstellung: 2004
Wohnfläche: 204 m²

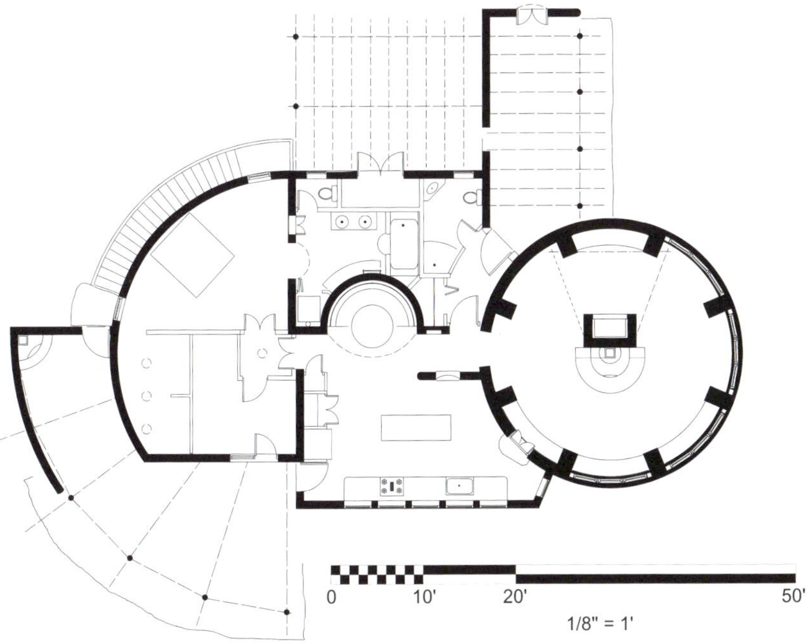
0
10'
20'
50'
1/8" = 1'

15.4 Farmhaus in Wazipur, Haryana, Indien

Das Gebäude wurde, angepasst an das heiße Klima, aus lokalen Baustoffen errichtet und mit weitestgehender passiver Klimatisierung konzipiert. Die Räume sind um einen zentralen Hof gruppiert und weisen somit ausreichende Querlüftung auf. Im Hof wird die Luft durch Verdunstung von Wasser gekühlt (Springbrunnen, Vegetation). Da lokal kein Bauholz vorhanden ist, wurden die Eckstützen der achteckigen Räume aus Steinsäulen gebildet. Die Wände zwischen diesen Stützen sind aus handgefertigten Lehmsteinen gemauert. Die Stützen sind oben durch einen Betonringbalken ge-

Elemente passiver Klimatisierung

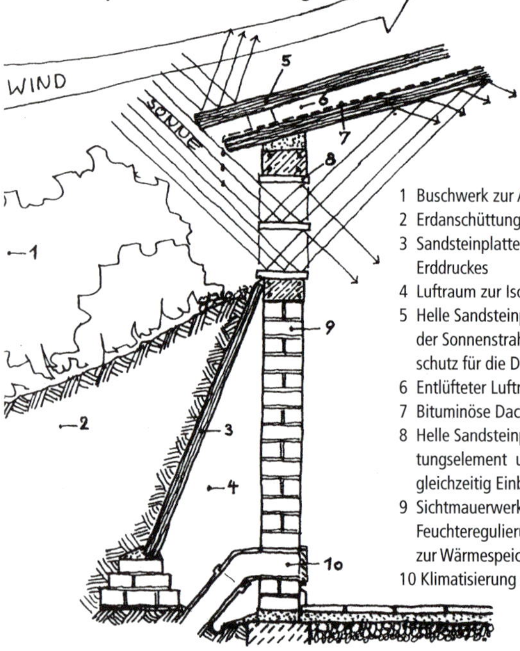

1 Buschwerk zur Ableitung des Windes
2 Erdanschüttung zur Klimaregelung
3 Sandsteinplatte zur Aufnahme des Erddruckes
4 Luftraum zur Isolierung
5 Helle Sandsteinplatte zur Reflexion der Sonnenstrahlen und als Wetterschutz für die Dachabdichtung
6 Entlüfteter Luftraum zur Isolierung
7 Bituminöse Dachabdichtung
8 Helle Sandsteinplatte als Verschattungselement und zur Lichtreflexion, gleichzeitig Einbruchssicherung
9 Sichtmauerwerk aus Lehmsteinen zur Feuchteregulierung der Raumluft und zur Wärmespeicherung
10 Klimatisierung d. Erdtunnelsystem

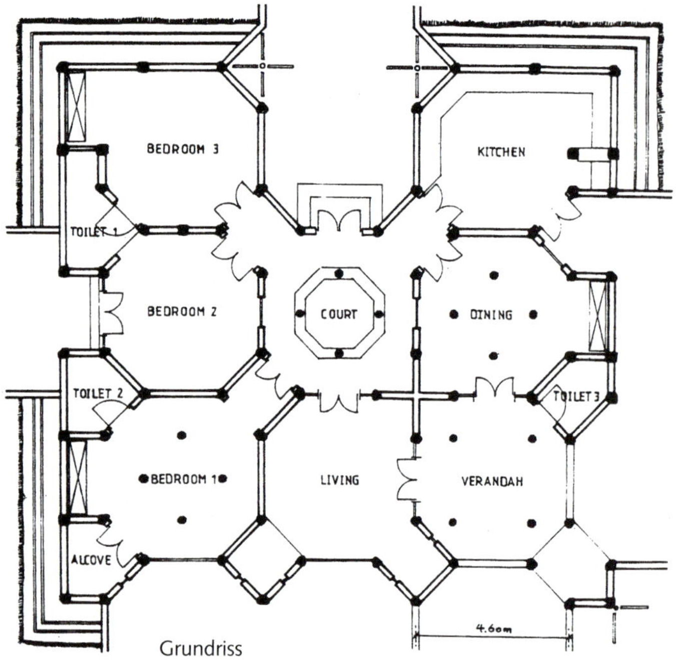

Grundriss

halten, auf denen Sandsteinplatten liegen, die eine leicht gewölbte Deckenstruktur erzeugen (s.Abb.). Das Dach ist als doppeltes Dach ausgeführt. Die weißen Sandsteinplatten reflektieren das Sonnenlicht weitgehend, der transmittierte Rest der Wärme wird durch den belüfteten Hohlraum abgeführt. Erdanschüttungen und Bepflanzungen schützen vor den heißen Winden. Die horizontalen weißen Sandsteinplatten vor den Fenstern dienen der Verschattung, der Lichtlenkung sowie als Einbruchschutz. Durch einen 60 m langen, gemauerten Erdtunnel wird bei Bedarf Umgebungsluft in die Räume geblasen, die auf ihrem Weg annähernd die Erdtemperatur von ca. 25°C angenommen hat. Somit entsteht im Sommer ein angenehmer Kühleffekt und im Winter ein entsprechender Heizeffekt. Dadurch konnten die allgemein üblichen Klimageräte vermieden und sehr viel elektrischer Strom eingespart werden.

Entwurf: Gernot Minke, Kassel, mit DAAT, New Delhi
Fertigstellung: 1994
Wohnfläche: 206 m²

15.5 Wohnhaus in Rosdorf

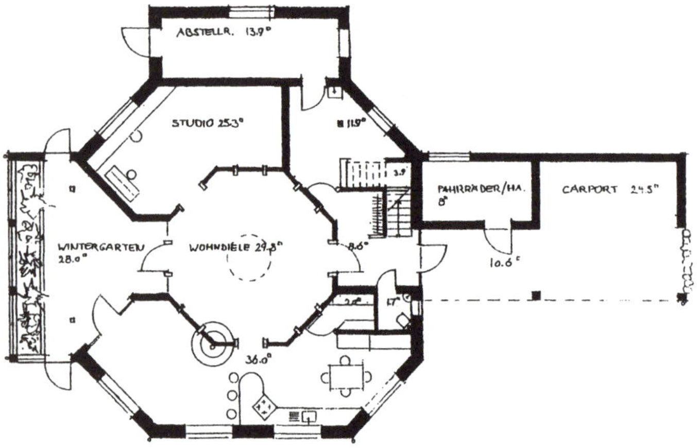

Grundriss Erdgeschoss

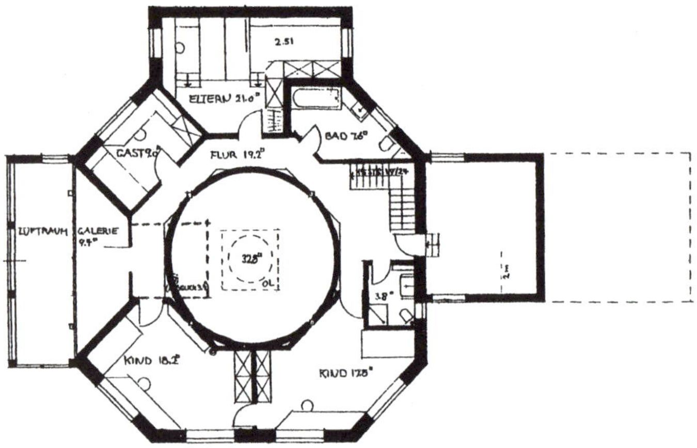

Grundriss Obergeschoss

In der dörflichen Umgebung mit den ziegelgedeckten Satteldächern fällt dieses Wohnhaus durch das flach geneigte Gründach, das mit Solarzellen abgedeckte Pultdach und dem zweigeschossigen integrierten Wintergarten sofort ins Auge. Im Inneren überrascht die zentrale Wohndiele mit der zweigeschossigen Lehmkuppel, die auf einem achteckigen Ringbalken aus Brettschichtholz ruht. Im Obergeschoss ist diese Kuppel, die einen lichten Durchmesser von 6 m aufweist, von außen sichtbar und verteilt das vom Oberlicht hereinströmende Licht gleichmäßig auf den Umgang, von dem Schlafzimmer und Bäder erschlossen werden.
Eine Leiter führt zu einem Ausguck-Podest im Dachbereich, von dem aus man einen freien Blick über das Gründach des Wintergartens in die Landschaft genießen kann.
Die 36,5 cm dicken Außenwände bestehen aus einem gut dämmenden Leichtmauerwerk (λ-Wert 0,11), das innen mit einem Lehmputz überzogen ist. Die Innenwände sind aus Lehmsteinen gemauert und in der Regel als Sichtmauerwerk ausgeführt, um eine maximale Ausgleichswirkung der Raumluftfeuchte zu erreichen.
Der Dachaufbau besteht aus einer Dampfbremse, 30 cm Wärmedämmung, einer PVC-freien Wurzelschutzbahn, 15 cm Leichtsubstrat und einer Wildgräser-/Wild

kräutervegetation. Über Schuppen und Carport ist ein 55 m² großes Solarzellendach mit 6000 Watt Leistung installiert. Auf einem separaten Geräteschuppen ist ein 16 m² großes Solarkellektorendach angeordnet. Ein Kaminofen heizt die zentrale Wohndiele und kann bei Bedarf die Heizleistung der Solaranlage unterstützen.

Das Gebäude ist ein Niedrigenergiehaus mit einem Wärmeverbrauch von 49 kWh/m²a. Der Heizenergiebedarf wurde mit ca. 16.000 kWh für eine beheizte Fläche von 327 m² ermittelt. Davon wurden im ersten Halbjahr von der Solaranlage 26% und dem holzbeheizten Kachelofen 74% abgedeckt.

Das Außenwandmauerwerk hat einen U-Wert von 0,28 W/m²K, der des Daches, ohne Berücksichtigung des Grasdaches, beträgt 0,18 W/m²K. Das Grasdach bringt einen nicht unerheblichen zusätzlichen Wärmedämmeffekt, der aber bei der Berechnung nicht berücksichtigt wurde. Wenn man das 15 cm dicke Leichtsubstrat und das dichte Graspolster berücksichtigt, würde dies für das Dach 0,10 bis 0,14 W/m²K ergeben.

Die passive Sonnenenergienutzung durch den Wintergarten, der mit seinem Natursteinboden und seinen Lehmsichtmauerwerkwänden eine große Wärmespeichermasse aufweist, wirkt sich weiterhin positiv auf die Energiebilanz aus. Die Fotovoltaikanlage liefert jährlich einen Überschuss von ca. 1.000 kWh, der in das öffentliche Netz geleitet wird. Somit amortisieren sich die Kosten der Anlage in wenigen Jahren.

Architekten: Gernot Minke, Kassel
Tobias Weyhe, Quedlinburg
Wohnfläche: 273 m²
Fertigstellung: 2001

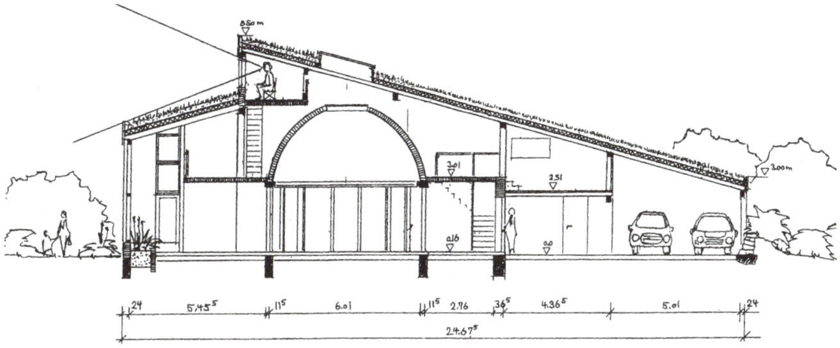

Lehmkuppel über zentraler Diele

Lehmgefülltes Holzrahmenelement wird zum Trocknen aufgeschichtet

15.6 Ökologische Wohnhaus-Gruppe „Soliterra" in Mühlacker-Enzberg

Die Wohnhausgruppe besteht aus drei aneinander gereihten Einfamilienhäuser mit 123 bzw. 133 m² Wohnfläche. Die Wände wurden aus tragenden vorgefertigten geschosshohen 1 m breiten Holzrahmenelementen errichtet, die mit 3 Brettlagen beplankt und ausgesteift sind. Alle Innenwände haben eine Füllung aus Lehmsteinen, Lehmplatten oder Holzhackschnitzel-Lehm, alle Außenwände eine Wärmedämmschicht aus zementgetränkten Holzspänen. Die Decken bestehen aus Holzhoganelementen, die die achteckigen Räume kuppelförmig überdecken. Alle Holzoberflächen sind lediglich gewachst.
Die vorgefertigten Module wurden mit Hilfe eines Autokrans montiert, so dass der Rohbau in drei Tagen fertig gestellt war. Gedeckt sind die Häuser mit einem Gründach aus 15 cm Leichtsubstrat und einer Wildgräser-Wildkräuter-Wiese.
Über den beiden Garagen ist ein 30 m² großer Solarkollektor installiert, der den benötigten Energiebedarf für Heizung (43 kWh/m²) und Brauchwasser (18 kWh/m²) zu 34% deckt. 48% des Bedarfs wird durch die Wärmepumpe mit vertikalen Erdsonden gewonnen. Die restlichen 18% (12 kWh/m²) werden zum Betrieb der Wärmepumpe benötigt. Die im Sommer entstehende überschüssige Wärme wird über die Erdsonden in das Erdreich eingetragen, das somit als Langzeit-Wärmespeicher dient.

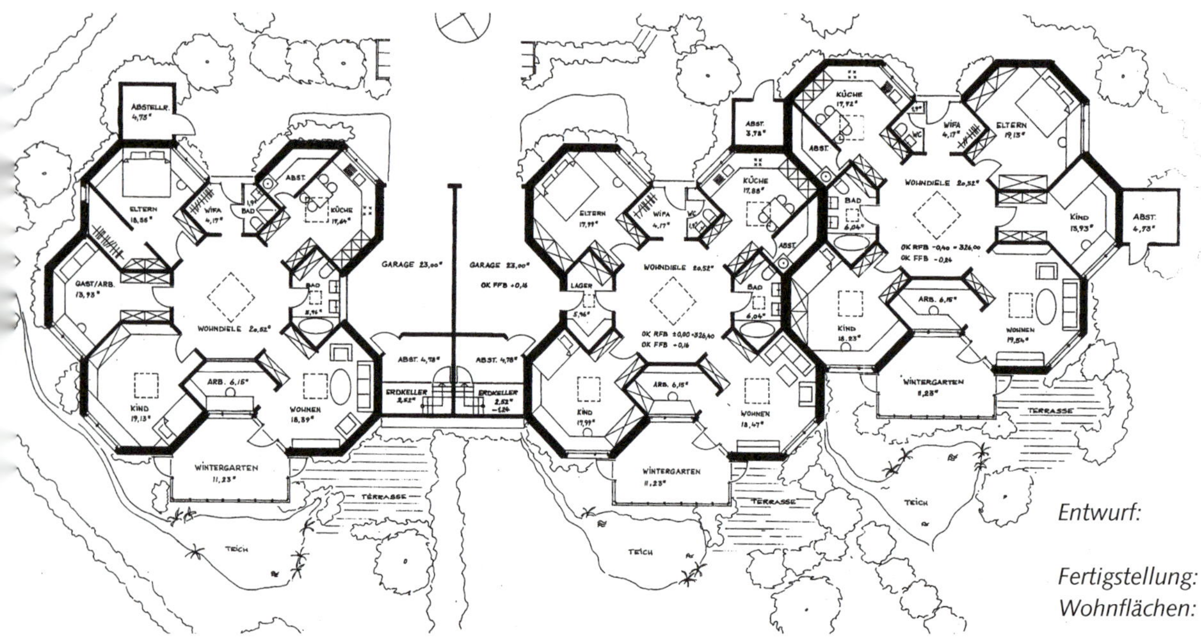

Entwurf: Gernot Minke mit Tobias Weyhe, Kassel
Fertigstellung: 2000
Wohnflächen: 133 m², 123 m² u.133 m²

Montage eines Elementes (Terra Limes)

15.7 Wohn- und Bürohaus in Kassel

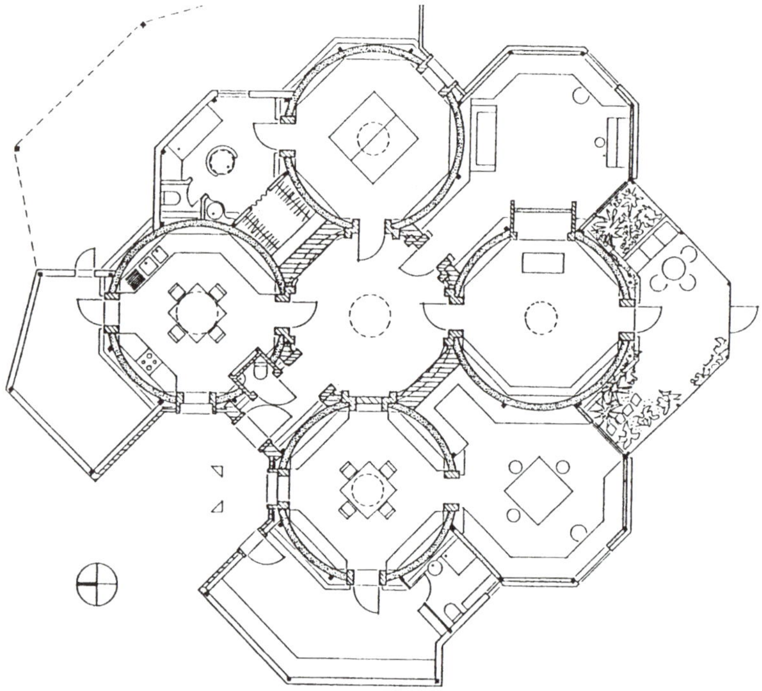

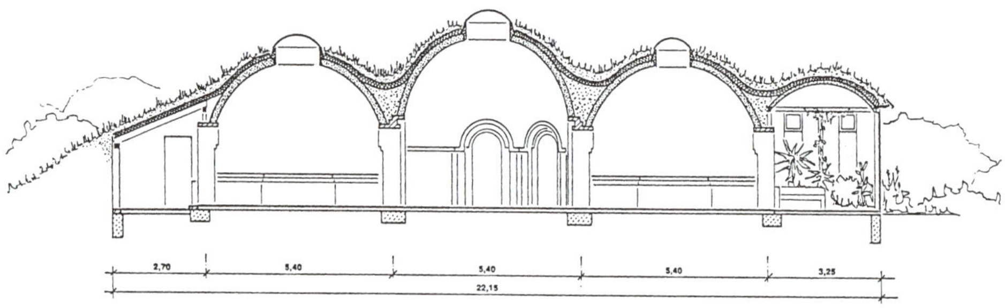

Bei dem 1992 in Kassel errichteten Wohn- und Bürogebäude sind alle Wohnräume sowie Windfang, Bad und Wintergarten mit Kuppeln überdeckt. Über den Windfang, der mit den in Abb. 14.7-41 gezeigten preußischen Kappen aus Grünlingen versehen ist, gelangt man in die zentrale Diele, die mit einer lichten 4,60 m hohen Stützlinienkuppel überwölbt ist. Belichtet wird die Diele über ein Oberlicht aus einer zweischaligen Acrylglaskuppel. Von der zentralen Diele gehen vier weitere, mit 4 m hohen Kuppeln überdeckte Räume ab, die jeweils zusätzlich zum zentralen Oberlicht mit einem seitlichen Fenster ausgestattet sind. Die Herstellung dieser fünf Kuppeln erfolgte in der in Kap. 14.7.7 beschriebenen Technik. Obwohl die Kuppeln der Wohnräume in 0,75 m Höhe und die Kuppel der Diele erst in 1,75 m Höhe beginnen, ist es gelungen, alle Kuppelkräfte direkt in die Streifenfundamente einzuleiten, ohne dass Ringzugbalken notwendig wurden.

Entwurf: Gernot Minke, Kassel
Fertigstellung: 1993
Wohnfläche: 213 m²

Baubeschreibung
Fundamente: unbewehrte Betonstreifenfundamente
Fußboden: kapillarkraftbrechende Schotterschicht, Wärmedämmung, Holzdielen auf Lagerhölzern oder Blähtonleichtlehm mit Lehmestrich bzw. Sisalteppich; in Nassräumen schwimmender Estrich mit Korkbelag

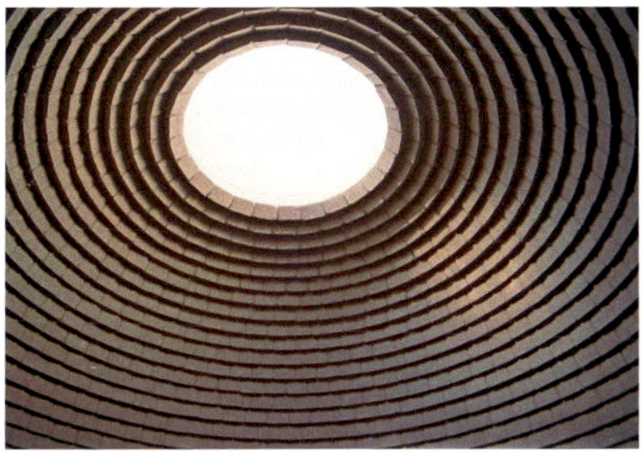

15.8 Casa cúpula, Emboscada, Paraguay

Eine besondere Wohnform stellt die „casa cúpula“ dar, die 2021 in der ökologischen Siedlung „Valle Tucán“ fertiggestellt wurde (Abb. 1). Das Gebäude, das eine überbaute Fläche von 185 m² aufweist, zeichnet sich durch einen zentralen achteckigen Wohnbereich aus, der von einer Lehmkuppel überdacht wird. Um diesen Raum herum sind alle anderen Räume und eine 30 m² große überdachte Terrasse angeordnet, die zusammen ebenfalls ein Achteck bilden (Abb. 2). Die Kuppel weist einen Innendurchmesser von 6 m und eine Höhe von 4,5 m auf und wird durch ein zentrales Oberlicht erhellt.

Die Kuppel wurde aus handgefertigten Lehmsteinen errichtet, die mit Hilfe einer Rotationslehre in exakte Position gebracht wurden (Abb. 3 bis 11). Um das akustische Verhalten der Kuppel zu verbessern, wurden die Lehmsteine mit abgerundeten Innenecken versehen und mit einer um 20 Grad geringeren Neigung als normal verlegt. Dadurch wurde die fokussierende Wirkung der Schallreflexion zur Mitte der Kuppel hin wirksam reduziert (Abb. 12). Außerdem sind die Lehmsteine konisch geformt und haben ein geneigtes äußeres Ende, um Mörtel zu sparen und die strukturelle Stabilität der Kuppel zu erhöhen. Fundament, Sockel und Türdurchgänge bestehen aus lokalem Kalkstein, der auf dem Gelände anfällt. Alle Außen- und Innenwände sind aus handgefertigten Lehmsteinen aus lokaler Erde gefertigt, mit Lehmmörtel vermauert und beidseitig mit Lehmputz verputzt. Die Außenseite ist mit einer zweiten Schicht aus kalkstabilisiertem Lehmputz versehen. Die Außenseite der Kuppel ist mit Steinplatten bedeckt, das leicht geneigte Dach darum herum mit einem Gründach. Die Pflanzen werden durch Hochpumpen des gefilterten Grauwassers aus dem Haus bewässert, so dass nach einigen Monaten des Wachstums ein dichtes Pflanzenpolster von 20 bis 40 cm Höhe mit einer enormen Wärmedämmwirkung entsteht. Durch niedrige und hohe Öffnungen wird durch natürlichen Luftaustausch ein nächtlicher Kühleffekt erzielt, dessen Wirkung durch die thermische Masse der massiven 35 cm dicken Lehmwände verstärkt wird.

Architekt:	Gernot Minke, Kassel
Bauleitung:	Jörg Janisch, Emboscada, Paraguay
Fertigstellung:	2021
Überbaute Fläche:	185 m²

Abb. 1

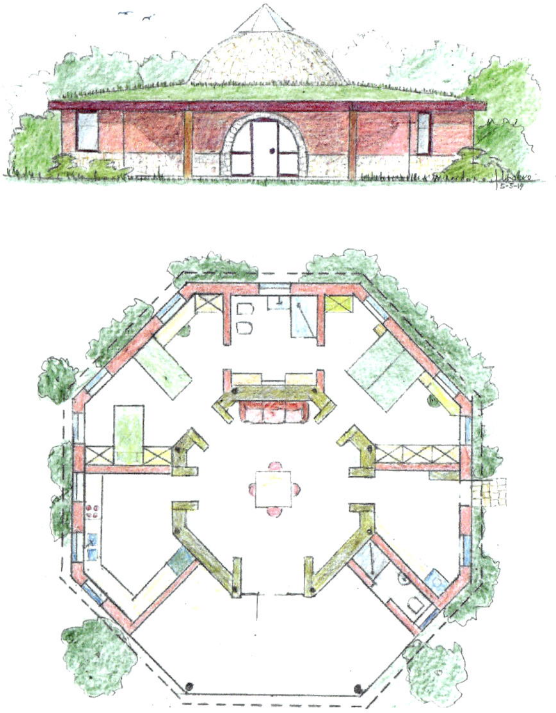

Abb. 2

Abb. 3

Abb. 4

Abb. 5

Abb. 6

Abb. 7

Abb. 8

Abb. 9

Abb. 10

Abb. 11

Abb. 12

15.9 Wohnen unter Tonnengewölben, Emboscada, Paraguay

In der ökologischen Siedlung „Valle Tucán", am Rande der Kleinstadt Emboscada, entstehen zurzeit unterschiedliche Wohnhäuser, die alle durch begrünte Tonnendächer charakterisiert sind. Bei den meisten Haustypen sind die Räume mit Tonnengewölben überdeckt, die bereits in einer Sockelhöhe von 900 cm beginnen, und deren Querschnitt die Form einer umgekehrten Kettenlinie aufweist. Bei diesen Wohnhäusern sind bis zu 80 % ihrer Außenflächen mit Erde und Vegetation überzogen (Abb. 1 und 2). Um das dichte, bis zu 40 cm hohe Pflanzenpolster des Gründachs zu erreichen, werden die Gründächer bewässert. Dazu wird lediglich das Abwasser aus dem Haus verwendet, das über eine Dreikammergrube zunächst gereinigt und dann auf das Dach gepumpt wird. Dieses dichte Pflanzenpolster verhindert aufgrund der vollständigen Verschattung des Daches das Aufheizen durch die Sonneneinstrahlung, was in dem gegebenen subtropischen Klima ein wesentlicher Aspekt für den Wohnkomfort ist. Außerdem bildet die dichte Vegetation durch das eingeschlossene Luftpolster und durch das Abhalten der Luftströmung eine hohe Wärmedämmwirkung. Zu dem angenehmen Wohnklima, das trotz einer durchschnittlichen Jahrestemperatur von nahezu 25 Grad ohne Klimaanlage lediglich mit Deckenventilatoren erreicht wird, tragen außerdem die ca. 3,80 m hohen Tonnengewölbe bei, die eine einfache natürliche Entlüftung ermöglichen: dies geschieht durch Öffnungsklappen im oberen und unteren Bereich der Fassade. Damit ist eine Nachtabkühlung der Innenräume möglich, deren Wirkung durch die große thermische Masse der 30 cm dicken massiven Wände aus handgeformten Lehmsteinen verstärkt wird. Weitere Bedingungen für ein Wohnen

Abb. 1

Abb. 2

Abb. 3

Abb. 4

ohne Klimaanlage sind die Ausrichtung der Fassaden und damit der Fensterflächen nach Norden beziehungsweise nach Süden und das Vorsehen von Verschattungselementen, die ein Eindringen der mittäglichen Sonnenstrahlung ins Innere des Hauses verhindern. Als sehr wirksam hat sich das dreiläufige Raster aus hellen Sandsteinplatten erwiesen, das das direkte Eindringen der Sonnenstrahlen verhindert, aber das Sonnenlicht reflektiert und somit das Gewölbe innen erhellt (Abb. 3 und 4).

Die Gewölbe mit dem Querschnitt einer umgekehrten Kettenlinie werden in der „nubischen" Technik errichtet. Mit dieser Technik, die seit Jahrtausenden in Oberägypten verwendet wird, lässt sich ein Gewölbe ohne Schalung herstellen, indem ein Bogen nach dem anderen unter einer Neigung von 65 Grad gemauert wird. Um den genauen Querschnitt einhalten zu können, wurden alle ca. 40 cm horizontale Schnüre gespannt (Abb. 5).

Das kleinste Wohnhaus besteht aus nur einem Tonnengewölbe, das eine Fläche von 4,75 m x 11,20 m überspannt, wobei 14 m² eine überdachte Terrasse bilden (Abb. 6 und 7). Die Abb. 8 und 9 zeigen ein Wohngebäude bei dem zwei Tonnengewölbe miteinander verbunden sind und das eine Wohnfläche von 70 m² aufweist. Ein weiterer Haustyp mit drei Tonnengewölben ist in Planung.

Abb. 5

Abb. 6

Abb. 7

Abb. 8

Abb. 10

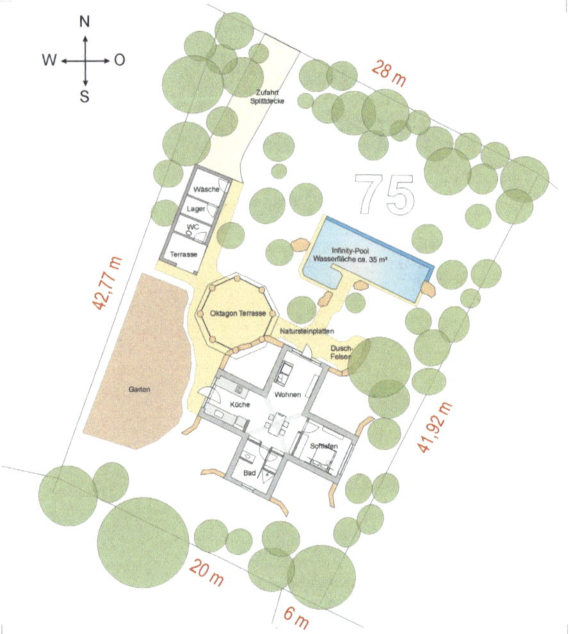

Abb. 9

Abb. 11

Abb. 12

Eine interessante Wohnform entsteht, wenn sich zwei Tonnengewölbe kreuzen. Typisch für diese Gebäude sind die runden Fensteröffnungen, die zu dem Namen „Hobbit-Häuser" führten (Abb. 10 bis 14).
Wichtig für den Entwurf der Gebäude war, dass sie weitestgehend aus lokalen natürlichen Baustoffen errichtet werden und somit einen geringen ökologischen Fußabdruck haben und dass sie besonders langlebig also nachhaltig sind: Die Wände und Gewölbe bestehen aus vor Ort per Hand gefertigten Lehmsteinen („adobes") aus einem Erdaushub, der aus unmittelbarer Nähe stammt. Um die Herstellung der Lehmsteine zu erleichtern, wurde ein fahrbarer Tisch entwickelt auf dem der Lehm lagert und an dem ein Wasserbehälter befestigt ist, in dem die Form gereinigt werden kann (Abb. 15 und 16).
Die Verblendung der Fassaden besteht aus Natursteinen, die in der Regel von einem Steinbruch stammen, der sich auf dem Gelände der Siedlung befindet, das Gründach besteht aus lokaler Erde und lokaler Vegetation. Eine zusätzliche industriell produzierte Wärmedämmung ist bei den gezeigten Bauten nicht notwendig.

Architekt: Gernot Minke, Kassel
Bauleitung: Jörg Janisch, Emboscada, Paraguay

Abb. 13

Abb. 14

Abb. 15 und 16

15.10 Friedhof in Bushey, Hertefordshire, UK

Der Bushey-Friedhof ist ein 16 Hektar großes Gelände, das inmitten der Wiesen des Londoner Grüngürtels liegt. Er wurde 1947 eingerichtet und ist eine der bedeutendsten jüdischen Begräbnisstätten im Vereinigten Königreich. Die hier gezeigte Erweiterung wird in den nächsten 60 Jahren weitere 8.000 Beerdigungen ermöglichen.
Die lineare Anordnung der Gebäude soll die Rituale des jüdischen Bestattungsprozesses widerspiegeln. Die Gebäude sind entlang einer Nord-Süd-Achse angeordnet, um die Bewegung der Trauernden zu erleichtern. Eine hölzerne Kolonnade bildet den Prozessionsweg zu den Gebetshallen, die von Westen her betreten und von Osten her verlassen werden, bevor die Trauernden zum Grab geführt werden.
Das Herzstück der Anlage bilden zwei monolithische Gebetshallen, die in eine Ecke des abschüssigen Geländes eingebettet sind. Stampflehm, der vor Ort gewonnen wurde, bestimmt die Gesamtgestaltung und wurde wegen seiner symbolischen und praktischen Bedeutung für den jüdischen Glauben gewählt, da er die traditionelle Vorstellung widerspiegelt, dass die Verstorbenen in schlichten Holzsärgen beigesetzt werden und „zur Erde zurückkehren".
Die Stampflehmwände sind offen gelassen. Eichenholzverkleidungen, Lärchenholzbalken, Lehmziegel und Cortenstahltüren vervollständigen die natürliche, fühlbare Materialpalette.

Architekt:	Waugh Thistleton
Projektleiter:	Deacon und Johns
Stampflehm:	Earth Structures
Fertigstellung:	2017
Grundfläche:	670 m^2
Kosten:	6,8 Mio. £

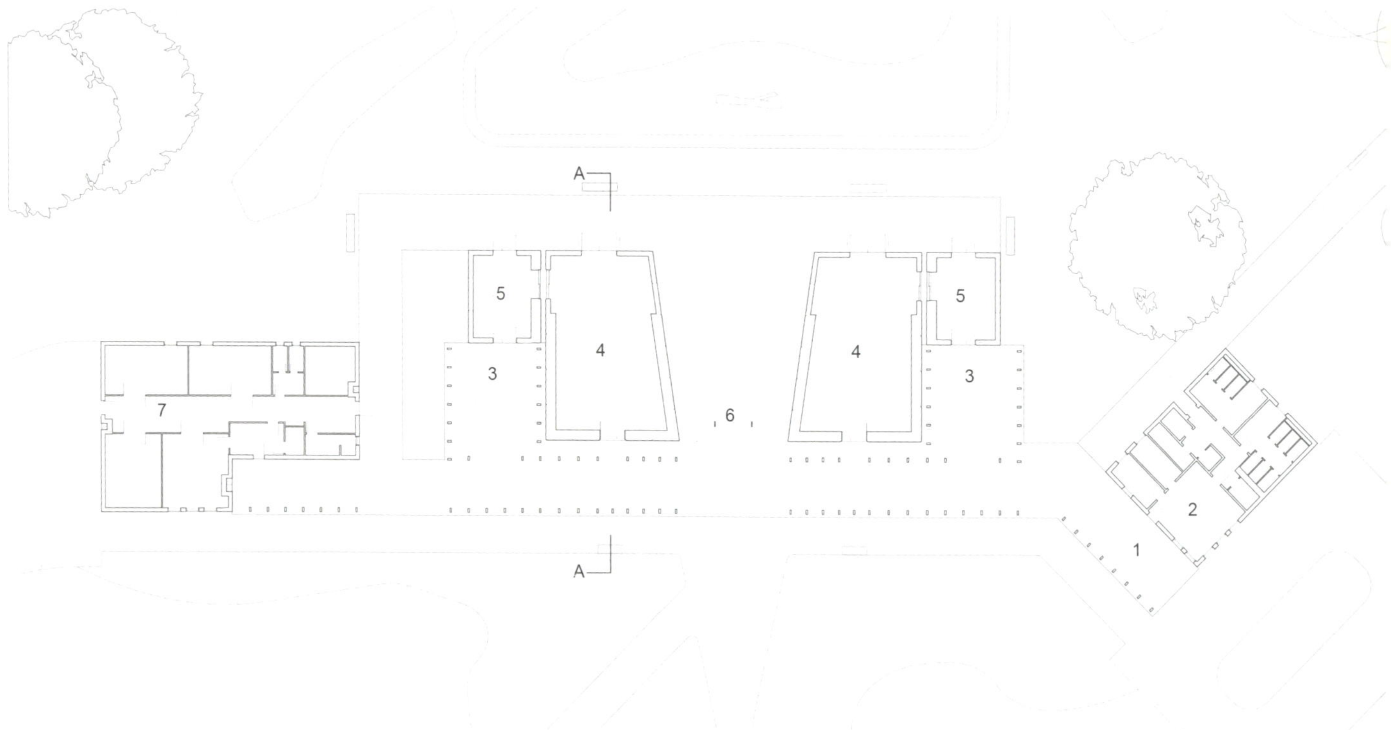

KEY

1. Meeting point and arrival area
2. Reception
3. Hand washing area
4. Prayer hall
5. Cohanim room
6. Prayer arch
7. Mortuary

15.11 Lehm-Kuppel in Aiguá, Uruguay

Auf einem Landsitz am Rande der Kleinstadt Aiguá wurde eine Lehmkuppel für bis zu 50 Personen errichtet, die zum Entspannen, Meditieren und Musizieren dient. Aufgrund seiner besonderen Akustik dient das Gebäude auch als Aufnahmestudio für experimentelle Musik. Der Innendurchmesser der Kuppel beträgt 7 m, die lichte Höhe in der Mitte 5,40 m. Das Fundament und der Sockel sind aus lokalen Natursteinen gefertigt, die Kuppel wurde aus handgefertigten Lehmsteinen, sogenannten „adobes" errichtet.
Die Kuppel hat einen kreisrunden Eingang aus Naturstein mit einem Durchmesser von 1,50 m, so dass man den Raum in gebückter Haltung betritt und seine Höhe erst beim Betreten erfährt. Der Boden ist zur Mitte hin um 20 cm geneigt, so dass keine

horizontale Ebene mehr wahrnehmbar ist. So entsteht ein besonderer Raumeindruck, der Geborgenheit ausstrahlt. Der obere Teil hat eine Öffnung, die von einem Oberlicht in Form einer achteckigen Pyramide bedeckt ist und das Gefühl vermitteln kann, mit dem Kosmos in Kontakt zu stehen.
Die Lehmkuppel wurde in einem zweiwöchigen Workshop unter der Leitung des Autors mit den von ihm entwickelten „akustischen Adobes" errichtet. Diese handgefertigten Lehmsteine haben innen abgerundete Kanten, um die Schallreflexion zu streuen, und sind in einem Winkel von etwa 20 Grad nach außen geneigt, um einen Teil des Schalls nach oben zu reflektieren. Somit wird die störende fokussierende Schallreflexion, die üblicherweise bei Kuppeln entsteht, wesentlich verringert. Außerdem sind die Mörtelfugen vertieft, um eine gewisse Schallabsorption zu erreichen. Der Querschnitt der Kuppel ist so berechnet, dass keine horizontalen ringförmigen Zugkräfte auftreten, was eine maximale Erdbebensicherheit gewährleistet. Diese Kurve wird mit Hilfe der vom „Forschungslabor für Experimentelles Bauen" an der Universität Kassel entwickelten Rotationslehre eingehalten, die die korrekte Position der einzelnen Lehmsteine definiert. Außen wurde die Kuppel zunächst mit einem zweischichtigen Lehmputz überzogen und anschließend mit einer vliesverstärkten Acrylfarbe versiegelt. Die letzte Schicht der transparenten Farbe wurde mit Sand und Lehmpulver vermischt, um ein lehmartiges Aussehen zu erzielen und einen zusätzlichen Schutz vor UV-Strahlung zu erhalten.
Der Boden besteht aus Stampflehm, seine Oberfläche ist durch Holzprofile in 8 Felder und ein zentrales Achteck unterteilt. Die oberste Schicht des Bodens besteht aus einem etwa 2 cm dicken Lehmputz, der mit etwas Kalk und Zement gegen Abrieb stabilisiert wurde.

Entwurf und Bauleitung:
Gernot Minke, Kassel
Organisation und Bauleitung:
Macarena Albarracin,
Santiago Escarrá,
Salta, Argentinien
Fertigstellung: 2020
Nutzbare Fläche: 38,5 m²

15.12 Jugendzentrum, Berlin-Spandau

Das pädagogisch betreute Zentrum bietet Kindern und Jugendlichen des Bezirks verschiedenste Freizeitaktivitäten.
Eine 32 m lange massive Stampflehmwand aus unterschiedlich farbigen Lehmen teilt das Gebäude und dient zur Wärmespeicherung und zum Luftfeuchteausgleich. Die Glasfassade im Süden bringt spürbare passive Sonnenenergiegewinne. Das Gründach speichert ca. 70% der Niederschläge, der Rest wird auf dem Gelände versickert.

Architekten: Hermann Scheidt, Frank Kasprusch
Fertigstellung: 2005
Nutzfläche: 385m²

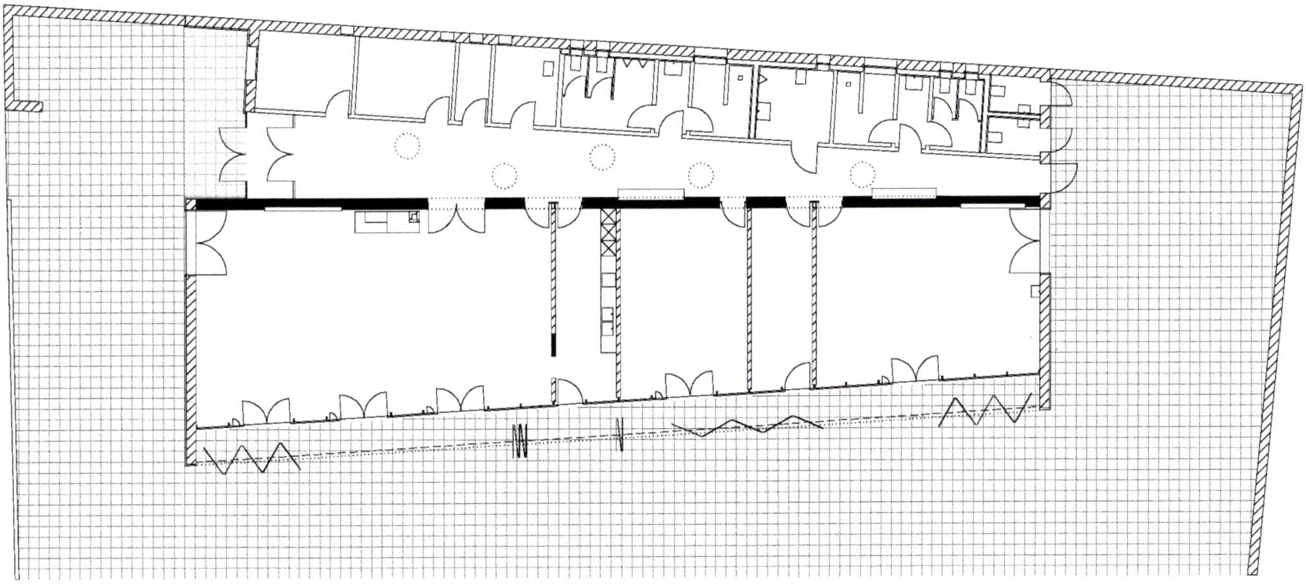

15.13 Kindergarten in Wennigsen-Sorsum

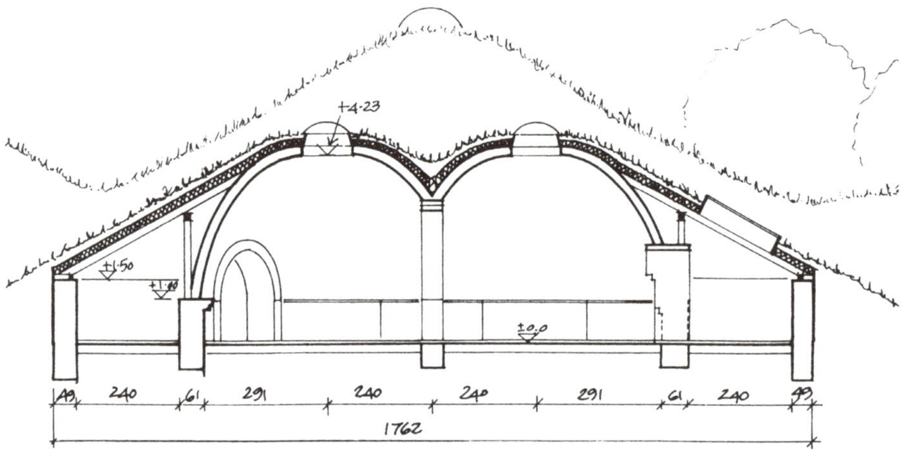

Entwurf: Gernot Minke mit Christian Balcke, Kassel
Fertigstellung: 1996
Nutzfläche: 595 m²

Die drei Gruppenräume des Waldorf-Kindergartens sind um eine zentrale Mehrzweckhalle angeordnet, die von einer 7 m hohen Lehmsteinkuppel mit 10 m lichtem Durchmesser überdeckt ist. Der Umgang der Halle, der mit einer Holzkonstruktion abgedeckt ist, dient als Hallenerweiterung bei größeren Veranstaltungen. Die Gruppenräume sind von zwei Lehmsteinkuppeln überwölbt, die in einem Bogen zusammentreffen (s. Schnitt). Die Lehmsteine weisen abgerundete Stirnflächen auf und kragen im unteren Bereich ca. 3 cm aus, so dass einerseits eine sehr positive Schallstreuung entsteht und andererseits die fokussierende Schall-Reflektion zur Mitte hin vermieden wird (s. Detailfoto). Überdeckt ist das Gebäude mit einem Gründach aus 15 cm Leichtsubstrat und einer Wildgräser-Wildkräuter-Vegetation über einer verschweißten 2 mm dicken wurzelfesten Dachhaut aus polyolefinbeschichtetem Glasfasergewebe. Darunter liegt eine 20 cm dicke Wärmedämmschicht.

15.14 Kindergarten in Bellingdon, Buckinghamshire, UK

Ziel dieses Kindergartens war es, ein nachhaltiges Gebäude mit gesundem Raumklima unter Verwendung natürlicher und lokaler Baumaterialien zu schaffen.

Das Gebäude liegt am Rande eines Dorfes und beherbergt drei Gruppen von Kindern im Alter von 2 bis 4 Jahren und eine Gruppe von Schulkindern bis zu 10 Jahren, die vor und nach der Schule betreut werden, während ihre Eltern arbeiten. Die einzelnen Räume sind um einen achteckigen Zentralraum gruppiert, der von einer Lehmkuppel überdacht ist. Zum Bau der Kuppel wurden speziell geformte, ungebrannte Lehmziegel verwendet. Sie weisen abgerundete Kanten auf, um die Raumakustik zu verbessern. Die „Strokes" genannten Lehmsteine bestehen nur aus Lehm mit etwas Zugabe von Stroh und wurden in Formen gepresst. Die Herstellungstechnik wurde von HG Matthews Brickworks entwickelt.

Um die Verwendung von Beton auf der Baustelle zu vermeiden, wurden die Fundamente mit verdichtetem Feldsplitt gefüllt, der aus dem Boden der umliegenden Felder gesiebt wurde. Die Ziegel, aus denen die achteckigen Außenwände bestehen, sind handgefertigte holzgebrannte Ziegel. Das Innen- und Außenmauerwerk wurde mit Kalkmörtel verlegt, und die Außenwände sind mit Hanfbetonblöcken aus Hanf und Kalk gedämmt, die die erforderliche Wärmedämmung gewährleisten und trotzdem eine ausreichende thermische Masse für ein ausgeglichenes Raumklima bieten.

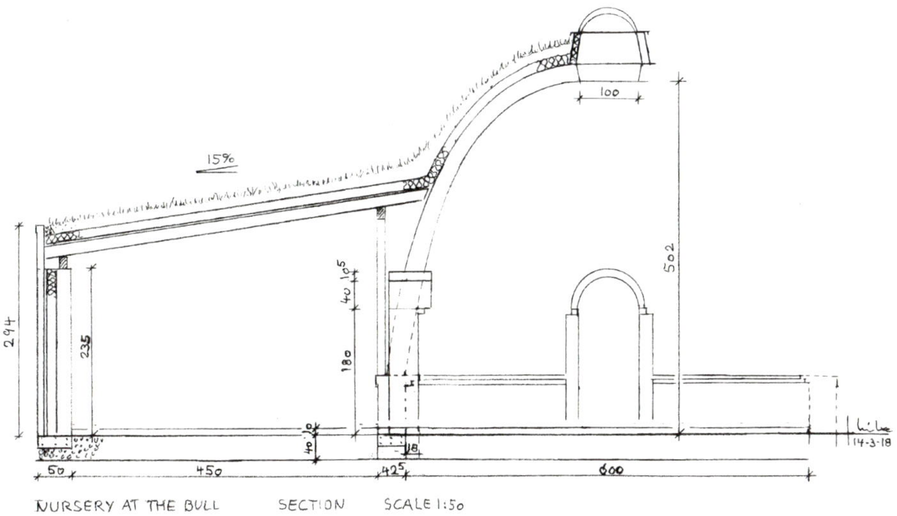

Die hölzerne Dachkonstruktion ist mit einer Wärmedämmung und einem Gründach abgedeckt, das mit Gras- und Wildblumensamen eingesät wurde.

Architekt: Gernot Minke, Kassel
Fertigstellung: 2020
Grundfläche: 230 m²
Baukosten: 450.000 £

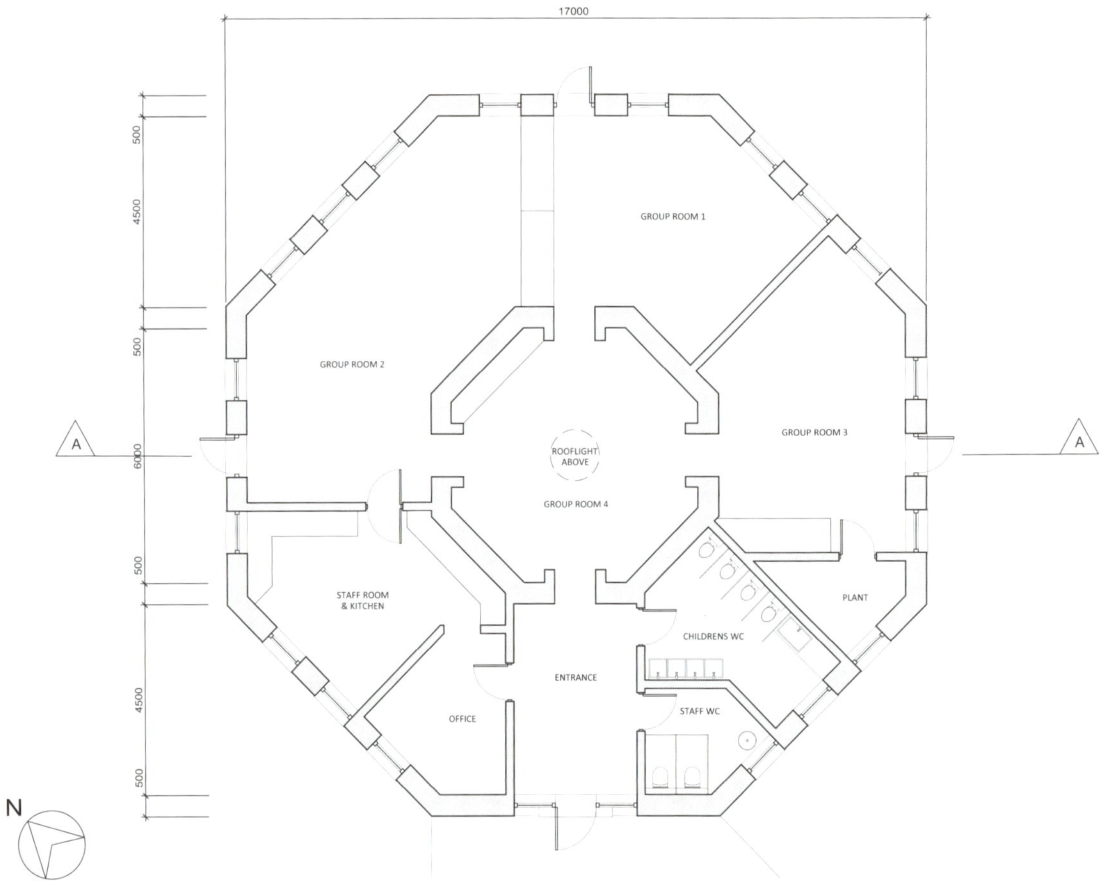

GROUND FLOOR PLAN - AS PROPOSED

0m 5m 10m

Scale 1:100

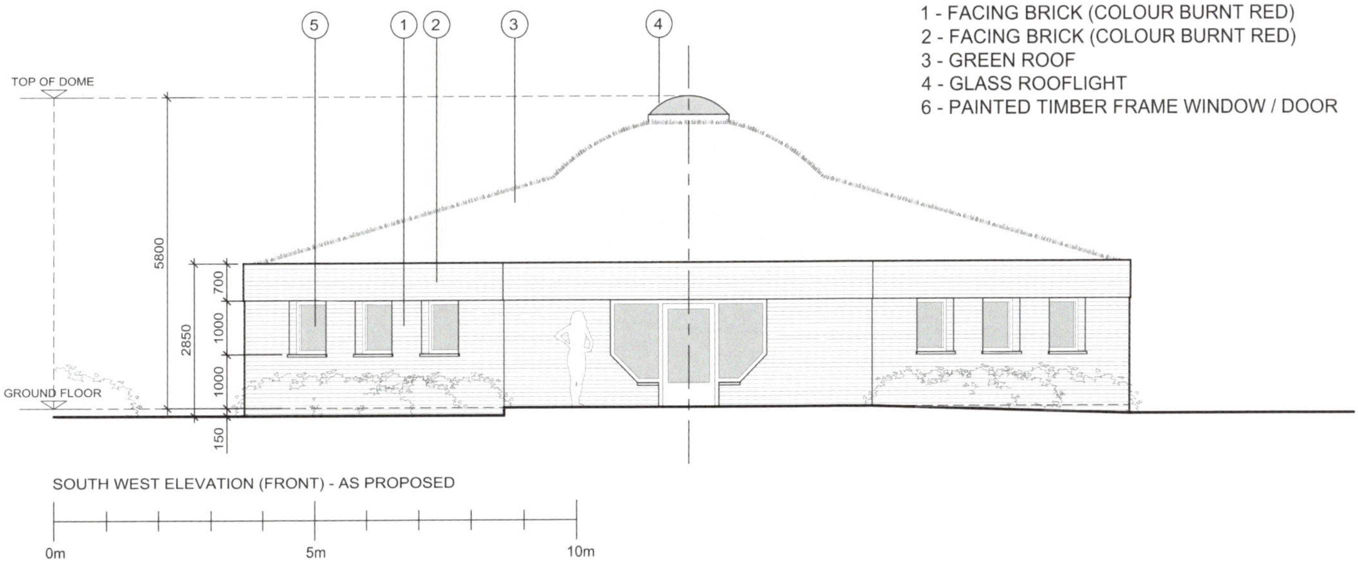
1 - FACING BRICK (COLOUR BURNT RED)
2 - FACING BRICK (COLOUR BURNT RED)
3 - GREEN ROOF
4 - GLASS ROOFLIGHT
6 - PAINTED TIMBER FRAME WINDOW / DOOR
TOP OF DOME
GROUND FLOOR
5800
2850
700
1000
1000
150
SOUTH WEST ELEVATION (FRONT) - AS PROPOSED
0m
5m
10m

15.15 Schule in Rudrapur, Bangladesh

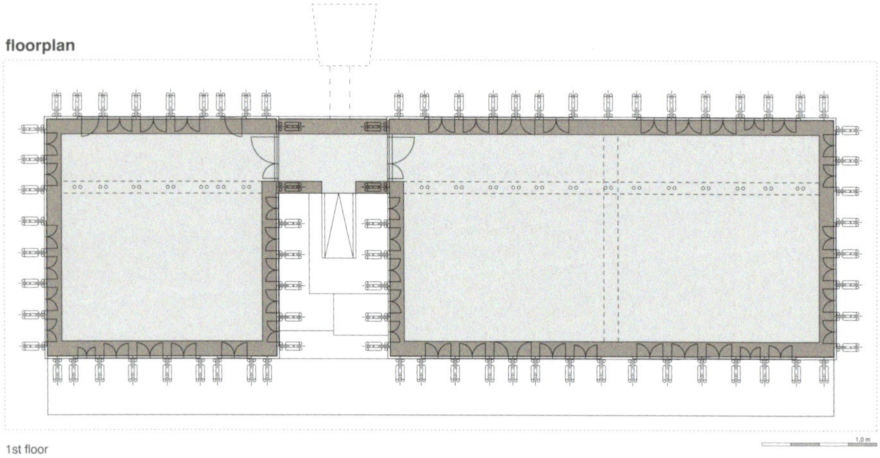

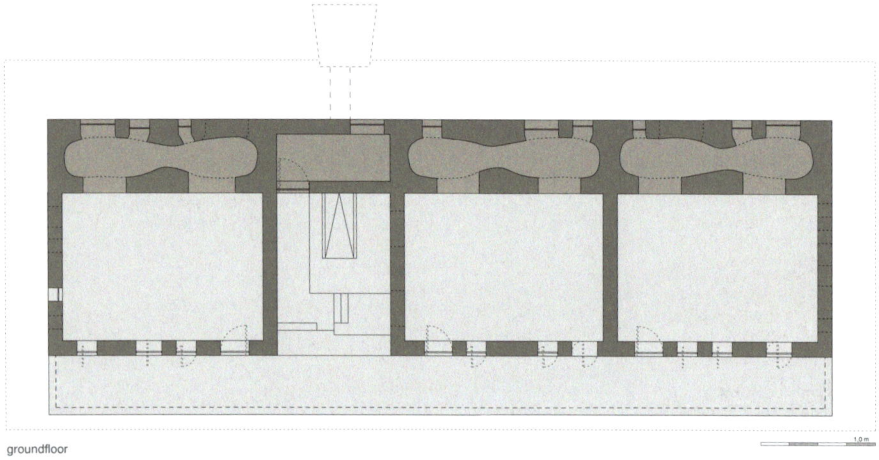

Der Schulbau entstand als Selbsthilfeprojekt unter Verwendung der lokal vorhandenen Baustoffe Lehm und Bambus. Im Erdgeschoss befinden sich drei Klassenräume, die jeweils durch runde Schlupflöcher mit einem kleinen „Höhlenraum" verbunden sind. Im Obergeschoss befinden sich zwei große Räume für freie Aktivitäten. Die Erdgeschosswände wurde in einer Mischung aus lokaler Nasslehmtechnik und traditioneller Wellerbautechnik aus Lehm mit hohem Reisstrohanteil errichtet und außen in ihrer Struktur sichtbar gelassen. Innen wurden sie mit Lehmputz versehen und gekalkt. Die Geschossdecke besteht aus einer Bambusstruktur mit Wellerlehm. Das Dach besteht aus einem Rahmentragwerk, das auf den Überständen der Deckenträger ruht. Die Obergeschossfassade wird aus Holzfenstern gebildet, die mit Bambusleisten bekleidet sind.

Das Projekt erhielt den Aga-Khan-Preis 2007.

Entwurf:	Anna Heringer, Eike Roswag, Berlin
Beratung:	Christof Ziegert, Berlin
Fertigstellung:	2006
Nutzfläche:	325 m²
Baukosten:	ca. 30.000 Euro

15.16 Bürogebäude in Hannover

Im Wissenschaftspark Hannover entstand 2003 ein zweigeschossiges Bürogebäude, das aus vorgefertigten Holzbauteilen in kurzer Zeit montiert werden konnte. Das Innere ist durch die Baustoffe Holz und Lehm sowie durch die achteckigen Räume, das Äußere durch die horizontale Lärchenholzverschalung und das Gründach geprägt. Vom zentralen Eingang gelangt man in einen Empfangsraum mit Wasserbecken und Grünpflanzen und von dort ins Treppenhaus. Bislang wurde nur die westliche Hälfte als erster Bauabschnitt realisiert.

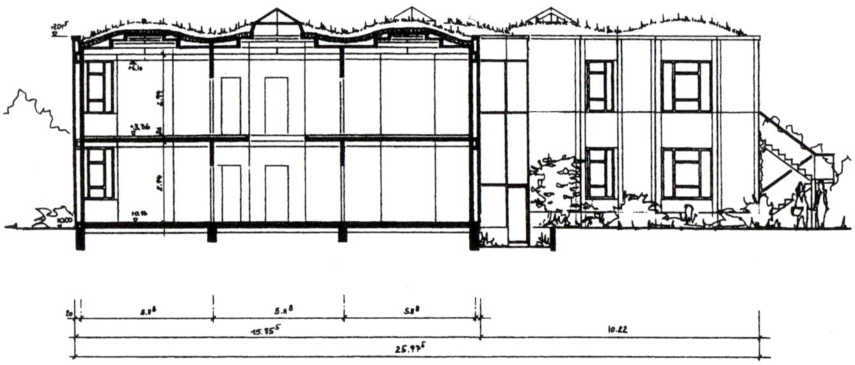

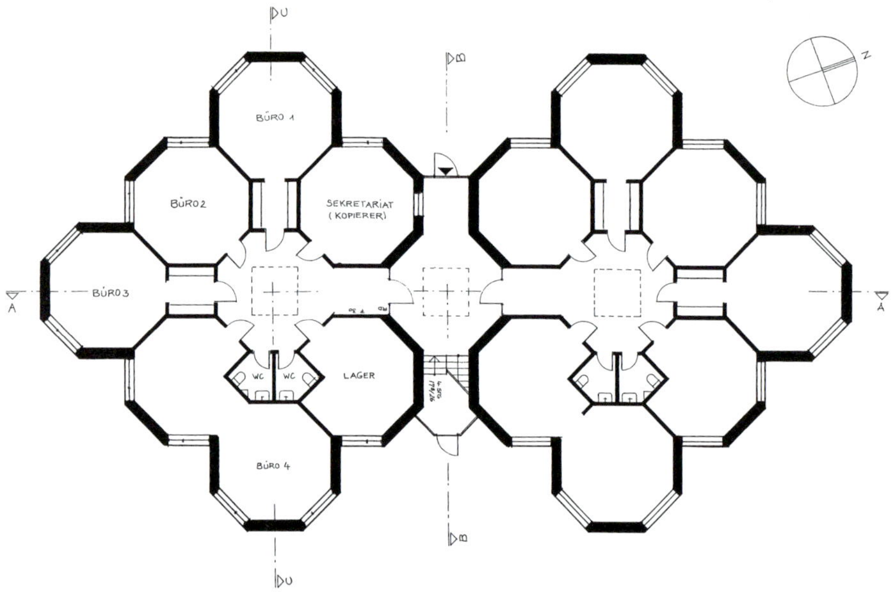

Das regelmäßige Achteck als Grundform der Räume bietet eine Atmosphäre der Geborgenheit und Ruhe sowie eine Vielzahl unterschiedlicher Anordnungsmöglichkeiten für die Arbeitsbereiche. Die Büroräume werden über einen achteckigen Zentralraum erschlossen, der nicht nur als „Flur", sondern auch als Kommunikationsraum dient.

Die Wände wurden aus geschosshohen, 1 m breiten tragenden Holzrahmenelementen mit einem Kran auf Lärchenholzschwellen aufgestellt. Die Außenelemente sind beidseitig mit Brettern beplankt und wurden mit Ölleinschäben gefüllt. Eine horizontale Holzschalung mit Schattenfuge dient als Wetterschutz. Innen sind die Außenwandelemente mit extrudierten Lehmplatten beplankt und mit einem weißen Lehmputz überzogen.

Die Holzrahmenelemente der Innenwände wurden nachträglich mit ungebrannten Lehmsteinen ausgemauert und ebenfalls mit einem weißen Lehmputz überzogen.

Die Geschossdecken bestehen aus vorgefertigten Brettstapelelementen. Die Obergeschossdecken sind als „Hogan-Decken" ausgebildet. Diese bestehen aus jeweils um 45° verdreht übereinander gestapelten Holzrahmen, deren dreieckige Felder mit Brettstapelplatten abgedeckt sind. Im Obergeschoss weisen einige Räume zentrale Lichtkuppel-Pyramiden auf, die für eine besonders gleichmäßige, harmonische Belichtung der Räume sorgen.

Die Heizung erfolgt über eine Gasbrennwerttherme. Eine in Lehmplatten eingelassene Wandheizung sorgt für eine Niedertemperatur-Strahlungsheizung. Diese kann im Sommer bei Bedarf als Kühlung fungieren und überschüssige Wärme aus den Räumen abführen.

Architekten: Gernot Minke, Kassel
Tobias Weyhe, Quedlinburg
Fertigstellung: 2003

15.17 Bürogebäude IIT in New Delhi

Für das Centre of Energy Studies am Indian Institute of Technology, New Delhi, wurde 1990 ein Bürogebäude errichtet, mit dem bewiesen werden konnte, dass die gewählten Gewölbeformen und die speziellen Gewölbebauweisen nicht nur zu einer erheblichen Energie- und Kostenreduzierung, sondern auch zu einer wesentlichen Verbesserung des Innenraumklimas führen.
Die drei Tonnengewölbe wurden in der beschriebenen verbesserten Nubischen Tonnenbauweise aus handgeformten Lehmsteinen errichtet. Die drei Kuppeln wurden mit der vom FEB entwickelten Rotationslehre erstellt. Da die mittlere Kuppel (lichte Spannweite 5,40 m) auf vertikale, oktogonale Wände aufgesetzt ist, die als Projektions- bzw. Ausstellungsflächen dienen, mussten diese an ihrem oberen Ende mit einem Ringzugbalken stabilisiert werden. Bei den kleinen Kuppeln werden die Kräfte direkt in das Streifenfundament geleitet, eine Ringbewehrung war nicht notwendig. Die für die Kuppeln und die senkrechten Wände benötigten Lehmsteine wurden mit einer Handhebelpresse hergestellt.
Um die Baukörper gegen Regenerosion zu schützen, wurde auf den in Indien seit Jahrhunderten gebräuchlichen Kuhdung-Lehmputz zurückgegriffen, der in drei dünnen Lagen mit der Hand aufgetragen wurde. Die Mischung wurde auf Grund vorher durchgeführter Tests optimiert: 1 Teil schwach lehmiger Sand (= Erdaushub), 1 Teil Kuhdung, 1 Teil Grobsand. Wichtig ist dabei, dass der dickbreiig mit Wasser angerührte Kuhdung einen Tag liegt (in kühleren Klimazonen entsprechend länger), bevor er mit Lehm und Sand gemischt wird, damit ein Fermentierungsprozess möglich ist.
Der getrocknete Lehmputz wurde mit einem marktüblichen Hydrophobierungsmittel gestrichen und überstand den Monsunregen ohne jeden Schaden. (Näheres über dieses Projekt in Minke, 1991, a) und b)).
Besonders interessant ist die Klimatisierung der Räume über ein Erdtunnelsystem. Dabei wird die Umgebungsluft mit Hilfe von zwei Ventilatoren über zwei ca. 40 m lange Kanäle in 3,50 m Tiefe in die Räume geleitet. In dieser Tiefe herrscht die durchschnittliche Jahrestemperatur von 25°C. Im Winter wird dadurch eine Umgebungsluft von 5°C auf über 20°C aufgeheizt, im Sommer wird eine Umgebungsluft von 40°C auf unter 30°C abgekühlt. Im Vergleich zu einer üblichen Klimaanlage werden durch dieses System etwa 2/3 der elektrischen Energie eingespart.

Entwurf: Gemot Minke, Kassel
Energieberatung: N. K. Bansal,
Neu Delhi, Indien
Nutzfläche: 206 m²
Fertigstellung: 1990

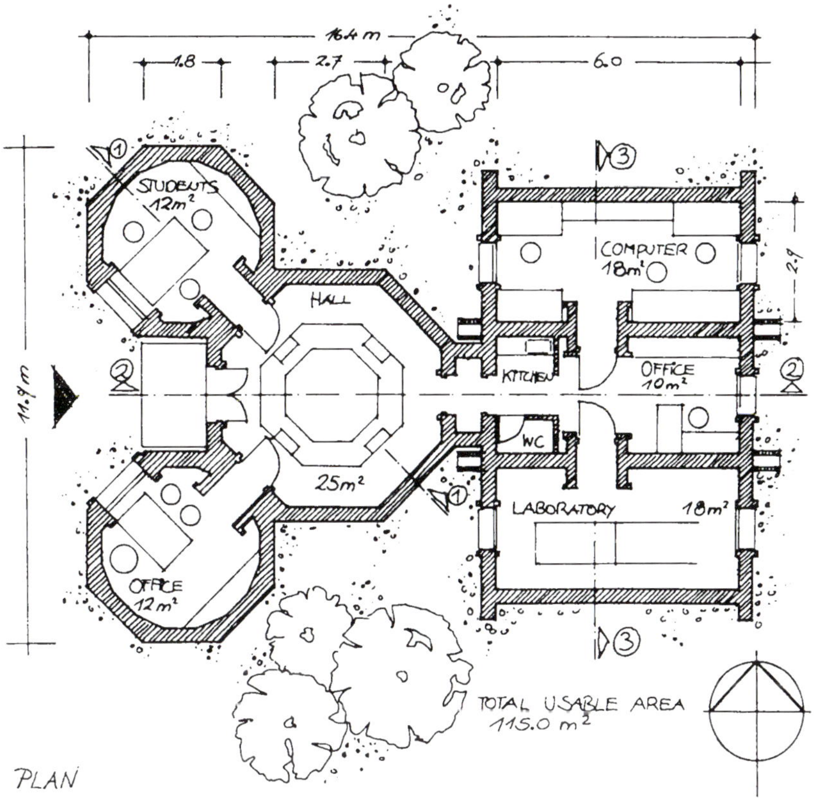

15.18 Bürogebäude in Darmstadt

Das Gebäude bildet eine neue Arbeitswelt für die Mitarbeiter der Firma Alnatura. Das im Grundriss 40 x 90 Meter messende, dreigeschossige Gebäude wird von einem Stahlbetonskelett gebildet. Die Nord- und die Südfassade sind vollständig verglast, die Ost- und die Westfassade sind mit einer nicht tragenden Stampflehmwand versehen. Im Erdgeschoss befinden sich ein vegetarisches Restaurant, eine Kommunikationsbereich und ein Konferenzzentrum. In den Obergeschossen sind offene Büroräume angeordnet, die über Brücken und Stege miteinander verbunden sind. Die zentrale dreigeschossige Halle ist durch ein großes Oberlicht belichtet.

Die Längswände werden aus aufgestapelten Stampflehmelementen gebildet, die 3,5 m lang, 1 m hoch und etwa 4,5 Tonnen schwer sind. Sie sind 69 cm dick und bestehen aus einer inneren 38 cm dicken und einer äußeren 14 cm dicken Schale mit einer 14 cm dicken Kerndämmung aus Blähglas. Die Elemente wurden in einer eigens für das Projekt errichteten lokalen Feldfabrik gefertigt. Die Lehmoberflächen wurden sichtbar gelassen und nur mit einem Kaseinanstrich gegen Regenerosion behandelt.

Architekten:	haascookemmrich STUDIO 2050, Stuttgart
Tragwerksplaner:	Knippers Helbig GmbH, Stuttgart
Lehmarbeiten:	Lehm Ton Erde, Schlins, Österreich
Energiekonzept:	Transsolar, Stuttgart
Fertigstellung:	2019
Nutzfläche:	13,500 m²

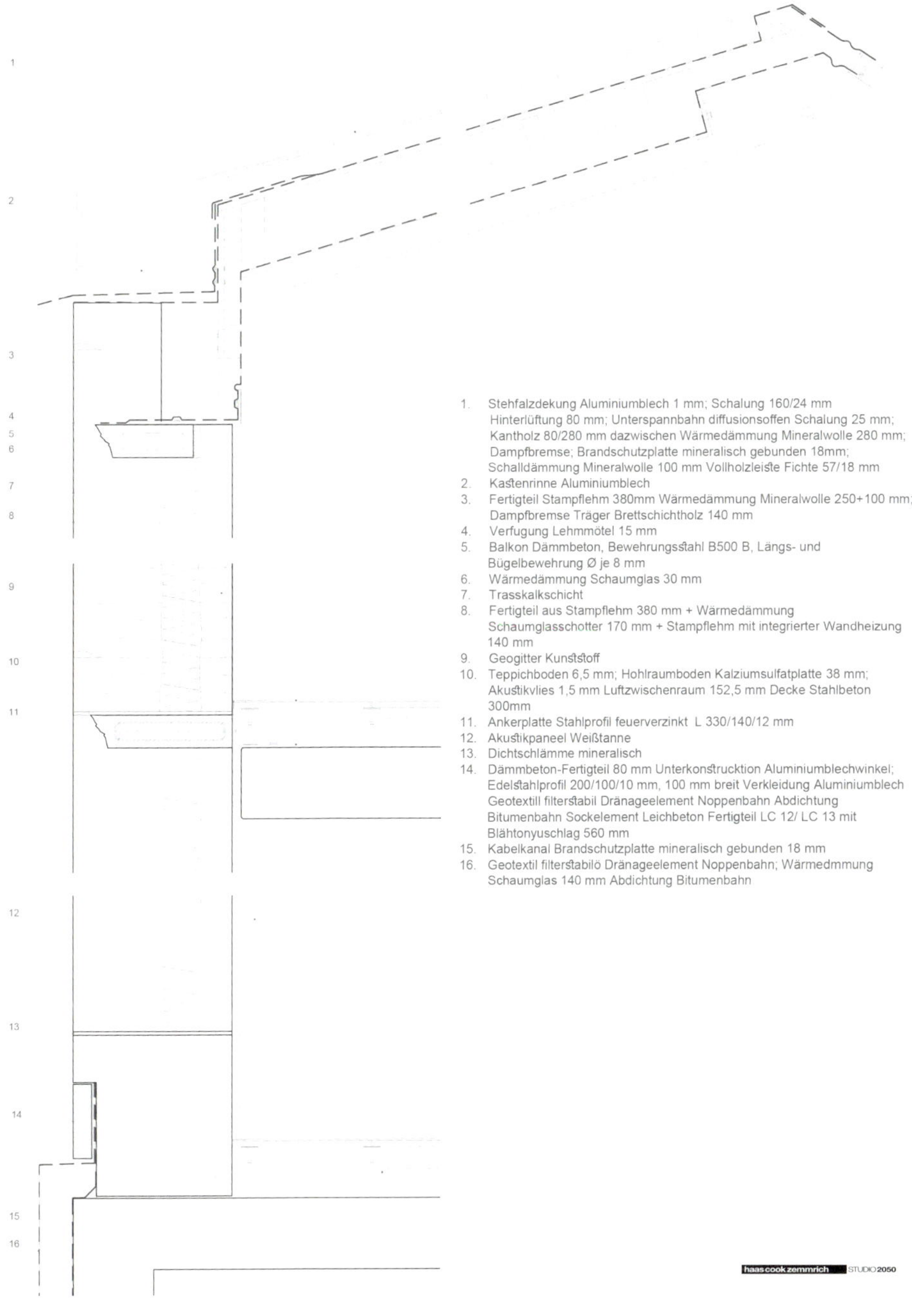

1. Stehfalzdekung Aluminiumblech 1 mm; Schalung 160/24 mm Hinterlüftung 80 mm; Unterspannbahn diffusionsoffen Schalung 25 mm; Kantholz 80/280 mm dazwischen Wärmedämmung Mineralwolle 280 mm; Dampfbremse; Brandschutzplatte mineralisch gebunden 18mm; Schalldämmung Mineralwolle 100 mm Vollholzleiste Fichte 57/18 mm
2. Kastenrinne Aluminiumblech
3. Fertigteil Stampflehm 380mm Wärmedämmung Mineralwolle 250+100 mm; Dampfbremse Träger Brettschichtholz 140 mm
4. Verfugung Lehmmötel 15 mm
5. Balkon Dämmbeton, Bewehrungsstahl B500 B, Längs- und Bügelbewehrung Ø je 8 mm
6. Wärmedämmung Schaumglas 30 mm
7. Trasskalkschicht
8. Fertigteil aus Stampflehm 380 mm + Wärmedämmung Schaumglasschotter 170 mm + Stampflehm mit integrierter Wandheizung 140 mm
9. Geogitter Kunststoff
10. Teppichboden 6,5 mm; Hohlraumboden Kalziumsulfatplatte 38 mm; Akustikvlies 1,5 mm Luftzwischenraum 152,5 mm Decke Stahlbeton 300mm
11. Ankerplatte Stahlprofil feuerverzinkt L 330/140/12 mm
12. Akustikpaneel Weißtanne
13. Dichtschlämme mineralisch
14. Dämmbeton-Fertigteil 80 mm Unterkonstrucktion Aluminiumblechwinkel; Edelstahlprofil 200/100/10 mm, 100 mm breit Verkleidung Aluminiumblech Geotextill filterstabil Dränageelement Noppenbahn Abdichtung Bitumenbahn Sockelement Leichbeton Fertigteil LC 12/ LC 13 mit Blähtonyuschlag 560 mm
15. Kabelkanal Brandschutzplatte mineralisch gebunden 18 mm
16. Geotextil filterstabilö Dränageelement Noppenbahn; Wärmedmmung Schaumglas 140 mm Abdichtung Bitumenbahn

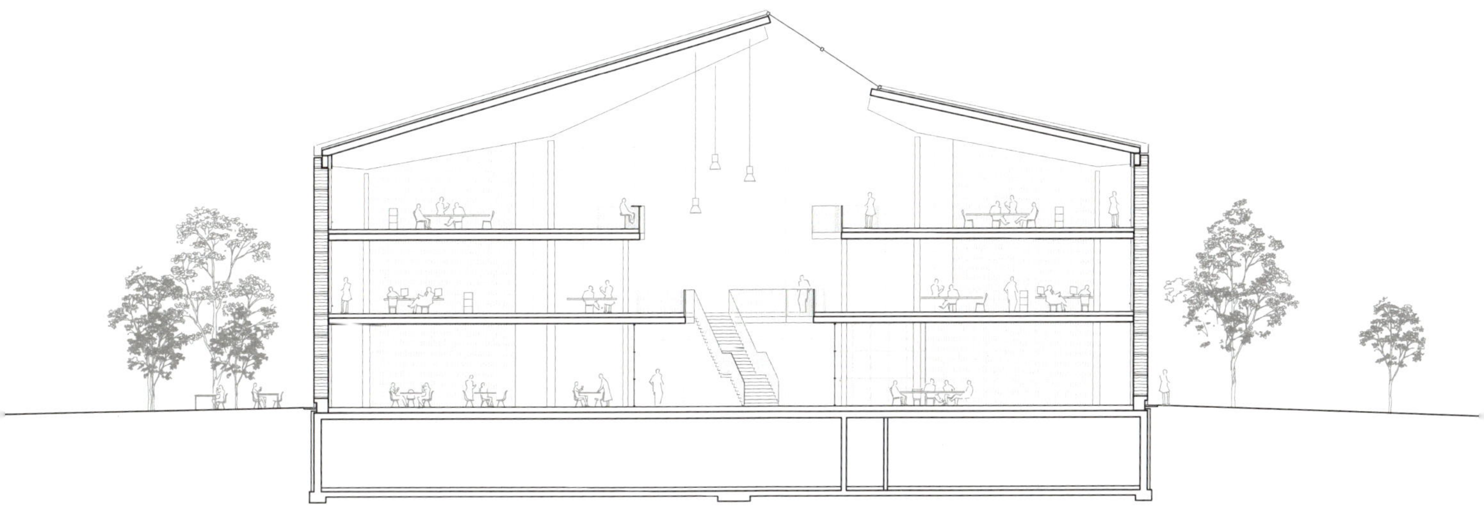

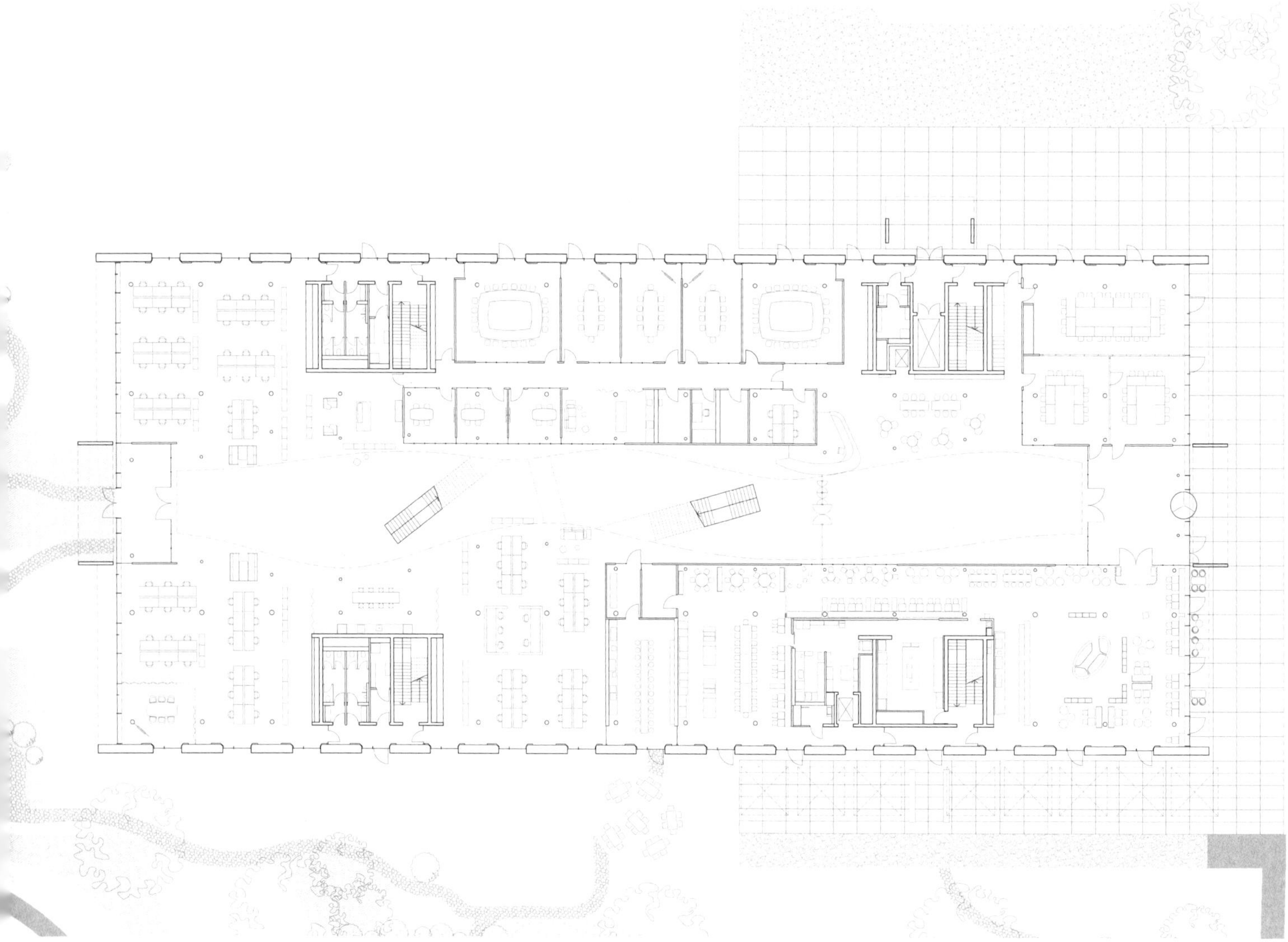

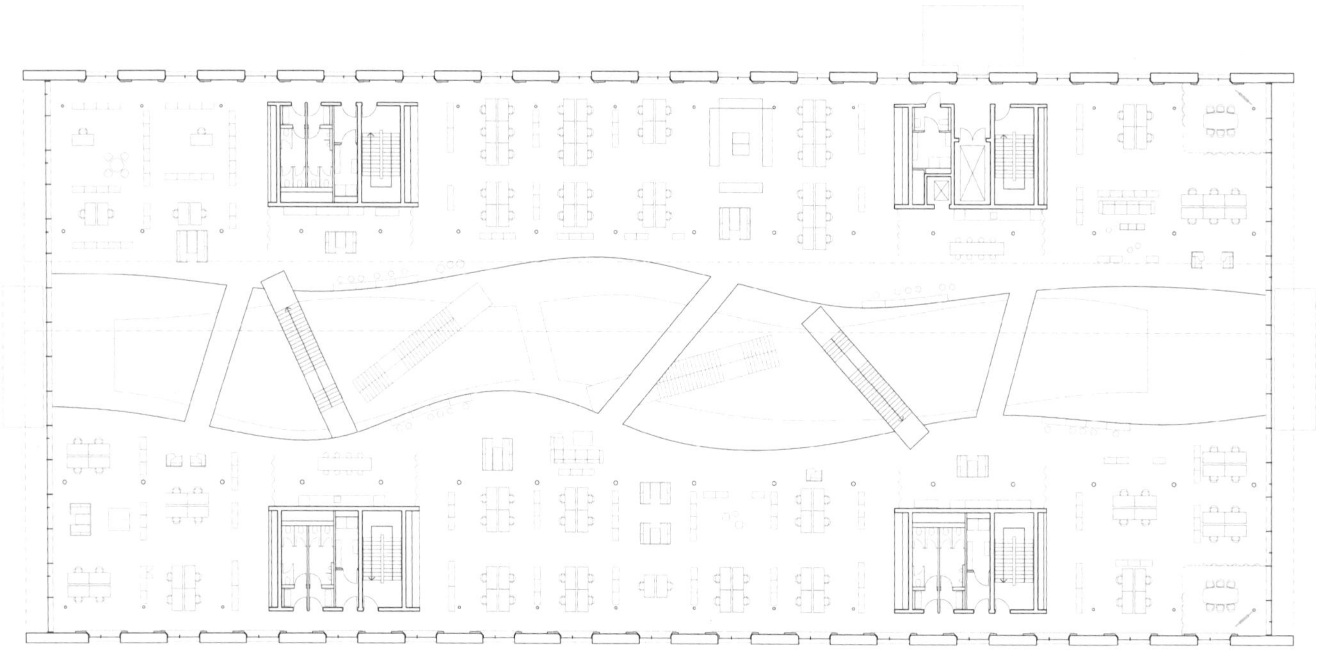

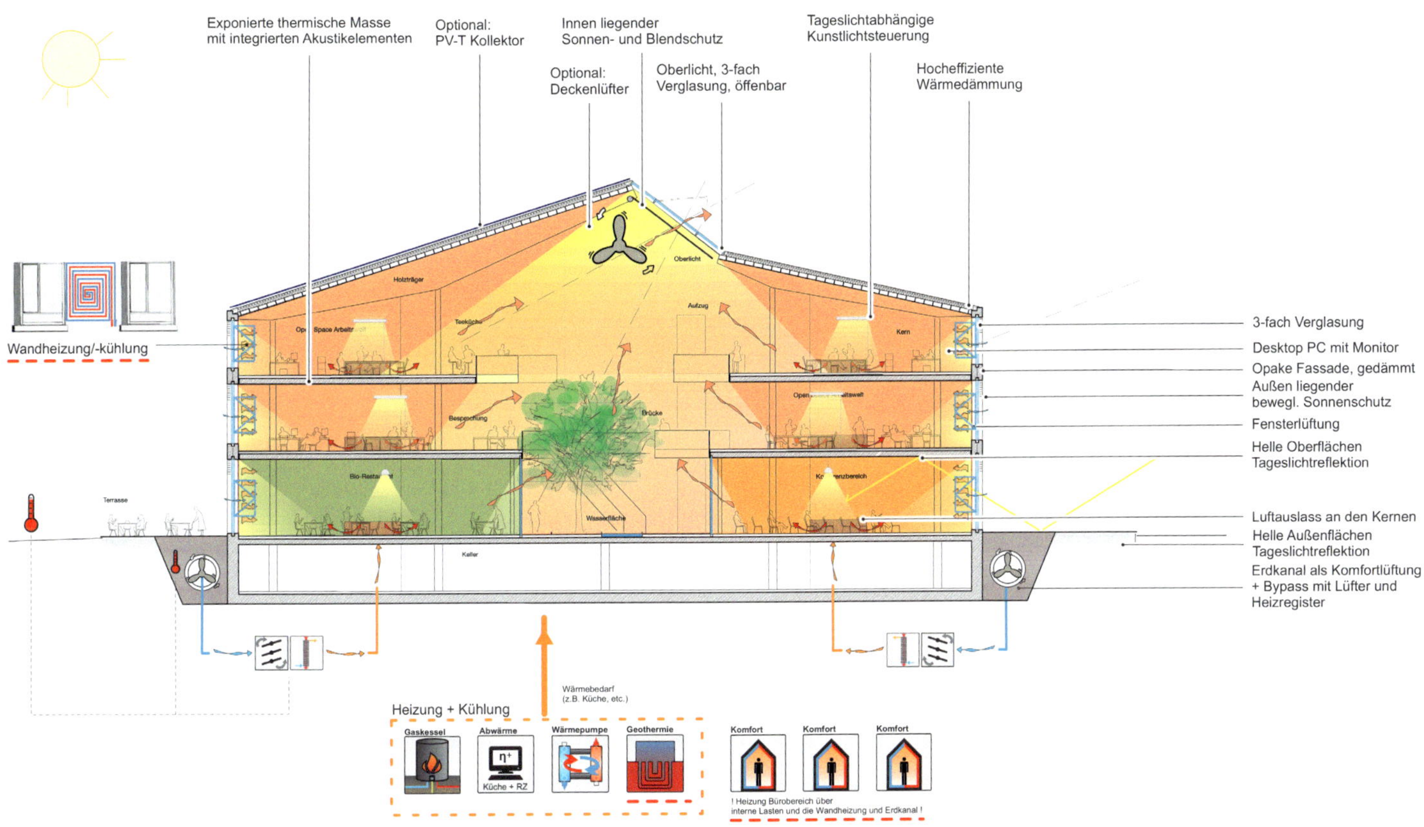
Exponierte thermische Masse
mit integrierten Akustikelementen
Optional:
PV-T Kollektor
Innen liegender
Sonnen- und Blendschutz
Optional:
Deckenlüfter
Oberlicht, 3-fach
Verglasung, öffenbar
Tageslichtabhängige
Kunstlichtsteuerung
Hocheffiziente
Wärmedämmung
Wandheizung/-kühlung
3-fach Verglasung
Desktop PC mit Monitor
Opake Fassade, gedämmt
Außen liegender
bewegl. Sonnenschutz
Fensterlüftung
Helle Oberflächen
Tageslichtreflektion
Luftauslass an den Kernen
Helle Außenflächen
Tageslichtreflektion
Erdkanal als Komfortlüftung
+ Bypass mit Lüfter und
Heizregister
Heizung + Kühlung
Wärmebedarf
(z.B. Küche, etc.)
Gaskessel
Abwärme
Küche + RZ
Wärmepumpe
Geothermie
Komfort
Komfort
Komfort
! Heizung Bürobereich über
interne Lasten und die Wandheizung und Erdkanal !

15.19 Kapelle der Versöhnung in Berlin

Die Kapelle steht an der Bernauer Straße, auf dem ehemaligen Grenzstreifen zwischen West- und Ostberlin an der Stelle der von der DDR gesprengten neugotischen Versöhnungskirche.
Der Innenraum hat die Form eines Ovals und ist durch eine 7,20 m hohe und 0,60 m dicke Stampflehmwand begrenzt. Das Dach und die durch senkrechte Holzprofile gebildete Außenhülle bilden ein exzentrisch dazu angeordnetes zweites Oval.
Die Stampflehmmischung enthält grobe Zuschlagstoffe von gebrochenem Ziegelschutt der ehemaligen Kirche sowie Kies, die insgesamt 55% ausmachen. Der Tongehalt liegt lediglich bei 4%. Durch diese grobkörnige Mischung und durch die geringe Einbaufeuchte von 8,1% konnte das Trockenschwindmaß auf 0,15% reduziert werden. Bei 50% Luftfeuchte und 20°C beträgt die Gleichgewichtsfeuchte des Lehms 0,7%. Durch die Beimengung von Flachsfasern und durch die starke Verdichtung mit einer Schaffußwalze konnte eine Druckfestigkeit von 3,2 N/mm² erreicht werden (gemessen an 20 x 20 x 20 cm Würfeln). Dabei wurde eine verstellbare Schalung eingesetzt, die dem sich stetig ändernden Krümmungsradius angepasst werden konnte.

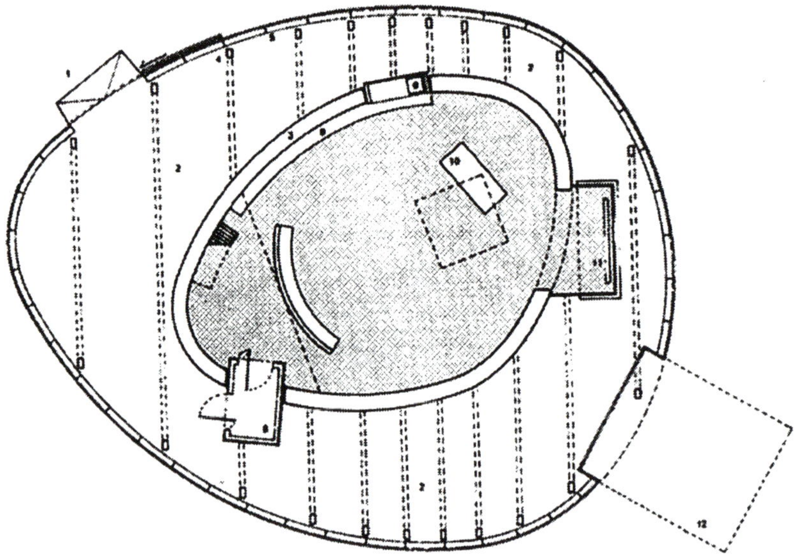

Entwurf: Reitermann und Sassenroth, Berlin
Fertigstellung: 2000
Lehmbau: Martin Rauch, Schlins

15.20 Prototyp-Gebäude, Massa Lombarda, Italien

Das Gebäude besteht aus zwei miteinander verbundenen Kuppeln, die mit einem von der Firma WASP entwickelten 3D-Druckverfahren aus lokalem Lehm hergestellt wurden. Das Drucken wurde mit zwei Kränen gleichzeitig durchgeführt und dauerte 200 Stunden. Jede Kuppel besteht aus 350 Lagen von 12 mm Höhe. Insgesamt sind 150 km Stränge gedruckt worden wofür 60 m³ Lehmbrei benötigt wurde. Dieser bestand zu 25% aus lokalem Lehm, der 30% Ton, 40% Schluff und 30% Sand enthielt, zu 40% aus Reisstrohhäcksel, zu 25% aus Reisspelzen und zu 10% aus hydraulischem Kalk. Außerdem wurde noch etwas organischer Kleber zugegeben. Die Außenoberfläche wurde zunächst nicht gegen Witterung geschützt, um das Verhalten des Gebäudes zu beobachten und insbesondere die Setzungen abzuwarten.

Entwurf:	Mario Cucinella Architects, Bologna/Milano
Beratung:	Milan Ingegneria
Herstellung:	WASP Engineering and 3D printing
Baujahr:	2021
Wohnfläche:	60 m²

16 Hinweise zu Planung und Ausführung von Lehmbauten

16.1 Vorbemerkung

In den folgenden Abschnitten wird auf die wichtigsten Vorschriften und bauphysikalischen Nachweise eingegangen sowie auf einige Aspekte der Baustellenorganisation, soweit sie für den Lehmbau von besonderer Bedeutung sind.

16.2 Vorschriften, Genehmigungen

In Deutschland wurde die erste Verordnung zur Genehmigung von Lehmbauten, die sogenannte „Lehmbauordnung" am 4. Oktober 1944 erlassen und 1951 als DIN 18951 veröffentlicht. Die DIN 1169 über Lehmmörtel wurde 1949 veröffentlicht. 1956 wurden weitere Bestimmungen als Vornormen herausgegeben, die jedoch nicht mehr in gültige Normen umgewandelt wurden.
Im folgenden werden alle deutschen Normen und Vornormen sowie einige wichtige ausländische Vorschriften aufgeführt.

DIN 1169: Lehmmörtel für Mauerwerk und Putz, Juni 1949
DIN 18951 Bl.1: Lehmbauten, Vorschriften für die Ausführung, Januar 1951
DIN 18951 Bl.2: Erläuterungen; Januar 1951
DIN 18952 Bl.1: Baulehm: Begriffe, Arten (Vornorm), Mai 1956
DIN 18952 Bl.2: Prüfung von Baulehm (Vornorm), Okt. 1956
DIN 18953 Bl.1: Baulehm/Lehmbauteile, Verwendung von Baulehm (Vornorm), Mai 1956
DIN 18953 Bl.2: Gemauerte Lehmwände (Vornorm), Mai 1956
DIN 18953 Bl.3: Gestampfte Lehmwände (Vornorm), Mai 1956
DIN 18953 Bl.4: Gewellerte Lehmwände (Vornorm), Mai 1956
DIN 18953 Bl.5: Leichtlehmwände in Gerippebauten (Vornorm), Mai 1956
DIN 18953 Bl.6: Lehmfußböden (Vornorm) Mai 1956
DIN 18954 Ausführung von Lehmbauten, Richtlinien (Vornorm), Mai 1956
DIN 18955 Baulehm/Lehmbauteile, Feuchtigkeitsschutz (Vornorm), Mai 1956
DIN 18956 Putz auf Lehmbauteilen (Vornorm), August 1956
DIN 18957 Lehmschindeldach (Vornorm), August 1956

Alle Vornormen und auch die Norm 18951 wurden 1971 ohne Ersatz zurückgezogen, weil sie, so die Begründung des Normenausschusses, „technisch veraltet waren und keine wirtschaftliche Bedeutung mehr hatten". Trotzdem haben sie noch eine gewisse Bedeutung. Denn dadurch, dass die Normen einmal gültig waren, ist Lehm ein „bekannter" Baustoff, der nicht einer neuen baurechtlichen Zulassung bedarf.
Um die Jahrtausendwende wurden in mehreren Bundesländern Genehmigungen für tragende Bauteile aus Lehm erteilt, sofern sie den Forderungen dieser zurückgezogenen DIN-Normen entsprachen.

Vom Dachverband Lehm wurden 1999 die „Lehmbau-Regeln" herausgegeben, die auf den DIN-Normen beruhen. Sie wurden 2009 wesentlich überarbeitet. Seit 2018 entstanden folgende neue Lehmbau-Normen:

- DIN 18942-1: Lehmbaustoffe – Teil 1: Begriffe
- DIN 18942-100: Lehmbaustoffe – Teil 100: Konformitätsnachweis
- DIN 18945: Lehmsteine – Begriffe, Anforderungen und Prüfverfahren
- DIN 18946: Lehmmauermörtel – Begriffe, Anforderungen und Prüfverfahren
- DIN 18947: Lehmputzmörtel – Begriffe, Anforderungen und Prüfverfahren
- DIN 18948: Lehmplatten – Begriffe, Anforderungen und Prüfverfahren

In Australien wurde von der staatlichen Baubehörde 1952 das „Bulletin 5, Earth-wall Construction" herausgegeben, das inzwischen mehrfach überarbeitet wurde und dort als Regelwerk für den Lehmbau gilt.
In den USA gibt es in den „national const-

ruction codes and standards" folgende Vorschriften, die sich auf den Lehmbau beziehen:

- Uniform Building Code Standards - Section 24-15, 2403 Unburned Clay Masonry, Units and Standards.
- Uniform Building Section 2405 - Unburned Clay Masonry, 1973.

Darüberhinaus gibt es in den Südweststaaten der USA ähnliche und ergänzende Bestimmungen, darunter auch einige, die sich auf Stampflehm und auf gepresste, stabilisierte Lehmsteine beziehen.
In Frankreich erschienen 1945 drei offizielle Richtlinien über Erdbeton: REEF DTC 2001, 2101 und 2102.
1991 erschien in New Mexico ein Code über Lehmsteine und Stampflehm: CID-GCB-NMBC-91-1.
Von der „American Testing and Standards Association" (ASTM) stammen die ASTM Earthen Building Guidelines (ASTM E2392-05).
In Australien gilt das von Standards Australia herausgegebene „Australian Earth Building Handbook" als inoffizielles Richtlinienwerk.
In New-Zealand gelten folgende Standards: NZS 4297:1998; NZS 4298: 1998; und NZS 4299:1998.
Vom Indian Standards Institute, New Delhi, wurde folgende Vorschrift veröffentlicht: IST 715 Specification for soil-cement blocks.
In Peru gibt es eine ganze Reihe von Vorschriften:

- Norma de diseño seismo resistente, construcciones de adobe y bloque estabilizado. Reglamento Nacional de Construcciones. Resolucion Ministerial no. 159-77/UC-110°, 1977.
- Itintec 331.201. Diciembre, 1978, 9 p. „Elementos de suelo sin cocer: adobe estabilizado con asfalto para muros: Requisitos".
- Itintac 331.202. Diciembre, 1978, 8 p. „Elementos de suelo sin cocer: adobe estabilizado con asfalto para muros: Metodos de ensayo".
- Itintec 331.203. Diciembre, 1978, 4 p. „Elementos de suelo sin cocer: adobe estabilizado con asfalto para muros: muestra y recepcion".

Über komprimierte Lehmsteine (BTC) gibt es in Brasilien folgende Normen: NBR 8491, NBR 8492, NBR 10833, NBR 10834 und NBR 10836.
Entsprechende Normen gibt es auch in Spanien.

16.3 Wärmeschutznachweis

Die Wärmedämmwirkung eines Bauteils hängt von der Wärmeleitzahl λ (W/mK), von der Dicke d (m) und von der Feuchte des Materials ab.
Sie wird durch den Wärmedurchlasswiderstand $R = \Sigma\, d/\lambda$ (m^2K/W) bestimmt.

Je höher der Wärmedurchlasswiderstand ist, umso höher ist die Wärmedämmwirkung.
Für den Wärmeschutznachweis für Bauteile muss der Wärmedurchgangskoeffizient U bestimmt werden. Dieser berechnet sich nach folgender Formel:

$$U = \frac{1}{\frac{1}{h_i} + \sum_j \frac{d_j}{\lambda_j} + \frac{1}{h_e}} \quad (W/m^2K)$$

wobei h_i den inneren und h_e den äußeren Wärmeübergangswiderstand angibt. Der Wert $1/h_i$ beträgt bei Wänden 0,13, der Wert $1/h_e$ bei verputzten Wänden 0,04, bei hinterlüfteter Schalung 0,08 m^2K/W.
Nach der Wärmeschutzverordnung dürfen für die Wärmeleitfähigkeit von Baustoffen nur Rechenwerte verwendet werden, die in DIN 4108 oder im Bundesanzeiger bekannt gemacht worden sind. In DIN 4108 von 2007 sind entsprechende Werte für Lehmbaustoffe angegeben, vgl. Kapitel 2.5.2.

16.4 Tauwasserbildung

Die wärmetechnische Berechnung zur Vermeidung von Tauwasser wird in DIN 4108, Teil 4, abgehandelt. Die Vorschrift geht davon aus, dass die Tauwassermenge je m^2 Dach- oder Wandfläche nicht mehr als 1 kg betragen darf und dass das während der Tauperiode anfallende Wasser während der Verdunstungsperiode wieder an die Umgebung abgegeben werden kann. An Berührungsflächen mit kapillar nicht wasseraufnahmefähigen Schichten wie Beton oder Dampfsperren, darf nur 0,5 kg/m^2 Tauwasser anfallen.

16.5 Brandschutz

Lehm gehört lt. DIN 4102 Teil 4 zur Baustoffklasse A1 (nicht brennbare Baustoffe). In DIN 18951 Blatt 1, §1, Absatz 3 steht: „Massive Lehmwände gelten bei einer Dicke von mindestens 25 cm als feuerbeständige Bauteile im Sinne von DIN 4102". Dort steht in der Ausgabe von 1981, dass dies auch gilt, wenn Faserstoffe vorhanden sind, sofern die Rohdichte von 1700 kg/m^3 nicht unterschritten wird.
In DIN 18951, Blatt 2 wird zu Brandwänden folgendes ausgeführt: „Da Brandwände aus Lehm zulässig sind, dürfen auch Trennwände zwischen zwei Gebäuden ... als massive Lehmwände hergestellt werden, jedoch müssen sie wegen der geforderten Feuerbeständigkeit gemäß § 1 Abs. 3 und auch wegen der Schallsicherheit mindestens 25 cm dick sein.
In der DIN 18954 (Vornorm von Mai 1956) wird dieses Maß auf 24 cm korrigiert, wegen der inzwischen üblichen Ziegelformate von 24 cm Länge. Massive Lehmwände mit mindestens 24 cm Dicke sind demnach mit F 90 A klassifiziert.
Die Schweizer „SIA-Regeln zum Bauen mit Lehm" geben an, dass Wände aus Lehmsteinen bei einer Dicke von 25 cm die Feuerwiderstandsklasse F 180 und bei einer Dicke von 12,5 cm die Feuerwiderstandsklasse F 90 erreichen. Für Leichtlehm mit mineralischem Zuschlag geben sie an, dass bei einer Dicke von 10 cm der Wert F 90, bei 12,5 cm Dicke der Wert F 120 und bei 25 cm Dicke der Wert F 180 erreicht wird. Nach DIN 4102 Teil 4, Ausgabe 1981, hat eine Fachwerkwand mit Lehmausfachung (auch Geflecht mit Lehmschlag) die Feuerwiderstandsklasse F 30 B, vorausgesetzt, die Holzquerschnitte sind größer als 100 x 100 mm und mindestens einseitig mit einer mindestens 15 mm dicken Putzschicht überzogen. Für Bauteile, die nicht in der DIN 4102 Teil 4 aufgeführt sind, muss die Feuerwiderstandsdauer durch Prüfzeugnisse nachgewiesen werden.
Kappendecken aus Lehmsteinen erfüllen die Anforderungen nach Feuerwiderstandsklasse F90-A entsprechend DIN 4102, Teil 4, Tabelle 29, wenn die Stahlträger wie dort angegeben entsprechend geschützt sind.

16.6 Schallschutz

Um den *Körperschall*, die Schallübertragung von einem Bauteil zu einem anderen, zu verringern, müssen konstruktive Maßnahmen getroffen werden. Die wichtigste Maßnahme ist die *Trittschalldämmung*, die darin besteht, die Übertragung der Trittschallschwingungen vom Fußboden durch die Decke durch „federnde" Schichten zu verringern, beispielsweise durch Weichfaserplatten, Filzstreifen oder Matten aus Mineralwolle oder Kokosfasern.
Die *Luftschalldämmung* wird dagegen am einfachsten durch entsprechend schwere Bauteile erreicht. Die Mindestanforderung sowie Hinweise zur Ausführung und Berechnung der Trittschall- und der Luftschalldämmung von Bauteilen sind in der DIN 4109 zusammengestellt.
Über die schalldämmende Wirkung massiver Lehmwände steht in den DIN-Normen lediglich der Satz: „Die Schalldämmung massiver Lehmwände ist größer als die von Ziegelbauten" (DIN 18953). Nähere Untersuchungen liegen nicht vor.

16.7 Baustelleneinrichtung und Bauablauf

Die Organisation der Baustelle und des Bauablaufes von der Lagerung und Aufbereitung des Materials bis hin zu dessen Verarbeitung ist für die Wirtschaftlichkeit von Lehmbauweisen entscheidend. Es wurde in Einzelfällen bei „Laienbaustellen" festgestellt, dass schlecht organisierte Baustellen mit schlecht koordinierten Bauabläufen einen bis zu 10-fachen (!) Zeitaufwand im Vergleich zu gut organisierten Baustellen benötigen.
Vor dem Einrichten einer Lehmbaustelle sollte ermittelt werden, wieviel Material gelagert werden muss und welche Stelle dafür am besten geeignet ist. Dabei ist an den Wetterschutz und die Minimierung des Transportaufwandes zu denken. Hilfreich dafür ist die Aufstellung eines Materialflussdiagramms und eines Balkenplans, in dem jede Einzeltätigkeit mit der geplanten Personenzahl (evtl. in Personenstunden) eingetragen ist. Ein solcher Balkenplan, der während des Bauprozesses auf Grund des tatsächlich entstandenen Zeitaufwandes ständig korrigiert werden muss, ist außerdem eine gute Datensammlung für die Dokumentation und Nachkalkulation des Bauprozesses.
Wenn zehn oder mehr Personen auf der Baustelle mit der Herstellung und Verarbeitung von Lehm beschäftigt sind, so ist es sinnvoll, dass einer allein damit beschäftigt ist, die Arbeitsabläufe zu koordinieren und die Qualität der ausgeführten Arbeiten zu überprüfen. Dabei kommt es häufig vor, dass Personen als „Springer" mal an der einen mal an der anderen Stelle mithelfen müssen, um Engpässe beim Bauprozess zu vermeiden.

17 Ausblick

17.1 Der Trend zum Lehm – der Mangel an Lehmbau-Fachleuten

Das Bauen mit Lehm wird in Zukunft in unserer Wohlstandsgesellschaft in Mitteleuropa nicht die Rolle spielen wie beispielsweise seit einigen Jahren in den Südweststaaten der USA, im Süden Australiens oder in den wärmeren Ländern Lateinamerikas. Denn bedingt durch die klimatischen Verhältnisse, können dort Außenwände aus Massivlehm ohne zusätzliche Wärmedämmung gebaut werden - Wände, die ein gutes Innenraumklima schaffen und preiswerter hergestellt werden können als mit „üblichen" Baustoffen wie Naturstein, Ziegel oder Beton.

In Mitteleuropa steigt der Trend zum Bauen mit naturnahen Materialien, nicht nur auf Grund eines größeren Umweltbewusstseins und durch die Erkenntnis, dass industriell erzeugte Baustoffe wesentlich zur Umweltverschmutzung beitragen, sondern auch durch den Wunsch, sich in einem gesunden Raumklima mit ausgeglichener Feuchte und ohne die Belastung toxischer Gase und Faserstäube aufzuhalten.

Ein Problem beim Bauen mit Lehm heute ist das Finden von Fachleuten für die Bauausführung und Bauüberwachung, seien es „Lehmbauhandwerker" oder „Lehmbauarchitekten". Am Forschungslabor für Experimentelles Bauen der Universität Kassel wurden 1982 bis 2011 Lehmbau-Einführungskurse durchgeführt, an denen über 2000 Personen teilnahmen. Diese 5-tägigen Kurse werden seitdem von der „Bildungswerkstatt für Nachhaltige Entwicklung" (BiWeNa), Verden angeboten.

Inzwischen gibt es eine vom Dachverband Lehm in Verbindung mit einigen Handwerkskammern angebotene Ausbildung zur „Fachkraft für Lehmbau", die im Rahmen eines 120-stündigen Kurses erfolgt. Die europäische Bildungsstätte für Lehmbau e.V. Ganzlin bietet einen Lehrgang „Gestalter/in für Lehmputze" an.

17.2 Lehmbau – eine Marktlücke

Ein weiteres Problem ist, dass Bauunternehmen nur ungern neue Bautechniken ausführen und deshalb bei Ausschreibungen einen „Angstzuschlag", einen Unsicherheitsfaktor einkalkulieren, der den Lehmbau dann für viele Baufamilien zu teuer erscheinen lässt.

Lehmbau kann eine unternehmerische Marktlücke sein, besonders, wenn zu Anfang eine solide Geschäftsbasis mit weiteren Tätigkeitsfeldern, beispielsweise mit konventionellem Bauen oder mit Herstellung und Handel von Lehmbauprodukten geschaffen wird.

Die Tatsache, dass in den letzten 10 Jahren etwa 20 Firmen neue Lehmprodukte auf dem deutschen Markt angeboten haben, zeigt eindeutig das gesteigerte Interesse am Baustoff Lehm.

17.3 Welche Lehmbautechniken haben Zukunft?

Das professionelle Bauen mit Lehm ist dann kostensparend, wenn eine auf den Lehmbau abgestellte Planung und Baustellenorganisation vorhanden ist und teilmechanisierte Herstellungsverfahren angewendet werden. Das bedeutet, dass entsprechende Geräte zum Aufbereiten und Transportieren des Lehms vorhanden sein müssen.

Der *Lehmsteinbau* wird sich weiterhin vermehrt durchsetzen, denn das Mauern mit Lehmsteinen stellt den Maurer vor keine neuen Probleme; im Gegenteil, nach einigen Tagen weiß er, dass es angenehmer ist, Lehmsteine anstelle gebrannter Ziegel einzusetzen, da die Hände geschont werden und Lehmsteine leichter zu bearbeiten sind. Insbesondere das Verfugen bzw. der Fugenglattstrich von Lehmmörtel bei Sichtmauerwerk ist leichter und Ausbesserungen sind sehr viel einfacher und schneller auszuführen.

Die *Stampflehmbauweise* wird sich für tragende Wände nur in wärmeren Klimazonen durchsetzen. Dort stellt sie für ca. 30 cm di-

cke Außenwände, die außen nur mit einem Putz oder Anstrich versehen werden, eine wirtschaftliche Lösung dar, sofern für Transport und Verdichtung des Lehms entsprechende Geräte verwendet werden. Obwohl Stampflehmwände durch den hohen Arbeitsaufwand in der Regel teurer sind als andere Lehmwände, sind in den letzten Jahren in Deutschland und Österreich relativ viele Stampflehmwände, vor allem aufgrund ihrer ästhetisch reizvollen Wirkung, realisiert worden.
Strohleichtlehm, Hanfleichtlehm und *Holzleichtlehm* werden weiterhin von Selbstbauern verwendet werden, bei gewerblicher Ausführung ist der Einsatz von mineralischem Leichtlehm, in Schalungen geschüttet oder gepumpt, wirtschaftlicher und risikoloser.
Die in Kap. 10.8 beschriebene Technik, *mit Leichtlehm gefüllte Gewebeschläuche* zu verlegen, ist auf Grund des relativ geringen Geräte- und Zeitaufwandes und der gestalterischen Vielfalt für eine weite Verbreitung geeignet. Sie bietet sowohl für individuell gestaltete Neubauten, wie auch bei Altbauten für nachträgliche Wärmedämm-Maßnahmen im Selbstbau interessante Lösungen.

Lehmputze werden weiterhin immer mehr eingesetzt werden, zumal ihre vorteilhafte Wirkung auf das Innenraumklima immer bekannter wird. Inzwischen gibt es In Deutschland etwa 20 Firmen, die Lehmputze als Sackware, z.T. auch als Siloware, anbieten. Auch in einigen Baumärkten sind Lehmputze zu finden.

Neuentwickelte Leichtlehmsteine, die auf Grund ihrer Zuschläge von Sägemehl, Hanf, Strohhäcksel oder Perlite leichter zu verarbeiten sind und eine bessere Wärmedämmwirkung aufweisen, bieten Anwendungsmöglichkeiten, vor allem bei Fachwerksanierungen. Sie haben sich wegen ihrer relativ hohen Kosten auf dem Neubaumarkt aber noch nicht durchsetzen können.

Leichtlehmplatten oder massive Lehmplatten für den Trockenausbau, zur Verbesserung von Wärmedämmung oder Wärmespeicherung oder als Träger von integrierten Heizschlangen haben in den letzten Jahren einen guten Absatz gefunden und werden in Zukunft wohl vermehrt angewendet.
Die Erkenntnis, dass Lehm im Gegensatz zu Ziegel, Kalksandstein und Beton hochfrequente elektromagnetische Strahlung, wie sie von Mobilfunk, Richtfunk und schnurlosen Telefonen erzeugt wird, nahezu vollständig abschirmen kann, wird dem Lehmbau einen neuen Impuls geben. Es gibt bereits Ärzte, die ihren durch Elektrostress geschädigten Patienten Lehmgewölbebauten und Gründächer empfehlen.

18 Literaturhinweise

18.1 Zitierte und verwendete Literatur

Aslam, M.; Satiya, R.C.: A Technique of Waterproofing Mud Wall. Building Materials Note No. 14, Central Research Institute, Roorkee, Indien, o.J.

Balassa, J.; Ortutay, G.: Ungarische Volkskunde, in: Ethnographia, Budapest 1977, S.329-364

Beckert, J.: Wirkung von Verunreinigungen der Raumluft auf den Menschen, in: Beckert et al. (Hrsg.): Gesundes Wohnen, Düsseldorf 1986

Berglund, M.: Rammed Earth, in: Fine Homebuilding, No.11, 1982, S.21-25

Behm-Blanke, G.: Die altthüringische und frühmittelalterliche Siedlung. Weimar, Berlin 1954

Boemans, U.: Projekt Brüder-Grimm-47 - Tragende Wände aus Lehm (Projektarbeit Gesamthochschule Kassel, FB 12) 1989 (unveröffentlicht)

Boenkendorf, U.; Knöfel, D.: Les Mortiers d'Enduit dans la Construction en Pan de Bois, in: Proceedings of the International Congress on the Conservation of Stone and other Materials, Unesco/Rilem, Paris, 29. Juni - 1. Juli 1993

Cointeraux, F.: Schule der Landbaukunst. Hildburghausen 1793

CRATerre: Construire en terre. Paris 1979

CRATerre: Compressed Earth Block: Production Guidelines. GTZ, Eschborn 1991

Dachverband Lehm (Hrsg.): Lehmbau Regeln. 3. Aufl., Braunschweig 2008

Dalokay, Y.: Lehmflachdachbauten in Anatolien. Dissertation TU Braunschweig 1969

Dehn, W.: Lehmziegel der Hallstadtzeit (6. Jhd. v. Chr.) von der Heuneburg, in: Der Museumsfreund (Schorndorf) 4/5, 1964, S. 54-61

Department of Housing and Construction (Hrsg.): EBS Bulletin No.5: Earth-wall Construction. Canberra, Australien 1981

Dethier, J. (Hrsg.): Lehmarchitektur. München 1982

Dhonau, H.; Menschel, Th. et al. (Hrsg.): Die Felke-Kur. Schriftenreihe der Ärztlichen Arbeitsgemeinschaft für Felketheorie, Heft 2, Sobernheim o.J.

Diez, E.: Persien, Islamische Baukunst in Churasan. Hagen/Darmstadt/Gotha 1923

Donat, P.: Haus, Hof und Dorf in Mitteleuropa vom 7.-12.Jahrhundert. Berlin 1980

Easton, D.: The rammed earth house. White River Junction, USA, 1996

El-Hakim, O.: Nubian Architecture, Kairo 1993

Elias, P.: Le Bilan Energetique de Quelque Parois de Batiment, in: Cahier du Centre Scientifique et Technique du Batiment No. 213, Oct.1980

Evans, J.: Lorena Owner-built Stoves. Stanford, USA 1979

Eyerer, P.: Reinhardt, H.-W.: Ökologische Bilanzierung von Baustoffen. Basel/Berlin, 2000

Fathy, H.: Architecture for the Poor. Chicago und London 1973

Fathy, H.: Natural Energy and Vernacular Architecture. Chicago/London 1986

Fauth, W.: Der Lehm als Baustoff, in: Reichskuratorium für Wirtschaftlichkeit (Hrsg.): Bauwirtschaftlicher Siedler-Lehrdienst (Berlin), H.1 1933

Fauth, W.: Der praktische Lehmbau. Wiesbaden 1946

Gardi, R.: Auch im Lehmhaus lässt sich's leben. Graz 1973

Gerner, M.: Farbiges Fachwerk. Stuttgart 1983

Gilly, D.: Praktische Abhandlung aus der Lehmbaukunst betreffend den Bau der sogenannten Lehm- oder Wellerwände wie man dieselben dauerhaft mit wenigen Kosten und einer wahren Holzersparung aufführen könne. Berlin 1787

Gilly, D.: Beschreibung einer vorteilhaften Bauart mit getrockneten Lehmziegeln. Berlin 1790

Gilly, D.: Handbuch der Land-Bau-Kunst. Braunschweig und Halle 1800 (1.Auflage). 1822 (5. vermehrte Auflage)

Gotthardt, H.: Über physikal. Eigenschaften des Baustoffs Lehm, in: Naturbauweisen 5/1949

Grandjean, E.: Wohnphysiologie. Zürich1972

Griselini, F.: Versuch einer politischen und natürlichen Geschichte des Temeswarer Banats in Briefen an Standespersonen und Gelehrte, Wien 1780

Güntzel, J.G.: Das Dünner Lehmbrote-Verfahren, in: Minke, G.(Hrsg.): Bauen mit Lehm, Heft 1 Grebenstein 1984, S.46-51

Güntzel, J.G.: Historische Lehmbauten in Schleswig-Holstein, in: Minke, G. (Hrsg.): Bauen mit Lehm, Heft 1. Grebenstein 1984, S.52-66

Güntzel, J.G.: Zur Propagierung des Lehmbaus in Deutschland im 18.Jhd., in: Minke, G. (Hrsg.): Bauen mit Lehm, Heft1, Grebenstein 1984, S.67-74

Güntzel, J.G.: Zur Geschichte des Lehmbaus in Deutschland (Dissertation, Gesamthochschule Kassel, FB 12). Staufen 1988

Hacheney, F.: Levitiertes Wasser, Andechs 1992

Hafezi, M.: Bericht anläßlich des 2.Fachwerk-Expertentreffens, Celle 1993 (unveröffentlicht)

Haider, B.: Baumaterial und Radonbelastung von Häusern, in: Wohnung und Gesundheit (Neubeuern), H. 12/93, S.40

Hegger, M. et al.: Baustoff-Atlas. Berlin 2005

Heimstätte Dünne (Hrsg.): Ein alter Baumeister und was wir von ihm gelernt haben, Dünne o.J

Hill, C.: On the Construction of Cottages, in: Journal of the Royal Agricultural Society (1843), p. 356-369

Hölscher, W.; Wambsganz, L.; Dittus, W.: Die baurechtliche Regelung des Lehmbaus und des landwirtschaftlichen Bauwesens - Lehmbauordnung. Berlin 1947

Hofmann, U.; Schembra, F.W.; Schatz, M.; Scheurten, D.; Friedrich, H.; Dammter, J.: Die Trockenbiegefestigkeit von Kaolinen und Tonen, in: Berichte der Deutschen keramischen Gesellschaft, Bd.44 (1967), H.4, S.131-140

Houben, H.; Guillaud, H.: Earth Construction Primer. Brüssel 1984

Howiesou, S.: Housing and Asthma. London 2005

Ingles, O.G.; Metcalf, J.B.: Soil stabilization. Sydney 1972

Ingles, O.G.; Lim, N.W.: Ferroclay - A New Method for the Stabilization of Soils, in: Proceedings, Conferencia Internacional de Mecanica de Suelos, Mexico City, 1982

Ingles, O.G.: Soil Stabilization, in: Bell, F.G. (ed.): Ground Engeneer's Reference Book, Chapter 31, Sydney 1983

Institut f. wissenschaftl. Film, Göttingen (Hrsg.): Feldbrand-Ziegelei. Dokumentarfilm 1965

International Labour Office (Hrsg.): Small-scale manufacture of stabilised soil blocks. Genua 1987

Jain, J.P.; Kulshrestha, R.P.; Singh, I.: A new Technique of Making Thatch Fire retardent. Technical Note. Central Building Institute Roorkee, Indien, Sept. 1978

Karsten, R.: Bauchemie für Studium und Praxis, 7.Aufl., Haslach 1983

Keller, G.; Muth, H.: Natürliche Radioaktivität, in Beckert et al. (Hrsg.): Gesundes Wohnen, Düsseldorf 1986

Knöfel, D.: Bautenschutz mineralischer Baustoffe. Wiesbaden, Berlin 1979

Kremser, H.: Außenputze für historische Gebäude, Aachen 1991 (Hrsg.: Landesinstitut für Bauwesen und angewandte Bauschadensforschung Aachen)

Krünitz, J.G.: Oeconomische Encyklopädie.... Band 70. Berlin 1799

Künzel, H.: Die hygrothermische Beanspruchung von Aussenputzen, in: Bauphysik (Berlin) H.4/1990, S.104-109

Lasius: Über die Erbauung der Erdhäuser oder die sogenannte Piséarbeit, in: Hamburgische Ad-droß-Comtoir-Nachrichten, Stück 22, S.169-172. Hamburg 1797

Leimer, H.-P.: Beitrag zur Bestimmung des wärme- und feuchtetechnischen Verhaltens von Bauteilen bei der Sanierung histsorischer Fachwerkgebäude. Dissertation HAB Weimar, Weimar 1991

Leszner, T.; Stein, J.: Lehm-Fachwerk, Köln 1987

Lutz, P.; Jenisch, R. et al.: Lehrbuch der Bauphysik. Stuttgart 1985

Mahlke, F.: Schwerelos erdverbunden. Das Werk des Architekten Gernot Minke. Staufen 2007

Manandhar, R.: Mud brick dome and vault construction ..., in: Proceedings First International earth sheltered buildings conference. August 1-6, Sydney 1983. S.371-375

Marmé, W.; Seeberger, J.: Der Primärenergie–inhalt von Baustoffen, in: Bauphysik (Berlin), H.5, 1982, S.155-160 und H.6, S.208-214

McCann, J.: Clay and cob buildings. Aylesbury, Großbritannien 1983

McHenry, P.G.: Adobe and rammed earth buildings. New York 1984

Meingast, Roland: Niedrigenergiehäuser in Lehmbauweise, in: Wohnung und Gesundheit (Neubeuern), 9/98, S. 2

Meischeider,H.: Der Lehmbau. Lüneburg 1946

Mencl, V.: Lidová architektura v ceckoslowenska. Prag 1980

Middleton, C.F.: Build your house of earth. Victoria, Australien (revised edition) 1979

Miller, T.; Grigusch, E.; Schulze, K.W.: Lehmbaufibel. Weimar 1947

Minke, G.: Erdbebensichere Low-Cost-Bauten für Guatemala. Schriftenreihe der Arbeitsgruppe Angepaßte Technologie, Gesamthochschule Kassel, Heft 3. Kassel 1980

Minke, G.: Wohnen und Arbeiten unter Lehmkuppeln, in: Wohnung + Gesundheit (Neubeuern), H. 3/1993, S. 1-4

Minke, G.; Mukerji, K.: Structurally Optimized Domes - A Manual of Design and Construction, Braunschweig 1995

Minke, G.: Materialkennwerte von Lehmbaustoffen, in: Bauphysik (Berlin) H. 4/95, S. 124-130

Minke, G.: The building material earth and its application in modern ecological and low energy architecture, in: Proceedings of PLEA2000, Cambridge, England, Juli 2000, S. 239-242

Minke, G.: Construction manual for earthquake-resistant houses built of earth. Eschborn 2001

Minke, G.: Lehmmörtel und Lehmsteine – Stoffkennwerte und ihre Ermittlung als Hilfe zur Vermeidung von Bauschäden. in P. Steingass (Hrsg.): Moderner Lehmbau 2003. Stuttgart 2003, S. 13 - 20

Minke, G.: Erdbebensichere Häuser aus Lehm. in: P. Steingass (Hrsg.): Moderner Lehmbau 2003, Stuttgart 2003, S. 129 - 138

Minke, G.: Humidity Control/Balancing humidity fluctuations, in: Bansal, Hauser, Minke: Passive Building Design, A Handbook of Natural Climatic Control, Amsterdam 1994, S. 180-188

Minke, G.: Building with Earth. 4. Aufl. Basel/ Berlin, 2021

Minke, G.; Krick, B.: Handbuch Strohballenbau. 3. Aufl. 2014

Mjartan,J.: Die volkstümliche Baukunst, in: Die slowakische Volkskultur. 1972. S.125-135

Möhler, K.: Grundlagen der Holzhochbaukonstruktionen, in: Götz, K.-HJ.; Hoor, D. et al.: Holzbauatlas. München 1978

Morton, T.: Earth Masonary.Bracknell, England 2008

Mukerji, K.: Soil Block Presses, GTZ, Eschborn 1986

Mukerji, K.: Soil Block Presses: Product Information. GTZ, Eschborn 1988

Ney, P.: Mineralogische Betrachtung des Lehmes des Felke Kurhauses Menschel in Meddersheim 1980, in: H.Dhonau, Th.Menschel (Hrsg.): Die Felke-Kur, Schriftenreihe der Ärztlichen Arbeitsgemeinschaft für Felketherapie (Sobernheim), Heft 7, S.186

Niemeyer, R.: Der Lehmbau und seine praktische Anwendung. Hamburg 1946

Niemeyer, R.: Der Lehmbau (Nachdruck). Grebenstein 1982

Nöcker, R.-M.: Heilerde. München 1985

OECD, Nuclear Energy Agency: Exposure to Radiation from Natural Radioactivity in Building Material, Report, Paris Mai 1979

Ökologie in der Regio (Hrsg.): Technische Mappe, Breisach, o.J.

Oestereich, V.: Entwurf und Bau eines Lehmofens, in: Minke, G. (Hrsg.): Bauen mit Lehm, Heft 1, Grebenstein 1984, S.37f

Oliver, D.: Lehmbau in Australien, in: Minke, G. (Hrsg.): Bauen mit Lehm, Heft 5, Freiburg 1986, S.55-57

Oliver, M.; Mesbah, A.: The earth as a material, in: Proceedings International Composium on Modern Earth Construction, Peking 1985

Pauli, P.; Moldan, D.: Reduzierung hochfrequenter Strahlung im Bauwesen. 3. Aufl. AnBus Fürth 2015

Pingel M. und P.: Bericht über den Anstrich der Lehmkuppeln ihres Hauses in Auroville, Indien 1993 (nicht veröffentlicht)

Pollak, E.; Richter, E.: Technik des Lehmbaus. Berlin 1952

Popposwamy, G.: Rural India. Village Houses in Rammed Earth. Stuttgart 1979

Priemer, R.: Lehmstampfbauten im Kreis Grimma (unveröffentlichte Diplomarbeit), Humboldt-Universität, Berlin 1970

Pumpelly, R. (Hrsg.): Explorations in Turkestan. Washington 1908

Raulin, H.: Lehmbau in Frankreich, 1984

Raw(en), J.: Cosmographia. Frankfurt 1957

Reincke, D.: Untersuchungen zum Emissionsverhalten von Lehmoberflächen, unveröffentl. Diplomarbeit, FH Stralsund, Aug.2000

Sachs, S.: Der verbesserte Pisé-Bau. Berlin 1822

Schick, W.: Der Pisé-Bau zu Weilburg an der Lahn. Weilburg 1987

Schmitt, C.: Leichtlehmbau (BPS-I-Bericht Universität Kassel, FB 12) 1993 (unveröffentlicht)

Schmolitzky, O.: Thüringer Volkskunst. Weimar 1950

Schneider, J.: Am Anfang die Erde – sanfter Baustoff Lehm. Frankfurt 1985

Schneider, U. et al.: Lehmbau, Düsseldorf 1996

Schreckenbach, H.: Construction Technology for a tropical developing country, Eschborn o.J.

Schuh: Der Lehmbau bei der Deutschen Reichsbahn, in: Die Reichsbahn, Amtliches Nachrichtenblatt der Deutschen Reichsbahn, Heft 25/26, 27/28, 1944

Schulze, W.: Die Felke-Kur. Frankfurt 1986

Sibtain, S.N.: To build a village – earthquake-resistant rural architecture, Parramatta, Australien, 1982

Smith, R.G.; Webb, D.T.J.: Small Scale Manufacture of Stabilized Soil Bricks. Technical Memorandum No.12, International Labour Office, Genf 1987

Steen, A.S.; Steen, B.; Brainbridge, D: The Straw Bale House, Chelsea Green Publ. Comp., White River Junction, Vermont, USA, 1994

Strahlentelex: Radon-Spezial, Nr. 88-89, Berlin, Sept. 1990

Striedter, K.H.: Lehmarchitektur in Weilburg an der Lahn, in: Jean Dethier (Hrsg.): Lehmarchitektur. München 1982. S.194-199

Stulz, R.; Mukerji, K.: Appropriate Building Materials. St. Gallen 1988

Tolles, E. L. et al.: Seismic Stabilisation of Historic Adobe Structures, The Getty Conservation Institute, Los Angeles 2000

Turowski, R.: Entlastung der Rohstoff- und Primärenergiebilanz ..., Dissertation Universität Essen, 1977

Ueberschlag, E: Transparente Wärmedämmung und Lehmbau kombiniert, in: Wohnung + Gesundheit (Neubeuern) 12/99, S.5, 6

United Nations Centre for Human Settlements (Hrsg.): Earth Construction Technology, Nairobi 1992

Vanros, G.: Studie van bouwfysische Kenmerken van Lemen Vakwerkwanden. Leuven 1981, zitiert bei Volhard 1983

VITA (Hrsg.): Village Technology Handbook. Mt.Rainier, USA 1970

Volhard, F.: Leichtlehmbau. Karlsruhe 1983

Vorhauer, K.: Low Cost / Self Help Housing (Gate Modul 6/6), Eschborn 1979

Voth, B.: Boden, Baugrund und Baustoff. Wiesbaden/Berlin 1978

Wagner, R.: Maschinelles Stampfen von Lehm, in: Neue Bauwelt, Heft 11/1949, S.164

Waltjen, T. (Hrsg.): Ökologischer Bauteilkatalog. Wien, 1999

Wehlte, K.: Werkstoffe und Techniken der Malerei, Ravensburg, 5.Aufl. 1985

Weiß, A.: Angewandte Chemie 75 (1963), S.755-762

Weller, K.; Rehberg, S.: Lösungsansätze für den energie- und rohstoffsparenden Wohnungsbau. DFG-Forschungsvorhaben, Fachgebiet Industrielles Bauen, TU Berlin 1979

Wendehorst, R.: Bautechnische Zahlentafeln, 25. Aufl., Stuttgart 1991

Wienands, R.: Die Lehmarchitektur der Pueblos. Köln 1983

Willoughby, D.R.; Gross, K.A. et al.: The Identification of Reaction-products in Alkali-stabilized Clays, in: Proceedings of the Fourth Conference of the Australian Road Research Board, Vol.4, Part 2, 1968, P.1386-1408

Winkler, H.G.F.: Bedeutung der Korngrößenverteilung grobkeramischer Erzeugnisse, in: Berichte der Deutschen keramischen Gesellschaft, Okt. 1954, S.337-343

Wisser, S.; Knöfel, D.: Untersuchungen zu historischen Putz- und Mauermörteln, in: Bautenschutz und Bausanierung, H.5, 1988, S.163-171

Yazdani, H.: Erhöhung der Lebensdauer von Lehmbauten in erdbebengefährdeten Gebieten Afghanistans (Dissertation, Fachbereich Architektur, Universität Kassel, 1985)

Ziegert, Chr.: Vortrag auf der Tagung Lehm 2000, Berlin 2000

Zurheide, E.: Ein Backofen aus Lehmsteinen. Projektarbeit Fachhochschule Detmold, Februar 1986 (unveröffentlicht)

zur Nieden, G.: Der Baustoff Lehm, in: Minke, G. (Hrsg.) Bauen mit Lehm H.1, Grebenstein 1984, S.21

zur Nieden, G.: Holzlehm, in: Wohnung + Gesundheit (Neubeuern) Nr. 65, 1992, S.50-52

18.2 Empfohlene Bildbände über historische Lehmbauten

Courtney-Clarke, M.: Die Farben Afrikas, München 1993

Gardi, R.: Auch im Lehmhaus läßt sich's leben. Graz 1973

Dethier, J.: Lehmarchitektur. München 1982

Fiedermutz-Laun, A.; Gruner, D.; Haberland, E.; Striedter, K.-H.: Aus Erde geformt, Lehmbauten in West- und Nordafrika, Mainz 1990

Gruner, D.: Die Lehm-Moschee am Niger, Stuttgart 1990

Lauber, W. (Hrsg.): Architektur der Dogon, München 1998

Schneider, J.: Am Anfang die Erde - sanfter Baustoff Lehm. Köln 1985

Wichmann, H. (Hrsg.): Architektur der Vergänglichkeit. Basel/Boston/Stuttgart 1983

Wienands, R.: Die Lehmarchitektur der Pueblos. Köln 1983

19 Internetadressen

19.1 Hersteller von Lehmprodukten

- Casadobe (Lehmsteine, Lehmputze, Lehmplatten): www.casadobe.de
- Cellco GmbH (Leichtlehm, Spritzputz): www.cellco-systeme.de
- Claytec (Lehmmörtel, Lehmplatten, Lehmsteine, Lehm): www.claytec.de
- conluto (Lehmputz, Lehmsteine, Lehm): www.conluto.de
- eiwa (Lehmsteine, Lehmmörtel): www.eiwa-lehmbau.de
- Hasit (Lehmmörtel): www.hasit.de
- Hypothermal (Wandheizung): www.hypothermal.de
- KTS Kärlicher Ton (Tone): www.kts-kg.de
- Lehmwerk Kleinfahner GmbH (Lehmsteine, Lehmmörtel): www.das-lehmwerk.de
- Lesando (Lehmputz): www.lesando.de
- Maroton (Lehmputz): www.maroton.de
- Münsterische Transport Mörtel (Lehmmörtel): www.mtm-baustoffe.de
- Maxit (Lehmputz): www.maxit.de
- Natur Lehm (Lehmputz, Lehmplatten, Lehm): www.lehm.at
- Tex-Bis (Lehmputze): www.texbis.de
- WEM Wandheizung (Wandheizung): www.wandheizung.de
- Ziegelei Gumbel (Lehmsteine, Lehmmörtel, Lehm): www.ziegelei-gumbel.de
- Ziegelwerk Huber (Lehmsteine, Lehmmörtel): www.ziegelwerk-huber.de

19.2 Gerätehersteller

- Atlas Copco (pneumatische Stampfer): www.atlascopco.de
- Max Boll (Bodenmisch- und Zerkleinerungsgeräte): www.boll-maschinenbau.de
- Ceratec Belgium (Blockpressen): www.ceratec.eu
- Hako-Werke (Zerkleinerungsgeräte): www.hako.com
- Lescha (Mischgeräte): www.lescha.de
- Oskam (Lehmsteinpressen, Mischer, Zerkleinerer): www.oskam-vf.com
- Ülzener Maschinenfabrik (Spritzputzgeräte): www.uelzener-ums.de

19.3 Lehmöfen

- Peter Ehrenzeller: www.lehmoefen.com
- Naturwerkstatt: www.naturwerkstatt-hennef.de
- Niermann GmbH: www.niermann-ofenbau.de
- Ralph Schürmann: www.ofenbau-schuermann.de

19.4 Firmenunabhängige Fortbildung

- Dachverband Lehm: www.dachverband-lehm.de.
- Europäische Bildungsstätte für Lehmbau: https://www.lernpunktlehm.de
- FAL e.V.: www.fal-ev.de
- Lehmbaukontor Berlin Brandenburg: www.lehmbaukontor.de

20 Fotonachweis

1.2-2 Gruner, D.
1.2-3 Yazdani, S.
1.2-4 Gerster-Rapho
1.2-8 Körner, D.
5.3-4 Fa. Atlas-Copco
5.3-5 Fa. Heuser
5.6-6 -9 Oliver, D.
5.6-10,11 Wolf, S.
5.6-12 CEPED
6.2-2 Bochow, K.-H.
6.4-10 Fa. Consolid
6.4-11 Fa. Pacific Adobe
6.4-12,13 Weller, K.
7.2-5 Dufter, S.
7.2-10 Weissinger, K.-H.
7.4-1,2 Fa. Claytec
7.4-3 Fa. Casadobe
8.2-5 Schreckenbach, H.
8.2-7, 8 Lukas, G.
8.2-9 Dressler, F.
8.3-1 Heimstätte Dünne
9.3-1 Kraus, H.-B.
10.2-4 Schmid, E.
11.1-1 Schreckenbach, H.
14.2-2,3 Reynolds, M.
14.3-1 Fa. naturb0
14.3-2 Fa. WEM
14.6-1 Schijns, W.
14.7-1 El Badwan, G.
14.7-2 Breshna
14.7-26 bis 28 Yazdani, S.
14.7-46 Pilz, J.
14.12-8 Fa. Neidlinger
14.12-9 Fa. Niermann
14.14-1,2 Fa. Diekmann
S. 166 North, G.
S. 167 Fischer, A.
S. 170, 171 Karcher, J.
S. 177 oben links Weissinger, K.-H.
S. 182 Abb. 6 und 7 Janisch, J.
S. 183 Abb. 12 Janisch, J.
S. 185 Abb. 7 Janisch, J.
S. 186 Abb. 9 und 10 Janisch, J.
S. 187 Abb. 14 Janisch, J.
S. 189 bis 191 Stephenson, Waugh Thistleton
S. 192 Castaño, D. und Villegas, M.
S. 193 unten rechts Castaño, D.
S. 194 unten Reyna, V.
S. 195 oben rechts und unten Castaño, D.
S. 196, 197 Kasprusch, F.
S. 201, 203 Harris, A.
S. 202 Stanwix, W.
S. 204, 205 Hörbst, K.
S. 210, 211 Mitte, 213 Halbe, R. / haascoohemrich Studio 2050
S.211 oben Dorazillo H., / haascoohemrich Studio 2050
S. 215 unten links Ziegert, Chr.
S. 216 WASP/Mari Cucinella, Iago Corazza

Alle übrigen Fotos stammen vom Autor.

Über den Autor

Professor Dr.-Ing. Gernot Minke ist emeritierter Hochschullehrer an der Universität Kassel. Er ist als freier Architekt, Berater für Ökologisches Bauen und als Fachbuchautor tätig.
Er gründete 1974 am Fachbereich Architektur das „Forschungslabor für Experimentelles Bauen“ (FEB) und hat dort bis zum Jahr 2011 vierzig Forschungs- und Entwicklungsprojekte zum Thema Bauen mit Lehm geleitet. Das FEB ist die einzige deutschsprachige Institution, die sich kontinuierlich seit über 40 Jahren mit Forschung und Entwicklung auf dem Gebiet des Lehmbaus beschäftigt hat. Neue, bisher nicht ermittelte bauphysikalische und baustatische Kennwerte von Lehmbaustoffen wurden vor allem im Rahmen des vom Bundesministerium für Forschung und Technologie, Bonn, geförderten Projektes „Lehm im Fachwerkbau" (1990-93) und dem von der EU geförderten Projekt „Unburned Clay Building Products“ (1999-2001) gewonnen.
Erfahrungen über den Lehmbau in Entwicklungsländern sammelte der Autor während seiner Gastprofessuren in Guatemala, Paraguay, Venezuela und Mexiko sowie während seiner Studienreisen in Ägypten, Ecuador, Peru, Brasilien, Bolivien, USA, Indien und Nepal.
In Guatemala, Ecuador, Bolivien, Argentinien, Brasilien, Uruguay, Chile, Nigeria und Indien konnte er im Rahmen von Forschungs- und Entwicklungsprojekten verschiedene Lehmbauten mit den am FEB entwickelten bzw. optimierten Techniken realisieren.
Seit 1983 wurden am FEB unter Leitung von Gernot Minke Lehmbau-Einführungskurse für Architekten, Ingenieure, Bauhandwerker und Laien durchgeführt, um Grundkenntnisse im Lehmbau in Theorie und Praxis in einwöchigen Intensivkursen zu vermitteln. 2007 wurde der 2000. Teilnehmer begrüßt.
In seinem privaten Planungsbüro für Ökologisches Bauen entstanden Entwürfe für private und öffentliche, nach bauökologischen Gesichtspunkten konzipierte Gebäude, bei denen stets der Baustoff Lehm eine prägende Rolle spielt.
Gernot Minke hat sich in den letzten 40 Jahren in Forschung, Lehre und Praxis überwiegend dem Lehmbau gewidmet, nachdem er nach seinem Architekturstudium und nach seiner Tätigkeit als wissenschaftlicher Mitarbeiter von Prof. Dr.-Ing. Frei Otto am Institut für leichte Flächentragwerke der Universität Stuttgart, sich zunächst in Theorie und Praxis ausschließlich mit dem Leichtbau beschäftigt und Holzgitterschalen, Zeltbauten und Traglufthallen gebaut hatte.
Seine Fachbücher zu den Themen Lehmbau, Dachbegrünungen und Srohballenbau sind jeweils in mehrere Sprachen übersetzt worden.
Sein Weg vom Leichtbau zum Lehmbau ist der Weg vom materialsparenden Bauen zum komplexen ressourcensparenden, umweltschonenden, nachhaltigen Bauen und gesunden Wohnen: zum ökologischen Bauen. Eine Übersicht über sein Werk bis 2007 gibt das 2007 erschienene Buch von F. Mahlke „Schwerelos erdverbunden. Das Werk des Architekten Gernot Minke".

Stichwortverzeichnis